CRYPTOGAMES VASCULAIRES

(FOUGÈRES, LYCOPODIACÉES, HYDROPTÉRIDÉES, ÉQUISÉTACÉES)

DU

BRÉSIL

PAR

A. L. A. FÉE

PROFESSEUR DE BOTANIQUE A LA FACULTÉ DE MÉDECINE DE STRASBOURG
MEMBRE TITULAIRE DE L'ACADÉMIE IMPÉRIALE DE MÉDECINE
OFFICIER DE LA LÉGION D'HONNEUR

AVEC LE CONCOURS ÉCLAIRÉ DE M. LE DOCTEUR F. M. GLAZIOU, DIRECTEUR DES JARDINS IMPÉRIAUX DU BRÉSIL A RIO-JANEIRO
OFFICIER DE L'ORDRE DU CHRIST

MATÉRIAUX POUR UNE FLORE GÉNÉRALE DE CE PAYS

PARIS

J. B. BAILLIÈRE ET FILS, LIBRAIRES | VICTOR MASSON ET FILS, LIBRAIRES
RUE HAUTEFEUILLE, 19 | RUE DE L'ÉCOLE DE MÉDECINE, 17

VEUVE BERGER-LEVRAULT & FILS, LIBRAIRES
RUE DES BEAUX-ARTS, 5
MÊME MAISON A STRASBOURG

1869

CRYPTOGAMES VASCULAIRES

DU

BRÉSIL

STRASBOURG, IMPRIMERIE DE VEUVE BERGER-LEVRAULT.

CRYPTOGAMES VASCULAIRES

(FOUGÈRES, LYCOPODIACÉES, HYDROPTÉRIDÉES, ÉQUISÉTACÉES)

DU

BRÉSIL

PAR

A. L. A. FÉE

PROFESSEUR DE BOTANIQUE A LA FACULTÉ DE MÉDECINE DE STRASBOURG
MEMBRE TITULAIRE DE L'ACADÉMIE IMPÉRIALE DE MÉDECINE
OFFICIER DE LA LÉGION D'HONNEUR

AVEC LE CONCOURS ÉCLAIRÉ DE M. LE DOCTEUR F. M. GLAZIOU, DIRECTEUR DES JARDINS IMPÉRIAUX DU BRÉSIL A RIO-JANEIRO
OFFICIER DE L'ORDRE DU CHRIST

MATÉRIAUX POUR UNE FLORE GÉNÉRALE DE CE PAYS

PARIS

J. B. BAILLIÈRE ET FILS, LIBRAIRES | VICTOR MASSON ET FILS, LIBRAIRES
RUE HAUTEFEUILLE, 19 | RUE DE L'ÉCOLE DE MÉDECINE, 17

VEUVE BERGER-LEVRAULT & FILS, LIBRAIRES
RUE DES BEAUX-ARTS, 5
MÊME MAISON A STRASBOURG

1869

INTRODUCTION.

Le Brésil, cette riche et magnifique contrée, forme à elle seule les deux cinquièmes de l'étendue totale de l'Amérique du Sud, dont elle est la partie la plus orientale. Malgré l'immense étendue de ce continent [1], le climat est en général tempéré, même au voisinage de l'équateur. Dans les terres basses, le thermomètre, qui ne s'élève que très-rarement au-dessus de 27 à 28 degrés centigrades, ne s'abaisse presque jamais au-dessous de 12 à 13. Dans la province de Saint-Paul, il gèle parfois en hiver, et dans quelques autres provinces, la chaleur est souvent très-vive; mais ce sont là des circonstances purement locales et exceptionnelles. Nulle part sur le globe les conditions ne sont plus favorables à la végétation; aussi est-elle d'une incomparable beauté. Outre la bénignité de la température, le sol est sillonné par d'innombrables cours d'eau, qui répandent dans l'air des vapeurs aqueuses sans cesse renouvelées, profitables aux plantes. Les terrains sont accidentés et de nature variée. Des montagnes, dont l'altitude ne dépasse pas 2,400 mètres, courent dans toutes les directions, et il en descend d'intarissables ruisseaux qui fertilisent les plaines et portent partout

---

1. Humboldt évalue la superficie totale du Brésil à 256,886 lieues carrées de 20 au degré, soit 1,412,872 kil. carrés. Il s'étend en latitude de 4°,22' nord jusqu'à 33°,45' latitude sud et en longitude ouest entre les 37°,42' et 76°,9' de longitude occidentale.

l'abondance et la vie. Ce climat merveilleux convient à toutes les flores et permet sans peine l'acclimatation des plantes de toutes les régions de la terre.

Le Brésil a été exploré depuis sa découverte, qui date déjà de plus de trois siècles, par une foule de naturalistes de tous les ordres, car s'il est, comme le dit Humboldt, le paradis des botanistes, il est aussi celui des zoologistes et des minéralogistes. Plusieurs d'entre eux ont su y conquérir par leurs travaux une solide et brillante renommée; conquérants pacifiques, ils ont agrandi le domaine de la science, et ce résultat glorieux s'est résumé tout entier dans des fatigues et des dangers personnels. Pour ne parler que des botanistes, dès 1684 Pison publiait une matière médicale des Brésiliens, particulièrement établie sur le règne végétal; Vandelli en 1788, Gomès en 1803, Raddi en 1820, et, dans la même année, Mikan se sont occupés avec succès des plantes brésiliennes; mais leurs investigations le cèdent en importance et en durée à celles auxquelles se sont livrés A. Saint-Hilaire et Martius, hommes de science et de conscience, dont il serait ici superflu de faire l'éloge.

Le voyage entrepris par A. Saint-Hilaire n'est qu'une longue et fructueuse herborisation qui n'a pas duré moins de six ans (1816-1822). Ce naturaliste a supporté avec un courage héroïque les fatigues d'une exploration entreprise à travers des contrées malsaines, difficiles à parcourir, parfois inhabitées, n'offrant aucune ressource pour les besoins ordinaires de la vie.

Près de 10,000 kilomètres, depuis le 13ᵉ degré de latitude sud jusqu'à Rio de la Plata, furent parcourus, et telle fut la persévérance dans cette grande chasse du naturaliste qu'elle produisit près de 50,000 échantillons d'objets divers appartenant aux trois règnes, parmi lesquels environ 24,000 plantes, et pourtant ce résultat gigantesque avait été obtenu par un homme d'une constitution faible et maladive. Les grands ouvrages destinés à mettre au jour tant de riches découvertes n'ont été que médiocrement favorisés par les circonstances, aussi n'ont-ils pas été tous terminés. La *Flora Brasiliensis*, publiée de 1825 à 1833, s'est arrêtée au premier tiers du troisième volume, et il devait y en avoir quatre ou même cinq. L'histoire des plantes les plus remarquables du Brésil et du Paraguay, commencée vers la même époque, n'a pu aller au delà du premier volume. Il en est souvent ainsi des publications de longue haleine et d'un prix élevé; les souscripteurs se

lassent ou meurent; les gouvernements changent, les fonds s'épuisent et
tout s'arrête.

Martius, qu'une mort récente vient d'enlever à la science, a été plus
heureux; membre actif de l'expédition brésilienne austro-bavaroise, il a
passé près de quatre ans (1817-1820) livré tout entier à la recherche des
plantes du Brésil. Il avait une prédilection toute particulière pour la belle
famille des palmiers, et il a publié, de 1823 à 1845, le plus splendide
ouvrage de botanique qui ait paru jusqu'à lui, véritable monument élevé à
la science, dont l'exécution honore tout à la fois l'auteur et le pays qui a
secondé ses efforts. Martius, occupé de ces plantes dans la jeunesse, forme
l'espoir qu'il revivra par les palmiers: *In palmis semperperens juventus,
in palmis resurgo*, a-t-il écrit au bas de son portrait. Il aimait aussi beaucoup les fougères; aidé dans la détermination de ces plantes par Kunze, et
par Hugo Mohl dans l'analyse microscopique des stipes, il en a édité
plusieurs espèces nouvelles, principalement parmi les espèces arborescentes[1], *Alsophila* et *Cyathea*. Ce botaniste évaluait approximativement la
flore du Brésil à 60,000 espèces, dont 25,000 conservées dans les herbiers
ou cultivées dans les jardins. Nous ne savons pas sur quelles données se
fonde l'illustre voyageur pour fixer ce chiffre; mais s'il était réel, il
renverserait cette loi de géographie botanique, qui établit que les rapports
numériques existant entre les fougères et les plantes phanérogames s'élèvent
au profit des premières au fur et à mesure qu'on s'approche de l'équateur.
En France, elles sont aux plantes mono et dicotylédones comme 1 est à 78;
au Brésil, elles en formeraient la 75ᵉ partie, produit de 60,000, chiffre
total de la flore, donné par Martius, divisé par 800, nombre approximatif
des espèces de fougères et de lycopodiacées brésiliennes; proportions bien
voisines. Au reste, pour trouver cette prédominance numérique, ce n'est
point aux continents qu'il faut s'adresser, mais aux îles. Là, les terrains
sont plus uniformes, les conditions atmosphériques moins variables; la
mer, qui les enceint, entretient une humidité constante, profitable surtout
aux cryptogames vasculaires.

---

[1] *Icones selectæ plantarum cryptogamicarum, quas in itinere annis 1817-1820 per Brasiliam instituto collegit et descripsit Martius*. Munich, 1828-1834, petit in-fol.

Le premier ouvrage uniquement consacré aux fougères du Brésil est dû au botaniste florentin Raddi, envoyé dans cette contrée, en 1817, par le grand-duc Ferdinand III de Toscane; il y fit de riches récoltes, surtout en cryptogames, et publia à Florence, en 1824, un livre accompagné d'une grande quantité de planches, médiocrement exécutées, mais très-fidèles. On était alors au début de la lithographie, et l'auteur[1] nous apprend que les dessins ont été exécutés par de jeunes personnes plus zélées qu'habiles, sans le concours desquelles l'ouvrage n'aurait pu paraître; rien ne dispose davantage à l'indulgence.

Après ces botanistes, auxquels doit être assigné le premier rang, il convient de citer très-honorablement deux de nos amis les plus regrettés : Gaudichaud (1818) et Guillemin (1827); puis viennent, par ordre alphabétique, pour avoir fourni des matériaux précieux d'étude, Blanchet, Clausson, Gardner (1836-1841), Pohl (1837-1841), Sellow et Spruce. Ces collecteurs et d'autres encore que nous pourrions nommer, infatigables dans leurs explorations, pouvaient faire croire que désormais rien ne serait plus rare dans ce pays que la découverte d'espèces nouvelles, lorsque M. le docteur Glaziou, de Rio-Janeiro[2], s'est livré avec ardeur à de nouvelles recherches faites avec une parfaite connaissance des lieux. Le résultat de ces herborisations a dépassé tout ce qu'il en pouvait attendre, et c'est à décrire ces fougères, qui nous ont été généreusement offertes, que cet ouvrage est consacré. Il est, à vrai dire, l'œuvre de M. Glaziou plutôt que la nôtre : les fatigues du collecteur dépassant outre mesure celles du botaniste sédentaire, qui étudie à loisir et comme il lui plaît les matériaux à lui communiqués, sans cesser de jouir un seul instant de son bien-être de tous les jours.

Les longues distances à parcourir, les hautes montagnes à escalader, les épaisses forêts à pénétrer, rien n'a pu un seul instant, chez M. Glaziou, ralentir une activité sans cesse renaissante. Les excursions les plus pénibles faites en Europe, à l'exception de celles qui ont pour but d'escalader les

---

1. *Plantarum Brasiliensium nova genera et species novæ vel minus cognitæ (filices).* Florence, 1825, in-4°, 97 planches et 159 espèces décrites.

2. Docteur en philosophie, directeur des parcs et jardins particuliers de S. M. l'Empereur du Brésil, officier de l'ordre du Christ, etc.

hautes sommités des Alpes, entreprises dangereuses, dont l'issue, fût-elle heureuse, ne rapporte d'ordinaire rien à la science, ne sauraient donner la moindre idée de ces explorations à travers des régions encore sauvages, où rien ne vient en aide au voyageur. Il lui faut non-seulement du courage, mais aussi de la résignation : du courage, pour braver la piqûre des insectes, la morsure des serpents et la dent des animaux carnassiers ; de la résignation, pour renoncer à la satisfaction des nécessités de la vie dans ce qu'elles ont de plus impérieux. En parcourant nos musées d'histoire naturelle, le visiteur émerveillé ne songe guère à ce qu'il a fallu de temps et de fatigue pour réunir ces trésors qui le mettent en rapport par les yeux avec les productions naturelles les plus rares, éparses sur toute la surface du globe et maintenant réunies.

Sans doute, l'aspect majestueux des grands cours d'eau, les vastes horizons, les forêts sans limites, une nature féconde pour laquelle la terre semble trop petite, ont un charme puissant pour le voyageur, mais peu à peu l'isolement que soutient l'amour des choses nouvelles vient peser sur lui. L'homme est éminemment social ; c'est là son instinct ; il ne saurait se passer de la vue de ses semblables et veut communiquer avec eux. Ce n'est pas assez de trouver une chose belle, il faut avoir quelqu'un près de soi pour le lui dire. Sans l'avoir goûté, nous nous associons volontiers par la pensée au plaisir que doit éprouver le naturaliste, lorsque, après de longs jours passés dans l'isolement, il entend, inopinément, le son de la voix humaine, et qu'il voit, à travers les arbres, s'élever la fumée de quelque foyer hospitalier, auprès duquel il va bientôt s'asseoir. Ce qui l'a soutenu, c'est la passion, et M. Glaziou est passionné. On ne fait rien de considérable à froid. Écoutons-le parler dans ses lettres et l'on pourra juger combien est grand son amour des recherches si elles peuvent servir la science : «Du village de Thereso-polis au point culminant de la montagne des Orgues (Serra os Orgaos, 2,332 mètres), nous écrit-il, lettre d'octobre 1868, il faut marcher quatorze heures. La fatigue est extrême, et pendant les quatre dernières, l'escalade met souvent la vie en péril. Parvenu à cette hauteur, les yeux sont éblouis de la magnificence du tableau qui s'offre aux regards, digne chef-d'œuvre du Créateur. Dans ces régions élevées tout se tait ; plus de bruissements d'insectes, de chants d'oiseaux, de coassements de grenouilles. La nuit, dans ces lieux sauvages, a quelque chose de solennel et d'effrayant. Au loin, le terrible jaguar fait entendre ses rugissements, tandis que le vent qui souffle sur les aiguilles ou qui s'engouffre dans les anfractuosités de la montagne, tantôt entonne des airs d'une douceur infinie et tantôt produit des bruits comparables à ceux d'une mer en furie. Pendant le clair de lune, si ses rayons à demi voilés se dégagent des nuages, ils laissent voir dans toute leur majestueuse grandeur ces immenses peulvans et ces dolmens gigantesques, qui mériteraient d'être admirés de tous les peuples de la terre. »

Et ailleurs (23 décembre 1868) : «Depuis Vellozo et mon bon prédécesseur Louis Riedel, durant une période de quatre-vingts ans, une foule de botanistes distingués ont tour à tour exploré le territoire de Saint-Sébastien; mais tous se sont contentés du produit de ses limites extérieures qu'aucun d'eux n'a osé franchir. Si un seul de ces savants avait pénétré jusqu'aux escarpements de l'intérieur du pays, il m'aurait peut-être privé du bonheur de servir la science. Pour y parvenir, figurez-vous un homme qui, sans autre avantage que le plaisir d'herboriser, se lance seul à travers la forêt vierge, butinant depuis l'aube jusqu'au soir. La nuit venue, forcé de s'arrêter, il allume du feu, si le temps le permet, contemple son fardeau, et, après avoir pris un modeste repas, couché sur la terre ou sur la roche, en attendant qu'il puisse de nouveau saluer l'aurore et continuer sa marche, il confie son léger sommeil à la garde du ciel.»

C'est au moyen de ces courses multipliées dans la province de Rio-Janeiro que M. Glaziou a pu recueillir une foule de belles espèces de fougères, en partie nouvelles, merveilleusement préparées et souvent si rapidement transmises qu'un mois seul suffisait pour qu'elles nous parvinssent, récolte, dessiccation, envoi et arrivée compris. Les ressources qui nous ont été offertes par le collecteur sont telles que toutes les erreurs nous sont imputables, tant il a pris soin, avec une connaissance parfaite des plantes récoltées, de réunir toutes les formes capables de fournir à la diagnose des caractères solides. Ainsi, pour ne parler que des fougères en arbre, elles nous sont arrivées accompagnées de toutes les parties accessoires qui, d'ordinaire, manquent dans les herbiers.

De toutes les provinces du Brésil, celle qui est le mieux connue est sans contredit Rio de Janeiro. C'est là qu'abordent les voyageurs naturalistes et le point de départ de leurs premières excursions. Bahia vient ensuite, puis Sainte-Catherine, où nous avons encore un correspondant zélé, M. H. Gauthier, vice-consul de la république de l'Uruguay à Desterro. Le Haut-Amazone n'a été que fort peu exploré, et les plantes que nous en possédons nous disposent à croire que la flore de cette région se rapproche de celle des Guyanes. Toutefois on doit reconnaître que la province de Rio résume à elle seule toute la végétation de l'empire.

Sans doute, on pourra découvrir encore dans quelques parties reculées du Brésil plusieurs espèces inédites de cryptogames vasculaires à joindre à celles décrites dans cet ouvrage, mais le nombre n'en saurait être considérable. On ne trouve nulle part ailleurs qu'à Rio des conditions aussi favorables au développement de ces plantes: terrain inégal, innombrables cours d'eau, rochers moussus, température s'éloignant toujours des extrêmes, montagnes boisées dont les versants s'abaissent dans toutes les directions, tout concourt à donner à la végétation une splendeur et une activité sans pareilles. Les plantes se touchent, se pressent, se servent d'appui mutuel, se donnent réciproquement de l'ombre, échangent la rosée qui les vivifie, et quand tout le terrain a été envahi, elles grimpent sur les troncs d'arbres, couvrent la nudité des rochers, et présentent au voyageur émerveillé tous les ports, toutes les formes, toutes les couleurs; parterre immense et toujours varié, auquel vient s'ajouter le charme d'un inimitable désordre et d'une complète indépendance.

Les lieux les plus riches en fougères, spécialement et soigneusement explorés par M. Glaziou, sont la Gavia et Tijuca, distantes l'une et l'autre d'environ 10-12 kilomètres de Rio; la Gavia, qui longe la mer au sud-ouest, avec ses montagnes qui dépendent du Corcovado et s'étendent jusqu'à la ville; Tijuca, un peu plus au nord, qui s'avance davantage dans les terres, avec un pic de 1,050 mètres pour plus grande altitude; Saint-Louis et Theresopolis, éloignées d'une trentaine de kilomètres de la capitale, et qui occupent les versants de la chaîne des Orgues, dont le point culminant s'élève à 2,115 mètres. Puis vient Petropolis, petite ville, le Versailles de l'empereur du Brésil, située à 1,800 mètres environ au-dessus du niveau de la mer; elle dépend de la chaîne des Orgues (Serra os Orgaos), et se

trouva dans la direction de la Serra d'Estrella. A ces localités dont les
richesses botaniques ne sont acquises qu'au prix de fatigues et de dangers,
s'ajoute encore la Serra do Couto, au nord-ouest de la baie, très-abrupte et
de difficile escalade, distante de Rio de 35 à 36 kilomètres.

On voit par ce qui précède que le terrain sur lequel se sont étendues les
recherches botaniques de M. Glaziou n'a guère moins de 30 à 40 kilomètres
de rayon. Il a beaucoup demandé aux lieux déjà visités et il en a beaucoup
obtenu.

Les fougères, de même que les familles à espèces nombreuses, comptent
plus d'espèces décrites et déterminées par les auteurs que de types véritables.
C'est là un grave inconvénient auquel il est bien difficile de remédier. Il y a
souvent l'espèce suivant la nature et l'espèce suivant la botanique descriptive. Comme le genre, elle est une réunion d'individus qui ne sauraient
être absolument pareils. Aucune des créations de la nature n'est le calque
rigoureux d'aucune autre. Une foule de causes rendent cette parfaite simi-
litude impossible. Pour ne parler que des plantes, ne sait-on pas que les
graines semblables en apparence pour notre œil n'ont ni le même volume
ni le même poids, et que l'embryon qu'elles renferment est différent de
vigueur, recélant en lui, sous les enveloppes qui le retiennent captif, des
qualités physiques qui lui rendront plus ou moins facile son évolution par la
germination? Mises en terre, ces graines seront soumises à l'action d'agents
modificateurs variables, qui favoriseront ou retarderont leur développement
suivant les lieux où le hasard les aura portées. L'eau absorbée ne tiendra
pas en dissolution les mêmes principes, la température différera, les variations atmosphériques se seront succédé autrement, de sorte que,
sorties d'un même fruit, elles auront donné pour résultat des individus
ayant chacun une physionomie spéciale et des aptitudes différentes.

Il n'en est pas autrement pour les animaux. Dans une famille, les frères
ne se ressemblent pas tellement qu'il n'y en ait de plus petits et de plus
grands, de plus faibles et de plus vigoureux, avec une intelligence qui n'est
pas la même pour tous et des tendances souvent opposées.

Mais si l'espèce varie dans les individus qui la composent, si même il
existe des races d'une durée pour nous indéterminée, ces changements ne

sont pas des métamorphoses et le type se conserve. Nous pouvons nous
figurer l'espèce non comme une verge inflexible, mais comme le pendule
qui décrit un segment de cercle pour revenir sur lui-même et s'en éloigner
dans des termes qu'il ne saurait dépasser.

C'est dans l'appréciation de cet écart que réside l'une des plus grandes
difficultés lorsqu'il s'agit de reconnaître une espèce et de la décrire.
Quelque isolée qu'elle soit, il arrive dans certains cas qu'elle confine à
une espèce voisine. Tous les organismes se lient les uns aux autres. Tout
s'enchaîne, familles, genres, espèces, et c'est à le prouver que consiste le
darwinisme.

Dans ce système l'espèce à titre permanent n'existerait pas, et ne serait
qu'un passage vers d'autres formes. Ainsi la botanique descriptive donnerait
l'histoire des formes actuelles et non de celles de l'avenir. Extinctions d'une
part, modifications de l'autre, variétés devenant espèces, espèces devenant
genres, tout serait mobile, tout serait transitoire.

Ces idées, présentées d'une manière aussi absolue, sont de nature à
donner lieu à des controverses sans terme, vu la difficulté d'aller aux
preuves, soit dans l'affirmation, soit dans la négation. Nous admettons les
variations, mais dans des termes qui laissent immuables les caractères
fondamentaux; l'homme lui-même, en opérant par la sélection, n'agit qu'à
l'extérieur; quand il a créé un bœuf sans cornes, il lui a laissé la condition
de ruminant; le chien est resté carnassier, le pigeon n'est devenu ni grim-
peur, ni échassier; d'ailleurs, ce que fait l'art, la nature ne le fait pas
d'une manière ostensible, et les moyens qu'elle emploierait sont des plus
discutables, car si, d'une part, on peut admettre qu'elle s'écarte du type,
on ne peut refuser qu'elle y ramène.

Mais, même en admettant que l'espèce fût mobile dans la suite des temps,
il n'en faudrait pas moins agir comme si elle était permanente, car si elle
ne l'est pas pour toute la durée des siècles, elle l'est du moins pour nous
et pour une longue suite de générations. Un grand nombre de questions
regardées encore aujourd'hui comme insolubles pourront être résolues.
Nous sommes des précurseurs, agissant dans le présent, nous préparons
l'avenir.

Les fougères du Brésil ont très-souvent le port des espèces européennes;

des 24 groupes qui réunissent les genres nombreux de la vaste famille de polypodiacées, il en existe 9 dont nous avons des congénères : lomariées, adiantées, leptogrammées, scolopendriées, chéilanthées, ptéridées, aspléniées, cyclodiées et aspidiées, représentées en général par très-peu d'espèces. En dehors de cette famille, l'Europe ne possède que deux ou trois hyménophyllacées à localités très-restreintes, une seule osmondacée, deux ophioglosses, et cinq à six *botrychium*, dont quelques-uns remontent très-haut vers le pôle nord. La plupart de ces fougères dissidentes semblent s'être égarées de leur centre de développement.

Ainsi, quoique l'Europe possède un certain nombre de fougères, elles y sont relativement aux espèces exotiques dans un véritable état d'infériorité sous le rapport de la variété des formes, des dimensions et des particularités organiques. Toutes sont herbacées, terrestres, à nervilles libres, sauf deux ou trois exceptions. Elles ne donnent jamais des témoignages de cette exubérance de vie, qui, sous les tropiques et l'équateur, les rend si fréquemment vivipares ou prolifères; les sécrétions résineuses qui dorent ou argentent la fronde des *ceropteris* ou des *trismeria* n'existent pas; il n'en est aucune qui grimpe sur les arbres pour en redescendre en guirlandes; elles sont gracieuses de port, mais ce n'est pas parmi elles qu'il faut chercher ces hauts stipes couronnés de frondes mobiles qui rivalisent avec les palmiers.

Les fougères brésiliennes dissidentes sont au nombre de 153 pour 637 polypodiacées. Les espèces arborescentes forment à elles seules la 11ᵉ partie du chiffre total; mais parmi elles il en est qui s'élèvent très-peu et qui arrêtent leur développement à quelques mètres seulement de terre. Pour rester dans la rigueur des termes, il faudrait les qualifier seulement de ligneuses.

Dans certaines régions de la terre, les familles dissidentes, hyménophyllacées, gleichéniacées, marattiacées, danaeacées, etc., impriment à la flore ptéridoïque une physionomie toute spéciale. Il faut visiter les îles de la Sonde, Java, Sumatra, pour la voir dans toute sa singularité; mais le lieu de la terre où les formes sont le plus diversifiées et le plus étranges se trouve aux Philippines, où les polypodiacées égalent à peine le nombre des espèces dissidentes.

Certains genres très-vastes, et dont l'aire de développement est très-étendue, renferment presque toujours des espèces dont la diagnose laisse des incertitudes, tant il est difficile de trouver des caractères différentiels saillants.

Spécifiquement distinctes pour un œil attentif, elles semblent défier les termes pour les décrire et la main du dessinateur pour les reproduire. Telles sont certaines espèces des genres *acrostichum*, *adiantum*, *pteris*, *asplenium*, *diplazium*, *polypodium*, *phegopteris*, *aspidium*, *alsophila*, *cyathea*, *trichomanes*, *hymenophyllum*, renfermant ensemble au moins 1,200 espèces, parmi lesquelles il en est qui sont chargées d'une très-lourde synonymie, indice certain que les botanistes ne s'accordent nullement sur la spécificité, hésitant même pour leur donner une place plutôt dans un genre que dans un autre.

Plusieurs auteurs, notamment M. Milde, l'un des hommes qui réunissent au plus haut degré la finesse des aperçus et la solidité du jugement, ont établi, pour une même plante, des races suivant les pays [1] : formes méridionales, boréales, européennes, australasiennes, asiatiques, etc. Ces rapprochements, avec indication des caractères qui les justifient, sont un moyen d'empêcher la multiplication des espèces, mais on doit en user avec réserve.

Lorsque deux formes en apparence issues d'un même type sont séparées l'une de l'autre par de très-grandes distances, il faut y regarder de très-près avant de conclure, car alors les différences observées empruntent une importance réelle de l'éloignement auquel se trouve l'habitat de chacune d'elles, car elles n'ont pas eu le même centre de développement. C'est alors qu'il faut étudier soigneusement la nervation, la nature du tissu, le rhizome et les écailles qui les recouvrent, le nombre des sporothèces sur un même segment fructifère, et même parfois les sporanges et les spores, lesquelles, quoique très-souvent pareilles, peuvent cependant donner des moyens précieux de confirmation dans les cas difficiles.

Plus les fougères sont nombreuses dans un pays, plus abondantes en espèces se trouvent aussi les lycopodiacées ; elles en forment la 12e partie au Brésil, la 17e aux Antilles, la 18e au Mexique.

---

1. *Filices Europææ et Atlantidis, Asiæ minoris et Sibiriæ*. Lipsiæ, 1867.

Les circonstances atmosphériques et climatériques favorables au développement des fougères le sont également à celui des lycopodiacées; les unes et les autres se plaisent sur les rochers et les vieux troncs, ainsi que sur les terres humides, avec les mousses et les hyménophyllacées.

Quant aux hydroptérides, elles sont fort rares au Brésil, où peut-être elles n'ont pas été, en raison de leur habitat, l'objet de recherches suffisantes. Le genre *isoetes* n'y a point été trouvé, et c'est à peine si l'on peut y signaler quelques espèces d'équisétacées; encore y sont-elles fort rares.

Nous aurions bien voulu que le format de cet ouvrage fût en rapport de dimension avec la beauté des plantes auxquelles il est consacré. Les publications du genre de celui-ci, éditées par les auteurs, se ressentent toujours de l'exiguïté des ressources dont ils peuvent disposer. Toutefois certaines fougères ont des frondes qui atteignent des proportions telles que même les plus grands in-folio eussent été insuffisants pour les reproduire entières. Il a fallu souvent, après avoir donné un fragment de grandeur naturelle, se contenter d'une réduction au 6ᵉ ou au 10ᵉ, seul moyen de faire connaître l'ensemble de la plante avec le port et les dimensions.

Nous avons appliqué dans cet ouvrage, pour la nomenclature des espèces, les principes d'équité dont nous avons démontré l'importance, page XIII de notre introduction à l'*Histoire des fougères et des lycopodiacées des Antilles*, règle qui consiste à restituer aux auteurs qui les premiers ont décrit une plante, le nom donné par eux. Déjà cette réforme est adoptée par plusieurs botanistes, et l'on peut s'étonner qu'elle ne soit pas suivie d'une manière plus générale.

En terminant cet ouvrage, qui clôt une longue série de travaux entrepris sur les végétaux cryptogames vasculaires, nous pouvons dire de lui comme nous le dirions de ceux qui l'ont précédé, sans rien préjuger de leur valeur, que c'est un livre de *bonne foi*, et que c'est comme tel qu'il doit être accueilli.

A. F.

7 novembre 1869.

CRYPTOGAMES VASCULAIRES

DU BRÉSIL.

I. FOUGÈRES.

I. POLYPODIACÉES.

I. ACROSTICHÉES.

1. ACROSTICHUM, F., *Hist. des acrostich.*, p. 8 et 27, t. 1-24

I. OLIGOLÉPIDÉES.

** Frondes ovales-lancéolées ou lancéolées.*

1. LATIFOLIUM, Sw., *Fl. Ind. occid.*, III, 1589; F., *Hist. des foug. et des lycop. des Antilles*, p. 1. — Glaziou, Rio-Janeiro, n° 948. Serra do Couto, n° 3157, *sterilis* (1869). — Très-grande et très-belle espèce, pouvant atteindre ou même dépasser 75 centim. sur 8 centim. de largeur. La fronde est longuement atténuée en pointe à la base. C'est là l'*A. longifolium*, Sw., *Syn.*, p. 9, et notre *Aconiopteris longifolia*, F., *Hist. acrost.*, p. 80, t. 41.

2. MACROPODIUM, F., *l. c.*, p. 30, t. 6. — Forme brésilienne. Rio-Janeiro, Glaziou, n° 2151. — Très-belle et très-grande espèce, robuste et presque cartilagineuse; à frondes fertiles de moitié plus petites que les stériles.

3. ALISMÆFOLIUM, F., *l. c.*, p. 28, t. 28, fig. 8. — Serra os Orgaos, Vauthier, n° 665. — Grande espèce, à rhizome écailleux rampant; frondes fertiles

beaucoup plus étroites que les stériles; pétioles fort longs; elle est opaque, et les nervilles qui ouvrent avec le rachis un angle presque droit, atteignent la marge.

4. BREVIPES, Kze., *Ind. Fil. hort. Lips.*, 1845; F., *l. c.*, p. 29; Lowe, *Ferns*, VII, t. 55. — Brésil, *teste* Th. Moor., *in Indice.* — Frondes lancéolées, aiguës; quoique le pédicelle soit court, le nom spécifique exagère cette brièveté; la fronde fertile est plus longuement pédicellée et plus étroite de moitié; le rhizome est assez gros; elle atteint une vingtaine de centimètres de longueur sur 3 centim. de largeur; l'espèce précédente est du double plus grande. Nous ne l'avons pas vue provenant du Brésil.

5. CRASSINERVE, Kze., *l. c.*; F., *l. c.*, p. 29; *A. simplex*. Spr., *Syst.*, IV, p. 38 — Brésil, *teste* Kze., *l. c.*, et Raddi. — Espèce faiblement caractérisée. Nous ne la connaissons pas comme provenant du Brésil.

6. SCALPELLUM, Martius, *Icon. plantar. cryptog.*, p. 86; F., *l. c.*, p. 32, t. 10. — Martius, Minas-Geraes. — Espèce longuement pédicellée, figurée par nous d'après le spécimen 4079 de Gardner (Herb. Deless.). — Grande espèce, glabre, à frondes fertiles aussi longues, mais d'un tiers plus étroites que les stériles.

7. CONSOBRINUM, Kze., *Flor.*, 1839, 1 *biebl.*, 44; F., *l. c.*, p. 32. — *Herb. Brasil.*, Martii, n° 362; Glaziou, Rio-Janeiro, n° 947; Spruce, Rio-Negro, n° 2245 et 2309, et Rio-Uapes, n° 2869. — Espèce assez mince; frondes elliptiques, acuminées aux deux extrémités; pétiole écailleux; écailles lancéolées, denticulées. Cette fougère est caractérisée, d'après nos spécimens, par une consistance presque papyracée; le rhizome est dressé, tandis qu'il est rampant dans l'espèce suivante.

8. LINGUA, Radd., *Fil. Brasil.*, p. 5, t. 15, f. 4; F., *l. c.*, p. 33. — Martius, Minas-Geraes; Serra os Orgaos, Gardner; Vauthier à Sabara, n° 621; Glaziou, Rio-Janeiro, n° 2150. — Frondes stériles tendant à la forme elliptique; le tissu est épais et opaque; rhizome rampant, assez délié, à radicules portant de longs poils étalés. Les frondes stériles obtuses, à lames étroitement oblongues et longuement pédicellées, n'ont aucun rapport de forme avec les stériles. Les auteurs rapportent les n° 2245, 2309 et 2869 de Spruce à l'*A. Lingua*, Raddi; nous nous croyons plus près de la vérité en les attribuant à l'*A. consobrinum*, Kze.

† 9. OVALIFOLIUM, F.

Frondibus sterilibus ovatis, membranaceis, debilibus, basi acuminatis, apice subobtusis, mesonerro laminae inferioris et petiolo gracili basi curvato, nigrescente, stramineis, squamas fuscas ferentibus; nervillis tenuibus, saepe ad marginem dilatatis, nervillam marginalem, modo aconiopteridis, constituentibus; frondibus sterilibus lanceolatis, obtusiusculis, minoribus, petiolo longiori; sporangiis tabacinis ovatis, sessilibus, annulo 14 articulato; sporis ovatis, episporiatis.

Habitat in Brasilia fluminensi (Serra do Couto); Glaziou (1869).

Filix petiolis gracilibus, squamosis, planiusculis; rhizomate fibrillis capilliformibus onusto.

ICON.: *Tab. IV, fig. 1.*

(Longueur des frondes fertiles, 22-24 centim., dont le pétiole fait environ la moitié, sur 3 centim. de largeur au centre; frondes fertiles, 30 centim.; la lame mesure 4 centim. sur 16-18 millim. de largeur.)

Le caractère qui distingue cette espèce, consiste, indépendamment de la forme, dans cette particularité d'avoir une nervure marginale qui ne diffère de celle qui caractérise les *Aconiopteris*, genre du reste médiocrement solide, que parce qu'elle s'interrompt et qu'elle semble accidentelle. Les frondes sont attachées assez près les unes des autres sur un rhizome de la grosseur d'une petite plume d'oie.

† 10. HYMENODIASTRUM, F.

Frondibus ovoideo-lanceolatis, crassis, obtusiusculis, rigidulis, glabris, basi acuminatis, membranula pellucida, angusto marginatis; mesonerro stipitibusque validis, supra canaliculatis; in fertilibus petiolo sulcato, multo longiori, laminis angustioribus; nervillis tenuibus, horizontalibus, saepe, praecipue prope marginem, conniventibus; sporangiis tabacinis, crassis; annulo spisso, 12-14 articulato, sacculo pertuso; sporis ellipticis, episporiatis; episporio, sub lente, aspectu denticulato; surculo crasso, radiculis pilosis, pilis verticillatis, longis et flavis.

Habitat in Brasilia fluminensi (Glaziou, nº 2152).

Filix robusta, siccitate lutescens; frondibus membranula angusta, pellucida cinctis; nervillis passim conniventibus.

ICON.: *Tab. V.*

(Longueur des frondes stériles, 45-50 centim. sur 7 centim. de largeur, prise au centre; pétiole 18-20 centim., celui des frondes fertiles atteint jusqu'à 36 centim. et la lame mesure 18-20 centim. sur 3 centim. de largeur.)

Le nom spécifique que nous donnons à cette belle espèce exprime que la nervation se présente parfois anastomosée. Ce caractère devrait la faire placer parmi les *Hymenodium*, mais ici l'union des nervilles n'a lieu que par connivence et ne forme pas un réseau continu comme dans l'*Hymenodium crinitum*. Il suit de cette considération que l'*H. Kunzeanum* (*Hist. des acrostichées*, p. 90, t. 58) serait un *Acrostichum hymenodiastrum*, c'est-à-dire ne présentant pas une nervation véritablement réticulée, mais seulement confluente; cependant chez la plante péruvienne le fait est bien plus généralisé que chez l'espèce brésilienne.

L'*A. hymenodiastrum* est robuste, très-glabre, remarquable par une membranule qui margine les frondes. Les pétioles, qui atteignent la grosseur d'une plume d'oie à la base, sont un peu courbes, noirâtres et garnis d'écailles fauves, lancéolées; les radicelles portent des poils dorés assez longs, qui ont une certaine élégance et prennent une apparence plumeuse. Le pétiole des frondes fertiles est très-long. Le sacculus, vu au microscope, présente à sa surface et d'une manière irrégulière, de petits pores arrondis qui laissent passer la lumière, particularité que nous n'avons constatée nulle part ailleurs.

†11. PAPYRACEUM, F.

> *Frondibus lanceolatis, apice caudatis, cauda tenui, basi cuneatis, laminis leviter curvatis, glaberrimis, papyraceis, translucidis; petiolo tenui, canaliculato; nervillis tenuibus, marginem attingentibus; mesonervo superne anguste canaliculato; fronde fertili multo minori, lamina angusta, fuscescente; sporotheciis rotundis, annulo lato, 10-12 articulato, articulis remotis, latis; sporis ovoideis.*
>
> *Habitat in Brasilia fluminensi* (Glaziou, n° 2434).
>
> *Filix tenuis; textura papyracea, basi et apice attenuata; surculo erecto, squamoso, squamis fulvis, lanceolatis notata.*
>
> ICON. : *Tab. III, fig. 1.*

(Longueur: 50 centim. sur 4-5 de largeur avec un pétiole de 6-7 centim. La fronde fertile est beaucoup plus petite et plus longuement pétiolée; elle est recourbée dans notre spécimen. Ses marges sont repliées sur le mésonèvre, circonstance qui ne permet pas toujours d'en apprécier nettement la forme.)

Cette espèce est, de tout le genre, celle qui est la plus mince et qui justifie le mieux l'épithète de *papyracea*, que nous lui donnons. A l'état de dessiccation elle est d'une légèreté comparable à celle des *Hymenophyllum*; les nervilles, très-déliées, s'épaississent en se rendant à la marge; elles y deviennent translucides et se

divisent en deux branches divergentes ; cette marge est terminée par une membranule blanchâtre, comme il arrive dans plusieurs autres espèces. L'un de nos spécimens dépasse 80 centim. de longueur sur 9 de largeur.

† 12. AMPLISSIMUM, F.

> *Frondibus lanceolatis, membranaceis, pellucidis, subpapyraceis, apice acutis,*
> *basi late cordatis, margine, mesonevro stipiteque squamosis ; squamis lan-*
> *ceolatis, integris, rubescentibus ; surculo crasso, subrotundo, squamoso ;*
> *mesonevro angusto, superne canaliculato ; nervillis tenuibus, marginem*
> *leviter incrassatum attingentibus.*

> *Habitat in Brasilia, Serra do Ariro* (Glaziou, n° 2436. 1868).

> *Filix gigantea, flexibilis, pellucida, squamosa ; squamis parvulis, ad margines*
> *imbricatis, patulis et ad mesonevron majoribus.*

> ICON : *Tab. VI.*

(Longueur : 1 metre et plus sur 9-10 centim. de largeur au centre, le pétiole mesure 22-24 centim.)

Nous n'avons cette espèce, sans contredit l'une des plus belles du genre, qu'à
l'état stérile ; elle est gigantesque, écailleuse dans toutes ses parties et à squames
entières. Le pétiole et le mésonèvre ont une couleur roussâtre très-prononcée ; les
lames sont nues, sauf les marges bordées de petites écailles imbriquées et les
mésonèvres chargés d'écailles plus grandes, étalées ; les pétioles prennent, de leur
présence, un aspect hérissé.

Cette espèce diffère de l'*A. Glaziovi* par la base largement cordiforme des frondes,
par leur dimension et leur consistance ; elle se rapproche de l'*A. scolopendrifolium*
par la base légèrement cordiforme des frondes ; elle s'en sépare par la consistance
et la dimension ; du reste, dans ces trois espèces la squamescence et la radication
sont exactement pareilles, et il y aurait à voir s'il n'existe pas, dans leur lieu natal,
des formes qui les unissent. Les *A. Glaziovi* et *scolopendrifolium* peuvent garder
la station verticale, tandis que l'*A. amplissimum* suspend ses frondes aux arbres et
aux rochers moussus. Quoique la taille ne puisse fournir un caractère spécifique,
il en est autrement quand elle s'exagère et qu'elle donne lieu à un port différent.

13. LECHLERIANUM, Metten., *Filic. Lechl.*, p. 9. — Serra os Orgãos, Miers, n° 11 ;
San-Gabriel, Spruce, n° 2187. (N. V.)

14. MINUTUM, Pohl, *Herb. Vindob.*; F., *Hist. acrost.*, p. 39, t. 10, f. 3. — Goyaz,
par Pohl. — Raide, coriace, rhizome rampant, écailleux.

(Longueur, 9-11 centim. sur 10-11 millim. de largeur.)

15. ACROCARPON, Martius, *Icon. cryptog.*, p. 85, t. 23; F., *l. c.*, p. 39. — Martius, Minas-Geraes. — Cette espèce est nettement caractérisée par des frondes fertiles, beaucoup plus longues que les stériles; à lames plus courtes et plus étroites; la souche est dressée; nous ne la connaissons que par la planche citée, excellente d'ailleurs.

16. FIMBRIATUM, Cavan., *Ann. hist. nat.*, 1, p. 1028. — Claussen, Brésil, sans autre désignation. (H. F.) — Spécimen incomplet; pétioles très-grêles, flexueux, naissant d'une grosse souche, chargée de radicelles noirâtres; les lames sont oblongues, arrondies à la base et à marge frangée. — On peut la regarder comme incomplétement connue.

17. SELLOWIANUM, Presl., *Tent. pterid.*, p. 234, *sub Olfersia.* Brésil, sans désignation précise. Non figurée et peu connue. (N. V.)

18. APODUM, Kllss., *Enum. filic.*, p. 59; *Olfersia*, Presl., *l. c.*, p. 233; Hook. et Gr., *Icon. fil.*, n° 99. — Brésil, Spruce, n°s 9*, 16 et par le même à San-Gabriel, n°s 2186 et 4639. — Grande espèce, sessile, à pétiole ailé; marges ciliées, frondes longuement acuminées, les fertiles beaucoup plus petites; celles-ci mesurant 25 centim. et les stériles 52 centim.

19. SCOLOPENDRIFOLIUM, Radd., *Filic. Bras.*, p. 4, t. 16. — Serra es Orgaos, Miers, n° 16; Glaziou, Rio-Janeiro, n° 950. — Très-belle espèce, courtement stipitée, chargée, assez abondamment, d'écailles brunâtres, particulièrement sur le mésonèvre; les lames sont ciliées; le stipe et le mésonèvre ont une teinte rosâtre très-prononcée. Notre spécimen mesure 42 centim. de longueur sur 5 à 5.5 de largeur; le pétiole atteint 8 centim. Le rhizome est globuleux. Il prend, après dessiccation, une teinte roussâtre très-prononcée.

† 20. GLAZIOVI, F.

Frondibus sterilibus lanceolatis, apice breve cuspidatis, basi rotundatis, marginibus mesonecroque rufidulis, squamosis; petiolis hirtis, flexuosis; fertilibus ellipticis utrinque acutis, basi attenuatis, nudis, petiolo multo longiori; rhizomate crasso; sporangiis rufis, ovoideis; annulo 12-14 articulato, articulis crassis; sporis ovoideis, episporiatis.

Habitat in Brazilia fluminensi (Glaziou, n° 2059, Tijuca).

Filix formosa, squamis ciliata; mesonervo rubescente; frondulis fertilibus longissime petiolatis.

ICON.: *Tab. 1, fig. 1.*

(Longueur de la fronde stérile, 45 centim.; de la lame seule, 25-30 centim. sur 5.5 centim.
dans sa plus grande largeur ; la fronde fertile, un peu moins grande, n'atteint que 10-11 centim.
de hauteur sur 3.5 de largeur.)

Cette espèce est très-belle et remarquable par la grande dissimilitude des frondes
fertiles et des frondes stériles ; celles-ci très-écailleuses et les autres parfaitement
nues. Les frondes stériles ne sont pas cordées à la base comme dans l'*A. scolopen-*
drifolium, Radd.; le mésonèvre est large, roussâtre, chargé d'écailles de même
couleur, presque piliformes sur le pétiole, qui prend un aspect hérissé; la fronde
fertile est absolument nue et la lame à peu près elliptique; elle se termine en
pointe et est légèrement décurrente par le bas. La consistance de la plante est
cartilagineuse; elle est opaque. Les écailles qui marginent les frondes stériles sont
imbriquées.

† 21. MOLLISSIMUM, F.

> *Frondibus dissimilaribus, sterilibus utrinque attenuatis, lineari-lanceolatis,*
> *punctato-pellucidis, mollibus, margine sinuatis; mesoneuro angusto,*
> *nervillis marginem non attingentibus, tenuibus, fere omnibus simplicibus,*
> *aliquando apice glandulosis; petiolis gracilibus et surculo repente squa-*
> *mosis; squamis auratis, piliformibus, basi tantum dilatatis; fertilibus multo*
> *minoribus; petiolo capilliformi, lamina lanceolata, pilos rigidos atros spar-*
> *sim ferente; margine tenui, pellucido, eleganter crenato; nervillis atris,*
> *sporangiis crassis; annulo spississimo; articulis 12, dissepimentis ægre*
> *perspicuis; sporis ovoideis.*

> *Habitat in Brasilia fluminensi ad rupes* (Glaziou, nᵒˢ 949 et 2432).

ICON.: *Tab. II, fig. 3.*

(Longueur des frondes, 22-25 centim. sur 2 de largeur. Le pétiole fait à peu près les 2/5 de la
longueur totale.)

L'*A. mollissimum* a des rapports évidents avec l'*A. Plumieri*, F., *Hist. acrost.*,
p. 50; le port est presque semblable, mais la plante brésilienne a des frondes plus
molles, moins ondulées, avec des nervilles plus déliées et plus rapprochées; elle
est pourvue, en outre, d'un rhizome qui manque dans l'*A. Plumieri*, pourvu seulement d'une souche; enfin les lames sont ici sensiblement acuminées et bien
moins écailleuses. Cette plante vit suspendue aux arbres, sa consistance molle ne
lui permettant pas la station verticale, tandis qu'elle est facile pour l'*A. Plumieri*,
qui n'est que souple.

22. PLUMIERI, F., *l. c.*, p. 50; Plumier, *Filic.*, p. 110, t. 127. — Serra os
Orgaos, Miers, nᵒ 13. — Frondes molles, sans consistance, villeuses, pellu-

cides, linéaires-lancéolées; nervilles n'atteignant pas la marge, écartées et renflées au sommet; les fertiles plus petites; les unes et les autres hérissées d'écailles roussâtres. Les frondes stériles ne dépassent pas 25-27 centim.; les fertiles sont plus petites de moitié.

† 23. SPISSUM, F.

Fronde sterili ovata, spissa, opaca, margine integerrimo; mesonerro valido, superne canaliculato; petiolo heteeolo cylindrico; fronde fertili lanceolata, petiolo longiori; rhizomate repente, squamoso, squamis ovoideis.

  Habitat in Brasilia fluminensi (Glaziou, n°s 2431 et 2799, Serra os Orgaos).

Filix crassa, glabra, margine integro, petiolo articulato, basi nigricante.

ICON.: *Tab. II, fig. 2.*

(Longueur de la fronde stérile: 20-25 centim. sur 4.5 de largeur; le pétiole mesure 12 centim. La fronde fertile, de même longueur, a un pétiole de 10 centim. et une lame de 1 centim. à 1.5.)

Cette espèce est caractérisée par une lame stérile très-épaisse, très-raide, très-opaque, glabre, portée, ainsi que la lame fertile, sur des pétioles qui se désarticulent et laissent sur le rhizome une partie de leur base, qui est noirâtre. L'articulation est indiquée par un petit renflement noduleux.

24. ERINACEUM, F., *Hist. acrost.*, p. 41, *exclus. synon.*, *A. hybridum*; Hook. et Gr., *Icon.*, n° 21, non Bory. Brésil, Gaudichaud; commune à la Guadeloupe. — Toutes les parties de la plante sont couvertes d'écailles brunâtres, raides et étalées; elles donnent aux marges une apparence ciliée.

*** Frondes linéaires ou tendant à cette forme.*

25. MARTINICENSE, Desv., *Herb. Par.*; F., *Hist. acrost.*, p. 45, t. 16, f. 3.; *Elaphoglossum glabellum*; J. Sm. in *Lond. Journal*, I, 197. — Rio-Negro, Spruce, n° 1426, et par le même à Santa-Martha, n° 2308. (N'a pas encore été figurée.)

26. LEPTOPHYLLUM, F., *Hist. acrost.*, p. 45, t. 17, f. 1. — Blanchet, Serra Jacobina, n° 548 (Herb. Web.). — Les frondes fertiles et les frondes stériles sont linéaires-lancéolées, de même forme, obtuses au sommet et acuminées à la base des lames; les pétioles sont très-longs et assez raides; le rhizome est rampant.

27. DURUM, Kze., *Linn.*, XXII, p. 575, *A. pachyphyllum*, Mart., Herb., *Teste* Kze. — Regnell, Caldas et Minas-Geraes. — Fronde épaisse coriace, très-raide;

la stérile très-courtement stipitée, linéaire-lancéolée, obtuse, longuement
atténuée au sommet; la fertile plus longuement stipitée, lancéolée, aiguë, à
marge réfléchie; rhizome rampant.

28. PACHYDERMUM, F., *l. c.*, p. 47. — Minas-Geraes (Herb. A. Richard). — Plante
dure, épaisse, coriace, opaque, raide, à marge convolutée et à base décurrente. Les deux lames sont couvertes d'écailles piliformes, éparses, noirâtres
et étoilées. Elle a 34-36 centim. de longueur et le pétiole fait le tiers environ
de cette dimension. M. Klotzsch, Linn., XX, p. 428, rattache à cette espèce
notre *Hymenodium Kunzeanum*, *Hist. acrost.*, p. 90, t. 58; mais ici les nervilles sont libres.

29. LINEARE, F., *l. c.*, p. 47, t. 15, f. 2. — Gardner, n° 98, Herb. Moricand. —
— Petite espèce à rhizome rampant très-écailleux; les lames stériles, obtuses
au sommet, sont atténuées à la base; elles sont linéaires et plus longues que
les stériles, dont la lame, assez courte, est lancéolée.

30. RUBIGINOSUM, F., *l. c.*, p. 47, t. 5, f. 1, A. *Schiedei*, Kze., *Analect. pterid.*,
p. 10. Rio-Janeiro, Gardner, n° 5928; Vauthier, n°s 662 et 664. — Cette espèce
porte sur les rhizomes des écailles fort dures, imbriquées, luisantes et très-
noires (*ustulatæ*), fort différentes de celles qui se trouvent sur les pétioles.

31. VISCOSUM, Sw., *Fl. Ind. occid.*, III, p. 1588; F., *l. c.*, p. 45; Hook. et Gr.,
Icon., n° 61; Plum., *Filic.*, t. 129 (*rudis*). — Brésil, Gardner, n° 99; Claussen, n° 96; Regnell, II, p. 336. Rio-Negro, Spruce, n° 2487, et Brésil austr.,
à San-Gabriel, n° 2308. — Cette plante n'est pas visqueuse, ainsi que son
nom spécifique semble l'indiquer.

32. PRÆLONGUM, F.

Frondibus lanceolatis, glabris, apice acuminatis, basi acutis, membranaceis,
nervillis apice turgidis; petiolis rubiginosis, longis, tenuibus, canaliculatis;
sterilibus subpapyraceis, lanceolatis; fertilibus linearibus, petiolo longiori;
sporangiis crassiusculis, annulo lato 12 articulato, articulis remotis; sporis
ovoideis, episporiatis, nigris, rotundatis, episporio crasso vestitis.

Habitat in Brasilia fluminensi (Glaziou, n°s 952, 2433 et 2800, hauts
sommets de la Serra os Orgaos, et 2855 *sterilis*).
Filix elongata, nuda, membranacea; rhizomate repente; squamis rigidis, lan-
ceolatis, succineo colore obsitis.

2

Icon. : *Tab. III, fig. 2.*

(Longueur prise sur le spécimen n° 952 : frondes stériles, 55 centim. sur 3 centim. de largeur, frondes fertiles, 85 centim., dont le pétiole fait la moitié ; largeur, 12 millim.)

Cette espèce se rapproche de l'*A. rubiginosum*, mais les frondes sont nues et les fertiles linéaires ont une longueur considérable. Les pétioles, qui sont très-grêles, nous paraissent légèrement visqueux. Sur les lames du n° 952 se trouvaient en abondance des anguillules parfaitement conformés, mesurant environ 1 millimètre.

II. POLYLÉPIDÉES.

† 33. CHRYSOLEPIS, F.

Frondibus linearibus aut lanceolato-linearibus, utrinque attenuatis, petiolo satis parvo, laminis translucidis, flexibilibus, squamis, pilos stellatos simulantibus, tectis ; in mesoneuro fulvis, super petiolos aureis, fimbriatis ; fertilibus anguste linearibus, petiolo longiori ; surculo crasso repente, squamoso.

Habitat in Brasilia fluminensi (Glaziou, n° 2435).

Filix elegans, flexibilis, squamis forma varia abunde vestita.

Icon. : *Tab. II, fig. 1.*

(Longueur : 42-45 centim., 2-2.5 centim. de largeur, le pétiole mesure 6-7 centim.)

Cette plante ouvre la section des polylépidées, remarquables par l'abondance des écailles qui les envahissent, écailles très-souvent différentes sur les diverses parties qu'elles recouvrent. Ici, par exemple, celles du pétiole et du mésonèvre sont lancéolées, avec des marges très-déchiquetées ; étalées sur le pétiole, auquel elles donnent un aspect hérissé, et couchées, au contraire, sur le mésonèvre ; les unes et les autres de couleur dorée un peu brunâtre ; tandis que les lames portent des écailles jaunâtres, divisées au point de paraître piliformes, et prenant l'apparence de poils bifurqués ou trifurqués sur la lame des frondes fertiles. Nous pouvons faire remarquer que les espèces à frondes linéaires changent bien moins leurs dimensions que les espèces à frondes lancéolées, lesquelles sont, en outre, beaucoup plus polymorphes.

34. LINDENII, Bory ; F., *l. c.*, p. 48, t. 18, f. 3. — Brésil, Gardner, n° 5925. — Pétiole grêle, flexueux, couleur de paille, chargé, ainsi que les lames, d'écailles roussâtres, très-caduques. La fronde est ovale, mince, transparente, avec des nervilles assez grosses, ponctiformes au sommet. La souche est couverte de fibrilles qui la cachent à l'œil.

35. BRACHYNEVRON, F., *l. c.*, p. 49, t. 22, f. 1. — Gardner, Minas-Geraes, n° 5928 (Herb. Weeb.). — Grande espèce, voisine de l'*A. rubiginosum* par la forme et le port. Les frondes sont presque sessiles.

36. STRICTUM, Radd., *Fil. Bras.*, p. 3, t. 15, f. 3; Martius, *Fl. Bras.*, p. 84, t. 22. Mandiocca, Martius. — Espèce à frondes longuement lancéolées, presque sessiles, fasciculées sur le rhizome et atténuées à la base. Les stériles et les fertiles d'égale dimension. (N. V.)

37. ACTINOTRICHUM, Mart., *Fl. Bras.*, p. 86; F., *Hist. acrost.*, p. 62. — Brésil, par Martius. — Cette espèce, qui demande à être mieux connue, n'a été décrite que sur un spécimen stérile. Elle rentre vraisemblablement dans quelques-unes des espèces connues.

38. PLUMOSUM, F., *l. c.*, p. 54, t. 20, f. 1. — Brésil sept., San-Gabriel, Spruce, n° 2397, Schomburgh, n° 446. — Rio-Negro, par le même, n°s 1770 et 2185. — Belle et curieuse espèce, couverte de squames minces, fortement ciliées, lâchement appliquées sur les lames et étalées sur les pétioles; elles sont fauves et donnent à la plante un aspect plumeux.

39. PERELEGANS, F., *l. c.*, p. 55, t. 23. — *A. paleaceum*, Pohl. *Herb. Vindob.* — Vauthier, à Sabera (1833). Goyaz, Pohl, 1844. — Frondes stériles allongées, lancéolées, aiguës, acuminées, squames épaisses, peu abondantes sur les deux lames, consistance membraneuse, papyracée. Les frondes stériles et fertiles mesurent de 40 à 50 centim.

40. GARDNERIANUM, Kze., *Herb.*; F., *l. c.*, p. 55, t. 15, f. 3; *Elaphoglossum intermedium*, Brack, *U. S. Expl. Exped.*, XVI, 69. Brésil, Gardner, n° 93. Rio-Janeiro, Glaziou, n° 2493 (stérile). Brackenridge, Serra os Orgaos. — Frondes stériles obtuses, épaisses, opaques, couvertes d'écailles roussâtres, portées sur une souche dressée, écailleuse, chargée à la base des pétioles provenant des végétations antérieures.

41. LANGSDORFFII, Hook. et Gr., *Icon. fil.*, t. 164; Mart., *Fil. Bras.*, t. 21. — Gardn., n°s 94 et 5929; Vauthier, 661; Miers, Serra os Orgaos, n° 15. Même localité, Glaziou, 1763 (*sterilis*). — Les figures de cette plante, données par Hooker et Grev., et plus tard par Martius, ne semblent pas reproduire la même plante. La fougère figurée par Martius, plus petite dans ses propor-

tions, est moins robuste; ses frondes, médiocrement écailleuses, ont des écailles plus petites et moins profondément frangées.

42. MERIDENSE, Klotz., *Linn.*, XX, p. 427; F., *Gen. filic.*, p. 43, t. 1, fig. 3 (fragm.); Para, Spruce, n° 16. — La souche est dressée; les frondes stériles sont oblongues-lancéolées, acuminées, un peu luisantes; les fertiles linéaires-lancéolées, aiguës, longuement pétiolées, plus courtes. Elle est de médiocre grandeur.

43. CUSPIDATUM, Willd., *Fil.*, p. 106; F., *l. c.*, p. 57, t. 14, f. 2. Sierra Carassa, Langsdorff. — Belle espèce, toute couverte d'écailles rousses, lancéolées, à marge ciliée. Elle prend, par la dessiccation, une teinte rougeâtre très-prononcée.

44. LEPIDOTUM, Willd., *Filic.*, p. 102, *A. tectum*, H. et B. in *Willd.*, *l. c.* Brésil, Vauthier, n° 663 et 664. Blanchet, n° 550, et Gardner, n° 5928. — Espèce très-écailleuse; lames obtuses au sommet, arrondies à la base; très-gros rhizome, chargé d'écailles raides et rougeâtres.

† 45. ACUMINANS, F.

Frondibus lineuribus, curvatis, rufidulis, apice longissime acuminatis, basi attenuatis; mesonevro superne canaliculato, supra squamis rufis onusto, nervillis fere horizontalibus, circa mesonevrum late furcatis; petiolo brevi, squamas lineares longe ciliatas ferente; fertilibus minoribus angustioribusque; sporangiis tabacinis, crassiusculis; annulo lato, 12 articulato; sporis ovoideis, episporiatis.

Habitat in Brasilia fluminensi, Serra d'Estrella (H.F.) (Glaziou, n°s 951, 2437, 2438, petite forme, et 2469, Alto-Macahe, Nouv.-Fribourg).

Affine cum A. laminarioide, *forma, et cum A.* erythrolepide, *squamescentia.*

Filix rigida, longe acuminata, petiolo brevi, squamosa.

ICON.: *Tab. I, fig. 2.*

(Longueur des frondes stériles, 32-26 centim. sur 2 centim. de largeur. La fronde fertile est de moitié plus étroite; le pétiole est à la fronde :: 1 : 6.)

Cet *acrostichum* est raide et remarquable par des frondes très-longuement acuminées et par un pétiole couvert d'écailles roussâtres, étalées et profondément découpées; les lames sont velues et les poils qui les recouvrent sont assez longs. La nervation consiste en un mésonèvre étroit où viennent se rendre des nervilles bifurquées vers la base, lesquelles s'étalent à angle droit; elles atteignent la marge.

Les frondes fertiles sont assez étroites et moins grandes que les stériles; le rhizome est couvert d'écailles roussâtres, lancéolées et ciliées.

**** *Piloselloïdes.*

46. PILOSELLOIDES, Presl., *Reliq. Haenk.*, p. 14, t. 11. — Olfersia, Presl., *Tent. pterid.*, p. 233. Brésil, Claussen, nº 317. — Espèce très-répandue dans les herbiers, assez mobile dans ses formes. Les lames fertiles sont planes et arrondies.

47. OVATUM, Jameson; F., *Hist. acrost.*, p. 54, t. 14, f. 7. Gardner, nº 5923. — Elle est rampante et comme rameuse. Les frondes fertiles et stériles diffèrent à peine; elles sont ovales, obtuses, avec un assez long pétiole; toute la plante est écailleuse.

48. NONRIBULUM, Klfss., *Enum. filic.*, p. 58; F., *Acrost.*, p. 52, t. 14, f. 1, *A. spathulinum*, Radd., *Fil. Bras.*, p. 3, t. 15, f. 2. Glaziou, Rio-Janeiro, nº 946. M. Th. Moore en fait une simple variété de l'*A. pilosclloides*, Presl.; elle est plus grande. — Écailles assez longues, roussâtres, appliquées sur les lames et les bordant en manière de cils; les pétioles en sont chargés. Les frondes stériles, groupées sur une petite souche fibreuse, sont longuement lancéolées; les fertiles ont une forme elliptique et sont au pétiole :: 1 : 3 ou même à 4; elles mesurent de 9 à 12 millim. Les unes et les autres, très-différentes de forme, atteignent une même hauteur. C'est par erreur que M. Fournier (*Bulletin Soc. bot. de France*, t. XIV, p. 161) dit que cette espèce se distingue de toutes les autres par ses frondes stériles et fertiles de même forme.

APPENDIX

49. ALPESTRE, Gardn., *in Field. et Gardn.*, *Sert. pl.*, t. 25. — Gardner, nº 5924. (N. V.)

NB. C'est à tort que, dans la distribution des espèces d'*acrostichum* (*Hist. acrost.*, p. 65), nous avons indiqué l'*A. vestitum*, Schlecht., comme une espèce brésilienne; elle n'a été, jusqu'ici, trouvée qu'au Mexique.

A la seule exception du *nevroplatyceros*, divisé en longs segments, et du *rhipidopteris*, dont la fronde fertile est flabelliforme, le groupe des acrostichées ne renferme aucune espèce pinnatifide.

2. LOMARIOPSIS, F., *Hist. des acrost.*, p. 10 et 66, t. 25-33.

1. PILERODES, Kze., *Syn. pl. Pœpp. in Linn.*, IX, p. 33, *sub acrosticho*, F., *l. c.*, p. 66. *Acrostichum Japurense*, Mart., *Flor. Bras.*, p. 86, t. 24. Brésil, Blanchet,

n° 2517 ; Gardn., n° 99 ; Schott, n° 3 (Herb. Vindob.). — Cette espèce est l'une des plus grandes du genre.

2. ERYTHRODES, Kze., *Herb. Bras.*, n° 366, *sub acrosticho* ; *Lomariopsis*, F., *l. c.*, p. 67. Brésil, Salzmann, à Bahia ; Martius, *H. Brasil.*, n° 366 ; Blanchet, n° 2517. Rio-Janeiro, Glaziou, n° 371. — Cette espèce n'a point encore été figurée ; les frondes sont assez souples, acuminées, à nervilles en relief ; elles portent des frondules sessiles sur un rachis mince et flexible. Les pétioles, les rachis et les mésonèvres prennent, par la dessiccation, une teinte rougeâtre très-prononcée, *inde nomen*.

3. ELONGATA, F., *l. c.*, p. 67. Luschnath, Bahia, n° 10 ; n'a point été figurée. — Frondes très-développées, à frondules très-longues, terminées en une pointe effilée ; les spores sont pileuses et les nervilles en relief.

3. POLYBOTRYA, H. et Bonpl., *Nov. gener.*, I, p. 23.

1. OSMUNDACEA, H. B. Kth., *l. c.*, p. 23, t. 2 ; Willd., *Filic.*, p. 99. — Cette plante, trouvée d'abord dans la Nouvelle-Andalousie par Humboldt et Bonpland, est indiquée au Brésil par M. Hooker, *Spec. filic.*, V, p. 246, où elle aurait été récoltée par Moricand et distribuée par Gardner sous les n°ˢ 91 et 92 ; MM. Hooker et Bauer en ont donné l'analyse dans la planche 88 de leur *Genera*.

2. CAUDATA, Kze., Linn., IX, p. 23 ; F., *Hist. acrost.*, p. 72, t. 34. San-Gabriel, Rio-Negro, n° 2116, Spruce. — Espèce remarquable par des frondes fertiles dont les frondules pédicellées ont une marge fortement ondulée, presque pinnatifide, avec une très-longue pointe obtusiuscule, presque entière.

3. PUBENS, Mart., *Icon. pl. crypt. Brasil.*, p. 87, t. 25. Serpa, par Martius. — Nous ne la connaissons que par l'excellente figure de cette plante, donnée par Martius. Elle paraît voisine du *P. caudata*, Kze.

4. ACUMINATA, Lk., *Filic. sp. filic.*, p. 148 ; F., *Hist. acrost.*, p. 73. — Brésil, Raddi (Herb. Hooker). — Vue seulement cultivée, provenant de Kunze ; elle est robuste, opaque et presque cartilagineuse.

5. INCISA, Lk., *l. c.*, p. 148 ; F., *l. c.*, p. 73, t. 35. Brésil, Vauthier et Claussen. — Dans cette espèce, les frondes sont assez souvent mixtes. Les derniers segments stériles sont oblongs et fortement crénelés ; les derniers segments fertiles, linéaires, tendent à la forme pinnatifide.

6. CYLINDRICA, Klfss., *Enum.*, p. 56; *P. speciosa*, Schott, *Gen. fil.*, 2; F., *Hist. acrost.*, p. 74, t. 36; Martius à Ilheos, n° 374; Rio-Janeiro, Schott et Glaziou, au Corcovado, n° 373 (stérile); par le même, fructifère, à Rio-Janeiro, n° 2429, et à Itajahy, n° 955 et 1652, île Sainte-Catherine, par H. Gauthier. — Très-belle et très-grande espèce, à rachis stramineux, avec des écailles éparses. La souche est très-grosse et couverte d'écailles rougeâtres, linéaires et piliformes.

7. FRONDOSA, F.

Frondibus sterilibus quadripinnatis, oblongis, amplis; petiolo crasso, squamoso, rigido, lutescente; rachi trisulcato; frondulis primariis alternis, remotis, acutis, rachi depresso villosulo; frondulis secundariis breve petiolatis, oblongis, approximatis, apice pinnatifidis; frondulis tertiariis ovatis, obtusissimis, dentatis; frondibus fertilibus tripinnatis, rachi helveolo, squamoso; frondulis tertiariis pinnatis, petiolatis, lanceolatis, segmentis fructiferis turgidis, subpinnatis lobatisve; sporangiis ovoideis, magnis, laminam inferiorem reflexam et margines invadientibus; annulo, 20–24 articulato; sporis crassis, margine lato, nigrescente involutis, sæpe polyedricis.

Habitat in Brasilia fluminensi (Glaziou, n° 2428).

Filix magna, scandens, surculo crassissimo, squamoso, fasciculis vasorum in frondibus sterilibus, 9–12, circulatim dispositis.

(Longueur, 1 mètre; frondules primaires, 30 centim.; secondaires, 9 centim. sur 3 centim. d'envergure; la souche est de la grosseur du pouce.)

Cette espèce ressemble par ses frondes à certaines feuilles ombellifères du genre *Chærophyllum* et, comme elles, garde, après dessiccation, une teinte d'un vert très-foncé; les frondules de 2e ordre s'imbriquent par les bords de leurs frondules de 3e ordre, qui sont obtuses, très-rapprochées et dentées en leur pourtour; les écailles qui couvrent la souche sont lancéolées, très-longuement acuminées, à marge entière et brunâtres. La plante a un aspect feuillu qu'elle doit à ses derniers segments très-rapprochés et très-dilatés.

Faisons observer que si la diagnose des grandes fougères, plusieurs fois pinnées, à segments nombreux et très-divisés, est facile pour l'œil qui en saisit l'ensemble, elle est très-difficile dans les termes à employer pour en décrire les particularités. Le *facies* d'une plante résulte d'une foule de nuances que les mots ne sauraient toujours rendre d'une manière complétement satisfaisante.

† 8. SEMI-PINNATA, F.

Frondibus oblongis, bipinnatis, glaberrimis, crassiusculis, petiolo trisulcato, squamoso; frondulis primariis oblongis, acutis, semi-pinnatis, petiolatis, rachi tenui; frondulis secundariis oblongis, acutis, basi sursum gibbosis, dentatis; surculo crasso, squamoso, squamis angustis, acuminatis, rufis; fasciculis vasorum 8-9; frondibus fertilibus...

Habitat in Brasilia fluminensi (Glaziou, n° 2427).

Filix glaberrima, partitionibus dilatatis.

(Longueur, 1 mètre; frondules primaires, 32-35 centim.; secondaires, 10-11 sur 4 centim. de largeur.)

Quoique nous n'ayons sous les yeux que les frondes stériles, il nous semble que cette espèce est très-distincte de ses congénères. On la reconnaîtra à ses frondules de 1er ordre pinnées seulement dans leur moitié inférieure; les frondules de 2e ordre, libres, sont dentées ou crénelées en leur pourtour, avec un lobe gibbeux dans leur partie supérieure. La partie supérieure de la fronde est acuminée et pinnatifide. L'aspect général des frondules de 2e ordre rappelle certaines espèces du genre *Spiræa*.

4. RHIPIDOPTERIS, Schott, F., *Hist. des acrost.*, p. 14 et 78, et *Gener. filic.*, t. II.

1. PELTATA, Sw., *Syn. filic.*, p. 11. *Ejusd. Fl. Ind. occid.*, III, p. 1593, *sub acrosticho; Rhipidopteris;* F., *Hist. acrost.*, p. 78. Schkh. *Crypt. Gew.*, t. 12. — *Olfersia*, Presl., *Tent. pterid.*, p. 234. — L'*Ac. fœniculaceum*, Hook et Gr., *Icon.*, n° 119, est une variété à segments très-allongés et très-étroits. Les spécimens brésiliens que nous avons sous les yeux (Glaziou, Rio-Janeiro, n° 2441), ont des segments bifides, assez courts; tous sont stériles. Nous avons figuré cette plante *Mémoire sur les bases de la classification des fougères*, p. 14, t. 15.

5. OLFERSIA, Radd. *Op. scienz. di Bolonia*, VIII, 1819, p. 283, t. 11.

1. CERVINA, Kze., *Flor.*, 1824, I, p. 312. — *Polybotrya*, Klfss., *Enum. filic.*, p. 55. — Hook. et Gr., *Icon.*, 81. — Pohl à Goyaz, n° 3871; Martius, *Fl. Bras.*, n° 375. — Frondes fertiles bipinnées. C'est là l'espèce de la Guadeloupe et de la Martinique; la seule qui ait été trouvée dans les Antilles, contrairement à ce que nous avons dit ailleurs (*Foug. des Antill.*, p. 7).

2. CORCOVADENSIS, Radd., *Syn. filic. Bras.*, n° 28, et *Filic. Bras.*, p. 7, t. 14. — *Polybotrya*, Spreng. au Corcovado, Langsdorff; Glaziou, n° 450 et 452; Pohl

à Goyaz. — Frondes fertiles simplement pinnées ; il existe entre cette espèce et la précédente des analogies si nombreuses qu'il est probable que cette forme n'est qu'une simple variété de l'espèce précédente, à frondes fertiles, simplement pinnées ; elle est plus délicate, plus petite et plus rare. Nous avons reçu (1868) de M. Glaziou (n° 2426) un spécimen qui indique le passage de l'une à l'autre forme, ce qui semble décider la question.

6. SOROMANES, *Hist. des acrost.*, p. 16 et 82, t. 42.

INTEGRIFOLIUM, F., *l. c.* — Brésil (sans autre indication) (Herb. A. Braun). — Organisation des frondes fertiles, pareille à celle de l'*O. cervina*. Les frondes stériles ont des nervilles anastomosées.
>   Var. β *salicifolium*, Hook., *Sp. filic.*, V, p. 257. — Serra do Araripe, Gardner. (N. V.)

7. GYMNOPTERIS, Bern., *Emend.*, F., *Hist. des acrost.*, p. 18 et 83, t. 40, 44-46.

1. NICOTIANÆFOLIA, Sw., *Syn. filic. sub acrosticho; Gymnopteris*, Presl., *Tentam. pterid.*, p. 244. — Indiquée par Hooker (*Spec. filic.*, V, p. 275) comme se trouvant au Brésil ; nous ne l'avons pas vue provenant de cette localité. La synonymie donnée (ouvr. cit.) se rapporte à deux plantes différentes et laisse douter que cette plante existe vraiment au Brésil.

2. SEMI-PINNATIFIDA, F., *Hist. des acrost.*, p. 83, t. 44.
>   Var. β *subsimplex*, F., *Hist. acrost.*, p. 83, t. 40 ? Spruce, San-Gabriel, Rio-Negro, n° 2121. — Si ce spécimen était dans son état normal, il reproduirait exactement la plante des Philippines distribuée par Cuming sous le n° 225 ; nous en faisons une variété pour consacrer cette analogie.

8. HETERONEVRON, F., *Hist. des acrost.*, p. 20 et 91, tab. 25, 39, 54-57.

1. MENISCIOIDES, F., *l. c.*, p. 93, t. 55 (frondule fructifère); — Blanchet, Bahia. — La fronde stérile nous est inconnue ; il faudrait revoir cette plante complète pour décider de sa valeur spécifique.

2. SERRATIFOLIUM, F., *l. c.*, p. 94, t. 55, f. 4. — *Pœcilopteris fraxinifolia*, Presl. *Tentam. pter.*, p. 242. *Bolbitis*, Schott. *Acrostichum*, Mertens *in* Klfss. *Enum.*, p. 66, non Willd. — Martins, Pohl (Herb. Vindob.); Glaziou, Rio-Janeiro.

n° 1671. — Cette plante a été grossièrement figurée par Arrabida, *Flor. fluminensis*.

Var., *Undulatum. Frondibus latioribus, marginibus undulatis, vix apice serratis.* — Martius, Rio-Janeiro (H. F. sans numéro); Glaziou, n° 953 et n° 2422, à Yacucunga, 1868. — Cette variété est plus rarement prolifère que le type.

3. RADDIANUM, F., *l. c.*, p. 94. — *Acrostichum scandens*, Radd. *Fil. Bras.*, p. 6. t. 18. — Gaudichaud, Rio-Janeiro, et Glaziou au Corcovado, n° 372 et 956; île Sainte-Catherine, H. Gauthier, à Desterro. — Plante grimpante ayant le *facies* des *lomariopsis* avec des nervilles anastomosées; la marge des frondules est simplement ondulée et non dentée; les rhizomes sont radicants.

9. ANETIUM, Splitgerb. F., *Hist. des acrost.*, p. 21 et 97.

1. CITRIFOLIUM, Splitg., *Nat.-Gesch.*, VII, p. 395. F., *l. c.*, *Antrophyum citrifolium*, F., *Hist. antroph.*, p. 51. *Hemionitis parasitica*, Linn., *Sp. pl.*, 1535. Plum., *Filic.*, t. 116. — Herb. Brésil, Martius, n° 369, § 1; Spruce, à San-Gabriel, Rio-Negro, n° 2908. — Cette plante est très-paradoxale. La nervation, les sporangiastres, les radicelles tomenteuses, les écailles cancellaires de la souche qui semblent caractériser les *antrophyum*, se retrouvent ici, avec des sporanges sporadiques et émergés. C'est là un des cas assez nombreux qui démontrent la faiblesse de nos moyens de classification.

M. Th. Moore, *Index*, p. 72, a établi sur une plante de Spruce, récoltée à Para (n° 52), un *Anetium Sprucii* (Herb. Hook.), qui ne paraît pas très-distinct de l'*A. citrifolium*.

10. CHRYSODIUM, F., *Hist. des acrost.*, p. 97 et p. 22, t. 59-63.

1. VULGARE, F., *l. c.*, p. 97. — *Acrostichum aureum*, L., *Sp. pl.*, 1525; Plum., *Filic.*, t. 104. — Bahia, Glaziou, Rio-Janeiro, n° 449. Île Sainte-Catherine, H. Gauthier. — Plante très-robuste, cosmopolite, aquatique.

2. HIRSUTUM, F., *l. c.*, p. 99; Martius, *Herb. Brasil.*, n° 365; Pohl, var. β *marginatum*, Schkh., *Crypt. Gew.*, p. 185, t. 1, f. 3; *Acrostichum juglandifolium*, Klfs. *Enum.*, p. 66. — Nouv.-Fribourg, Claussen; Saint-Sébastien, Martius. — Ces deux espèces, étroitement liées, ne sont, comme quelques botanistes l'ont

décidé, que des variétés l'une de l'autre; ce genre renferme les espèces les
plus robustes de toutes les fougères herbacées et en même temps les plus
fécondes; la quantité de sporanges qui couvrent les frondules se compte par
centaines de mille, et les spores par millions. Un spécimen complet de la
Guadeloupe desséché pesait plus de 150 grammes. Les vaisseaux vasculaires
sont ponctiformes et noirâtres. M. H. Gauthier, de Desterro, île Sainte-Catherine, Brésil méridional, nous écrit que le *Ch. vulgare* vit dans la vase, que
les frondes, hautes souvent de plus de 2 mètres, et qui ne sont feuillées que
vers leur moitié supérieure, naissent d'une souche énorme, lacuneuse, mol-
lasse, noirâtre, passant au violet quand on l'écrase. Le pétiole est gros comme
le doigt.

NB. Les Acrostichées sont des plantes herbacées, dressées, quelquefois grim-
pantes, arboricoles ou terrestres; le genre *Chrysodium* est exceptionnellement une
plante paludéenne. Elles sont régulières dans leurs formes, sauf le genre *Necro-
platyceros*, qui n'appartient pas au Nouveau-Monde et qui a des frondes laciniées.
Ces fougères ont des frondes souvent diplotaxiques, c'est-à-dire différentes de
forme suivant qu'elles sont stériles ou fructifères; la quantité de spores que porte
une seule lame est prodigieuse et se compte par centaines de mille. Beaucoup
d'entre elles se chargent d'écailles de manière à en revêtir complétement l'épiderme.
Les frondes simples ne se sont jamais présentées à nous à l'état vivipare; les genres
seuls qui se sont montrés tels sont principalement les genres *Gymnopteris* et *Heteroneuron*. Leurs dimensions parcourent une très-grande échelle, quelques centimètres, *Acrostichum piloselloides*, Presl., et 2 mètres, *Chrysodium vulgare*, F.
Le *Lomariopsis sorbifolia*, F., est une des plantes les plus polymorphes que l'on
connaisse. Ce groupe manque entièrement à l'Europe. Toute la terre tropicale et
équatoriale, surtout dans les parties boisées, est riche en acrostichées. On peut en
évaluer le nombre à 250 environ, sur lesquelles le Brésil en possède plus du quart
(72 espèces réparties en 10 genres). Les Antilles, dont la surface est loin d'égaler
l'étendue de ce grand empire, a 53 espèces et 10 genres, le Mexique seulement
8 genres et 38 espèces. L'étude de ces plantes est difficile; le genre *Acrostichum*,
qui a tant d'uniformité dans la disposition des frondes, toujours simples, a plusieurs espèces paradoxales; il en est de même du *Polybotrya*. Le genre *Anetium* est
un véritable *acrostichum* par ses sporanges superficiels et sporadiques, et un antrophyum par la nervation, les sporangiastres et la radication. Dans les Acrostichées,
contrairement à ce qui arrive dans les autres groupes, les sporanges naissent sur
toute l'étendue de la cuticule, sans suivre les nervilles, ou s'appliquer contre

elles. Ces organes reproducteurs sont sporadiques. Toutefois, ce caractère est moins marqué dans les *Nevroplatyceros*, où les sporanges sont parfois disposés en longues séries longitudinales qui s'accordent assez avec la direction des nervilles.

II. LOMARIÉES.

11. LOMARIA, Willd. *in Mag. d. Ges. naturf.*, F. z., Berl. 1809, p. 160.

** Frondes pinnatifides.*

1. PLUMIERI, Desv., *in Berol. mag.*, V, p. 325; *L. Martinicensis*, Spreng., *Neu. Ent.*, III, 5. — Glaziou, Rio-Janeiro et Tijuca, n°⁵ 1762 et 2000; île Sainte-Catherine, à Desterro, Alburquerque. — Espèce glaucescente par dessiccation; semble devoir grimper sur les troncs; le rhizome, intérieurement rougeâtre, a une consistance plus délicate que celle des spécimens de la Guadeloupe.

NB. Presl (*Epim. bot.*, p. 154) fait du *Lomaria Plumieri* le type d'un genre *Lomaridium*, caractérisé par l'absence d'indusium. L'observation est de toute justesse; mais ici le port est si bien celui des *Lomaria*, qu'on ne peut séparer cette fougère du genre auquel elle a été rattachée. L'indusium des *Lomaria* n'est, d'ailleurs, qu'un simple repli de la marge, lequel est tantôt scarieux et tantôt membraneux, conservant alors la consistance de la fronde d'où il provient.

2. PTEROPUS, Kze., *Die Farr.*, t. 46, *Acrostichum heterophyllum*, Radd., *Fil. Bras.*, p. 5, t. 17. — Glaziou, au Corcovade, n° 1226. — Très-distincte par les folioles inférieures, arrêtées brusquement dans leur développement et de forme semi-lunaire.

† 3. MUCRONATA, F.
Frondibus sterilibus oblongo-lanceolatis, cum segmentis horizontalibus oblongis, basi latioribus, approximatis, apice mucronatis, marginibus inaequaliter serrulatis, ultimis minoribus obtusis; nervillis dichotomis; petiolo depresso, rachi canaliculato; fertilibus lanceolatis, petiolo longiori; segmentis linearibus mucronatis, ultimis in petiolo desinentibus; sporangiis ovoideis, annulo 16-20 articulato; sporis ovoideis, episporatis, episporio plicato.
Habitat in Brasilia fluminensi (Glaziou, n° 2423).
Filix siccitate nigrescens, surculo erecto, fibras crassas emittente, squamis atris, parvulis, rigidis lanceolatis, ad apicem sedentibus.
ICON.: *Tab. VIII, fig. 3.*

(Longueur : frondes stériles, 50 centim.; le pétiole, 15 centim.; les segments du centre, 5-6 centimètres sur un peu moins de 2 de largeur; les sinus n'ont que quelques millimètres d'ouverture. Les frondes fertiles de même longueur sont chargées de segments linéaires, dressés, séparés par un intervalle de 7-9 millim.)

On reconnaîtra facilement cette espèce au mucron qui termine tous les segments, ainsi qu'à leur horizontalité dans les frondes stériles.

** *Frondes pinnées.*

4. BRASILIENSIS, Radd., *Fil. Bras.*, p. 50, t. 72 et 72*. — *L. procera*, Spreng., *S. æ. reg.* IV, p. 65. — Glaziou, Rio-Janeiro, n°' 368, 954 et 1642. — Belle et grande espèce, très-répandue. M. Hooker, *Sp. filic.*, III, p. 22, a donné de cette plante une synonymie fort embrouillée. Les frondules fertiles atteignent parfois jusqu'à 22-24 centim. de longueur; elles sont alors très-flexueuses. — Nous avons reçu (septembre 1808) un spécimen de cette plante sous le n° 2424, qui présente un phénomène extraordinaire, la dissociation des deux côtés de la fronde fertile, formée de deux parties isolées, celle de droite et celle de gauche. Cette séparation a eu lieu dès la base, car on ne trouve, du côté de la partie privée de frondules, aucune trace de séparation. Les pétioles, les rachis et les frondes des fougères sont symétriques, formées de deux groupes de vaisseaux unis entre eux par du tissu cellulaire. Cette union est démontrée par l'existence d'un canal longitudinal et central, véritable ligne médiane apparente sur les stipes et les divisions du rachis, ainsi que sur les mésonèvres. C'est par la séparation de ces faisceaux vasculaires qui s'écartent du parallélisme que l'on se rend compte des partitions auxquelles sont si fréquemment soumises les fougères. Dans le cas cité la ligne médiane s'est dissociée.

5. STRIATA, Sw., *Syn. filic.*, p. 304 et 422 *sub Onoclea*, Weddell, n° 863; Rio-Janeiro à Pétropolis, Glaziou, n° 2425. — Très-belle et très-grande espèce, portant un petit corps glanduleux noirâtre à la base des frondules stériles; on les retrouve aussi dans le *L. Brasiliensis*, Radd., mais à la base des frondules fertiles.

6. REGNELLIANA, Kze., *Linn.*, XXII, p. 576. — Regnell, Brésil, Minas-Geraes; Martius, Rio das Contas; *teste* Kze., *l. c.* (N. V.)

7. IMPERIALIS, F. et Glaz.
  Frondibus coriaceis, pinnatis, longe oblongis, abrupte caudatis, petiolo crasso, spinis brevibus, sparsis armato, basi squamis longis, angustissimis, aureis,

*apice tortilis, circumdato; rachi rigido, cum squamis seu pilis pallidis gos-
sypinis; frondulis sterilibus lanceolatis, sessilibus, approximatis, imbricatis, obtusiusculis, erectis, supra glabris, subtus pilis longissimis flexuosis,
linearibus, succineo colore, perfacile solutis, abunde vestitis; marginibus
integerrimis, leviter revolutis, nervillis tenuibus, apice turgidis, puncto turgido, versus marginem indicatis; frondulis fertilibus linearibus, supra glabris, apice dilatato-spatulatis; indusiis laceratis, scariosis; sporangiis magnis, cum pilis elongatis, vittatis immixtis; annulo 20-24 articulato; sporis
rotundis, episporio vestitis, nigrescentibus, nudis lutescentibus.*

*Habitat in Brasilia, ad cacumina montium vulgo dictorum ab incolis Serra
os Orgãos (Glaziou, n° 2801).*

*Filix formosa, squamosa; trunco cycadoideo; squamis secundum partes fron-
dium diversis.*

Icon. : *Tab. VII*

(Longueur : 50 centim.; frondules, 8 centim. sur 1 de largeur. Nous comptons au delà de
30 paires de frondules.)

Cette espèce, la plus belle du genre, rappelle par son stipe celui des cycadées;
les frondes elles-mêmes, avec leurs frondules dressées et coriaces, ont quelques
rapports avec les feuilles de diverses espèces de cycas. Le pétiole est chargé à la
base d'un beau coussinet d'écailles linéaires, luisantes et dressées, ayant au delà
de 4 centim. de long; au-dessus de ce coussinet et sur le rachis se trouvent des
écailles, de couleur et d'apparence cotonneuses; enfin, la lame inférieure des frondules est chargée d'un épais tomentum, roussâtre, formé d'écailles rubanées que
l'on retrouve mêlées aux sporanges sur la fronde fertile; les nervilles sont si rapprochées qu'elles semblent se toucher; au point de leur terminaison, elles se ren-
flent et donnent à la marge un aspect ponctué. Il nous a paru convenable de
dédier cette curieuse espèce, trouvée sur le sommet le plus élevé des chaînes qui
sillonnent le territoire de Rio-Janeiro, au prince qui gouverne constitutionnelle-
ment le Brésil, beau pays en voie de prospérité.

12. BLECHNUM, L. *Spec. pl.*, p. 1534 et auct.

* *Eublechnum.*

1. LANCEOLA, Sw., *Vet. Acad. Handl. Stockh.*, 1817, p. 71, t. 3, f. 2; *B. lanceola-
tum*, Radd., *Fil. Bras.*, p. 52, t. 60, f. 3. — Brésil, Gardner, n° 50; Weddell;
Glaziou, n° 427. — Lorsqu'elle est accidentellement divisée, elle constitue

le *B. trifoliatum* de Presl., *Epim. bot.*, p. 104, aussi trouvé au Brésil. (Voy. plus loin *B. plantagineum*, Presl., *sub Mesothemate*.)

2. GRACILE, Klfss., *Enum.*, p. 158; Lowe, *Ferns*, IV, t. 36. — Glaziou, à Saint-Louis, n° 1760. — Très-bien caractérisée par la pinnule terminale, deux fois plus longue que les latérales et ondulée à la base; les frondules, assez écartées, sont peu nombreuses. Elle peut atteindre jusqu'à 45 centim.

3. UNILATERALE, Willd., *Berol. mag.*, IV, p. 79, t. 3, f. 1. *B. glandulosum*. Lk.; *B. polypodioides*, Radd., *Filic. Bras.*, t. 60, f. 2. — Gardner, Brésil, n° 49; Martius, n° 373; Claussen (H. F.). — Pourquoi ce nom spécifique? L'indusium, qui parfois semble n'occuper qu'un seul côté de la lame, ne présente ce caractère que très-accidentellement. — Plante grêle, à segments élargis à la base et gibbeux du côté supérieur. La forme générale est lancéolée et parfois presque linéaire.

4. ASPLENIOIDES, Sw., *Veter. Acad. Handl. Stockh.*, 1817, p. 72, t. 3, f. 3. *B. ceteracinum*, Radd., *Fil. Bras.*, p. 52, t. 60, f. 1. Claussen, Brésil (H. F.); Rio-Janeiro et Minas-Geraes, Gardn., n° 5304; Rio-Janeiro, Glaziou, n° 2454; elle est également indiquée à Goyaz. — C'est l'une des espèces les mieux caractérisées; elle se rapproche beaucoup du *B. angustifrons*, F., 7ᵉ *Mém.*, p. 25, t. 9, f. 2, du Mexique; mais nous croyons qu'elle en diffère spécifiquement. Dans le *B. asplenioides*, Sw., les segments inférieurs des frondes sont à peu près orbiculaires et prennent un aspect mouilliforme; les deux indusiums sont très-rapprochés du mésonèvre; les écailles du rhizome, étroitement lancéolées, se terminent en une longue pointe. Dans le *B. angustifrons* les derniers segments conservent la forme des segments supérieurs; les deux indusiums sont très-distants et les écailles élargies du bas n'ont pas de pointe sétacée. C'est, du reste, le même type.

5. TRIANGULARE, Lk., *Sp. filic.*, p. 78; *B. triangulatum*, J. Sm., *Catal. Ferns*, 38. Lowe, *Filic.*, IV, t. 35. — Gardn., n° 19, et Martius, n° 373.

6. HETEROCARPON, F., *Gen. filic.*, p. 74. — Brésil par Claussen. — Cette espèce n'est pas établie sur des caractères suffisants. La diversité de forme des sporothèces est probablement accidentelle. Les frondes sont sessiles, avec des segments décroissants à la base; elles se terminent en pointe anguleuse et sont portées sur une petite souche dressée. Cette espèce est souple et transparente.

7. OCCIDENTALE, L., *Sp. pl.*, 1534 et auct. Martius, *Herb. Bras.*, n° 571; Blanchet,
   n°° 56 et 3290 (H. F.). Ile Sainte-Catherine, H. Gauthier. — Cette espèce est
   très-mobile dans ses formes et pourrait se prêter à l'établissement de nombreuses variétés; nous nous contenterons d'indiquer les deux suivantes :

   β. *Caudatum*, Cavan., *Prælect.*, 1803, *Bl. cartilagineum*, Schkh., *Crypt.
       Gewæchse*, p. 101, t. 108 *b*; non Swartz; Gardner, n° 1903. Bahia,
       Lutschnath, n° 20 (H. F.).

   γ. *Minor*, Th. Moor., *Ind.*, p. 201. *Bl. falciculatum*, Presl., *Epim. bot.*,
       p. 106. *Lomaria campylotis*, Kze., *Linn.*, XVII, p. 567. *Bl. acumina-
       tum*, F., *Gen. filic.*, p. 75. *Bl. glandulosum*, var. *elongatum*, Kze.,
       Linn., XXIII, p. 306; Martius, *Herb. Bras.*, n° 373. Rio-Janeiro,
       Glaziou, n° 426.

8. HELVEOLUM, F., *Gen. fil.*, p. 73 et 75. — Brésil, Blanchet, n° 2243. — Frondules inférieures réfléchies; les supérieures arquées. Elle est fort distincte.

9. INTERMEDIUM, Link., *Hort. Berol.*, II, p. 71; Kze., *Die Farr.*, I, p. 128, t. 57,
   f. 2. — Brésil (*text.* Link et Th. Moor., *Nomencl.*, p. 198). V. C. — Espèce
   portant seulement deux ou trois paires de frondules, oblongues, obtuses, la
   terminale assez longue. Cette espèce est faiblement caractérisée.

? 10. INTEGERRIMUM, Spreng., *Syst.*, IV, 93. — Brésil. — Il faudrait revoir cette
   espèce recueillie par Sellow. La description donnée ne la fait pas nettement
   reconnaître pour un *Blechnum*. (N. V.)

11. LECHLERI, Metten., *Fil. Lechl.*, fascic. 2, n° 17. Brésil, sans autre désignation.
   (N. V.)

** Mesothema (sporothèces médians).

? 12. PLANTAGINEUM, Presl., *Epim.*, p. 111, *sub Mesothemate* (cultivée comme ori-
   ginaire du Brésil). — S'il est bien vrai que le sporothèce soit médian, elle
   devient une espèce distincte; autrement il faudrait la réunir au *B. Lanceola*,
   dont elle a le port. Il ne semble pas qu'elle ait été revue.

13. HASTATUM, Klfss., *Enum.*, p. 161. — *Lomaria hastata*, Kze., *Die Farr.*, p. 149,
   t. 55, f. 1. *Mesothema*, Presl., *Epim.*, p. 111. — Brésil (N. V.) — Nous la
   possédons du Chili. Les frondes, qui sont sensiblement hastées, avec des
   auricules mucronées et des sporothèces interrompus, caractérisent nettement
   cette espèce.

† 14. DIPLOTAXICUM, F.

Frondibus semi-pinnatis, oblongis, glaberrimis, petiolis filiformibus helvolis; frondula terminali, longiori; sterilibus brevioribus, frondulis lanceolatis, acutis, inferioribus sessilibus, supremis coadunatis; fertilibus longioribus, frondulis angustioribus, basi contractis, terminali longissima, sporotheciis marginem non attingentibus, sporangiis ovoideis; annulo 14-16 articulato; sporis reniformibus, lævibus, aureis.

Habitat in Brasilia fluminensi (Glaziou, n° 2303).

Filix diplotaxica, id est frondibus sterilibus et fertilibus diversis, surculo erecto.

ICON.: *Tab. VIII, fig. 1.*

(Longueur des frondes stériles, 25-30 centim.; frondules de la base, 5 centim. sur 11-13 millim. de largeur; frondes fertiles, 43-45 centim.; largeur des frondules inférieures, 4 millim.; la terminale, 8-10 centim. de longueur; le pétiole atteint 30 centim.)

Le nom spécifique attribué à cette espèce exprime que les frondes fertiles et stériles diffèrent, sinon précisément de forme, du moins de dimensions, de manière à donner une taille plus élevée à celles qui portent les sporothèces. Les marges portent quelques poils courts; les rhizomes de très-longues radicelles.

*** *Blechnopsis.*

15. BRASILIENSE, Desv., *Berol. mag.*, V, p. 330, *B. fluminense*, Arrab. *Fl. flumin.*, XI, t. 106. Brésil, Martius, n° 372; Claussen, n° 2116; Gardner, n° 47; Blanchet, n° 82 et 83; Serra os Orgaos; Glaziou, n° 428 et 1679. Sainte-Catherine, etc. — Le n° 1679 de M. Glaziou est remarquable par des frondules très-étroites, formant des courbes de dedans en dehors (var. β *arcuatum*). M. Th. Moore admet une variété *B. Corcovadense* et il y rattache la figure donnée par Raddi (*Fil. Bras.*, p. 54, t. 61 et 61²). C'est une espèce arborescente, bien connue et cultivée dans presque tous les jardins botaniques.

16. SERRULATUM, C. Rich., *Act. soc. hist. nat. Par.*, I, 114 (1792). — *B. angustatum*, Schrad., *B. angustifolium*, Willd., etc. — Martius, *Herb. Bras.*, n° 370; Blanchet, n° 72 et 251; Claussen (H. F.), Gardn., n° 183. Para, Sainte-Catherine, H. Gauthier; Rio-Janeiro, Glaziou, Moyé, n° 1761. — Plante très-répandue, à synonymie très-chargée; elle est fort grande et fort belle; les frondes sont portées sur un rhizome rampant de la grosseur du petit doigt.

17. EXTENSUM, F., *Gen. filic.*, p. 72 et 73; Hook., *Sp. fil.*, III, p. 62; Claussen, Brésil. — Espèce très-longuement pétiolée, à pétiole grêle; à frondules courtes, très-obtuses, distantes, et chargées de deux très-larges sporothèces; la souche est dressée et très-fibrilleuse.

13. SALPICHLÆNA, J. Sm. *In Journ. bot. Hook.*, IV, p. 468.

1. VOLUBILIS, Klfss., *Enum.*, p. 159, *sub blechno. Salpichlæna*, J. Sm., *l. c. Salpichlæna scandens*, Presl., *Epimel. bot.*, p. 122. — Sellow, Blanchet, la Jacobine; Gardner, nᵒˢ 185 et 5306; île Sainte-Catherine, H. Gauthier, Rio-Janeiro, route de Juiz de Fora à Uba, Glaziou, nᵒ 2362, etc. — Plante très-répandue; dans les spécimens brésiliens l'indusium du sporothèce et le sporothèce lui-même sont épais et très-bombés. Cette fougère prend de très-grandes dimensions; elle se projette sur les arbres qu'elle escalade.

NB. Les Lomariées sont des plantes herbacées, sauf deux exceptions, le *Blech. Brasiliense*, Desv., et le *Lomaria imperialis*, F., lequel porte ses frondes sur une sorte de tronc court. Une seule espèce a des frondes simples, *B. Lanceola*; chez tous les autres elles sont pinnatifides ou pinnées, dressées ou volubiles, ce qui est plus rare. Les espèces du genre *Blechnum* sont très-rapprochées les unes des autres et d'une détermination assez difficile en l'absence de caractères tranchés: aussi peut-on regarder comme très-probable la réduction des espèces. Le genre *Lomaria* a, dans ses formes, des caractères mieux arrêtés. Les frondes sont vigoureuses, raides, diplotaxiques, souvent écailleuses. Le genre *Salpichlæna* est une sorte de petite liane qui se projette sur les buissons ou court sur les troncs. Le Brésil est plus riche en *Blechnum* que le Mexique et les Antilles, où le genre *Lomaria* est prédominant.

III. VITTARIÉES.

14. VITTARIA, Smith., *Mém. acad. de Turin*, V, p. 413, t. IX, f. 5.

* *Tæniopsis*, J. Sm., F., *Hist. des Vittariées*, 3ᵉ mém., p. 14.

1. GARDNERIANA, F., *l. c.*, p. 15, t. 3, f. 1; Gardner, nᵒ 147, et Glaziou, nᵒˢ 1726 et 2802; Serra os Orgaos (var. β *delicatula*), F., Rio-Janeiro, nᵒˢ 453 et 1689. — Sporothèces intra-marginaux, assez larges; le type et la variété, très-souples, terminés en pointe et de courte durée.

2. STIPITATA, Kze., *Anal. pterid.*, p. 28, t. 18, f. 1 ; Martius, *Herb. Bras.*, n° 386 ; Blanchet, à Bahia, n° 2488. — A l'état de dessiccation elle est très-fragile. Par l'épithète *stipitata*, on doit entendre seulement qu'elle est plus amincie vers le bas que les autres espèces.

3. LINEATA, L., *Spec. pl.*, n° 1530, *sub pteride : Pteris*, Sw., *Syn. filic.*, p. 109 ; Martius, *Herb. Bras.*, n° 385, Glaziou, au Corcovado, n°⁸ 924 et 1737 ; Serra os Orgaos, n° 2802 ; Rio-Janeiro, Pieade Trannin, n° 2421 ; Gieker, Bahia, n° 182 ; île Sainte-Catherine, à Desterro. — Varie par des frondes plus larges, *graminifolia*, et plus étroites, *angustifrons*.

**** Euvittaria.**

4. SCABRIDA, Klotz in F., *l. c.*, p. 20 ; Sellow, Brésil. — Petite espèce à frondes courtes, presque obtuses, sporothèces continus ; sporangiastres cuculliformes. Cette espèce demande à être mieux connue. Longueur, 90 centim., sur 1 millim. de largeur.

15. PTEROPSIS, Desv., *Prodr. filic.*, p. 218. F., *Hist. des Vittar.*, p. 7.

1. ANGUSTIFOLIA, Sw., *Syn. filic.*, p. 95, *sub pteride : Pteropsis*, Desv., *l. c.*, Mart., *Herb. Bras.*, n° 329. Para, Spruce, n° 10. — Très-répandue dans les Antilles et le continent de l'Amérique tropicale et équatoriale.

16. CUSPIDARIA, F., *Hist. des Vittar.*, p. 9.

1. FURCATA, F., *l. c.*, p. 25, et *Gen.-fil.*, p. 88, t. 8, A ; Mart., *Herb. Bras.*, n° 330 ; Spruce, n° 2370, San-Gabriel da Cachoeira, Rio-Negro, Brésil bor. — Le genre *Cuspidaria*, très-distinct, a un port tout spécial dans les espèces qui le composent et mérite d'être adopté. Il n'a aucun rapport avec les *Taeniopsis (Vittariæ spec.)*, ni avec les *Pteropsis*.

NB. Le groupe des Vittariées renferme de petites fougères herbacées presque toutes arboricoles, souvent linéaires, pendantes, à sporothèces continus et très-étroits. Des 10 genres qui le composent, l'Amérique tropicale et équatoriale en possède 4, dont un, le genre *Nevrodium*, n'a été, jusqu'à présent, observé que dans les Antilles. Le nombre des Vittariées américaines se réduit à 7. Les genres sont parfaitement tranchés ; le plus nombreux en espèces, le genre *Vittaria*, présente d'assez grandes difficultés de diagnose. Les sporothèces sont endophylles, c'est-à-dire

situés entre les deux lames, ou bien confinant avec la marge; il faut y regarder de
près pour bien constater cette situation. Le genre *Caspidaria* partage ses frondes
en 2 ou 3 segments pointus; il s'éloigne grandement, par le port, des autres genres
du groupe. M. J. Smith en a fait un genre *Dicranoglossum*. Nous maintenons notre
nom générique. Il est digne de remarque de constater que dans tous les genres on
trouve des sporangiastres mêlés aux sporanges, des écailles cancellaires sur le
rhizome et des radicelles abondamment couvertes d'un tomentum ferrugineux très-
épais. Ces particularités organiques démontrent que ce groupe est des plus naturels.

IV. PLEUROGRAMMÉES.

17. XIPHOPTERIS, Klfss., *Enum. filic.*, p. 85.

1. SERRULATA, Klfss., *l. c.*; Schkh., *Crypt. Gew.*, p. 9, t. 7; F., *Gen. filic.*, p. 101,
    t. X, B. Langsdorff, de Gestas, Weddell, n° 660. Glaziou, Rio-Janeiro,
    n°° 1719 et 2384. — Plante très-répandue et très-distincte.

18. PLEUROGRAMME, Presl., *Tentam. pterid.*, p. 223.

1. LINEARIS, Klfss., *Enum. pl.*, p. 131, *sub tænitide; Pleurogramme*, Presl., *Tent.
    pterid.*, p. 223, Gardn., n°° 105 et 5286; Glaziou, n°° 1738 et 2385, Rio-
    Janeiro.

2. GRAMINIFOLIA, Hook. in Spreng., *Syst. veget.*, IV, p. 42? *sub tænitide; Pleuro-
    gramme;* F., *Hist. pleurogr.*, p. 37, t. IV, f. 8; Claussen, Brésil, n° 254.

3. GRAMINOIDES, Klfss., *Enum.*, p. 86, *sub cochlidio; Grammitis graminoides*, Sw.,
    Syn. filic., p. 22, t. 1, f. 5; *Pleurogramme*, F., *l. c.*, p. 37; Langsd., Brésil
    (H. F.); Villa-Rica, Vauthier, n° 653. — Petite plante qui croît en touffes
    serrées; frondes linéaires, obtuses, élargies au sommet dans la partie fruc-
    tifère, qui est spatulée.

4? PUMILA, Klfss., *Enum.*, p. 132, *sub tænitide; Pleurogramme*, F., *l. c.*, p. 38,
    Claussen, Brésil, n° 254? — Frondes linéaires, très-entières, raides, épaisses;
    sporothèces terminaux, sur un sommet non élargi; a été décrite primitive-
    ment sur une fougère de Guinée; elle est très-douteuse comme croissant au
    Brésil.

NB. Petites plantes qui, pour la plupart, vivent en touffes ou parmi les mousses; les frondes sont simples, étroites, à marge tantôt entière et tantôt denticulée, pinnatifides même dans le genre *Adenophorus* des îles Sandwich, remarquable entre tous par les glandes pyriformes dorées qui recouvrent les lames. L'Amérique ne possède que les genres *Xiphopteris* et *Pleurogramme*, très-peu nombreux en espèces; le premier est peut-être une Polypodiée; le second a ses sporothèces costaux comme dans les Lomariées.

V. LINDSAYÉES.

19. LINDSAYA. Dryand., *Act. societ. Linn. Lond.*, III, p. 40.

1. RUGESCENS, Willd., *Filic.*, p. 421. Brésil, Spruce, n° 3064, près San-Carlos. — Frondes simples, assez longuement pétiolées; pétiole grêle; frondules lunulées, à marge entière, atténuées vers le sommet; souche déliée rampante.

2. QUADRANGULARIS, Radd., *Filic. Bras.*, p. 55, t. 74. Radd., Rio-Janeiro; Brésil, Gardn., n° 158, 1225 et 2987. — C'est le *L. pallida* de Klotzsch, *in Linn.*, 1844, p. 547.

3. TRAPEZIFORMIS, Dryand., *in Linn. Transact.*, III, p. 42, t. 9; *L. nitidissima*, Willd., *Filic.*, p. 423. Brésil, Jacobine, Blanchet; Sainte-Catherine, H. Gauthier. — C'est la plus grande et la plus belle des espèces du genre; les frondules primaires sont au nombre de 4-5; les frondules secondaires au nombre de 20 environ, toutes assez fortement arquées, très-entières, très-obtuses, et souvent imbriquées; la terminale grande et anguleuse. Les pétioles et les rachis sont gramineux, presque quadrangulaires, canaliculés et assez grêles.

4. HORIZONTALIS, Hook., *Sp. filic.*, I, p. 214, t. 62 B. Os Orgaos, Gardner, n° 157; Glaziou, Rio-Janeiro, n° 2323. — Espèce voisine de la précédente, remarquable, dans notre spécimen, par des frondules de deux formes; les unes, plus longues, terminées en pointe, les autres, plus courtes, très-obtuses. Le pétiole est plus long que la fronde du double; elle mesure, en moyenne, de 50 à 60 centim. Le rhizome est rampant, fort délié et rougeâtre.

5. GARDNERI, Hook., *Sp. filic.*, I, p. 213, t. 65 c. Gardner, Serra os Orgaos, n° 156. — Cette espèce, d'après la figure donnée, se rapproche, par le port, des

Stenoloma; les sporothèces sont réniformes, au nombre de 2-3 sur chaque segment; celui-ci est dimidié, cunéiforme, avec un petit indusium semi-orbiculaire, à marge denticulée.

6. CURVANS, F., *Gen. filic.*, p. 106. Rio-Janeiro, Glaziou, n° 1653. — Semble se rapprocher du *L. horizontalis*, Hook. Longueur, 80 centim. et plus, dont le pétiole fait la moitié; il est rouge purpurescent, ainsi que le rachis; la frondule terminale mesure de 15 à 18 centim.

7. STRICTA, Dryand., *in Linn. Transact.*, III, p. 42; Willd., *Filic.*, p. 425; Schkh., *Crypt. Gew.*, p. 105, t. 114; Radd., *Fil. Bras.*, p. 55. Rio-Janeiro, Martius; la Jacobine, Blanchet. — Frondes très-raides, prenant, par la dessiccation, une couleur jaune, légèrement dorée; les frondules primaires sont dressées, pinnées, et portent une quarantaine de frondules secondaires trapéziformes, sessiles, coriaces, dimidiées, fructifères dans toute leur partie supérieure.

8. RADDIANA, Kl., *in Linnæa*, 1844, p. 549. *L. Jaritensis*, H. et Bonpl., *in Willd., Filic.*, p. 424; Radd., *Filic. Bras.*, p. 56, t. 75, f. 1; Martius, Serra d'Estrella, Weddell. — Frondes bipinnées, à frondes primaires étalées, à frondules secondaires, obtuses, raides, opaques, lunulées, décroissant au sommet, de manière à n'être plus représentées que par des expansions presque ponctiformes. Nous limitons à dessein la synonymie de cette espèce et de la précédente, pour ne pas ajouter à la confusion qui règne chez les auteurs qui l'ont étendue et faussée.

9. CATHARINÆ, Hook., *Sp. filic.*, I, p. 212, t. 65, B. *L. virescens*, Martius (H. F.); F., *Gen. filic.*, p. 106 (*nomen tantum*). Sainte-Catherine, H. Gauthier; Rio-Janeiro, Vauthier, Serra os Orgaos, n° 698; Glaziou, n°° 1644 et 2324. — Cette espèce a des frondules divisées et cunéiformes, qui lui donnent l'aspect d'un *Stenoloma*.

10. CONSANGUINEA, *Hist. des foug. et des lycop. des Antill.*, p. 16, t. VI, f. 3 (*granula*). Pará, Martius (H. F.), sous le nom de *L. Guyanensis*, Luschnath, n° 22. Bahia, Sainte-Catherine, H. Gauthier. — Elle diffère de la *L. Guyanensis*, Dryand., par des frondes secondaires plus grandes, moins serrées et bien moins nombreuses; nous en comptons environ 60 dans le *L. Guyanensis* et à peine 30 dans le *L. consanguinea*, F. (var. β *rigida*, F.); Glaziou, Serra os Orgaos, n° 2805. — Frondes raides, à long pétiole rougeâtre; frondules

primaires dressées, 2-4, quelquefois même une seule, très-rapprochées; frondules secondaires assez courtes, légèrement recourbées, décroissantes au sommet; elles ne sont pas imbriquées. Cette variété se rapproche du *L. Guyanensis*, Dryand.

11. GUYANENSIS, Dryand., *Act. soc. Linn. Lond.*, III, p. 42; Hook., *Sp. filic.*, I, p. 216, t. 72. Aubl. *Pl. Guyan.*, t. 365. Spruce, Rio-Negro, près de Barra, sans numéro. — Frondules secondaires nombreuses, très-arquées, parfois imbriquées et au nombre d'une soixantaine.

NB. Le groupe des Lindsayées renferme cinq genres, dont un seul est américain; c'est mal à propos qu'il est dit, *Genera filicum*, n° 109, que le genre *Isoloma* a des espèces dans le Nouveau-Monde: il n'a que des *Lindsaya*; 11 espèces pour le Brésil, 7 pour les Antilles et 4 seulement pour le Mexique. Ces plantes ont le port des *Adiantum*, quoique plus uniforme. Elles n'en diffèrent que par la déhiscence de l'indusium, qui, au lieu de s'ouvrir de dedans en dehors, s'ouvre de dehors en dedans; ce sont, sous ce rapport, des *Adiantum* renversés. Toutes les espèces pinnées ou bipinnées ont des frondules dimidiées, à marge entière ou crénelée; elles sont presque universellement glabres, à nervilles apparentes et peu chargées de chlorophylle.

VI. ADIANTÉES.

20. ADIANTUM, L., *Spec. pl.*, p. 1556.

* *Synecbia* (sporothéces continus).

1. MACROPHYLLUM, Sw., *Fl. Ind. occid.*, III, p. 1707; Hook., *Icon. filic.*, n° 132; Martius, *Herb. Bras.*, n° 554; Gardner, n° 5032; Blanchet, n° 2482. Rio-Janeiro, Glaziou, n° 2317. — Très-belle espèce, bien caractérisée et très-répandue. Les spécimens brésiliens à frondules opposées, légèrement cunéiformes, coupées nettement inférieurement, à sporothéces toujours continus, semblent constituer une variété distincte.

2. PLATYPHYLLUM, Sw., *Kon. Vet. Ac. Stock.*, 1817, 74, t. 3, f. 6. Villa-Rica, Pohl (*Herb. Vindob.*). Entre Indio-Grande et Piguero. — Nous ne l'avons vu que stérile. Les frondules du haut de la fronde sont ovoïdes et cordiformes dans la partie inférieure. Elles mesurent 10 centim. de hauteur sur 7 de largeur. Il n'en existe pas d'aussi grandes dans tout le genre.

3. LUCIDUM, Sw., *Syn. filic.*, p. 121; Hook., *Sp. filic.*, II, p. 4, t. 79 c. Para, R. Spruce, n° 39. — Frondules portées sur un très-large pétiole, fortement échancrées à la base inférieure et terminées par un long acumen denté.

4. JACOBINÆ, F., *Gen. filic.*, p. 115. Blanchet, Brésil. — Dans cette espèce, les frondules secondaires stériles sont oblongues, obtuses, très-finement dentées au sommet et à la marge supérieure; les fertiles ont une même forme et sont à peine échancrées à la base; les sporothèces, de couleur rougeâtre, en occupent le sommet et toute la marge supérieure; ils ne sont continus que par connivence; les indusiums se fractionnent en nombreux segments.

5. PULVERULENTUM, L., *Sp. pl.*, 1559; Sw. et *auct.* Brésil, Martius, *Herb. Bras.*, n° 350; Gardn., n°ˢ 56 et 1226, et par le même à Pernambouc; Rio-Janeiro et Serra os Orgaos, Glaziou, n°ˢ 436 et 1755. — Les frondules ne sont fertiles que sur une partie de la marge supérieure, qui est très-fortement échancrée, le sommet est stérile et fortement denté; les sporothèces sont absolument continus. Le pétiole et le rachis sont couverts de très-petites écailles piliformes, couleur de rouille, d'apparence pulvérulente, d'où le nom spécifique, lequel, rigoureusement parlant, est impropre. L'espèce précédente porte les mêmes écailles piliformes aussi ferrugineuses; dans l'une et l'autre espèce, les pétioles et les rachis sont adiantins, nigrescents et luisants.

6. CLAUSSENII, F., *Gen. filic.*, p. 115. Nouv.-Fribourg, Claussen, n° 124. — Frondes bipinnées; frondules fertiles à sporothèces tantôt unis et tantôt séparés; indusium très-épais; rhizome sur lequel naissent les frondes très-rapprochées et qui conserve la base des anciennes frondes persistantes. Elle est voisine de l'*A. pulverulentum* et intermédiaire entre les *Synechia* et les *Apotomia*.

** *Apotomia* (sporothèces interrompus).

A. *Frondes simplement pinnées.*

7. OBLIQUUM, Willd., *Filic.*, p. 420. — Espèce très-répandue, à frondes pinnées, à frondules ovales lancéolées, obtusiuscules; rachis villeux; sporothèces courbes (var. β *majus*). Hook., *Spec. filic.*, 11, p. 8, t. 79 a. Para, Spruce, n° 39'.

8. MACRODON, Klfss., *Herb.* Kze., *Flora*, 1839; Mart., *Herb. Bras.*, à Ilheos, n° 355. — Fronde oblongue, pinnée; quelquefois, mais rarement, bipinnée inférieurement; frondules ovales, obliques, lancéolées, atténuées au sommet, tronquées à la base et coriaces; la terminale presque triangulaire; rhizome, por-

tant de longues radicelles. Il ressemble à l'*A. intermedium*, Sw., qui est bipinné. — Longueur, 50 centim.; frondules, 6 centim. sur 12-13 millim. de largeur.

9. FLAGELLUM, F.; *Gen. filic.*, p. 117. *Iconogr. nouv.*, p. 4, t. 2, f. 1. Brésil (Herb. Mong.). — Port tout spécial; elle est simplement pinnée, à frondules cunéiformes, ovoïdes, incisées-dentées, pétiolées; pétiole articulé; indusium pellucide, élégamment nervé.

10. RHIZOPHYTUM, Schrad., *Gœtt. gel. Anz.*, 1824, p. 872; Mart., *Icon. crypt.*, p. 92, t. 62. — Cette espèce est fort élégante; les frondes, simplement pinnées, sont rassemblées en assez grand nombre sur une petite souche fibreuse; elles sont souvent radicantes; les frondules sont glabres, sous-triangulaires, flabelliformes, terminées en coin; pétioles légèrement poilus. (N. V.)

11. DELICATULUM, Martius, *Icon. pl. crypt.*, p. 94, t. 56, f. 2; *A. filiforme*, Hook., *Icon. pl.*, t. 503; Gardn., n° 2391; Spruce, n° 879. — Petite espèce simplement pinnée, dont les frondes sont portées sur une petite souche fibreuse; pétiole filiforme, à frondules écartées, ovales rhomboïdales, à marges incisées; sporothèces orbiculaires, oblongs, au nombre de 1 à 2. Le rachis s'allonge en une longue pointe nue.

† 12. SUBARISTATUM, F.; Blanchet, Bahia, n° 2373. — Espèce à frondes simplement pinnées, longuement pétiolées; frondules pétiolées, dimidiées, tronquées, marges des stériles dentées, aristées, 3-4 sporothèces assez gros, rougeâtres et arrondis. — Longueur, 14-16 centim.; frondules, 11-12 millim. de largeur. Les frondes sont fasciculées sur une petite souche dressée.

Icon. : *Tab. VIII, fig. 3.*

B. Frondes bi ou pluripinnées.

13. SUBCORDATUM, Sw., *Vet. Acad. Handl. Stockh.*, 1817, 75; *A. betulinum*, Klfss., *Enum.*, p. 207. Glaziou, Rio-Janeiro, n° 2319. — Le nom spécifique de *betulinum* rappelle très-bien la forme des frondules.

β *latior*, Pohl, Serra do Chumbo et Minas-Geraes, n° 3012.
γ *obtusum*, Kze., *Linn.*, XXII, p. 577; Regnell, I, 490.
δ *lobatum*, Gardner, n° 5299.

La variété β a une tige flexueuse, des frondules longuement pédicellées, assez épaisses, obliques et glauques; la marge, moins la base, est garnie d'indusiums épais, en fer à cheval.

14. TRUNCATUM, Radd., *Fil. Bras.*, p. 50, t. 78, f. 1. Rio-Janeiro, Glaziou, n° 2320. — La figure citée de Raddi est très-exacte; la plante a des frondules acuminées, assez longuement pédicellées; la base est tronquée, cunéiforme ou sous-cordiforme, la consistance assez délicate. Petits sporothèces rapprochés sur une marge qui n'est ni ondulée, ni lobée; elle est très-différente de la plante de Pohl, n° 3042, rapportée à l'*A. subcordatum*, Sw., par quelques auteurs.

15. TRAPEZIFORME, L., *Sp. pl.*, 1559. *A. rhomboideum*, Schkh., *Crypt.*, p. 114, t. 122. — Cette espèce, commune au Brésil, est assez mobile dans ses formes.

   β *pentadactylon*, Langsd. et Fisch., *Icon. fil.*, p. 22, t. 25. Rio-Janeiro, Glaziou, n°ˢ 2318 et 4387; Sainte-Catherine, H. Gauthier. — Rhizome rampant, de la grosseur d'une plume d'oie; les frondes y sont rapprochées les unes des autres.

16. CULTRATUM, Hook., *Sp. filic.*, II, p. 34? Glaziou, Rio-Janeiro, n° 1754, et Sainte-Catherine, par Armstrong, *teste* Hook., *l. c.* — Cette espèce est vigoureuse. Les frondules mesurent 6 centim. sur 2 centim. dans leur plus grande largeur; elles sont terminées en une longue pointe obtuse, crénelée et largement échancrée à la base. Le stipe est triangulaire, forme qui ne se retrouve pas chez l'*A. trapeziforme*. — Est-ce bien là l'*A. cultratum* de Hooker? Il est, du reste, différent de l'espèce précédente.

17. CURVATUM, Klfss., *Enum.*, p. 202; Hook., *Sp. filic.*, I, p. 28, t. 84 c. Brésil, Klfss.; Goyaz, Serra do Santa-Brida, Gardner, n° 4074. Rio-Janeiro, Glaziou, n° 437. — Frondes pédaires, à frondules primaires, très-longues et pouvant dépasser 30 centim.; frondules secondaires au nombre de plus de 30 paires, dimidiées, courbes, presque semi-lunaires, imbriquées, portant sur la marge supérieure et au sommet 6-8 sporothèces également distants et séparés; ces frondules mesurent 3 centim. sur 1 centim. de largeur; le pétiole est assez court.

18. DEFLECTENS, Mart., *Icon. pl. crypt.*, p. 194. Martius, à Para. — Rhizome simple, court; frondes pinnées, souvent radicantes et gemmifères, pétioles paléacés

à la base, noirs et glabres, ainsi que les rachis ; frondules transversalement oblongues ou trapéziformes ; 4-5 sporothèces orbiculaires oblongs. (N. V.)

19. SINUOSUM, Hook. et Gardn., *Sp. filic.*, II, p. 35 ; Hook., *Icon. pl.*, t. 504. Gardner, Goyaz, n° 3552. Serra do Natividade. — Frondes élégantes, souvent tripartites, à frondules pinnées, dont les partitions sont pétiolées, rhomboïdes, cunéiformes, incisées inégalement à la marge ; sporothèces en fer à cheval, dont les branches sont obtuses et courbées en hameçon. M. Hooker constate que cette espèce a des rapports d'ensemble avec l'*A. trapeziforme*, L.

20. TETRAGONUM, Schrad., *Gœtt. gel. Anz.*, 1824, 872. Mart., *Icon. cryptogamic.*, p. 93, t. 63. Brésil. — Rhizome rampant ; fronde pédiaire tripinnée ; pétiole tétragone, légèrement furfuracé ; frondules de 3e ordre ovales, acuminées ; base supérieure arrondie, l'inférieure en coin ; elles mesurent jusqu'à 9 centim. sur 2.2 centim. de largeur.

Le nom spécifique pourrait se rapporter à plusieurs espèces.

21. PENSILE, Kze., *Herb. Vindob.*, F., *Gen. filic.*, p. 114. Pohl, Goyaz, Serra dourada (var. *Alchemillæfolia*, Brésil, F., *l. c.*). — Espèce très-distincte, qui se rattache au groupe de l'*A. trapeziforme*, avec des proportions plus petites ; la marge des frondules secondaires rappelle, par ses découpures, les folioles de l'*Alchemilla arvensis*, Scop.

22. INTERMEDIUM, Sw., *Vet. Acad. Handl. Stockh.*, 1847, 76. *A. fovearum*, Radd., *Fil. Bras.*, p. 58, t. 77 ; Mart., *Herb. Bras.*, n°s 349 et 352 ? Gardn., n°s 58, 1228, 2758 ; Spruce, Para, n°s 48 et 578 (*partim*) ; Blanchet, à la Jacobine ; Rio-Janeiro, Glaziou, n° 2322. — Le rhizome est rampant, délié, fort long, et les frondes qui s'y attachent et qui ont une légère teinte glauque, laissent entre elles d'assez grands intervalles.

23. BRASILIENSE, Radd., *Filic. Bras.*, p. 56, t. 76. Raddi, Rio-Janeiro ; Gardner, n° 59 ; Burchell, *Herb.*, n° 1816. — Frondes bipinnées ; frondules inférieures divisées en 4-5 rameaux. Le rhizome est rampant, le pétiole, pubescent et tétragone ; les sporothèces en fer à cheval, assez petits, sont portés sur des frondules de 3e ordre, dimidiées, obtuses et cunéiformes à la base, qui se termine en un court pétiole.

† 24. SURRAMOSUM, F.

> *Frondibus basi subramosis, intense viridibus, petiolo elongato, nudo, flaccido, brunneo; frondulis primariis lanceolatis, abrupte caudatis, cauda longa, lineari, crenata; frondulis secundariis oblongis, curvatis, dimidiatis, acutis, basi superne rotundis, inferne cuneatis, margine superiori crenulatis, omnibus approximatis, aliquando imbricatis, inferioribus minoribus, plus minusve rotundatis; sporotheciis linearibus, leviter hippocrepidibus.*
>
> *Habitat in Brasilia fluminensi* (Glaziou, n° 2377).
>
> *Filix frondosa, intense viridis, basi subramosa, seu bipinnatifida.*
>
> ICON. : *Tab. IX, fig. 1.*

Longueur, 50 centim., prise du sommet de la frondule terminale; frondules de la base, les plus grandes, 20-25 centim. sur 5 d'envergure. La fronde, qui s'étale en éventail et qui est plus large que haute, mesure 30 centim. La foliole qui termine les frondules primaires n'a pas moins de 2,5 à 3 centim.)

Cette belle fougère a un port spécial, qui la montre rameuse à la base; le rachis est flexueux et porte un assez grand nombre de frondules primaires terminées en un long appendice en queue et courtement pétiolées; les frondules secondaires sont en grand nombre, très-rapprochées, parfois même imbriquées; elles sont oblongues, échancrées vers la marge inférieure, crénelées supérieurement et pointues; elles décroissent en s'approchant de leur point d'insertion et deviennent très-obtuses. Les sporothèces sont épais, séparés par une fente assez profonde et en forme de fer à cheval.

25. PRIONOPHYLLUM, H. B., Kth., *Nov. gen.*, I, 20. *A. tetraphyllum*, Willd., *Filic.*, p. 441. Mart., *Herb. Bras.*, n° 351. Bahia, *in sylvis umbrosis*, Luschnath, n° 28 (H. F.). — Frondes bipinnées, pétiole très-long. Le nom spécifique, *tetraphyllum*, ne doit pas être pris dans un sens rigoureux.

26. RHOMBOIDEUM, H. B. et Kth., *Nov. gen. Amer.*, I, p. 20. *A. serrato-dentatum*, Willd., *Filic.*, p. 445. — Frondes bipinnées; frondules fructifères dentées en scie; le rachis est courtement paléacé et le rhizome rampant.

27. FRUCTUOSUM, Kze., *Linn.*, IX, 81. Brésil, Gardn., n° 3549. — Frondes tripartites et rameuses; frondules primaires terminées en coin; dernières frondules dimidiées, oblongues, doublement dentées, pétiole et rachis squamuleux, à squames piliformes, ferrugineux. Les sporothèces sont parfois continus; nous ne l'avons pas vue, non plus que les trois espèces suivantes, provenant du Brésil.

28. GLAUCESCENS, Kl., *Linn.*, XVIII, 552. Spruce, Para, n° 1156. — Frondes bipinnées, à frondules glaucescentes, glabres en dessous; sporothèces petits, noirâtres, semi-orbiculaires, glabres; frondules secondaires oblongues, la supérieure trapéziforme, l'inférieure presque ronde. (N. V.)

29. PROXIMUM, Gaudich., *Voy. Freyc.*, 408. Gaudichaud, Rio-Janeiro. (N. V.)

30. TOMENTELLUM, F., Minas-Geraes; Claussen, *Herb. Delessert.* — Espèce voisine de l'*A. gracile*; elle est bipinnée et couverte très-abondamment, dans toutes ses parties, d'un tomentum roussâtre; les frondules sont dressées, courtement pétiolées, opaques, glabres, fortement dentées au sommet, assez facilement caduques; elles portent 1-3 sporothèces ayant de la tendance à se réunir (*synechia*). Cette espèce atteint une trentaine de centimètres de longueur et se charge de 4-6 frondules, qui se recourbent d'une manière irrégulière. Elle n'a aucun rapport avec l'*A. tomentosum*, Kl., *Linn.*, XVIII, p. 553, récolté à Para par Spruce, n° 51.

    ICON.: *Tab. IX, fig. 2.*

31. ANGUSTATUM, Klfss., *Enum.*, p. 202. Brésil, Klfss. — Fronde pédiaire, à frondules de 2° ordre délicates, linéaires-lancéolées, à marge supérieure incisée-dentée; le stipe est pubescent. — Cette espèce laisse du doute sur sa spécification. (N. V.)

32. GRACILE, F., *Gen. filic.*, p. 116. Brésil, Claussen (H. F.). — Pétioles grêles avec poils courts, écailleux et ferrugineux; frondules primaires flexibles, atténuées, s'allongeant en queue ovoïde; frondules secondaires dimidiées, étroites, terminées en pointe, portant sur la marge supérieure trois sporothèces; le rhizome, très-délié, est rampant.

33. HIRTUM, Kl., *Linn.*, XVIII, 563. Spruce, Para, n° 14. — Espèce bien voisine de la précédente.

34. CALCAREUM, Gardn. in Hook., *Spec. filic.*, 2, p. 15, et *Icon. plantar.*, V, t. 467; Goyaz, Gardn., n° 3551. Rochers calcaires, Goyaz. — Stipes et rachis capilliformes, glabres; frondes très-délicates, portées sur une petite souche dressée et souvent prolifères au sommet; frondules dimidiées, sous-triangulaires, légèrement flabelliformes, écartées; sporothèces réniformes. Elle mesure environ 5 centim.

35. INCISUM, Presl., *Reliq. Haenk.*, I, 61, t. 10, f. 8. Brésil, *teste* Th. Moore, *Ind.*
— Il est fort douteux que cette plante soit brésilienne. (N. V.)

36. OBTUSUM, Desv., *Berol. mag.*, V. 327. Hook. et Grev., *Icon. filic.*, n° 188. *A. cassioides*, Desv., *Prodr.*, p. 309; Gardner, n° 74; Spruce, Para, n° 748, et Rio-Negro, 1323; Glaziou, Rio-Janeiro, n°ˢ 943 et 1756. M. Hooker, *Sp. filic.*, II, p. 19, indique une var. β *majus*, récoltée au Brésil par Gardner, n° 3550.

> Var. β *microphylla*, F. Frondes dressées, raides, à long pétiole; frondules primaires pétiolées, linéaires; à frondules secondaires ovales, très-rapprochées, petites et nombreuses; sporothèces confluents, occupant le sommet et la marge supérieure. — Nouvelle-Fribourg, par Claussen.

> † Type *A. Capillus-Veneris.*

37. EXTENSUM, F., *Gen. filic.*, 114. Claussen, Brésil, n° 264 (Herb. F.) — Espèce bipinnée; frondules secondaires denticulées, étalées en éventail, souvent plus larges que hautes, se désarticulant avec la plus grande facilité.

38. LUNULATUM, Burm., *Fl. Ind.*, 235; Sw., *Syn. filic.*, p. 121; Hook. et Grev., *Icon.*, n° 104. Gardn., Brésil, n°ˢ 2019, 2302, 3553. Blanchet, à Bahia. — La forme brésilienne que nous avons sous les yeux, est parfaitement semblable à la figure citée de Hooker et Greville.

39. DOLABRIFORME, Hook., *Icon. pl.*, II, t. 191. Brésil, Natividade, Gardner, n° 3553, et à Aracipe, n° 2019. — Simplement pinnée, pétioles rougeâtres; le rachis, de même couleur, se prolonge et devient parfois prolifère; les frondules sont écartées les unes des autres, assez longuement pétiolées et semblables, avec de petites proportions, à celles de l'*A. lunulatum*, Burm., auquel le réunit à tort M. Th. Moore dans son *Index.*

40. CUNEATUM, Langsd. et Fisch., *Icon. filic.*, p. 23, t. 26. Brésil, Regnell, I, 488, Serra os Orgaos, Gardn., n° 186, Santa-Barbara, Martius; Rio-Janeiro, Pohl; Claussen, n° 105; Glaziou, n° 439, et par le même à Tijuca, n° 2054; île Sainte-Catherine, H. Gauthier. — Frondes quadripinnées, dernières frondules cunéiformes, portant au sommet deux ou trois incisions; sporothèces, 3-4, réniformes orbiculaires.

41. CAPILLUS-VENERIS, L. *Spec. pl.*, 1558. Brésil à Desterro, île Sainte-Catherine, H. Gauthier. — Forme d'une espèce cosmopolite très-variable.

21. HEWARDIA, J. Sm., *in Hook. Journ.*, III, 432, t. 16 et 17.

1. DOLOSA, Kze., *Linnea*, XXI, p. 219; Hook., *Sp. filic.*, II, p. 6, t. 79 B; *Hewardia serrata*, F., *Gen. filic.*, p. 2422. *Lindsaya macrophylla*, Kze., *Anal. pterid.*, p. 37 (t. 25, exclus.). Bahia, Blanchet, 1851, *sine numero*. Luschnath (*in Schedula Adiantum serratum*, Schlech.) — Frondes pinnées, pétioles longs, luisants, rouge brun; pinnules lancéolées, courtement pétiolées, acuminées, souvent appendiculées à la base; les stériles à marges dentées; sporothèces continus; nervation connivente, à longues mailles.

2. DIPHYLLA, F.

> *Frondibus glabris, repentibus, petiolo longo, atro-brunneo, lucente; frondulis duabus magnis; frondula terminali oblique ovoidea, frondula laterali minore, breve petiolata; nervatione areolata; areolis magnis; tela cellularia tenui, cellulis magnis; sporotheciis continuis, angustis; marginem totam invadientibus, indusio crasso; sporangiarum annulo 18-20 articulato; sporis atris, irregulariter trigonis, opacis.*
>
> *Habitat in Bahia* (Blanchet, *sine numero*).
>
> *Filix amplitudine frondulæ geminatæ notata.*
>
> ICON. : *Tab. IX, fig. 3.*

(Longueur, 25 centim.; mesure prise à la base de la frondule terminale, celle-ci ayant seule 14-15 centim. sur 6-7 de largeur; la foliole latérale est d'un tiers plus petite.)

Cette plante est des plus remarquables et des plus distinctes. Les deux spécimens que nous avons sous les yeux sont diphylles; en est-il toujours ainsi?

NB. Nous avons dit ailleurs que le genre *Hewardia* ne différait des *Adiantum* que par la nervation, libre chez ceux-ci et anastomosée chez les *Hewardia*; le port est absolument le même, ainsi que l'appareil reproducteur, indusium, sporanges et spores.

22. CASSEBEERA, Kffss., *Enum. filic.*, p. 216.

1. TRIPHYLLA, Lmrk., *Encyc.*, I, p. 41, *sub adianto*; Sw., *Syn. filic.*, p. 120. *Cassebeera*, Kffss., *Enum. l. c.*, t. I, f. 11 (*fragmenta*), F., 7e *Mém.*, p. 30, t. 12, f. 5 (*fragm.*); Hook. et Bauer, *Gen. filic.*, t. 66 A. Brésil mérid., Sellow, Tweedie. — Cette espèce est facile à distinguer de la suivante, dont elle diffère par ses frondes tripartites; elles sont courtement pétiolées et élégamment créuclées.

2. PINNATA, Klfss., *l. c.*, p. 217, t. 1, f. 11; Mart., *Icon. pl. crypt. Bras.*, p. 91, t. 61; Kze., *Analect. pteridogr.*, p. 37, t. 24; Hook., *Sp. filic.*, II, p. 119. Minas-Geraes, Langsdorf; Serra do Natividade, Gardner, nᵒ 3556; Sainte-Catherine, Chamisso. — Frondes pinnées, à frondules presque opposées; crénelées-obtuses; le rhizome est rampant.

3. GLEICHENIOIDES, Hook., *Icon. pl.*, VI, t. 507, et *Spec. filic.*, II, p. 119. District des Diamants, Gardner, nᵒ 5295. — Frondes bipinnées, à pinnules linéaires, allongées, doublement ou simplement pinnées; elle diffère beaucoup, par le port, des deux précédentes.

NB. Les Adiantées sont très-richement représentées au Brésil, tandis que le Mexique en compte à peine une vingtaine d'espèces; nous en décrivons ici plus du double. Parmi les quatre genres que renferme ce groupe, il en est un, le *Cassebeera*, qui semble avoir son centre de développement au Brésil et qui manque aux Antilles. Les rapports qui existent entre les Adiantées et les Lindsayées, sont des plus singuliers; c'est le même port et la même organisation des frondes. Le mode de déhiscence des indusiums diffère seul, et l'on peut dire du *Lindsaya* que c'est un *Adiantum* retourné.

VII. PTÉRIDÉES.

23. PTERIS, L., *Emend.*, *Hort. Cliffortian.*, p. 473.

** Fronde pinnée; pinnules entières.*

1. CRETICA, L., *Mantiss.*, p. 130.
   Var. γ *Americana*, Agardh, *Monogr.*, p. 9. Brésil, Freyreis. Glaziou, Rio-Janeiro, nᵒ 2308. — Les frondules sont opposées; les stériles assez courtes, oblongues lancéolées, obtusiuscules, dentées en scie; les fertiles tendent à la forme linéaire.

*** Fronde bi-, tri- ou quadripinnée; pinnules entières ou simplement dentées.*

2. HETEROPHYLLA, L., *Sp. pl.*, p. 1534. Agardh, *Monogr.*, p. 15; Plum., *Filic.*, t. 37. Rio-Janeiro, lady Calcott. — Frondes deux ou trois fois pinnées, à frondules pétiolées, terminées en coin à la base, linéaires oblongues; les stériles profondément dentées en scie, à nervilles simples ou bifurquées.

3. GRACILIS, F., *Gen. filic.*, p. 128. Hook., *Sp. filic.*, II, p. 172, t. 128 *a.* Claussen; Forbes; Glaziou, n° 430. — Fougère élancée, à pétiole rougeâtre à la base, très-long et flexueux; fronde tripinnée, segments étroits à dents anguleuses, très-longuement sétacées. (Longueur, 40-50 centim.)

4. QUADRIAURITA, Willd., *Filic.*, p. 385. Brésil, Gardner, n° 5302 (*Teste* Hook., *Spec. filic.*, II, p. 179.) — Fronde à frondules nombreuses, très-courtement pétiolées et pinnatiséquées; les inférieures au nombre de 3-4, bipartites. Elle ne dépasse guère 60 centim. (N. V.)

5. DEFLEXA, Lk., *Hort. Berol.*, II, p. 30; Agardh, *Monogr.*, p. 44; Sellow, Brésil (*Herb. Berol.*), Gardn., n° 101. — Frondes 3-4 pinnées, dont les frondules sous-triangulaires sont longuement acuminées et profondément pinnatifides; les derniers segments, aussi sous-triangulaires, sont mucronés et dentés en scie. Elle est très-ample. (N. V.)

6. GAUDICHAUDII, Agardh, *Monogr.*, p. 42. *P. palustris*, Gaudich., *in* Freyc., *Voy.*, p. 391 (*syn. exclus.*). Rio-Janeiro. — Le stipe est un peu rude au toucher et triparti; les frondules sont au nombre de 14-16; leur consistance est coriace; les derniers segments sont lancéolés, un peu courbés en faux et dentés en scie.

7. PILOSIUSCULA, Desv., *Prodr.*, p. 296. Brésil (Agardh, *Monogr.*, p. 43). — Frondes à pinnules presque pétiolées, pinnatifides, à segments écartés, poilus sur le rachis et les nervures; les derniers segments en faux, aigus, portant des dents écartées au sommet; sinus arrondis; ce serait la plante décrite par Raddi, sous le nom de *P. palustris*, d'après Agardh, *l. c.*

8. ROSTRATA, F., 10ᵉ *Mém.*, p. 16, t. 23, f. 1. Glaziou, Rio-Janeiro, n° 1743. — Pinnules et segments pinnulaires plus nombreux et plus rapprochés que dans la plante citée, récoltée par Spruce, au Pérou, en 1856.

*** *Aquilinaires.*

9. ESCULENTA, Forst., *Prodr.*, 418; Agardh, *Monogr.*, p. 45. Brésil, Gaudichaud; Sellow; Gardn., n° 2988. Para, Spruce, n° 32 et 381. Santa-Rosa et Minas-Geraes, Gardn., n° 5303. — Pétiole sous-tétragone, canaliculé, roussâtre, glabre; tous les segments linéaires, de 6-7 millim. jusqu'à 2 centim.; les fertiles ont à peine 2 millim. de largeur. Plante cosmopolite, très-voisine des

espèces suivantes. La racine, qui est pivotante, renferme une substance amylacée. Elle est alimentaire pour les pauvres peuplades du cap de Van-Diemen.

10. ARACHNOIDEA, Klfss., *Enum.*, p. 190; Agardh, *Monogr.*, p. 46. Gaudichaud, Rio-Janeiro; Blanchet, la Jacobine; Sellow. — Elle est voisine de la précédente; les segments pinnulaires sont du double plus larges, les rachis noueux et comme articulés. Les poils qui recouvrent la lame inférieure imitent de petits fils d'araignée et ne sont que faiblement adhérents.

11. CAUDATA, L., *Sp. pl.*, 1533; Agardh, *Monogr.*, p. 48. Glaziou, Rio-Janeiro, n° 431. Ile Sainte-Catherine, H. Gauthier. — Les segments pinnulaires sont écartés et le terminal s'allonge en une pointe caudiforme; elle est fort grande, ainsi que les précédentes, et mesure jusqu'à 3 mètres et plus.

12. PSITTACINA, Presl., *Delic.*, Prag., 1822, p. 185; Agardh, *Monogr.*, p. 47; Presl, Rio-Janeiro. — Frondes ovales, tripinnées, à frondules opposées, écartées. Les rachis sont pubescents, avec des poils roux. Presl ne l'a vue que stérile. C'est une espèce douteuse. Les pteris aquilinaires exotiques se rapprochent grandement du *P. aquilina*, L., d'Europe, dont elles ne semblent être que des formes.

24. PELLÆA, Lk., Spec. filic., p. 59.

A. Doryopteridestrum.

† 1. QUINQUE LOBATA, F.

Frondibus tri-quinque lobatis, basi cordatis, novellis hepaticæformibus, pellucidis; mesonevro nervillisque concoloribus; petiolo longissimo, adiantino; lobis acutis, intermedia longiori; indusia latiuscula, tenui; sporotheciis ovatis, annulo 18-20 articulato; sporis rotundis, atris, leviter papillatis.

Habitat in Brasilia fluminensi (Glaziou, n° 2053).

(Longueur totale, 25-28 centim., avec une lame de 9 centim. de hauteur sur 6 de largeur.)

ICON. : *Tab. X, fig. 1.*

Espèce curieuse et fort distincte; ses frondes sont trilobées dans la jeunesse et quinquelobées à l'état fructifère. Dans le premier état elles ressemblent tout à fait aux feuilles de l'*Hepatica triloba* de nos jardins; les deux lobes inférieurs prennent une disposition pédiaire; le lobe médian a le double de longueur des lobes latéraux; tous se terminent en pointe, mais dans l'état trilobé les lobes sont arrondis et diffèrent peu dans leurs dimensions; la souche est petite; elle porte plusieurs frondes rapprochées les unes des autres ; les écailles, de couleur dorée, ont une forme linéaire et se terminent en une longue pointe.

2. GERANIFOLIA, Radd., *Fil. Bras.*, p. 46, t. 67, *sub pteride, Pellæa*, F., *Gen. filic.*, p. 130 ; Rio-Janeiro, Raddi ; Claussen, n° 156 ; Gardner, Goyaz ; Glaziou, n° 1687. — Cette fougère a une géographie très-étendue ; on la trouve au Cap, à Port-Natal, à l'île de France et aux Philippines.

3. LOMARIACEA, Kze., *Herb. Monac. et Vinbon.*, *sub pteride, Doryopteris lomariacea*, Klotz., *Linn.*, XX, p. 343. Brésil, Gardner, n° 5930 ; à l'Infecionado, district des Diamants, Glaziou, Rio-Janeiro, n° 2471. — Frondes dissimilaires, les frondes stériles largement lobées, à 7 lobes pointus ; les frondes stériles plus longues, à stipe plus vigoureux ; lobes linéaires. La longueur totale pour les premières est d'environ 30 centim. jusqu'à la base de la fronde, et pour les secondes de 50 centim. M. Hooker, *Spec. filic.*, II, p. 133, t. 112 *a*, indique une variété *colombina*, qui aurait été trouvée au sommet de la Serra os Orgaos par Gardner, n° 5297. Le nom spécifique *lomariacea* est fort peu convenable.

† 4. MICROPHYLLA, F.

Frondibus parvulis, palmatis aut trifoliatis, viridibus, glabris ; petiolo nudo, adiantino ; mesoneris aterrimis, lateralibus tenuibus, furcatis ; sporotheciis continuis, indusio membranaceo, pellucido, ad maturitatem aliquando interrupto ; sporangiis subrotundis, annulo lato 20-24 articulato ; sporis subtrijonis, nigrescentibus.

Habitat in Brasilia fluminensi (Serra de Couto) ; Glaziou, n°° 3158 et 3159. (1869.)

Filix humilis, surculo plurifrondifero ; segmentis obtusissimis ; petiolo glabro, tenui, curvato.

ICON. : *Tab. IV, fig. 2.*

(Longueur : 3-5 centim., dont le pétiole fait le tiers ; envergure de la fronde, 2 centim. au plus ; segments, 6-9 millim.)

Très-curieuse espèce ; elle ressemble très en petit aux *Pellæa* pédiaires et palmés ; elle est délicate et les frondes s'attachent sur une petite souche dressée ; nous la croyons terricole.

5. PARADOXA, F., 7° *Mém.*, p. 30, t. 20, f. 2, *sub cassebeeria* ; Gardner, Serra os Orgaos, n° 5930, et Glaziou, même localité, n° 2807. — Il existe, entre cette

plante et la précédente, une évidente analogie, et nous n'hésitons plus à en faire un *Pellæa*. Elle est beaucoup plus robuste, opaque, à pétioles rougeâtres, portant de longs poils espacés et couverts de petites éminences qui les rendent rudes au toucher; les lames portent de 5 à 6 segments de chaque côté du mésonèvre; l'indusium est sensiblement froncé et se soulève tout d'une pièce.

B. *Eupellæa.*

† 6. FLAVESCENS, F.

Frondibus bipinnatis, glaberrimis, siccitate flaccidulis; petiolis rotundis, adian-
tinis; frondulis primariis basi frondium oppositis, dein alternis, lanceo-
latis; frondulis secundariis ovatis, sessilibus, cordatis, spissis, opacis, supra
rugosis, terminali oblonga, majori.

Habitat in Brasilia fluminensi (Glaziou, n° 2475).

Filix elegans, petiolis rachibusque atro-fuscis; rhizoma repens.

ICON. : *Tab. XXII, fig. 2.*

(Longueur variable entre 25 et 40 centim., avec des frondules primaires de 2-4 centim.; le pétiole fait environ la moitié de la longueur totale; les frondules secondaires ont à peine 2, et la terminale 6 millim.)

Cette fougère est très-distincte de ses congénères; nous ne l'avons pas vue à l'état de maturité; la marge des frondules fructifères est réfléchie, un peu plissée et disposée pour recevoir les sporanges; le rhizome est rampant et les frondes y sont réunies en faisceau.

† 7. SUBSIMPLEX, F.

Frondibus subsimplicibus, longe petiolatis aut ternatis, linearibus, basi subcor-
datis, apice obtusissimis, petiolis fuscis, tenuibus, pilosis; sporotheciis
continuis, marginem et apicem invadicentibus; indusio spisso; sporangiis
pyriformibus, annulo 44-48 articulato; sporis trigonis, nigrescentibus.

Habitat in Brasilia fluminensi (Serra do Couto); Glaziou, n° 3160 (1869).

Filix parva, radice fibrosa, frondibus opacis, lutescentibus.

ICON. : *Tab. IV, fig. 8.*

Cette fougère est des plus distinctes; nous n'avons rien à ajouter à ce que nous venons d'en dire; mais nous croyons devoir faire remarquer que le nombre des anneaux des sporanges, quand il s'élève aussi haut (44-48), peut fournir un caractère important pour la distinction des espèces, et c'en est ici un exemple remarquable.

25. DORYOPTERIS, J. Sm., *in Hook. Journ. bot.*, IV, p. 162.

1. SAGITTIFOLIA, Radd., *Fil. Bras.*, p. 43, *sub pteride*, t. 63, f. 1. *Doryopteris*, J. Sm., *Cat. Kew. ferns*, p. 4. Mandiocca, Radd.; Rio-Janeiro, Burchell, n° 2051; Gardner, n° 36, et Glaziou, n°° 940, 1739, 2305, 2306 et 2307. — Parmi ces derniers spécimens, recueillis à Pétropolis, il en est qui mesurent jusqu'à 48 centim.

2. HASTATA, Radd., *Filic. Bras.*, p. 43, t. 63 f. 2, *sub pteride*. *Doryopteris*, J. Sm., *l. c. Doryopteris sagittata*, Hook., *Sp. filic.*, p. 207, var. *hastata*. — La figure donnée par Raddi reproduit certainement une espèce distincte de la précédente. Serra os Orgaos, Gardner, n°° 150 et 151. (N. V.)

3. RADDIANA, F., *Gen. filic.*, p. 133. *Pteris varians*, Raddi, *Filic. Bras.*, p. 44, t. 64, f. 1 et 2, et *P. collina*, ejusd., *l. c.*, p. 44, t. 65, fig. 1 et 2. *Pteris pedata*, Longsd. et Fisch., *Filic.*, p. 17, t. 20. Rio-Janeiro, Gardner, n°° 37 et 5030; Guillot (Herb. F.).

> Var. β *patula*. Très-grandes frondes, pouvant s'élever à plus d'un demi-mètre, avec des lames ayant près de 60 centim. de pourtour. Le pétiole est cylindrique, lisse, luisant, rougeâtre; les segments sont entiers, digités, acuminés, très-étalés et fructifiés dans toute l'étendue de leurs marges. Rio-Janeiro, Glaziou, n° 1740, et à Desterro, île Sainte-Catherine, par Albuquerque. — Peut-être est-ce une espèce distincte?

> Var. γ *multipartita*. Elle est remarquable par le grand nombre de ses segments, qui sont pinnatifides et terminés par une longue pointe; elle est comme étagée, avec des marges entièrement bordées de sporothèces. Cette variété est fort belle. La figure 3 de la planche 65 de Raddi, *l. c.*, à proportions un peu plus petites, donne une idée assez exacte de cette plante, récoltée à Rio-Janeiro par M. Glaziou, sous le n° 1741. M. H. Gauthier nous l'a envoyée de Desterro, île Sainte-Catherine.

NB. Le *Doryopteris pedata* (*Pteris pedata* des auteurs) se perd au milieu des formes de l'espèce précédente.

26. LITOBROCHIA, Presl., *Testam. pterid.*, p. 118, *Emendat.*

1. SPLENDENS, Klfss., *Enum.*, p. 186, *sub pteride; Litobrochia*, Presl., *l. c.*, p. 149; Brésil, dans les bois. Chamisso; Freyreis; Beyrich; Sellow, Os Orgaos, n° 144,

et Arrial, Minas-Geraes, par Gardner, n° 5300. Glaziou, Rio-Janeiro, à Saint-Louis, n° 1744. Pedra do Couto (1869), n° 3161. — Cette fougère est fort belle, très-glabre, luisante, de consistance sèche et comme papyracée. Les frondules se terminent par une pointe dentée en scie; les nervilles, qui sont en relief, forment des mailles à 4, 5 ou 6 pans; celles de la marge ne diffèrent pas sensiblement des autres, de sorte que la nervation rappelle bien plutôt celle du *Nevrocallis* ou de l'*Hymenium crinitum* que celle des *Litobrochia*. La physionomie de cette plante est très-spéciale et nulle description ne saurait en donner une idée exacte. La base des grandes pinnules subit un temps d'arrêt de développement dans la moitié inférieure, qui se termine à 2 centim. de son point d'attache; tandis que la moitié supérieure s'en rapproche de 7-8 millim. C'est bien là le *Pteris splendens* de Kaulfuss. M. Agardh, qui l'accepte, semble avoir eu sous les yeux une autre plante et peut-être un *Heteroneuron*. Les mots *pinnis patentibus; venis in costa fere verticales; basales fere æque longæ, singulas vel non ultra binas areas secundarias sustinentes*, ne peuvent, en aucune manière, se rapporter à notre plante.

† 2. PRÆALTA, F.

Fronde elongata, pinnata, basi bipartita; petiolo rachique purpurascentibus; frondulis lanceolatis, glaberrimis, basi cuneatis, vix petiolatis; apice longe acuminato, serrato; areolis hexagonoideis, æqualibus; mesoneuro purpureo; fertilibus angustioribus et longioribus; marginibus ad exclusionem apicis, omnino fructiferis; indusio fusco, crassiusculo; sporangiis pyriformibus; annulo lato, 20-24 articulato; sporis trigonis.

Habitat in Brasilia fluminensi (Glaziou, n° 2304).

Filix gigantea, pinnulis extensis, petiolo, rachi et mesoneuris kermesinis.

ICON. : *Tab. XI, fig. 2.*

(Longueur totale, 1.50 à 2 mètres. Nous avons un pétiole qui seul mesure 1.20 et qui atteint la grosseur du doigt d'un enfant; la base, un peu recourbée, est rude au toucher; les frondules inférieures, bipartites, mesurant 25 centim., sur un peu moins de 3 centim. de largeur; les autres vont jusqu'à 30, sur 2 seulement; nous en comptons huit paires, y compris la frondule bifide, séparées par un entre-nœud de 3 centim.)

Très-belle espèce, très-distincte par son port, ses dimensions, la longueur des frondules et la couleur pourpre de toutes les parties fondamentales, pétiole, rachis et mésonèvre; le rhizome est rampant; le pétiole rude à la base et sillonné; les grands spécimens de cette fougère doivent dépasser 2 mètres.

3. BRASILIENSIS, Radd., *Filic. Bras.*, p. 47, t. 68 et 68ª, *sub pteride; Litobrochia*,
Presl., *l. c. Pteris serrata*, *Fl. flumin.*, XI, t. 82. Rio-Janeiro; Gardn., nᵒˢ 34
et 35; Martius, *H. Bras.*, nᵒ 332. Bahia, Blanchet. — Très-commune et très-
répandue dans les herbiers. Frondes bipinnées, à frondules inférieures longuement pétiolées. Le pétiole est olivâtre, très-lisse; les derniers segments
sont lancéolés et mucronés-dentés.

4. DENTICULATA, Sw., *Syn. filic.*, p. 97, *sub pteride; Pteris tristicula*; Radd., *Filic.
Bras.*, p. 48, t. 69; *Litobrochia*, Presl., *l. c.* Rio-Janeiro (Herb. Vindob.);
Blanchet (H. F.); Glaziou, nᵒˢ 432 et 433. Ile Sainte-Catherine, H. Gauthier.
Var. à *pinnato-pinnatifida*. Glaziou, nᵒ 2815.

Cette espèce varie par des frondules plus ou moins larges, tendant soit à la
forme linéaire, soit à la forme lancéolée.

5. LEPTOPHYLLA, F., *Gen. filic.*, p. 135; Sw., *Act. Holm.*, 1817, p. 70!! *sub
pteride, teste* Agardh, *Manog.*, p. 57; *P. spinulosa*, Radd., *Fil. Bras.*, p. 47,
t. 70 et 70ª. Brésil, Claussen; Raddi; Gardner, nᵒ 32; Sellow; Glaziou,
nᵒˢ 429 et 2057. — Les nervilles forment des anastomoses, mais elles ne
sont pas universelles. La plante a un facies agréable; elle est élégamment
découpée.

6. GIGANTEA, Willd., *Filic.*, p. 381; Kze., *Fil. Pepp.*, p. 75. Glaziou, Serra os
Orgaos, nᵒ 2806? — Grande espèce, bi ou tripinnée, à frondules primaires
glabriuscules, bifides, très-grandes, terminées en une longue pointe; rachis
proéminents, gramineux, parfois rougeâtres; segments, les uns obtus et les
autres aigus, séparés par de larges sinus; les segments fructifères sont acuminés.

7. DECURRENS, Radd., *Fil. Brasil.*, p. 48, t. 69ª; *sub pteride. Litobrochia*, Presl.,
l. c., p. 149. Brésil, Rio-Janeiro, Raddi; Gardner, nᵒ 153; Gaudichaud;
Claussen, nᵒˢ 106 et 2106; Glaziou, nᵒˢ 434, 2056 et 2311; Ile Sainte-Catherine, H. Gauthier. — Espèce très-distincte, très-commune et très-répandue
dans les herbiers; elle atteint jusqu'à un mètre avec des frondules dressées
qui ne dépassent pas 20 centim.

8. BIFORMIS, Splitg. Kze., *Linn.*, t. XXI, p. 217; *Campteria Luschnathiana*, Klotz.,
Filic. Luschn., nᵒ 9 (H. F.); Bahia, Luschnath; Blanchet, à la Jacobine. — Port
de l'espèce précédente, dont elle diffère par une décurrence peu marquée des

segments plus arqués et des frondules portées sur un assez long pédicelle,
très-délié.

† 9. HORIZONTALIS, F.

*Fronde magna, glaberrima, tenera, basi bipartita; frondulis oblongo-lanceolatis,
apice longissimo et obtusiusculo; segmentis horizontalibus, lanceolatis, alternis,
sinubus latis, marginibus eleganter crenulatis; rachibus helveolis, laxibus,
flavescentibus; sporotheciis interruptis; indusio tenui.*

Habitat in Brasilia fluminensi; (Glaziou, n° 2314).

Filix magna, tenera, segmentis horizontalibus, superne crenatis, inferne integris.

ICON.: *Tab. XII, fig. 1.*

(Longueur de la plus grande frondule, divisée à la base, 50 centim.; les segments au centre,
9-10 centim. sur 12-13 millim., les sinus, 9-10 millim.)

Nous ne possédons pas cette plante entière, mais les fragments que nous en
avons la caractérisent suffisamment; les marges sont élégamment crénelées, un peu
obtuses; le sommet très-allongé est caudiforme. Elle doit prendre place parmi les
très-grandes espèces.

† 10. SERICEA, F.

*Frondibus pinnato-pinnatifidis, basi divisis; rachi debili, supra bicanaliculato,
piloso; frondulis lanceolatis, caudatis, basi decurrentibus; segmentis obtusissimis, ciliatis, sericeis, inæqualibus, margine usque ad dimidiam partem
dentatis, areolis costalibus elongatis, angustis, intermediis parvulis; nervillis
apice liberis; frondulis fertilibus sessilibus, decurrentibus, pectinatis, in
cauda fertili terminatis; segmentis oblongis, aliquando inferne pinnatifidis,
inæqualibus; sporotheciis apicem et marginem omnino cingentibus; sporangiis ovatis, annulo lato; sporis trigonis.*

ICON.: *Tab. XI, fig. 3.*

Habitat in Brasilia fluminensi (Glaziou, n° 1745 et 2312, 1868).

(Longueur totale: 1 mètre; frondules intermédiaires, 22-25 centim. de longueur sur 8 centim. d'envergure; les segments sont inégaux, ceux de la partie supérieure de la frondule sensiblement plus petits; ils mesurent en moyenne 5-7 centim. sur 9-11 millim. de largeur.)

C'est une grande espèce, pédiaire à la base, de laquelle se détache un long
appendice qui semble naître de la frondule inférieure. Des poils soyeux, strigilleux
et un peu luisants la recouvrent dans toutes ses parties, aussi bien en dessus
qu'en dessous; la côte moyenne des frondules en montre de bien plus longs. Cette

espèce est remarquable par la souplesse de toutes ses parties et l'inégalité de ses segments, les supérieurs étant sensiblement plus petits.

†11. ANGUSTATA, F.

Frondibus bipinnatis, glaberrimis, petiolis flaccidis, rachibus et mesoneuris glabris, stramineis, siccitate brunneis; frondulis pinnatifidis, in ambitu oblongis, segmentis fertilibus angustioribus, acuminatis, remotis, basi decurrentibus, sinubus latis; segmentis sterilibus, magis approximatis, lanceolatis, basi contractis, margine repandis, apice denticulatis; nervillis sculpturatis; sporotheciis angustis, universalibus; indusio tenui; sporangiis ellipticis, annulo 20 articulato; sporis vitreis, sata magnis et triedricis.

Habitat in Rio-Janeiro (Glaziou, n° 2149 et 2310).

Filix ampla, glaberrima, segmentis remotis, decurrentibus, acuminatissimis.

Icon. : *Tab. XI, fig. 1.*

(Longueur totale, 1 m., dont le pétiole fait la moitié. Pinnules latérales, 40 centim., portant 10-12 paires de segments linéaires, mesurant 12-13 centim. sur 9-11 millim. de largeur; les sinus ont environ 2 centim. d'ouverture.)

C'est une grande espèce, ayant le port du *L. Mexicana*; elle est dressée, souple, lisse; les segments s'unissent les uns aux autres par des décurrences qui se terminent en pointe; les nervilles, très-déliées dans les segments fructifères, sont plus en relief et plus grosses dans les frondes stériles.

†12. VARIANS, F.

Frondibus basi subpedatis, apice abrupte pinnatis; frondulis pinnato-pinnatifidis, segmentis fere usque ad costam liberis, patulis, apice leviter contractis, dentatis, basi decurrentibus; sterilibus oblongis, obtusis aut acutis, inferne contractis, sinubus amplis; sporotheciis fulvis, apice sterili; sporangiis oblongis, sporangiastris (glandulis?) mastoideis, fluvidulis intermixtis, annulo lato, 24-28 articulato; sporis trigonis, in centro depressis.

Habitat in Brasilia fluminensi (Glaziou, n° 2472).

Filix variabilis, pedata, marginibus cartilagineis, apice serrata.

Icon. : *Tab. XII, fig. 2.*

(Longueur de la plus grande pinnule : 40 centim., avec des segments qui atteignent presque la marge pour former de larges sinus; ces segments varient de longueur, sans excéder 7-8 centim. sur 8 millim. de largeur.)

Cette plante est polymorphe et varie par la dimension des frondes et celle des frondules qui s'y attachent; elle se termine brusquement par 7-8 segments entiers assez courts et à nervilles libres. C'est la seule espèce qui présente, à notre su, des sporangiastres, sortes de glandes mastoïdes, jaunâtres, mêlées aux sporanges; les spores, déprimées au centre, ont une surface comme plissée.

13. ACULEATA, Sw., *Syn. filic.*, p. 100, *sub pteride. Polypodium spinosum*, L., *Sp. pl.* 1554; Plumier, *Filic.*, p. 6, t. 5 et 11; Brésil, Sellow. — Fougère arborescente, stipe court de la grosseur de la cuisse, haut d'un mètre et aiguillonné. Les frondes sont très-robustes; les frondules se terminent en une longue pointe. Nous ne l'avons pas vue provenant du Brésil.

14. POLITA, Lk., *Hort. Berol.*, p. 30? *sub pteride*; Agardh, *Monogr.*, p. 65; Brésil, Rio-Janeiro, Glaziou, n° 2809. — La fronde stérile est ample, à frondules presque opposées, se recouvrant par leurs extrémités; segments légèrement arqués, dentés en scie au sommet, à pointe très-large, anguleuse; consistance flexible.

15. BIAURITA, L., *Sp. pl.*, p. 1534, *sub pteride*; *Pt. nemoralis*, Willd., *Filic.*, 386; *Litobrochia*, F.; *Campteria Rottleriana*, Presl., *Tentam. pterid.*, p. 14, t. 5; Plumier, *Filic.*, tab. 15; Brésil, Arayos, Gardner, n° 4076; Glaziou, n° 435; Rio-Janeiro. — Frondes très-amples. Les nervilles de la base sont les seules qui soient anastomosées. Le stipe est lisse et stramineux.

16. ELEGANS, Sw., *Act. Holm.*, 1817, p. 70, *sub pteride*. Var. α *Brasiliensis*, Ag., *l. c.*, p. 76; *Litobrochia*, F.; Brésil, Freyreis; Rio-Janeiro, Glaziou, n° 2346. — Rachis purpurescents; frondules secondaires exactement opposées, ayant à la base une sorte de collerette formée de frondules courtes et sessiles.

17. PALLIDA, Presl., *Tent. pterid.*, 149; Radd., *Filic. Brasil.*, p. 49, t. 74; Brésil, Raddi, Minas-Geraes, Rio-Janeiro, Glaziou, n° 1742; île Sainte-Catherine, H. Gauthier. — Frondes tripinnées, à segments arrondis; indusium et sporothèces fort étroits.

NB. Le *L. papyracea*, F., *Gen. fil.*, p. 136, indiqué seulement comme espèce américaine, serait très-probablement brésilienne, M. Gardner, qui l'a récolté, n'ayant exploré que le Brésil. (*Voy.* Hook., *Spec. filic.*, II, p. 242.)

27. LONCHITIS, L., *Gen. pl.*, n° 1177. *Emend.*

1. MACROCHLAMYS, F., *Gen. filic.*, p. 142; Blanchet, Brésil, sans autre indication. — Grande espèce, de couleur cendrée, tomenteuse; l'indusium est extrêmement épais et comme crépu.

2. LINDENIANA, Hook., *Sp. filic.*, II, p. 56, t. 89 A. Rio-Janeiro, Glaziou, n° 2313? — Grande espèce velue, à poils strigilleux; le pétiole est couvert d'assez longs poils qui le rendent rude au toucher; nous n'avons cette plante que stérile.

NB. Ce groupe a des espèces dans toutes les régions de la terre. Ce sont, en général, de grandes plantes, robustes, presque toujours pluripinnées. Le Brésil a 41 ptéridées, réparties en 5 genres; les Antilles 34 et 7 genres, le Mexique 33 et 5 genres. Les genres *Heterophlebium* et *Onychium* ne se trouvent qu'aux Antilles et l'*Amphiblestra* est seul mexicain. Sauf ces courtes remarques il est facile de voir que dans ces trois grandes régions le type ptéridéique n'est nulle part prédominant. Ce groupe n'est représenté en Europe que par deux espèces, les *P. Cretica*, L., et *P. aquilina*, L.

VIII. CHEILANTHÉES.

28. ADIANTOPSIS, F., *Gen. filic.*, p. 145.

1. DICHOTOMA, Poir., *Encyc. meth. supp.*, I, 143, *sub adianto. Adiantopsis.* Th. Moor., *Ind.*, p. 17. Brésil, in Th. Moor., *l. c.* — Frondes pluripinnées, rachis flexueux, glabre; frondules tantôt opposées, tantôt alternes; segments légèrement incisés, sous-trilobés, très-légèrement crénelés, convexes; sporothèces très-petits, recouverts par la marge.

2. RADIATA, L., *Sp. pl.*, 1556, *sub adianto*, Sw., Willd., Klfss., etc., *Adiantopsis.* F., *l. c.*, *Hypolepis radiata*, Hook., *Sp. filic.*, II, p. 72, t. 91 A. Martius. *Herb. Bras.*, n° 556; Pohl, Minas-Geraes et Rio-Janeiro (*Herb. Vind.*); même localité, Glaziou, n° 942; H. Gauthier, île Sainte-Catherine. — Très-répandue dans les Antilles et dans toute l'Amérique tropicale.

3. MONTICOLA, Gardn., in Hook., *Icon. pl.*, t. 487, *sub cheilanthe; Adiantopsis.* Th. Moor., *Ind.*, p. 18; *Hypolepis Gardneri*; Hook., *Sp. filic.*, II, p. 74, t. 92 B. Brésil, Gardner, n° 3557. — Petite plante simplement pinnée, frondes

portées sur une petite souche; elles y sont presque sessiles; les frondules
sont auriculées vers le haut, obtusiuscules au sommet; les sporothèces ont
un indusium en forme de fer à cheval.

4. SPECTABILIS, F., *Gen. filic.*, p. 145. *Cheilanthes chlorophylla*, Kze., *Linn.*, XXIII,
p. 243, *C. Brasiliensis*, Radd., *Fil. Bras.*, p. 60, t. 75, f. 2. Brésil, Gardner,
n° 5296, et par le même, Serra os Orgaos, n° 198; Rio-Janeiro, Glaziou,
n° 4758. — Ce spécimen est au moins une variété. Il est plus rude, et ses
frondes, d'un vert sombre, ne sauraient lui mériter l'épithète de *chlorophylla;* nous en faisons une variété *fluminensis*.

5. OBTUSISSIMA, F.

*Frondibus extensis, bipinnatis, oblongis, petiolo longo rachibusque ferrugineis,
pilosis; frondulis primariis lanceolatis, pinnatis, breve petiolatis, alternis,
curvatis; frondulis secundariis ovatis, superne gibbosis, obtusissimis, margine superiori undulato et inferne integerrimo, basi leviter connexo; frondula terminali angulata; sporotheciis marginem et apicem frondularum
circumdantibus, rubris, conniventibus; indusio tenuissimo; sporangiis oblongis,
annulo 14-16 articulato, sporis trigonis, seu obscure triedricis.*

Habitat in Brasilia fluminensi (Rio-Janeiro, Glaziou, n° 2321).

Filix extensa, surculo erecto, fibrilloso; sporangiis rubris, marginalis.

ICON. : *Tab. XIII, fig. 1.*

(Longueur totale, 50 centim.; des frondules, 8-10 centim. sur 2 centim. d'envergure; le pétiole
mesure 20-22 centim.; l'entre-nœud est de 4 centim.)

Cette espèce est nettement caractérisée; elle a le port d'un *Adiantum* et le pétiole
est couvert de poils courts d'apparence pulvérulente, comme dans l'*A. pulverulentum* et espèces voisines; la bordure que forment les sporothèces, qui sont rubes-
cents, lui donne un aspect agréable.

29. HYPOLEPIS, Bernh., Presl., *Tentam. pterid.*, p. 161.

1. REPENS, L., *Spec. pl.*, 1536, *sub lonchitide; Hypolepis*, Bernh., Presl., L. c.;
Hook., *Spec. filic.*, p. 64, t. 90 B, et auct. plur., Ilheos, Moricand, n° 2460;
Serra os Orgaos, Gardn., n° 199; Martius, *Herb. Bras.*, n° 382; Rio-Janeiro,
Glaziou, n° 2154. — Espèce très-répandue sous l'équateur et les tropiques.

2. PARVILOBA, F.

Frondibus tripinnatis, glaberrimis; rachibus armatis, spinis sparsis, brevibus; frondulis primariis extensis, dilatatis, oblongis; secundariis lanceolatis, in acumine longo crenato terminatis; tertiariis patentibus, linearibus, pinnatifidis, lobis ellipsoideis, oppositis; sporotheciis marginantibus, nudis, 3-4 seriatis; sporangiis rotundis, annulo 14-16 articulato; sporis ellipsoideo-reniformibus, leviter papillosis.

Habitat in Brasilia, prope San-Gabriel, Rio-Negro (Spruce, n° 2119).

Filix diffusa, spinis brevibus armata.

ICON.: *Tab. XX, fig. 1.*

(Longueur, 1 mètre et plus.)

Cette espèce se rapproche de l'*H. repens*, L. ; elle est plus délicate, et ses lobes fructifères, quoique beaucoup plus petits, sont chargés d'un plus grand nombre de sporothèces.

3. DICKSONIOIDES, F., *Hist. foug. et lycop. des Antill.*, p. 28, t. 21, f. 1, *in textu.*

H. delicatula. Rio-Janeiro, Glaziou, n° 2380. — Fougère délicate, flexueuse, à pétioles et à rachis âpres au toucher; les frondes sont très-amples et sur-décomposées.

† 4. SERRATA, F.

Parva; frondibus glabris, fasciculatis, in ambitu oblongis; frondulis primariis pinnatifidis, segmentis linearibus, argute serratis, apice aristatis; petiolo levi, rubescente, surculo erecto; sporotheciis marginantibus; indusio ovoideo, tenui; sporangiis rotundis, annulo crasso, 12-14 articulato; sporis rotundis.

Habitat in Brasilia fluminensi (Glaziou, n° 929 et 2336).

Filix delicatula, siccitate fragilis, glabra; surculo fibrilloso.

ICON.: *Tab. XIII, fig. 3.*

(Longueur, 7-8 centim. sur 2 d'envergure.)

Cette plante diffère par le port de toutes ses congénères; elle est délicate, inerme, glabre; les frondes sont en assez grand nombre et se développent au sommet d'une petite souche dressée, ayant 6-8 millim. de hauteur. Nous la mettons avec doute parmi les *Hypolepis*; elle en a tous les caractères par les organes de la reproduction: indusium marginal, membraneux, ovoïde, spores arrondies, etc. Les segments sont dentés et terminés par une pointe aristée.

30. MYRIOPTERIS, F., *Gen. filic.*, p. 148.

1. PALEACEA, F., *l. c.*, p. 149. *Cheilanthes elegans*, Desv., *Berol. mag.*, V, 328. *C. lanigera*, Presl, *Reliq. Haenk.*, I, 65. *C. paleacea*, Mart. et Gal., *Fung. mexic.*, t. 21, f. 2. Le *Myriopteris marsupianthes*, F., est, contrairement à l'avis de M. Th. Moore, *Ind.*, p. 239, absolument différent. Brésil, Blanchet, n° 542.

31. CHEILANTHES, Sw., *Syn. filic.*, t. III, fig. 5-7.

1. FLEXUOSA, Kze., *Linn.*, XXII, p. 578; Hook., *Spec. filic.*, II, p. 104. Brésil, Cap Goyaz, Pohl, Ried. — Frondes tri- et quadripinnées, raides, coriaces, pubescentes, ovales-oblongues, acuminées.

    Var. β *minor*. Hook., *l. c.* Minas-Geraes, Regnell, II, 320. (N. V.)

† 2. GLABERRIMA, F.

Frondibus lanceolatis, glaberrimis, petiolo longo, rachibusque nudis, rubescentibus; frondulis pyramidatis, acutis, sessilibus, inferioribus bipinnatis, intermediis pinnatis, apicilaribus simplicibus, subrotundis, segmentis oblongo-rotundis, obtusissimis, fertilibus marginibus anguste revolutis; sporotheciis 1-2, indusiatis, indusio lato, hippocrepidiformi, tenuissimo, persistente; sporangiis magnis, oblongis, annulo 24-28 articulato, sporis globulosis, crassis, papillosis.

    Habitat ad urbem Desterro *in insula* Santa-Catharina (H. Gauthier).

    Icon.: *Tab. XIII, fig. 2.*

(Longueur totale, 35 centim., dont le pétiole fait les 2 cinquièmes; frondules centrales, 5-6 centim. sur 2 centim. d'envergure à la base; le pétiole a le diamètre d'un gros fil.)

Cette plante a quelque analogie avec les *C. microphylla* et *microsora*; mais notre espèce est complètement glabre; les frondules primaires sont dressées, alternes, sessiles, séparées les unes des autres par un entre-nœud d'environ 2 centim.; elles portent un grand nombre de frondules du second ordre (24 et plus), qui s'élargissent du sommet à la base et se terminent par un segment ovide un peu plus grand que les autres.

3. MICROPTERIS, Sw., *Syn. filic.*, p. 126 et 324, t. 3, f. 5. *Adiantum micropteris*, Poir., *Encyc. suppl.*, t. 1, p. 141. Brésil, Gardner, Goyaz, n° 3354. — Petite espèce bipinnée à la base, simplement pinnée au sommet; couverte de longs poils blanchâtres; les sporothèces sont marginaux et à demi recouverts par un étroit repli de la marge.

4. TWEEDIANA, Hook., *Spec. filic.*, II, p. 84, t. 96 b. Brésil méridional, près du
Parana, par Tweedie. — Rhizome rampant, long pétiole, fronde lancéolée, à
frondules de second ordre oblongues, élégamment crénelées.

5. GLANDULIFERA, F., *Gen. filic.*, p. 158 (*sub nomine specifico, glanduloso*). *Pteris
viscosa*, A. Saint-Hilaire, *Voy. distr. Diam.*, I, p. 381. *Cat.*, B. 2, n° 2260.
— M. Thomas Moore fait de cette plante une Dicksoniée; M. Mettenius un
Pteris; c'est un véritable *Cheilanthes*. Les frondes sont tripinnées, abondamment couvertes de glandules. Les segments fertiles sont lobés; les sporothèces, cachés en partie par un repli de la marge, s'étendent sur toute la surface du lobe fructifère; l'anneau des sporanges porte de 16 à 18 articulations.
Les spores sont trigones et non réniformes, ainsi que les représente M. Th.
Moore (*Gen. filic.*, tab. 78 A). Elle est délicate et mesure jusqu'à 80 centim.,
dont le pétiole fait environ la moitié. Nous l'avons vue pour la première fois
provenant de Claussen. Le nom spécifique de *glandulosa* ayant été déjà em-
ployé par Swartz, nous le modifions, sans changer le sens, en *glandulifera*,
proposé par M. Th. Moore.

32. NOTHOCHLÆNA, R. Br., *Prodr.*, p. 145.

1. POHLIANA, Kze., *Herb.*; Hook., *Spec. filic.*, V, p. 148, t. 285. Brésil, Pohl, Serra
da Natividade, Gardner, n° 3551. — Frondes bipinnées à la base et simplement pinnées au sommet. Les poils sont articulés.

2. RUFA, Presl., *Reliq. Haenk.*, I, p. 19; *N. ferruginea*, Hook., 2ᵉ *Centur. of ferns*,
t. 52; *Cheilanthes*, Willd. in Klfss., *Enum.*, p. 209; Brésil par Blanchet. —
Frondes linéaires, pinnées, à frondules oblongues, obtuses, tomenteuses en
dessous et à poils roux; le pétiole est pileux. La plante est raide de port et
coriace.

3. ERIOPHORA, F., *Gen. filic.*, p. 159, t. XIII B, f. 3; Hook., *Centur. of the ferns*,
n° 991; *N. palmatifida*, Kze., *Suites à Schkh.*, I, p. 148; Gardner, Brésil,
Piohang, n° 2390. — Petite espèce, laineuse, à pétioles grêles, flexueux, assez
longs; lames triangulaires, palmées. (Longueur totale, 6 centim.; lames, 1 5.)

33. JAMESONIA, Hook. et Grev., *Icon. filic.*, n° 178.

1. SCALARIS, Kze., in *Bot. Zeit.*, 1844, p. 738, et *Suites à Schkh.*, I, p. 167, t. 71 A;
Brésil, Blanchet. — M. Hooker a réuni en une seule (*Sp. filic.*, V, p. 106)

toutes les espèces de *Jamesonia*, malgré les différences considérables qui les
séparent. — Les frondes sont, avec le *Platyzoma*, de la famille des Gleichéniacées, les plus étroites de toutes les espèces pinnées connues. Les frondules
orbiculaires et sessiles s'élèvent au nombre de plus de cent. Le rhizome est
rampant.

NB. Ce groupe, composé de fougères délicates, divisées en lobes ténus, souvent
villeuses et même laineuses, pourvues presque toujours d'un indusium spécial ou
formé par un repli du lobe fructifère, semble avoir son centre de développement
au Mexique, où 45 espèces ont été découvertes ; elles sont réparties en 7 genres,
parmi lesquels le seul genre *Cheilanthes* figure pour moitié. Le Brésil n'a que
19 espèces et les Antilles 12 seulement. L'Europe ne possède que 3 espèces de ce
groupe, le *Cheilanthes fragrans*, Woeb. et Bert., de la région méditerranéenne,
et les *Nothochlœna Marantœ*, R. Br., et *Plukenetii*, F.

IX. HÉMIONITIDÉES.

34. TRISMERIA, F., *Gen. filic.*, p. 164, t. 14 A.

1. ARGENTEA, F., *l. c.* ; *Acrostichum trifoliatum*, L. ; *Spec. pl.*, p. 1527 (*partim*).
Brésil, Minas-Geraes, Pohl ; Rio-Janeiro, chez M. Mariano, Glaziou, n° 2430.
— Le *T. argentea* du Brésil et du Mexique, et le *T. aurea*, F., de Saint-Domingue, ne diffèrent que par la couleur de la matière céreuse pulvérulente
qui recouvre la lame inférieure des frondules, et comme cette couleur peut
être le résultat de circonstances accidentelles, âge, exposition, nature du
terrain, on peut sans inconvénient les réunir. Malgré le nom de *trismeria* et
de *trifoliatum*, les frondules sont bien plus fréquemment bifides que trifides.

35. NEVROGRAMME, Lk., *Spec. filic.*, p. 138.

1. TOMENTOSA, Lk., *l. c.*, p. 139 ; *Hemionitis tomentosa*, Radd. ; *Filic. Bras.*, p. 8,
t. 19 ; Brésil, Commerson (Herb. Labillard) ; Claussen, n° 242.
  α. Frondes simplement pinnées. Rio-Janeiro, Glaziou, n° 447, et île
  Sainte-Catherine, H. Gauthier, à Desterro.
  β. Frondes bipinnées. Brésil, Mart., *Herb. Bras.*, n° 358, Rio-Janeiro, Pohl,
  Gardner, n°ˢ 14 et 4077, à Goyaz et à Rio-Janeiro.

2. RUFA, Lk., *Filic. sp.*, 158; *Gymnogramma rufa*, Desv.; *Berol. mag.*, 5, 304;
   Hemionitis rufa, Schkh.; *Crypt. Gew.*, p. 8, t. 17 et 21; Brésil, Spruce, n° 401.
   — Frondes pinnées, à frondes presque sessiles, ovales, cordiformes, obtusiuscules, peu nombreuses, étalées et distantes, couvertes de poils roux, ainsi
   que le stipe et les rachis.

NB. Ce petit groupe est fondé sur l'*Hemionitis palmata*, L., qui manque au Brésil.
Quant au genre *Antrophyum*, type des Antrophyées, il se réduit à trois ou quatre
espèces communes à presque toute l'Amérique tropicale.

X. ANTROPHYÉES.

36. ANTROPHYUM, Klfss., *Enum. filic.*, p. 198.

1. CAYENNENSE, Desv., Klfss., *l. c.*, p. 199 *in nota*. Kze., *Anal. pterid.*, p. 30, t. 19, f. 2.
   Spruce, Para, n° 31. — Frondes légèrement obliques, oblongues, lancéo-
   lées, aiguës, avec nervure médiane, glabre, terminée par un court pétiole;
   la marge est réfléchie et un peu ondulée; les sporothèces ne sont qu'à demi
   immergés.

2. LINEATUM, Klfss., *Enum. filic.*, p. 199; F., *Hist. des antrophyées*, p. 47; *Poly-
   tænium*, Desv., *Prodr.*, p. 218; Brésil, Gardner, n° 145; Rio-Janeiro, Glaziou,
   n°ˢ 455, 1688 et 2803; Goyaz, dans les forêts de Matto-Grosso (*Herb. Vindob.*).
   — Frondes linéaires, avec une nervure médiane; sporothèces parfois interrompus.

3. SUBSESSILE, Kze., *Anal. pterid.*, p. 29, t. 19, f. 1; F., *Hist. des antroph.*, p. 47;
   Herb. Bras., Martius, n° 369. — Frondes presque sessiles, lancéolées, munies
   d'une nervure médiane, acuminées au sommet et un peu obtuses; sporothèces
   à demi immergés, écartés, interrompus; elle est un peu opaque.

XI. LEPTOGRAMMÉES.

37. PTEROZONIUM, F., *Gen. filic.*, p. 178.

1. RENIFORME, F., *l. c.*, t. 16 A; *Gymnogramme reniformis*, Mart.; *Icon. crypt.
   Brasil.*, p. 88, t. 26; Martius, au mont Cupati, près la rivière de Japura.
   — Plante d'un port tout à fait spécial et très-bien caractérisée comme genre.

38. HECISTOPTERIS, J. Sm., *in Hook. Lond. Journ. botan.*, I, p. 439.

1. PUMILA, J. Sm., *l. c.* F., *Gen. filic.*, p. 179, t. 46 B. *Gymnogramme pumila*; Spreng., *Tent. supp. ad Syst. veg.*, p. 31; Kze., *Analect. pterid.*, p. 11, t. 8. f. 1. Para, Spruce, n° 5758. — Très-petite plante, à frondes simples, élargies au sommet, qui est déchiqueté; le rhizome filiforme est rampant; elle a un port tout spécial.

39. GYMNOGRAMME, Desv., *in Berol. mag.*, V, p. 505, *reductum et emend.*

1. ASPLENIOIDES, Sw.; Klfss., *Enum. filic.*, p. 80. *Ceterach aspidioides*, Radd., *Fil. Bras.*, p. 10, t. 21, f. 1. *Phegopteris*, Metten.; commune au Brésil. Raddi, Serra d'Estrella, dans les forêts; Rio-Janeiro, Glaziou, n° 980. — Plante assez délicate, à petite souche dressée, portant de 3 à 4 frondes longuement acuminées, à pétiole grêle, écailleux, à frondules inférieures écartées, lancéolées, étroites, profondément dentées, courtement pétiolées, souvent terminées par un petit mucron mousse.

2. POLYPODIOIDES, Spreng., *Syst. veg.*, IV, p. 40; Link, *Filic. sp.*, p. 136; *G. Linkiana*, Kze., Linn., XVIII, p. 310. *Phegopteris*, Metten. *Ceterach polypodioides*, Radd., *Filic. Bras.*, p. 10, t. 22. Au Corcovado, par Raddi; Gardner, n° 149. — Longues pinnules acuminées, amincies vers le bas en pétiole ailé; sporothèces linéaires, occupant la presque totalité du trajet des nervilles; les segments, un peu recourbés en faux, sont finement ciliés.

†3. OPPOSITANS, F.
  Frondibus pinnato-pinnatifidis, lanceolatis, pilis sericeis vestitis, apice et basi decrescentibus; frondulis sessilibus, oppositis, breve lanceolatis, patulis; inferioribus deflexis; ultimis remotis deformibus, parvis; sporotheciis laxissimis; sporangiis rotundis, annulo 20 articulato; sporis reniformibus.
  Habitat in Brasilia, insula Santa-Catharina (H. Gauthier).
  Filix pinnata, frondulis sessilibus oppositis notata.
  ICON.: *Tab. XIV, fig. 1.*

(Longueur : 46 centim. sur 8 centim. d'envergure au centre.)

Le sommet se termine en pointe avec des frondules plus nombreuses et plus rapprochées; elles se dégradent en dimensions vers la base et ne sont plus que rudimentaires et de forme triangulaire. Les sporanges sont lâchement groupées en sporothèces.

‡ 4. ATTENUATA, F.

 Frondibus pinnatis, patulis, glabris; frondulis lanceolatis, breve petiolatis, apice longe attenuatis; mesoneuris angustis, supra et infra canaliculatis, villosulis fuscisque; segmentis ovatis, obtusissimis, tantum apice dentatis; nervillis curvatis, tenuibus; sporotheciis centralibus, linearibus; sporangiis crassis; annulo lato.

 Habitat in Brasilia fluminensi (Glaziou, n° 1776).

Filix magna : frondulis opacis, alternis, nervillis curvatis, liberis.

Icon. : *Tab. XIV, fig. 2.*

(Frondules, 28-30 centim. de longueur sur 5 de largeur. Le rachis a la grosseur d'une petite plume d'oie; les segments (20-24 paires) ont 7-9 millim. de largeur; ils sont libres dans les trois quarts de leur longueur totale; les deux paires inférieures sont un peu plus petites.)

Cette fougère est de grande dimension, avec des points pellucides, visibles à la loupe. Les segments forment des sinus fort étroits, et les nervilles, qui décrivent des courbes, tendent à s'y rendre comme dans les *Goniopteris*, la pointe qui termine les frondules est presque filiforme.

5. PTEROIDES, F., *Gen. filic.*, p. 182. Brésil, par Vauthier (Herb. F.). — Les frondules sont découpées à la manière des *pteris*; elles se terminent par une queue fort longue, anguleuse et à marge entière; les nervilles sont simples, courtes, et se chargent d'une simple rangée de sporothèces, de faible adhérence.

‡ 6. PATULA, F.

 Frondibus pinnatis, glabris; rachi helveolo, supra canaliculato; frondulis pectinatis, curvatis, distantibus, suboppositis, sessilibus, fere decussatis, apice caudato, obtuso; segmentis oblongis, suboppositis alternisque obtusissimis, marginibus integris seu irregulariter crenatis; nervillis liberis aut rarissime in parte superiori bifurcatis; sporotheciis laxis, margine approximatis, saepe in bifurcatione nervillarum sitis; sporangiis crassiusculis, annulo 16 articulato, articulis prominentibus, segmentis succinoideis, sporis lutescentibus, crassis, reniformibus, sinu dilatato.

 Habitat in Brasilia fluminensi (Serra os Orgaos); Glaziou, n° 2822.

Filix aperta, glabra, frondulis sessilibus, pectinatis.

Icon. : *Tab. XIV, fig. 3.*

(Longueur des frondules, 20-24 centim. sur 4-4,5 d'envergure.)

Cette espèce, dont nous ne possédons que la partie centrale, a des frondules sessiles dont les segments inférieurs sont un peu plus petits que ceux du centre. Les nervilles simples, dans la plus grande partie de leur trajet, se bifurquent parfois vers le haut, et le sporothèce naît dans cette bifurcation.

7. EXPANSA, F.

Frondibus pinnatis, glabris, rachi helvola; frondulis pectinatis, curvatis, distantibus, suboppositis; segmentis oblongis, obtusiusculis, margine crenatis, superne integris; nervillis tenuibus, pinnatis. Reliqua ut supra.

Habitat in Brasilia fluminensi (Glaziou, sine numero).

Filix tenera, aperta, nervillis pinnatis.

ICON. : *Tab. XIV, fig. 4.*

(Longueur des frondules, 25 centim. sur 7 d'envergure.)

La nervation fait complètement différer cette espèce de la précédente, simple dans le G. *patula*, pinnée dans le G. *expansa*. Ici les frondules sont pinnées dans les deux tiers de leur étendue. Nous ne l'avons qu'à l'état stérile.

8. MYRIOPHYLLA, Sw., *in Kongl. Vet. Acad. Handl.*, 1817; Hook., *Spec. filic.*, p. 134. Brésil, Freyreis, Sellow; Gardner, n° 102 et 5922 (N. V.)

40. CEROPTERIS, Lk., *Filic. spec.*, p. 141.

1. CALOMELÆNA, Lk., *l. c.*, p. 141. *Gymnogramme calomelæna*, Kltss., *Enum.*, p. 76. Langsd. et Fisch., *Icon.*, p. 6, t. 3. Sainte-Catherine, H. Gauthier.

2. TARTAREA, Lk., *l. c.*, p. 142. Desv., *Berol. mag.*, V, 305, *sub gymnogrammate Acrostichum*, Sw., Glaziou, Rio-Janeiro, n° 303.

3. DISTANS, Lk., *Filic. spec.*, p. 142. Brésil, Link, *l. c.* Martius, *Herb. Brasil.*, n° 188 ? — Frondes bipinnées; frondules inférieures sessiles, décurrentes à la base; toutes pinnatifides; segments dentés au sommet. C'est surtout par le port qu'elle se distingue du C. *calomelæna*.

41. ANOGRAMME, Lk., *Spec. filic.*, p. 137.

1. VILLOSA, F., *Gen. filic.*, p. 184. Claussen, Minas-Geraes, 1841 (IL F.). — Stipe sarmenteux, très-délié, rougeâtre, flasque à l'état de dessiccation, portant des poils courts; frondules alternes, longues, écartées, décomposées.

pétiolées ; rachis pileux, ainsi que les derniers segments, qui sont pinnatifides, à lobes étroits, bilobés. Plante très-grande, très-délicate, flexueuse, s'appuyant sur les plantes voisines pour se soutenir : elle est rare.

NB. Ce groupe n'est pas très-naturel. Les *Gymnogrammae* sont des *Phegopteris* à sporothèces allongés ou diffus ; les *Ceropteris*, des *Gymnogramme* à sécrétion résineuse, dans laquelle sont plongés les sporothèces ; le genre *Anogramme* n'a pour lui que la délicatesse du tissu de ses frondules et son port très-spécial.

XII. ASPLÉNIÉES.

42. ATHYRIUM, Roth. Presl., *Tent. pterid.*, p. 97.

1. DECURTATUM, Presl., *l. c.*, p. 98, t. 3, fig. 3 (*nervatio*) ; *Asplenium*, auct. var., Lowe, *Ferns*, V, t. 45 ; *teste* Kunze. (N. V.)

43. ASPLENIUM, L., *Spec. pl.*, 1558, et auct. var.

** Frondes simples.*

A. Une nervure marginale. NEOTTOPTERIDACEAE.

1. RADDII, F., *Gen. filic.*, p. 193. *Asplenium Nidus*, Radd., *Filic. Bras.*, p. 34, t. 53, syn. excl. Mandiocca et au Corcovado, Radd., *l. c.* ; Rio-Janeiro, Glaziou, n° 422. — Cette belle espèce a été confondue par les auteurs avec l'*A. serratum* ; elle en diffère par un caractère facile à constater : les nervilles latérales se rendent à la marge pour s'unir, comme dans les *Neottopteris*, à une nerville marginale, mais sans former des arcs, ce qui permet de la regarder comme génériquement distincte et formant un sous-genre très-naturel. La figure donnée par Raddi est très-exacte. Les frondes atteignent jusqu'à 1 mètre de longueur, sur 10 centim. de largeur ; la marge est ondulée et les sporothèces n'occupent que la partie supérieure des frondes.

B. Nervilles latérales n'atteignant pas la marge.

2. CRENULATUM, Presl., *Tent. pterid.*, p. 106 ; Link, *Filic. sp.*, p. 87 ; F., *Gen. filic.*, p. 190 ; *A. serratum*, Mart., *Herb. Bras.*, n° 376 ; Rio-Janeiro, Glaziou, n° 2349. — La synonymie de cette plante est fort embrouillée, et c'est à tort qu'on la confond avec l'espèce précédente ; la marge est entière et simplement ondulée dans ses trois quarts supérieurs, puis finement crénelée avec une

pointe acuminée. Il n'est point étonnant que l'on ait pris ces crénulations
pour des dents.

3. ANGUSTUM, Sw., *Kongl. Vetensk. Acad. Handl.*, Stockh., 1817, p. 53; Spreng.,
Syst. veget., IV, p. 80; Kze., *Analect. pterid.*, p. 21, t. 14; Brésil, Freyreis
(*teste* Sw.). — Nous ne possédons pas cette espèce provenant du Brésil, mais
nous l'avons en herbier de Surinam (A. Kappler, n° 183 *a*). La plante figurée
par Kunze l'a été sur un spécimen de Cayenne. C'est une espèce assez délicate, à frondes linéaires, très-longuement acuminées. Il ne semble pas qu'elle
ait été retrouvée au Brésil depuis Swartz. A. Kappler a édité sous le nom
d'*A. angustum*, Willd., *forma latior*, n° 183*b* (Herb. F.), une espèce gigantesque qui mesure au delà de 1 mètre de longueur sur 10-11 centim. de
largeur, laquelle n'a aucun rapport avec l'*A. angustum*, Sw. Nous en avons
fait (*Gen. filic.*, p. 192) un *A. Surinamense*; en le réunissant à l'espèce de
Swartz, on met en évidence la légèreté avec laquelle on traite souvent les
synonymies.

NB. L'*A. longifolium*, Schrad., *Gœtt. Gel. Anz.*, 1827, 870, du Brésil (Kze.,
Anal., p. 21 *in nota*) est une espèce mal connue qu'il suffit d'indiquer avec doute.

** Frondes simplement pinnées.

A. Grandes formes.

† 4. ESCRAGNOLLEI, F.
*Frondibus pinnatis, glaberrimis, flexibilibus; petiolis rachibusque pallide
viridibus; frondibus ovatis, remotis, cuneatis; petiolo rachique planiusculis,
marginibus inæqualiter dentatis, dentibus remotis, in cauda longissima,
undulata, sterili terminatis; tela cellularia translucida; nervillis tenuibus,
furcatis, excurvatis, ramo superiori fertili, marginem non attingentibus,
apicibus translucidis; nervillis remotis, tenuibus, apice turgidis, pellucidis-
que; sporotheciis longis, linearibus, obliquis, indusio tenui; sporangiis
magnis, pedicello intestiniformi donatis; annulo lato, 20 articulato, sporis
ovoideis, episporiatis.*
    Habitat in Brasilia fluminensi (Saint-Louis, Glaziou, n° 1774, et Serra
os Orgaos, n°ˢ 2815? et 2816).
*Filix flexibilis, frondulis quinque vel sex aut septem in quoque latere fron-
dium, surculo crasso, squamoso, squamis late lanceolatis; variat latitudine
frondularum.*

Icon. : *Tab. XV.*

(Longueur totale, 60-80 centim. jusqu'au sommet de la frondule terminale; celle-ci, un peu plus grande que les autres et un peu plus étroite, mesure 20 centim. sur 3,2 de largeur; la pointe, amincie en queue, s'étend à 5 ou 6 centim.; les entre-nœuds sont séparés par un intervalle de 5 centim. environ.)

Cette espèce, l'une des plus belles du genre, est remarquable par sa grande souplesse; quoique les frondules soient très-grandes, le rachis et les pétioles sont très-étroits. Ces frondules s'allongent en une pointe linéaire qui fait la 5e partie de leur dimension totale; elles se terminent à la base en s'amincissant d'une manière régulière. Les sporothèces, au nombre d'une vingtaine de paires, sont assez distants et dressés; ils forment avec le mésonèvre un angle de 45°.

Nous dédions cette fougère à M. d'Escragnolle, qui aime et favorise les explorations botaniques et dans la propriété duquel elle a été trouvée.

† 5. CAMPTOCARPON, F.

> *Frondibus longe petiolatis, ambitu ovoideis, petiolo rachique planis; frondulis paucis 3-7, late lanceolatis, glabris, mesonevro latiusculo, helvcolo, apice caudato, basi inæquilateralibus, latis, inferne abscissis, terminali longiori petiolata; sporothecis satis brevibus, arcuatis, nervillam tenuem rami superioris occupantibus; sporangiis rotundis, pedicello longo; sporis subrotundis.*
>
> Habitat in Brasilia fluminensi (Glaziou, n° 2342, Serra os Orgaos).
>
> *Filix frondulis longiusculis, opacis, nervillis tenuibus, remotis, frondulis acuminatis, marginibus repandis, dentatis, dentibus brevissimis, remotis.*

Icon. : *Tab. XVI, fig. 1.*

(Longueur totale, mesurée du sommet de la fronde terminale, 40 centim.; frondules terminales, 20 cent. sur un peu moins de 3 centim. de largeur; les latérales, légèrement arquées, sont d'un tiers plus petites.

Cette espèce, quoique distincte, n'a pas de caractère spécial. Le spécimen qui sert de diagnose a les lames inférieures chargées de lichens épiphylles : *Porine Americana,* F.; *Pyrenula, Verrucaria* et *Lecidea.* La présence de ces parasites indique pour la plante une longue durée. Les frondules sont échancrées à la base et obliquement terminées.

6. OLIGOPHYLLUM, Klfss, *Enum. filic.,* p. 166; Spreng., *Syst. veg.,* V, p. 82; Metten., *Asplen.,* p. 139; Brésil, Gaudichaud, n° 235; Gardner, n°s 172, 173, 5310; Rio-Janeiro, Glaziou, n° 2341; île Sainte-Catherine (Th. Moor.); au Corcovado, Glaziou, n° 925. — La marge des frondules est fortement ondulée,

avec quelques dents écartées; les nervilles se terminent avant qu'elles puissent l'atteindre; elles sont terminées par un renflement globuleux qui tache la lame supérieure au point correspondant. Le pétiole est fort long; les frondules, d'un vert intense, sont souvent recourbées en faux; elles ont vers la base une tendance manifeste à se diviser et portent parfois des sporothèces diplazioïdes.

B. Frondes de grandeur médiocre, dentées ou crénelées.

7. SALICIFOLIUM, L., *Sp. pl.*, 1538, *et auct. plurim.* Raddi, *Fil. Bras.*, p. 35, t. 50; *A. riparium*, Lieb., *Fil. Mex.*, p. 92; Hook., *Sp. filic.*, III, p. 119, t. 169; *syn. excl.*; Brésil, Gardn., n° 108; Martius, *H. Bras.*, p. 342; lady Calcott, Para, Spruce, n° 37; Glaziou, Rio-Janeiro, n°ˢ 1654, 1771, 2064 et 2809. — Cette espèce varie par une marge plus ou moins ondulée et portant parfois des dents obtuses; le rhizome est rampant; elle noircit par la dessiccation et n'a aucun rapport avec notre *Aspl. Granatense*, avec lequel M. Hooker (*l. c.*) la réunit. Le nom spécifique semblerait indiquer une fougère à pinnules dont la base serait régulièrement amincie en coin, tandis qu'elle est fortement gibbeuse.

8. CIRRHATUM, Rich. *in Willd. Filic.*, p. 321. *A. mastigophyllum*, F., 8ᵉ *Mém.*, p. 83; Serra os Orgaos, Glaziou, n° 2808. — Cette espèce est facile à reconnaître à son rachis, qui se prolonge en un très-long filament (*cirrha*), parfois prolifère à son extrémité. On la trouve fréquemment à la Guadeloupe.

9. GIBBOSUM, F., *Gen. filic.*, p. 195. *Ejusd. Hist. Foug. Antill.*, p. 33; *A. auriculatum*, Hook., *Sp. filic.*, III, p. 118, t. 171; *syn. excl.*, *non* Swartz *nec* Radd., Rio-Janeiro, Glaziou, n° 2345. — Les crénulations sont très marquées; les auricules s'imbriquent avec la marge.

10. ANISOPHYLLUM, Kze., *in Linnæa*, X, p. 511; F., *Gen. filic.*, p. 191; Brésil, Gardner, 5942 et 5904 (5494, Th. Moor., *Ind.*). — M. Hooker, *Sp. fil.*, III, p. 112, a figuré une variété *latifolium*, t. 166, sur un spécimen d'Afrique, qui ne se rapporte en aucune manière à la forme de la pinnule donnée par M. Mettenius, *Aspl.*, p. 143, t. 4, fig. 12. C'est avec quelque doute que nous lui donnons place parmi les espèces brésiliennes.

† 11. STENOCARPON, F.
Frondibus glabris, petiolis rachique depressis; in ambitu ellipticis; frondulis

*lanceolatis, acuminatis, leviter gibbosis, abscisso-cuneatis, crenatis, termi-
nali hastato-cuncata; sporotheciis brevibus, ovoideis, indusio lato, tenui,
sporangiis magnis, rotundis, annulo lato, 20 articulato; sporis ovoideis, late
episporiatis.*

    Habitat in Brasilia fluminensi (Glaziou, n° 1772).

Filix rigida, glabra, opaca, regulariter crenata.

ICON. : *Tab. XIX, fig. 1.*

(Longueur, 10 centim., dont le pétiole fait la moitié; frondules 6-8 sur 1,5 à 2 centim.; entre-
nœud un peu moins de 3 centim.)

Cette fougère est établie sur un spécimen qui n'est fructifié qu'incomplétement;
les sporothèces ovoïdes, munis d'un large indusium, la feront facilement reconnaître; les frondules sont amincies en un assez long pétiole, plus long encore pour
la terminale. Nous en comptons de 5 à 7 paires.

12. AURICULATUM, Sw., *Vet. Acad. Handl. Stockh.* 1817, p. 68; *A. semicordatum,*
    Radd., *Filic. Bras.,* p. 36, t. 52, f. 4; *A. pimpinellifolium,* F. et Schaffn.,
    7ᵉ *Mém.,* p. 52, t. 25, f. 5, *non* F., *Hist. foug. Antill.,* p. 36; Brésil, Raddi;
    Gardner, n° 161. — Beaucoup d'*Asplenium* sont auriculés et gibbeux; ce
    nom n'a donc rien de caractéristique spécifiquement, celui de *semicordatum,*
    donné par Raddi, eût été mieux appliqué.

13. MACRODON, F., 10ᵉ *Mém.,* p. 28. — Plante robuste à stipe et à rachis dépri-
    més et d'un vert livide; frondules nombreuses, rapprochées, très-obtuses,
    à grosses dents, assez longues; elles se terminent en coin et sont gibbeuses
    vers la partie supérieure.

14. HARPEODES, Kze., *Linn.,* XVIII, p. 329; *A. pendulum,* F., *Gen. filic.,* p. 196,
    et 8ᵉ *Mém.,* p. 120; Rio-Janeiro, Glaziou, n° 1769. — Frondules légèrement
    arquées, crénelées-dentées; auricules à sporothèces diplazioïdes.

15. FALX, Desv., *Prodr.,* p. 274; F., *Gen. filic.,* p. 191, t. 17 C, f. 2 (une pinnule).
    Brésil, Para, Spruce, n° 38. Pohl. — Nous n'avons pas vu cette plante pro-
    venant du Brésil, et nous ne pouvons décider si elle y existe en effet. Elle n'a
    été figurée que partiellement, et sa synonymie est très-confuse dans les
    auteurs; c'est là ce qui nous a décidé à la réduire, au nom spécifique de
    Desvaux.

16. REGULARE, Sw., *Vet. Act. Handl. Stockh.*, 1817, p. 67; F., *Gen. fil.*, p. 191;
Mart., *Herb. Bras.*, n° 340, et la var. *brevisorum*, n° 341; Glaziou, Rio-
Janeiro, n° 416. — Espèce voisine de l'*A. Brasiliense*, Radd., avec laquelle
plusieurs auteurs la réunissent; elle en diffère par des pinnules très-obtuses,
peu ou point auriculées, à marge finement crénelée; à sporothèces courts,
ovoïdes dans la variété *brevisorum*. Le rachis est ailé vers le haut. Les frondules inférieures ne se dégradent pas en dimension et conservent leur forme.

17. BRASILIENSE, Radd., *Fil. Bras.*, p. 36, t. 51, f. 1; Ek., *Fil. sp.*, p. 91, *et aut.
var.* — Cette fougère est indiquée comme très-commune au Brésil et elle est
très-répandue dans les herbiers; cependant les spécimens que nous avons
sous les yeux ne se rapportent pas, à une seule exception près, à la planche
citée de Raddi. Nous avons reçu un spécimen, exactement conforme, de Rio-
Janeiro, provenant de M. Glaziou, sous le n° 417. Les autres en diffèrent
par des frondules plus ou moins écartées, plus ou moins gibbeuses et plus
ou moins obtuses, à stipe plus ou moins long. Les frondes sont fasciculées
à l'extrémité d'une souche dressée. Voici quelles sont les formes de notre
herbier : — N° 1770, Glaziou, Rio-Janeiro, stipes fort longs, assez gros,
frondules s'écartant de plus en plus vers le bas. — N°s 107 et 2107, Brésil,
Claussen, Rio-Grande, frondules arquées, ayant une tendance manifeste à
s'infléchir, et notablement crénelées; nous l'avons reçue de Sainte-Catherine.
— N° 931, Glaziou, Serra os Orgaos, à souche dressée, longue, grosse
comme le petit doigt; frondules presque dimidiées, assez courtes, étalées.
Nous avons, en outre, de l'île Sainte-Catherine, un spécimen délicat, à crénulations écartées, lequel est prolifère au sommet. Dans toutes ces formes,
les frondules inférieures s'infléchissent, diminuent de grandeur et prennent
une forme arrondie, ce qui n'a pas lieu pour l'*A. regulare*.

18. PTEROPUS, Klfss., *Enum. filic.*, p. 170; Hook., *Sp. filic.*, III, p. 122, t. 177.
Brésil, Mart., *H. Bras.*, n° 347. — Espèce délicate, souple, facile à reconnaître à son rachis fortement ailé par la décurrence du pétiole des frondules;
elle a le port de l'*A. Brasiliense*.

19. FIRMUM, Kze., *Bot. Zeit.*, III, 283. *Ejusd., Linn.*, XXIII, p. 304, *non* F., *Gen.
filic.* Rio-Grande, Brésil mérid., Fox. — Plante non figurée, sur la validité
spécifique de laquelle il est difficile de se prononcer.

20. ALATUM, H. B. Kth., *Nov. Gen. Amer.*, I, 14; Willd., *Filic.*, p. 319; Hook. et Grev., *Icon.*, n° 137; Gardner, Serra os Orgaos, n°ˢ 670 et 5940. — Espèce très-remarquable et fort belle, que nous avons vue seulement figurée.

21. REPANDULUM, Kze., *Linn.*, IX, p. 65, et XXIII, p. 237; F., *Gen. filic.*, p. 191 et 192. *A. obtusifolium*, Lk., *Filic. sp.*, p. 88 (ex Kze., *l. c.*). — Espèce non figurée, que nous n'avons pas vue provenant du Brésil.

22. AURITUM, Sw., *Fl. Ind. occid.*, III, p. 1616; Schkh., *Crypt. Gew.*, p. 199, t. 130 *b et mult. var.* — Cette plante, extrêmement polymorphe, n'a aucun caractère spécifique tranché; aussi croyons-nous devoir nous borner à signaler les variations principales auxquelles elle est soumise.

> A. Forme pinnée : Brésil, Ilhéos (H. F., sans numéro); très-élancée; frondules écartées, dentées, obtuses.
>
> B. Forme pinnée vers le haut, bipinnée vers le bas; frondules aiguës, sensiblement auriculées. *A. umbrosum*, Klfss., *Enum.*, p. 168; Glaziou, Rio-Janeiro, n°ˢ 418 et 1766; Mart., *H. Bras.*, n° 348.
>
> C. Segments des pinnules ovales obtus. H. Gauthier, à Sainte-Catherine, Serra os Orgaos; Glaziou, n° 2811.
>
> D. Var. *obtusum*. Frondes bipinnatifides, presque jusqu'au sommet; frondules acuminées; lobes ovoïdes, pétiolés. Rio-Janeiro, Glaziou, n° 2063.
>
> E. Frondes bipinnées, à segments arrondis-ovoïdes, de petite dimension : *A. macilentum*. Brésil, par Claussen, sans numéro. Serra os Orgaos, Glaziou, n°ˢ 2812 et 2389.
>
> F. Frondes pinnées, consistance épaisse; sporothèces occupant le sommet des segments, var. *crassum*. Glaziou, Rio-Janeiro, n° 1767.

Voy. *A. cuneatum*, Lmrk.

23. RHIZOPHORUM, L., *Sp. pl.*, 1549; Willd., *Fil.*, p. 334; F., *Gen. fil.*, p. 191. *A. cyrtopteron*, Kze., *Linn.*, XXXIII, p. 233 et 303; Metten., *Hort. Lips.*, p. 75, t. 10, f. 3-4. Brésil, Gardner, n°ˢ 5308 et 5941. — La comparaison que l'on peut faire de l'*A. cirrhatum*, Rich. in Willd., *Fil.*, p. 321, ne permet pas de le réunir à l'*A. rhizophorum*, ainsi que le voudrait Mettenius.

24. SANGUINOLENTUM, Kze., *Herb.*; Metten., *Asplen.*, p. 98, t. 4, f. 10 (*pinnula*). Brésil, Beyrick. (N. V.)

25. SELLOWIANUM, Presl., *Tent. pterid.*, p. 107; *Herb. Bras.*, *reg. Berol.*, n° 46,
sans autre indication. (N. V.)

† 26. JUCUNDUM, F.

*Frondibus pinnatis, lanceolatis, glabris, teneris; rachi alato, sursum anguste
canaliculato; frondulis approximatis, patulis, inaequalibus, sessilibus, sub-
dimidiatis, crenatis, apice longe caudatis, serratis, basi truncatis; sporotheciis ovoideis, 4-7, rubellis; indusio tenui; sporangiis fere rotundis, parvis,
annulo 18-20 articulato; sporis laevibus, subreniformibus.*

Habitat in Brasilia fluminensi (Glaziou, n° 1708).

Filix delicatula, flexibilis, translucens; rhizomate repente, filiformi.

ICON. : *Tab. XVII, fig. 1.*

(Longueur : 30 centim.; pétiole très-délié, mesurant 30 centim. ; les plus longs segments
atteignent 5 centim. sur 4 millim. de largeur; la pointe, qui est dentée, fait presque la moitié
de la longueur totale des segments.)

Plante d'un aspect agréable, dilatée, à frondules très-rapprochées, terminées en
une longue pointe dentée; ces frondules décroissent assez brusquement vers le
sommet et d'une manière inégale. Le rachis est de couleur rougeâtre et très-lisse.

† 27. SERRÃOI, Glaz.

*Frondibus lanceolato-linearibus, pinnatis, glabris, pellucidis, petiolatis, apice
in cauda fertili attenuata, terminatis; frondulis dimidiatis, approximatis,
erectis, ovatis, cuneiformibus, sursum dentatis, margine inferiori integro;
sporotheciis paucis, ovatis, rufescentibus; indusio tenui; sporangiis ovoideis,
annulo 18-20 articulato; sporis ovatis, crassiusculis, episporiatis.*

Habitat in Brasilia fluminensi (Glaziou, n° 419).

*Filix angusta, parvula; frondibus congestis; petiolo squamis cancellatis; sur-
culo parvo.*

ICON. : *Tab. XVII, fig. 2.*

(Longueur : 11-13 centim.; frondules, 9-11 millim.; pétiole, 3 centim.)

Cette espèce, qui a quelque analogie avec les *A. dentatum*, L., et *pulchellum*,
Radd., est caractérisée par des frondes linéaires lancéolées, terminées par une
longue pointe dentée, fructifère dans toute son étendue et par des frondules ovales,
écartées, dimidiées, courtement pétiolées, dentées en scie, légèrement dressées
et obtuses. Elle est destinée à rappeler le nom de M. le docteur Custodio Alves
Serrão, sur la propriété duquel, à la Gavia, cette plante a été récoltée.

28. PULCHELLUM, Radd., *Fil. Bras.*, p. 57, t. 52, f. 2; Kze., *Linn.*, IX, p. 66;
Radd., Sierra d'Estrella, près de Mandioca. Sainte-Catherine, Mors, n° 37.
Var. β otites, Lk., *Hort. Ber.*, II, 60; Metten., *Fil. Lips.*, p. 74, t. 9, f. 1-4.
Rio-Janeiro, de Gestas. — Fronde linéaire; frondules dimidiées, obtuses
et grossièrement crénelées.

Le type est souple, transparent et herbacé; il a quelque rapport avec l'*A. Ser-*
ratii, qui est plus grand, plus raide; à frondules très-obtuses, assez rapprochées,
dressées, au nombre de 10 à 16, terminées en une longue pointe, à pétiole assez
long, chargé d'écailles linéaires, cancellées. Dans l'*A. pulchellum*, plante beaucoup
plus délicate, les frondules sont aiguës, étroites, ponctuées finement, étudiées à
la loupe, portant seulement 2 ou 3 sporothèces, à rachis ordinairement squamuleux à la base; les écailles ne sont pas cancellaires.

C. Fougères à consistance sèche; frondes raides.

29. SERRA, Langsd. et Fisch., *Filic.*, p. 16, t. 19, Willd., *Filic.*, p. 312, *et auct.* Brésil,
Langsd. et Fisch.; Serra os Orgaos, Glaziou, n° 2810; île Sainte-Catherine;
H. Gauthier, 1868. — Espèce très-grande et très-robuste; marge garnie de
dents inégales, raides et assez grandes. La station de cette fougère est fort
étendue. Anneau des sporanges 20-24 artic.; spores très-grosses, papilleuses.

† 30. INCURVATUM, F.
Frondibus pinnatis, rigidis, curvatis, siccitate brunneis, squamosis; petiolo
longissimo, sulcato, robusto; surculo magno, repente, squamis angustissimis,
longis, acuminatissimis, cancellatis abunde vestito; fasciculis vasorum duo-
bus tenuibus, parallelis peragratis; rachi squamoso, subquadrangulari;
frondulis lanceolatis, intus curvatis, obliquis, superne rotundatis, petiola-
tis, apice longe acuminatis, æqualiter dentatis; nervillis sculpturatis, ap-
proximatis; sporotheciis centralibus, longiusculis, crassis, conniventibus,
totam laminam invadientibus; sporangiis magnis, ovoideis, annulo 24-28
articulato; sporis ellipsoideis, papillatis.
Habitat in Brasilia fluminensi (Glaziou, n° 2340, Morro da Fazenda;
850ᵐ altitud.).
Filix robusta, rigida, surculo pulvinato; frondulis curvatis, regulariter et breve
dentatis.
ICON.: *Tab. XVIII, fig. 1.*
(Longueur totale, 70 centim. avec un pétiole de 30 centim.; frondules, 9 centim. sur 11-13 m.)

Cette espèce est très-bien placée à côté de l'*A. Serra*; ses formes sont très-régulières; les frondes sont obliques, courbées vers le bas, notablement pétiolées, arrondies vers la partie supérieure. Je compte près de 70 dents, ce qui indique un pareil nombre de nervilles; celles-ci en relief. Les sporothèces partent du mésonèvre, ils s'étendent sur toute l'étendue de la frondule et sont connivents; cette espèce est fort belle et parfaitement distincte.

31. PRÆMORSUM, Sw., *Prodr.*, p. 18, et *Syn. filic.*, p. 83; *A. cuneatum*, H. et Gr.; *Icon.*, n° 189, *non* Lmrk.; *A. laceratum*, Desv., *Prod.*, p. 278; Brésil, Gardn., n°s 181 et 5314; Claussen, n° 76; Glaziou, Rio-Janeiro, n° 2334. Synonymie extrêmement chargée.

b. Frondes allongées pendantes.

32. MUCRONATUM, Presl., *Délic. Prag.*, I, 178; Hook., *Icon. pl.*, t. 917 A; *A. laxum*, Radd., *Fil. Bras.*, p. 37, t. 22b, f. 4; Serra os Orgaos, Gardner, n° 162; Glaziou, Rio-Janeiro, n°s 420, 1705 et 2333; H. Gauthier, île Sainte-Catherine. — Espèce molle, ayant l'aspect d'un *Asplenium* de la section des *Darea*; elle peut atteindre jusqu'à 50 centim. de longueur; on la reconnaîtra facilement à ses frondules sessiles et décussées, dont les segments sont aristés.

**** Frondules bi-tripinnées.*

33. SULCATUM, Lmrk., *Encyc. meth.*, II, p. 308. Desv., *Prod.*, p. 277; *A. auritum*, Sw., var. *bipinnatifidum*, Kze., P. Claussen, n° 117, 1842 (H. F.). — Nous réduisons à dessein la synonymie, tant celle qui est donnée par les auteurs nous semble incertaine. Le spécimen que nous avons sous les yeux correspond exactement à la description donnée par Lamarck et au spécimen de Bourbon, tel qu'il existe dans notre herbier. Cette plante est raide, lancéolée en son pourtour, tripinnée à la base; à segments notablement sillonnés; le pétiole est nigrescent, le rachis canaliculé. Le nom spécifique *sulcatum* est de tout point justifié par le caractère plus haut indiqué et déduit des segments.

34. CUNEATUM, Lmrk., *l. c.*, p. 300. Sw., *Syn. filic.*, p. 84, *et auct. plurim.*; *A. crenatum*, Desv., *Prodr.*, p. 270; Schkh., *Crypt. Gew.*, p. 73, t. 78; Brésil, Brackenridge; Rio-Grande, Para, Spruce, n° 8.

† 35. GASTONIS, F.
Frondibus glabris, virescentibus, in ambitu oblongo-lanceolatis; petiolis et rachibus canaliculatis; frondulis primariis curvatis, inferne bipinnatis.

superne tantum pinnatis, caudatis; frondulis secundariis cuneatis, late auri-culatis, acutis, margine dentatis; sporotheciis paucis, tabacinis, indusio albidulo latiusculo; sporangiis parvulis, annulo angusto, 20 articulato; sporis ovoideis, aliquando leviter reniformibus, laxibus, brunneis.

Habitat in Brasilia fluminensi (Glaziou, n° 1773; Sainte-Catherine, Mors, n° 40).

Filix magna, satis tenera; surculo parvo, squamis piliformibus fulvo-aurantiacis onusto.

Icon.: *Tab. XIX, fig.* 2.

(Longueur totale, 80-90 centim.; frondules primaires inférieures, 18-20; frondules secon-daires, 2,5 centim. sur 10-12 millim. de largeur à la base.)

Cette belle espèce, découverte à Pétropolis par le comte d'Eu, Gaston d'Orléans, méritait de lui être dédiée; elle est glabre, d'un vert cru, paucinervée, dentée dans toutes ses parties; les frondules primaires se terminent par une longue pointe étroite et ondulée; elle rappelle dans son ensemble la feuille de certaines ombel-lifères.

36. ANGUSTATUM, Presl., *Tentam. pt.*, p. 108; F., *Gen. filic.*, p. 191; *A. attenua-tum*, Klfss.; *Enum.*, p. 174; Mart., *H. Bras.*, n° 345. — Espèce hétérophylla, lobée, crénelée, dentée; bipinnée seulement vers la base. Les lobes inférieurs portent quelques sporothèces diplazioïdes. M. Th. Moore en fait à tort une variété b de l'*A. sulcatum*; elle est spécifiquement très-différente.

† 37. CHÆROPHYLLOIDES, F.

Frondibus glaberrimis, tenerrimis, pellucidis, bi-tripinnatis; petiolo longo, depresso, rachi planiusculo; frondulis primariis petiolatis, acutis; fron-dulis secundariis abrupte terminatis, segmentis ultimis cuneatis, crenato-incisis; sporotheciis inversis, diplazioideis, linearibus, divergentibus, rufis; sporangiis rotundis; annulo 20-24 articulato; sporis ovoideis.

Habitat in Brasilia fluminensi (Glaziou, n° 2476; île Sainte-Catherine, Mors, n° 29).

Filix aspectu Chærophylli sativi referens, glabra; rachibus depressis.

Icon.: *Tab. XVI, fig.* 2.

(Longueur: 45 centim. Frondules primaires, à la base 10-12 centim. Les derniers segments, presque aussi larges que hauts, mesurent environ 15 millim.)

Cette fougère est fort molle et translucide; les segments sont dilatés, presque triangulaires, crénelés, dentés. Il existe, comme sur tous les segments auriculés, des sporothèces inverses, ces auricules n'étant autre chose que l'origine d'un nouveau lobe. Dans les vrais *diplazium* les sporothèces inverses sont opposés et connexes; ici ils sont écartés les uns des autres.

† 38. OVALESCENS, F.

> *Frondibus pinnatis, glabris, in ambitu ovalibus, petiolo rachique adiantinis, lucidis flaccidisque, frondulis primariis superne pinnatis, breve ocutis; frondulis secundariis subsessilibus, superioribus ovalescentibus, crenatis, inferioribus lobatis: sporotheciis brevibus, remotis, tabacinis, centralibus; sporangiis rotundis, annulo 20-24 articulato; sporis ovoideis, late episporiatis.*
>
>> *Habitat in Brasilia fluminensi* (Glaziou, n°⁵ 2474 et 2814, Serra os Orgaos).
>
> *Filix bipinnata, rachibus ad apicem frondularum alatis.*
>
> ICON.: *Tab. XVIII, fig. 2.*

(Longueur, 45-50 centim., avec des frondules qui mesurent 18 centim. Le pétiole, qui est déprimé et rougeâtre, fait la moitié de la longueur totale. Les frondules de 2° ordre atteignent à peine 3 centim. sur 13-15 millim. de largeur.)

Cette espèce est souple et facile à reconnaître à ses frondules de 2° ordre, toujours ovales dans la partie supérieure de la fronde et ondulées-lobées inférieurement; le pétiole et le rachis sont lisses, rougeâtres et luisants. Le rhizome est irrégulier, chargé des débris pétiolaires des frondes des végétations antérieures.

39. FRAGRANS, Sw., *Prodr.*, p. 130; *ejusd. Syn. filic.*, p. 84; *A. planicaule*, Lowe, *Ferns*, V, t. 10; *Tarachia*, Presl., *Epim. bot.*, p. 80. — L'*A. fragrans*, Schkh., *Crypt. Gew.*, p. 199, t. 130 b, dont on fait une variété de l'*A. praemorsum*, Sw., a été recueilli au Brésil par M. Glaziou, n° 2335 (*statu juniore*), et par M. H. Gauthier, à l'île Sainte-Catherine.

40. PSEUDO-NITIDUM, Radd., *Filic. Bras.*, p. 39, t. 55; F., *Gen. filic.*, p. 191; Brésil, Vauthier, n° 637; Gardner, n°⁵ 179, 180; Blanchet, n° 2543? — Espèce triangulaire en son pourtour; frondules écartées, crénelées; pétiole mince et écailleux. Elle se rapproche de l'*A. ovalescens*, F.

E. DIACRANTES.

† *Frondes pinnées.*

41. MONANTHEMUM, Sm., *Icon. ined.*, p. 73; Sw., *Syn. filic.*, p. 80; Metten., *Fil. Hort. Lips.*, p. 74, t. IX, f. 7-8 (2 pinnules), Sellow. (N. V.)

42. FORMOSUM, Willd., *Filic.*, 329, *et auct. plurim.*; Brésil, Gardner, n° 5313; Claussen, n° 59; Regnell, I, 487; Glaziou, Rio-Janeiro, n° 936. — Sporothèce unique à la base d'une frondule à base tronquée et à marge inciso-dentée.

†† *Frondes bi-, tri-, quadripinnées.*

43. FENDELACEUM, H. B. et Kth., *Nov. gener.*, I, p. 15; H. et Grev., *Icon.*, n° 92; *A. abrotanoides*, Presl.; *Reliq. Haenk.*, I, p. 47, t. 8, f. 2; Serra os Orgaos, Brackenridge. — Cette espèce a primitivement été décrite sur une plante de la Nouvelle-Andalousie; nous l'adoptons comme brésilienne sur la seule autorité de Brackenridge, cité par Th. Moore (*Index*). M. Mettenius ne voit en elle qu'une simple variété de l'*A. fragrans*, Sw.

44. RACHIRRHIZON, Radd., *Fil. Bras.*, p. 39, t. 56; *A. amabile*, Liebm. *Mexic.*, Bregn. n° 90; Brésil, Gaudichaud à Rio, n° 161 (*specimina parvula*); Gardner, n° 42, et par le même, Serra os Orgaos, n° 176; Glaziou, Rio-Janeiro, n°° 1691 et 2337. — Espèce charmante, très-divisée, à lobes ovoïdes; le rachis s'allonge considérablement, sort de la fronde, se dénude, ou ne porte plus que quelques frondules éparses; elle se termine parfois par une petite souche fibrilleuse qui n'émet aucune ébauche de frondes.

45. ADIANTOIDES, Radd., *l. c.*, p. 40, t. 51, f. 2; Raddi, Minas-Geraes; Brésil, Gardner, n°° 177 et 178; Rio-Janeiro, Glaziou, n° 2338 et n° 2813, Serra os Orgaos; H. Gauthier, île Sainte-Catherine. — Cette espèce vit sur la terre à l'ombre des grands arbres; elle est très-divisée, tendre, souple, molle, pellucide, très-glabre, à partitions très-ouvertes.

46. SCANDICINUM, Kltz., *Enum. filic.*, p. 177; Hook., *Sp. filic.*, p. 183, t. 204ᵛ; Brésil, Chamisso; Brésil mérid., Sellow; Gardner, n° 178; Glaziou, Rio-Janeiro, n°° 928, 1230 et 2475.

47. CICUTARIUM, Sw., *Prodr.*, p. 130; Presl., *Reliq. Haenk.*, I, 47, *et auct. varior.*; *Darea cicutaria*, Sm., *Mem. acad. Turin.*, V, 409; F., *Gen. filic.*, p. 338; Brésil, Sellow. — Cette espèce, cultivée dans tous les jardins botaniques, semble rare au Brésil et nous ne l'avons pas vue provenant de cette localité.

44. HEMIDICTYON, Presl., *Tentam. pterid.*, p. 110.

1. MARGINATUM, Presl., *l. c.*, *Asplenium marginatum*; L., *Sp. pl.*, p. 1589; Sw., *Syn. filic.*, p. 70; Willd., *Filic.*, p. 309; Hook., *Fil. exot.*, t. 63; Brésil, Raddi;

Gardner, n° 31; Martius, *Herb. Bras.*, n° 378; Claussen, Nouvelle-Fribourg; Glaziou, Rio-Janeiro, n°⁵ 421 et 3162, Serra do Couto (1869). — Par son ampleur, la délicatesse de ses tissus, sa souplesse, la longueur de ses sporothèces, elle est l'une des plus belles fougères connues.

NB. Les Aspléniées sont représentées dans toutes les régions du globe par un certain nombre d'*Asplenium*, type du groupe, genre qui renferme environ 350 espèces très-bien caractérisées par le port. Elles forment en France le quart de nos fougères, aux Antilles le treizième, au Brésil et au Mexique environ le quatorzième. La diagnose n'en est pas toujours facile, certaines espèces se présentant avec des frondes plus ou moins divisées. Les rapports des Aspléniées avec les Diplaziées sont très-étroits.

XIII. SCOLOPENDRIÉES.

45. ANTIGRAMME, Presl., *Tentam. pterid.*, p. 120, t. IV, f. 9 et 10, *non* J. Sm.

1. REPANDA, Presl., *l. c. A. subsessile*, F., *Gen. filic.*, p. 210; *A. oblongata*, Presl., *l. c. Scolopendrium ambiguum*, Radd., *Filic. Bras.*, p. 40, t. 57, f. 1. Sainte-Catherine, H. Gauthier. — Cette plante varie dans ses dimensions et dans la longueur du pétiole. Nous regardons la forme suivante comme une variété.

    β *discreta*, F., Glaziou, Rio, n° 2348. — Très-grande forme; fronde papyracée, se terminant en pétiole; aréoles costales presque universelles. — Longueur, 45-50 centim. sur 7-8 centim. de largeur; sporothèces de longueur variable, pouvant atteindre jusqu'à 3 centim.

2. LANGIFOLIA, Presl., *l. c.:* F., *Gen. filic.*, p. 210. Brésil. — Espèce peu connue.

3. DOUGLASII, Hook., *Gen. filic.*, t. 55 a et 57 a. *Asplenium Douglasii*, Hook. et Gr., *Icon. filic.*, n° 150. Brésil, Rio-Janeiro; Glaziou, n° 690; Serra os Orgaos, Gardner, n° 148. — Très-belle espèce, fort distincte, très-ample, cordiforme à la base, avec des oreillettes qui souvent s'imbriquent l'une sur l'autre.

4. POPULIFOLIA, Presl., *l. c.:* F., *Gen. filic.*, p. 210. Brésil. — Cette espèce, connue seulement de Presl, n'a été ni décrite ni figurée.

NB. Ce genre est exclusivement brésilien ; quelques espèces demandent à être mieux connues ; il fait partie d'un petit groupe, composé de trois types seulement, très-bien caractérisés, dont un, le *Camptosorus*, appartient à l'Amérique du Nord ; le genre *Scolopendrium* a des espèces européennes et malaisiennes.

XIV. DIPLAZIÉES.

46. DIPLAZIUM, Sw., *Syn. filic.*, p. 4.

** Frondes simples.*

1. PLANTAGINEUM, Sw., *in Schrad. Journ.*, 1800, II, p. 62 ; Schkh., *Crypt. Gew.*, p. 80, t. 85 ; *Diplazium acuminatum*, Radd., *Filic. Bras.*, p. 41, t. 57, f. 2. Brésil, Raddi, au Corcovado ; Claussen ; Blanchet, n° 2459 ; Gardner, n° 30 ; Martius, n° 336 ; Glaziou, Rio-Janeiro, n° 423 ; île Sainte-Catherine, H. Gauthier. Cette espèce est très-fréquemment prolifère à la base de la lame, contrairement à ce qui arrive d'ordinaire, la prolification se manifestant au sommet ou sur le trajet des mésonèvres. Elle est très-répandue dans l'Amérique tropicale et équatoriale. Les marges sont parfois crénelées ou même dentées ; telle est surtout la variété

β *serratum* ; Glaziou, Rio-Janeiro, n° 2347. — Frondes épaisses, élargies à la base, se terminant en une pointe assez courte ; les marges, ondulées vers leur partie inférieure, sont fortement dentées en scie vers le haut et jusqu'à la pointe qui termine les lames.

*** Frondes pinnées à frondes assez larges, crénelées entières ou ondulées.*

2. CALLIPTERIS, F., *Gen. filic.*, p. 214 ; Metten., *Asplen.*, p. 179. Brésil, Rio-Janeiro, Glaziou, n° 424. — Grande et belle espèce, à frondules très-courtement pétiolées, crénelées, sinueuses vers le haut ; les sporothèces sont très-longs, très-étroits et s'élèvent presque jusqu'à la marge ; le sommet de la fronde est pinnatifide et à segments arqués.

3. GRANDIFOLIUM, Sw., *in Schrad. Journ.*, 1800, II, p. 62 ; Willdenow, *Filic.*, p. 351. *D. brevifolium*, Kze., *Linnæa*, XXIII, p. 309. Brésil, Moricand. Blanchet, n° 2474. Rio-Janeiro, Glaziou, n° 425. — Cette espèce ne saurait être confondue avec le *D. Schlimense*, F., que M. Th. Moore, dans son *Index*, réunit au *D. grandifolium*, Sw. ; celle-ci est bien plus grande, plus souple, à

marge dentée et non crénelée, nullement cordiforme à la base ; les lames sont
translucides et permettent de voir à la loupe les mailles arrondies du tissu
cellulaire, tandis que dans le *D. Schimense* les lames, parfaitement opaques,
ne laissent rien deviner de leur structure anatomique.

4. DISSIMILE, F.

> *Frondibus glabris, oblongis, apice longe acuminato-caudatis, dissimilaribus,
> subsimplicibus, pinnatifidis, basi pinnatis; frondulis ovatis, leviter dentatis,
> sessilibus; sporotheciis tabacinis, linearibus, diplazioideis et asplenioideis;
> sporangiis rotundis; annulo 16 articulato; sporis rotundis, atris.*
>
> *Habitat in Brasilia* (Sainte-Catherine), Mors, n° 16.
> *Filix frondibus heteromorphis notata.*
> ICON.: *Tab. XXI, fig. 1.*

(Longueur : 75 centim., dont les pétioles font les deux tiers; largeur, 5 centim.)

Cette espèce porte sur une souche très-dure des frondes différentes les unes des
autres : simple avec quelques frondules libres à la base, pinnée-pinnatifide, à segments inégaux. Les sporothèces diplazioides occupent le sommet de la fronde;
au point de vue des organes reproducteurs elle est autant *asplenium* que *diplazium*,
mais le port la rattache à ce dernier genre; la radication est exactement celle du
D. plantagineum, Sw. Il serait possible que la condition normale de la fronde fût
d'être simple comme dans l'espèce de Swartz.

5. CELTIDIFOLIUM, Kze., *Bot. Zeit.*, III, 1845, p. 285, et *Linn.*, XXIII, p. 250 et
   309; Hook., *Spec. fil.*, III, p. 240, *sub asplenio*. Brésil, Blanchet, n° 544.
   — Plante robuste, formant dans nos serres, dont elle est l'un des ornements,
   un tronc assez élevé. Elle est gabre, d'un vert foncé, et porte une vingtaine
   de paires de frondules, cordiformes ou cunéiformes, attachées sur un pétiole
   sillonné et terminées par une pointe dentée en soie; la marge est crénelée et les
   crénulations sont chargées de dents couchées et arquées; les sporothèces
   partent du mésonèvre pour s'élever jusqu'à la marge; elle est assez souvent
   prolifère. Nous ne l'avons pas vue provenant du Brésil.

6. PARALLELOGRAMMUM, F.

> *Frondibus oblongis, pinnatis, apacis, glaberrimis; petiolo longissimo, basi
> incrassato, angulato, late canaliculato; frondulis alternis, oblongo-lanceolatis,
> acuminatis, sessilibus, leviter curvatis, margine repandis, nervillis paral-
> lelis, tenuissimis, marginem attingentibus; sporotheciis linearibus, media-*

*nam partem laminæ, fere totam invadientibus; indusiis angustissimis, dipla-
zioïdeis; sporangiis pyriformibus, annulo crasso, 16-18 articulato; sporis
subrotundis, fuscescentibus.*

Habitat in Brasilia, prope Barra, *provincia* Rio-Negro (Spruce, nº 3832).
Filix aspectu speciali; sporotheciis parallelis, angustissimis longissimisque.

Icon.: *Tab. XX, fig. 2.*

(Longueur totale : 1 mètre 20 centim., dont le pétiole fait les deux tiers; 7-8 paires de frondules, séparées par un entre-nœud de 8 centim.; elles mesurent 16-18 centim. sur 4 de largeur.)

Cette belle et curieuse espèce a un port tout spécial, qu'elle doit à ses sporothèces parallèles, de longueur inégale et assez distants du mésonèvre et de la marge;
ils sont tous diplazioïdes et de couleur de tabac d'Espagne; l'indusium est formé
d'un tissu cellulaire à mailles très-épaisses et comme cancellaires. Les frondules
sont légèrement arquées, arrondies à la base, à peine cunéiformes et toutes de
même grandeur; les supérieures sont aduées. La consistance est un peu cartilagineuse; le pétiole, qui est extrêmement long, est épaissi à la base et presque triangulaire dans son parcours; on voit, dans sa partie inférieure, quelques écailles
étroites, raides et brunâtres.

† 7. LONGIPES, F.

*Frondibus extensis, in ambitu oblongis, petiolo depresso, striato, piloso, squa-
moso, squamis sparsis, linearibus; rachi fusco, glabro; frondulis lanceolatis,
membranaceis, glabris, inferioribus petiolatis, intermediis sessilibus, superioribus adnatis, apicilaribus pinnatifidis, cauda flexuosa, fertili terminatis;
nervillis tribus, intermedia furcata sterili; sporotheciis in venula superiori
diplazioïdeis, latioribus, in venula inferiori asplenioïdeis, angustioribus,
marginem attingentibus; sporangiis satis magnis, annulo lato, 16-18 articulato; sporis ovoïdeis, late episporiatis.*

Habitat in Brasilia fluminensi (Glaziou, nº 2346 *partim*).

*Filix gigantea, robusta, petiolo rachique subrubris; marginibus frondularum
repandis.*

Icon.. *Tab. XXI, fig. 2.*

(Longueur : 1 mètre 60 centim. et plus; pétiole, 50 centim.; frondules, 23-25 centim. de haut
sur un peu plus de 4 centim. de largeur; les entre-nœuds mesurent 9-11 centim.)

Cette espèce est vraisemblablement la plus longue de toutes ses congénères; le
pétiole, qui a une teinte couleur lie de vin, ainsi que le rachis, est déprimé; les

frondules arrondies à la base se terminent en une longue pointe, les marges sont ondulées; la consistance est comme papyracée; les écailles du pétiole sont peu nombreuses et linéaires.

*** *Frondes pinnées-pinnatifides.*

8. MUTILUM, Kze., *in Flor.*, 1839, I, *Beibl.*, 37; F., *Gen. filic.*, p. 214. H. Bras. Mart., n° 335; Luschnath, Bahia, n° 15 (Herb. F.), dans les forêts ombragées. — Les frondules sont crénelées, à crénulations légèrement ondulées-denticulées; le pétiole est renflé vers le bas. Elle mesure 1 mètre 50 centim. dans notre spécimen; nous comptons 24 paires de frondules, libres presque jusqu'au sommet. Pourquoi ce nom de *mutilum*, tronqué?

9. RADICANS, Desv., *Prodr.*, p. 281; F., *Hist. foug. des Antill.*, p. 41. *Asplenium ambiguum*, Radd., *Fil. Bras.*, p. 38, t. 54 et 54[a], *non* t. 58. *Diplazium Shepherdi*, Presl., *Tent. pterid.*, p. 114. Martius, *H. Bras.*, n° 344; Gardner, Serra os Orgaos, n°s 46 et 169. Rio-Janeiro, Glaziou, n°s 414, 1775 et 2343. Maranhao, Spruce, n° 3911; Blanchet, sous plusieurs numéros; Luschnath, Bahia, n° 6 (H. F.). — La synonymie de cette plante (23 synonymes) est aussi compliquée que confuse, ce qui ne s'explique qu'en partie par la mobilité de ses formes. Contrairement au nom spécifique qui lui est attribué, elle n'est presque jamais radicante. (*Voy.* F., *Hist. foug. des Antill.*, l. c.)

10. BŒMERIANUM, Presl., *Tentam. pterid.*, p. 113, t. 4, t. 5 (fragm.); Hook., *Spec. filic.*, III, p. 243; Martius, *H. Brésil.*, n° 346. (N. V.)

11. STRIATUM, L., *Spec. pl.*, 1539, *sub asplenio*, *Diplazium striatum*, Presl.; *Tent. pterid.*, p. 114, Brésil, Moricand, n° 2509. — Belle espèce, très-féconde; frondules tronquées à la base, terminées par une longue pointe dentée. Dans le spécimen que nous avons sous les yeux et qui provient de la Jamaïque, les spores sont polymorphes, ovoïdes, trigones, arrondies; l'anneau, qui est très-large, porte 10-12 articulations.

12. BISERRATUM, Presl., *Tent. pterid.*, p. 114, t. 4, f. 2; *ejusd. Epim. bot.*, p. 85 (*in notis*). — Plante très-peu connue et que nous n'avons jamais pu voir.

13. COSTALE, Sw., *Syn. filic.*, p. 82, *sub asplenio*; *Dipl. macrophyllum*, Desv., *Prodr.*, p. 280, Brésil, Miers, n° 164, et Blanchet, n° 535. — M. Th. Moore (*Index*) réunit cette plante au *D. Texaci*, F. Nous ne les croyons pas identiques. En

parlant du *D. costale*, Swartz, *l. c.*, écrit : *laciniis lanceolato-falcatis, acutis, serrulatis, soris costæ utrinque contiguis* (p. 82), et *soris sublunatis, turgidis, semi-cylindraceis* (p. 270), caractères qui ne conviennent pas au *D. costale*. F.

14. TUSSACI, F., *Gen. filic.*, p. 214 et 216; Rio-Janeiro, Glaziou, n° 927, *partim*. — Très-grande espèce, à frondules pétiolées, oblongues, acuminées, à segments oblongs, un peu arqués, très-obtus et dentés, à sporothèces assez courts, naissant près du mésonèvre, les inférieurs seuls sont diplazioïdes.

**** *Frondes pluripinnées.*

15. AMBIGUUM, Radd., *Filic. Bras.*, p. 41, t. 58; Spreng., *Syst. veg.*, p. 69; *Asplenium dubium*, Metten., *Asplen.*, p. 231, *non* Link; Hook., *Sp. filic.*, III, p. 261 (*synon. plurib. exclusis*). Brésil, Gardner, n° 47, Serra os Orgaos, n° 5937; Glaziou, Rio-Janeiro, n°s 415, 927 et 1675. — Formes assez variables; marge des frondules tantôt ondulée et tantôt crénelée. Stipes bruns-rougeâtres, très-lisses.

16. EXPANSUM, Willd., *Filic.*, p. 354; F., *Gen. filic.*, p. 214; *D. truncatum*, Presl., *Tent. pterid.*, p. 114; *D. obtusum*, Lk.; *Filic. sp.*, p. 85; Martius, *H. Bras.*, n° 337; Claussen, Nouvelle-Fribourg, n° 147 (H. F.); Blanchet, n° 2509. — Les segments tronqués, portant parfois quelques denticulations, feront facilement reconnaître cette espèce qui n'a point encore été figurée.

β *glabriusculum*, Th. Moor.; *Ind.*, p. 328. Rio-Janeiro, Glaziou, n° 1777 ?

† 17. LEPTOCHLAMYS, F.

Frondibus amplis, extensis, teneris, glabris; frondulis primariis late lanceolatis, petiolatis, pinnatis, apice pinnatifidis, acutis, alternis, distantibus; frondulis secundariis lanceolatis, basi leviter cuneatis, apice coadunatis, patulis, acutis, alternis; segmentis obtusis, dentatis, usque ad medianam partem liberis; sporotheciis asplenioideis, raro diplazioideis, curvatis; indusio angustissimo, ope microscopio granulis globosis onusto; sporangiis rotundatis, annulo lato, 14-16 articulato; sporis leviter reniformibus, crassis.

Habitat in Brasilia fluminensi (Glaziou, n°s 926 et 2062).

Filix magna, viridis, flexibilis; rachi primario subquadrangulari.

ICON.: *Tab. XXII. fig. 1.*

(Longueur des frondules primaires, 36-40 centim.; frondules secondaires, 18-20; segments, 2 centim. en moyenne; chaque segment est chargé de 5-6 paires de sporothèces ayant 4-5 millimètres de longueur.)

Cette espèce est fort belle, assez délicate, très-flexible et très-ample; elle est glabre et ne montre de poils que sur le rachis des frondules de 1er et de 2e ordre, encore sont-ils très-courts et visibles seulement à l'aide d'une loupe. Les rachis sont lisses et d'un vert plus foncé en dessus qu'en dessous.

> Var. : β *leptorachis*, Rio-Janeiro, Glaziou, n° 1673. Rachis très-délié, maculé de brun-rougeâtre et d'aspect marbré. Les sporothèces des frondules supérieures n'occupent que la base des segments, tandis qu'ils en envahissent la totalité dans les segments inférieurs; elle est fort souple et très-glabre.

† 18. HERBACEUM, F.

> *Frondibus pluripinnatis, tenerrimis, glaberrimis, herbaceis, rachibus helveolis, pinnulis secundariis petiolatis, in ambitu ovato-lanceolatis, acuminatis; tertiariis brevissime petiolatis, lanceolatis, acutis, curvatis; segmentis ovatis, crenatis, decurrentibus; sporotheciis oblongo-linearibus, fere omnibus diplazioideis, rufis; sporangiis ovoideis; annulo 14-16 articulato; sporis reniformibus, vitreis, crassiusculis.*
>
> *Habitat in Brasilia fluminensi* (Glaziou, n° 2062).
>
> *Filix tenerrima, pellucida, viridis, subdecomposita.*
>
> ICON. : *Tab. XXIII. fig. 1.*

(Longueur : 1 mètre et plus; pinnules secondaires, 40 centim.; tertiaires, 8 cent. sur 2 de largeur; les ramifications du rachis sont très-déliées.)

Cette belle espèce est très-dilatée; la base du rachis et de ses subdivisions est noirâtre; les pinnules se désarticulent facilement. Elle conserve la couleur verte après dessiccation. On peut lui trouver quelques rapports avec le *D. grammitoides*, F., *Hist. foug. des Antill.*, p. 43. Les nervures et les nervilles sont très-déliées.

† 19. LEPTOCARPON, F.

> *Frondibus bipinnatis, glaberrimis, in ambitu oblongis, petiolo canaliculato, fuscescente, basi squamoso; squamis lanceolatis, fuscis; rachi glabro, supra striato; frondulis primariis oblongis, curvatis, acutis, subsessilibus, ad insertionem petiolorum multisquamosis; frondulis secundariis basi liberis, deinde adnatis, apice pinnatifidis; sporotheciis angustis, basilaribus tantum diplazioideis; sporangiis paucis, laxe unitis, annulo latissimo, 10-12 articulato, obliquo (ut in Alsophileis); sporis ovoideis trigonisque.*

Habitat in Brasilia fluminensi (Glaziou, n° 2330).

Filix tenerrima, pellucida, frondulis primariis suboppositis; areolis simple-
cibus.

Icos. : *Tab. XXIII, fig. 2.*

(Longueur : 1 mètre 15 centim., avec un pétiole qui mesure 48 centim.; il est renflé à la base;
frondules primaires, 17-19 centim. sur 7 d'envergure.)

Cette espèce se rapproche, par la consistance, du *D. herbaceum*, F., qui est
tri- et même quadripinné; les frondules primaires sont presque opposées et présentent à l'aisselle des pétioles une petite touffe d'écailles lancéolées, dentées en
leur marge, succinoïdes, notablement arquées et acuminées; les sporothèces sont
formés d'un petit nombre de sporanges; l'anneau, très-large et difficile à voir,
semble oblique comme dans les Alsophilées; le pétiole, le rachis et ses subdivisions, ainsi que le mésonèvre des frondules de deuxième ordre, ont une couleur
brun-rougeâtre très-accusée.

20. ROSTRATUM, F.

Frondulis dilatatis, bi- tri? pinnatis, glabris; frondulis primariis patulis, petio-
latis, rachi squamoso, supra canaliculato, basi nigricante, apice pinnatifido;
frondulis secundariis alternis, sessilibus, basi truncatis, apice abrupte cau-
datis, cauda integra, segmentis oblongis, apice obtuso, curvato, rostrato;
sporotheciis inæqualibus, ovoideis linearibusque; sporangiis crassis, annulo
lato, 12-14 articulato; sporis fuscis, trigonis.

Habitat in Brasilia fluminensi (Glaziou, n° 2331).

Filix ampla, aperta, segmentis arcuatis, rostratis notata.

Icos. : *Tab. XXIV, fig. 2.*

(Longueur des frondules primaires, 45-50 centim.; envergure, 20-22 centim.; frondules secondaires, très-rapprochées [au delà de 16 paires]; entre-nœud, 3,2 à 3,5 centim.)

Très-grande espèce, dont nous n'avons que les frondules primaires. Les rachis
et le mésonèvre des frondules secondaires ont une couleur brun-rouge; elles se
terminent en une pointe déliée à peine ondulée; les segments sont libres jusqu'aux
trois quarts de la demi-largeur de la lame; le sommet est denté en scie et se
recourbe en une sorte de bec, pour se terminer par une dent très-apparente.

21. REMOTUM, F.

Frondibus bipinnatis, glabris, rachi primaria, subquadrangulari; frondulis
primariis oblongis, petiolatis, rachi superne bicanaliculato, squamuloso;

frondulis secundariis remotis, lanceolatis, petiolatis, apice caudato, serrato; segmentis oblongis, obtusissimis, dentatis; sporotheciis linearibus, a margine remotis; sporangiis pyriformibus, succineo colore; annulo lato, 12-14 articulato; sporis? nigris.

Habitat in Brasilia fluminensi (Glaziou, n° 2332).

Filix ampla, frondulis petiolatis, remotis, rachi primario robusta.

Icon.: *Tab. XXIV, fig. 1.*

(Longueur: frondules primaires, 50 centim., portées sur un pétiole de 2 centim.; entre-nœuds, 4 centim.; frondules secondaires, 11-13 centim. sur 4 centim. de largeur au centre; 15 paires de frondules alternes.)

Cette plante a ses frondules de second ordre écartées qui laissent entre les segments un sinus assez étroit; mais l'intervalle qui les sépare s'élargit vers le haut pour éloigner leurs sommets. Nous n'avons pu voir distinctement les spores, mais une infinité de petits corps globuleux obtenus en frappant les frondules fructifiées sur une lame de verre.

47. DIDYMOCHLÆNA, Desv., *Berol. magaz.*, V, t. 7, f. 7.

1. sinuosa, Desv., *l. c. et auct. plurim.*; Mart., *Icon. crypt. Bras. selec.*, p. 95, t. 18 (*arbor.*) et t. 29, fig. 4 (*stipes*); *Diplazium pulcherrimum*, Radd., *Fil. Bras.*, p. 42, t. 50; Mart., *H. Bras.*, n° 328; Regnell, II, 330; Gardner, n° 40 et 5322; Igreja Velha, Blanchet, n° 2257 (H. F.); Claussen, n° 108 (H. F.); Rio-Janeiro, Glaziou, n° 383; île Sainte-Catherine à Itajahy.

    Var. β *microtheca*, F., Rio-Janeiro, Glaziou, n° 2357. — Frondules très-rapprochées, parfois imbriquées, marge supérieure formant une ligne légèrement concave; l'extrémité du segment est obtuse et se porte en avant. Les sporothèces sont petits, étroits et distants.

NB. Vingt-une espèces de *diplazium* et le beau genre *didymochlæna*, qui est monotype, constituent au Brésil le groupe des diplaziées. Les Antilles sont régies par le même nombre d'espèces et de genres, et le Mexique, qui n'a qu'un seul genre, ne possède qu'une dizaine de *diplazium*. Ce genre est très-voisin des *asplenium* par certaines de ses espèces; le port toutefois diffère. Lorsque les *diplazium* n'ont de sporothèces doubles qu'à la base, on doit voir en eux des *asplenium* à oreillettes, lesquelles ne sont autre chose que le rudiment d'une nouvelle partition de la fronde, qui tend, de simplement pinnatifide ou pinnée qu'elle est, à devenir bipinnatifide ou bipinnée.

XV. MÉNISCIÉES.

48. MENISCIUM, Schreb., *Gen. pl.*, n° 1630.

1. RETICULATUM, Sw., *Syn. filic.*, p. 19; Willd., *Filic.*, p. 134; *M. palustre*, Radd.,
Fil. Bras., p. 9, t. 20. — Cette espèce a de larges frondules, peu nombreuses
et étalées. Nous possédons un spécimen de la Guadeloupe, au plus haut point
prolifère et si complétement que les prolifications pourvues de longues radicelles atteignent presque la longueur des frondes-mères.

2. MACROPHYLLUM, Kze. *in Schkh. Supp.*, p. 93, t. 44; Mart., *Herb. Bras.*, n° 362;
Blanchet, Moricand, Luschnath.

3. ROSTRATUM, F., *Gen. filic.*, p. 224; Brésil, Ceara, Gardner. n° 1905. — Espèce
très-remarquable par une marge portant de grosses dents recourbées en manière de bec (serait-ce accidentel?). Cette particularité n'a pas lieu chez le
M. palustre, Radd., *Fil. Bras.*, p. 9, t. 9, auquel notre espèce ressemble beaucoup, quoiqu'il ne soit pas possible de lui attribuer ces mots de la description de Raddi : *subduplicato et acute serrato*, attribués à la marge.

4. SORBIFOLIUM, Jacq., *Collect.*, II, p. 16, t. 3, f. 2; Schkh., *Crypt. Gew.*, p. 5, t. 5;
Langsd. et Fisch., *Icon. fil.*, t. 4; Glaziou, Rio-Janeiro, n° 407; île Sainte-
Catherine à Bignassei par Alburquerque. — Frondes dressées, notablement
plus étroites que dans le *M. reticulatum*, Sw., dont elle n'est peut-être qu'une
variété.

† 5. ELONGATUM, F.

*Frondibus pinnatis, glaberrimis, rigidis, in ambitu lanceolatis, longe petio-
latis ; petiolo crasso, basi nigro, arcuato, compresso, lævi; rachi trisulcato;
frondulis assurgentibus, coriaceis, lanceolatis, acutis, sessilibus, marginibus
repandis, inferne remotis, superne approximatis; mesonevro albido, piloso;
nervillis sculpturatis, numerosis; sporotheciis tobacinis, confluentibus; sporangiis crassissimis, annulo latissimo, 20-24 articulato, articulis fuscis, angustis; sporis magnis, ellipticis.*

Habitat in Brasilia fluminensi (Glaziou, n° 1169).

*Filix præstantissima, rigida, nervatione sculpturata, elegantissima; petiolo cras-
situdine digiti infanticuli.*

ICON.: *Tab. XXV, fig. 1.*

(Longueur totale, 1 mètre 50 centim. Le pétiole seul, 80 centim.; les frondules, 11-13 centim.
sur 2 de largeur.)

Cette belle espèce est remarquable par la longueur très-considérable du pétiole et la petite dimension des frondules; les nervures et les nervilles sont en relief; il en existe sur chaque frondule, de la base au sommet, au delà de 60; les mailles fructifères ne sont pas précisément méniscioïdes, mais anguleuses. On peut en compter jusqu'à 12 paires; elles portent une nerville droite qui n'atteint pas la base, mais qui s'en rapproche beaucoup. Elle est parmi les fougères une de celles qui ont les plus grosses sporanges avec un anneau dont les articulations dépassent le nombre de 20.

6. SESSILIFOLIUM, Pohl, *Herb. Musei palat. Vind.*; San-Izidro, capitania de Goyaz, Pohl. — Cette espèce paraît bien distincte; elle est longuement stipitée avec des frondules très-rapprochées, sessiles, lancéolées, aiguës, glabres et dressées. Le pétiole est anguleux et assez gros. La plante mesure 70 centim., les frondules 7-9 centim. sur 2 centim. environ de largeur. Les sporanges ont un anneau portant 14-16 articulations et des spores obliquement ovoïdes, assez grosses.

† 7. LONGIFOLIUM, F.

Frondibus amplis, glabris, membranaceis, rachi helveolo, tenui, sulcato, nudo, in ambitu oblongis; frondulis alternis, remotis, breve petiolatis, lanceolatis, curvatis, basi inæqualibus, apice acuminatis; marginibus repandis, mesonervo tenui, supra anguste canaliculato, nudo, infra tomento brevissimo restito; nervillis leviter flexuosis, areolis apice subangulosis, cum nervilla erecta plus minusve longa; sporotheciis 6-8, breve lunulatis, rubescentibus, semper distinctis, sporangiis rotundis; annulo lato, 14 articulato; sporis crassis, ovoideis.

Habitat in Brasilia fluminensi (Glaziou, n° 1747, 2375).

Filix ampla; frondulis magnis, manifeste curvatis flexilibusque.

ICON. : *Tab. XXV, fig. 2.*

(La plante mesure sans doute au delà de 1 mètre; nous n'avons pas le pétiole; les plus grandes frondules, celles de la base, atteignent 36-40 centim. sur 4-5 de largeur; nous comptons sur celles du centre jusqu'à 40 séries fructifères, et cependant le tiers supérieur de la frondule est stérile.)

La nervation de cette belle plante rappelle celle qui a été donnée par Presl, *Tent. pterid.*, p. 186, t. 7, f. 13, pour le *Goniophlebium articulatum*, Desv., *Prodr., sub polypodio*, avec cette différence que dans cette plante la nerville basilaire est fructifère, tandis que dans les *meniscium* elle n'existe pas, toutes les nervilles étant constituées en aréoles; ajoutons que ces aréoles, quoique surmontées d'une droite, ne sont fructifères qu'au sommet. Du reste, parmi les *goniophlebium* la nervation figurée par Presl s'écarte de la nervation du genre.

NB. Ce groupe est très-nettement caractérisé par la nervation et par la disposition des sporanges qui s'attachent sur toute l'étendue d'une nerville courbe. Le Brésil est relativement très-riche en *meniscium*, il en possède 7 espèces, les Antilles 2 seulement. Il semble manquer au Mexique. Ces fougères sont très-prolifiques; souvent par confluence les sporanges recouvrent toute la lame à la manière des acrostichées.

XVI. POLYPODIÉES.

49. GRAMMITIS, Sw., *Syn. filic.*, p. 21.

1. PUNCTATA, Radd., *Filic. Brasil.*, p. 11, t. 22 *bis*, f. 1 (N. V.); Brésil, Raddi.

† 2. FLUMINENSIS, F.

> Frondibus linearibus, glabris, obtusiusculis, basi longe attenuatis, nervillis simplicibus, marginem non attingentibus, surculo erecto, sporotheciis dimidiam partem frondium invadientibus, ovoideis, crassis, costalibus, approximatis, erectis; sporangiis rotundis, longe pedicellatis, annulo 10-12 articulato, sporis globulosis.

> Habitat in Brasilia fluminensi (Glaziou, n° 2456).

> Filix linearis, glabra, frondibus super surculum erectum, repens fibrillosumque congestis.

> Icon.: *Tab. XIX, fig. 3.*

> (Longueur: 18-20 centim. sur 8-9 millim. de largeur.)

Cette espèce rappelle par les frondes et les sporothèces le *G. Magellanica*, Desv., mais la radication est tout à fait différente; le rhizome rampant qui existe ici manque dans la plante de Desvaux.

50. POLYPODIUM, L., *Spec. pl.*, 1544.

I. *Frondes pinnatifidæ.*

A. DUSSÈRES.

1er Type: *Polypodium vulgare*, L.

† 1. EXTENSUM, F.

> Frondibus oblongis, acutis, villosulis, petiolis cylindricis, rufis, elongatis, segmentis anguste linearibus, adnatis, acuminatis, inferioribus oppositis, supe-

*rioribus alternis, rachi tomentoso, laminis villosulis; in tota longitudine spo-
rangiiferis; sporotheciis ovoideis, receptaculo minuto; sporangiis globosis,
longo pedicello donatis; annulo 14 articulato; sporis ellipticis, magnis,
lutescentibus.*

Habitat in Brasilia fluminensi (Glaziou, n° 2403).

*Filix extensa, repens, petiolo rachique cylindricis, breve tomentosis, rufescen-
tibus.*

Icon.: *Tab. XXVIII, fig. 3.*

(Longueur, 86 centim., dont le pétiole fait les 2 cinquièmes. Les segments, qui mesurent de
9 à 10 centim. sur 5 millim. de largeur, sont au nombre de près de 60, séparés par un
entre-nœud de 8 millim.; ils portent au delà de 40 paires de sporothèces tous distincts, quoique très-rapprochés.)

Cette espèce est la plus grande des espèces dressées; elle est assez raide, élastique, épaisse et opaque; les segments, dont la marge est ondulée, sont divisés
jusqu'à la côte, longuement acuminés, élargis à la base de manière à former une
double oreillette, supérieure et inférieure; ils portent des sporothèces dans toute
leur étendue. Le pétiole et le rachis ne montrent aucune trace de sillon. Les vaisseaux du pétiole prennent une apparence ponctiforme et forment une série en fer
à cheval; deux autres faisceaux plus gros leur sont opposés et ressemblent à deux
virgules mises en regard l'une de l'autre. Le rhizome est rampant, écailleux, assez
gros et de saveur sucrée.

2. TENUICULUM, F., *Gen. filic.*, p. 239; Glaziou, Rio-Janeiro, n° 2412. — Petite
   espèce terminée par un appendice caudiforme; les segments sont très-aplatis,
   composés de petits sporothèces marginaux, dont les sporanges glabres renferment des spores ovoïdes, noirâtres. Elle vit à la Guadeloupe.

3. SPIXIANUM, Mart., *Herb. Kze.*; Metten., *Polyp.*, p. 57. — Fronde glabre, ovale
   ou oblongue, acuminée, segments atteignant la côte; sporothèces rapprochés
   de la marge, au nombre de 5-7 par rangée; rhizome rampant. Indiquée au
   Brésil par Mettenius. (N. V.)

† 4. PLEOPELTIDIS, F.

*Frondibus profunde pinnatifidis, dilatatis, glabris, opacis, in ambitu oblongis,
segmentis lanceolatis, acutis, alternis, adnatis, basi decurrente contractis,
marginibus crenatis, terminalibus caudatis, inferne squamis rotundis, sparsis,
modo pleopeltidorum; sporotheciis rotundis, remotiusculis, superne puncto*

niveo carbonati calcis indicatis; sporangiis pyriformibus; annulo lato, articulis 12-14 spissis, remotiusculis; sporis satis magnis, reniformibus.

Habitat in Brasilia fluminensi (Serra os Orgaos, Glaziou, n⁰ˢ 2459 et 2817).

Filix rigida, longe repens, frondulis remotis, petiolo lævi, rima angusta perversa; facie phlopeltidis.

Icon. : *Tab. XXVI, fig. 1.*

(Longueur : 20-25 centim. avec des segments de 4-5 centim. sur 3-4 millim. de largeur. Le rhizome atteint à peine la grosseur d'une plume de pigeon. Les segments sont au nombre de 7 à 9 paires.)

Fougère opaque, raide, conservant la couleur verte dans l'herbier. Les segments sont inégaux, étalés, laissant entre eux de larges sinus; ils sont décurrents. Le rhizome est allongé et couvert de petites écailles courtes et lancéolées. Cette plante est au nombre de celles qui déposent sur la lame supérieure une petite plaque de carbonate de chaux au point qui correspond aux sporothèces.

5. REPANDUM, F.

Frondibus oblongis, villosis, nervillis unica vice furcatis, nervilla superiori abbreviata, fertili; segmentis ad costam partitis, lanceolatis, obtusiusculis, ciliatis, basi dilatatis, marginibus repandis; sporotheciis crassis, 5-6 per seriem, in medio segmentorum evolutis; sporangiis glabris, annulo lato, 20 articulata, sporis reniformibus, punctis pellucidis cribratis.

Habitat in Brasilia fluminensi (Glaziou, n⁰ 2400) *et* Serra do Couto (n⁰ 3170).

Filix curvata, elastica, rhizomate brevi; marginibus frondium manifeste repandis.

Icon. : *Tab. XXIX, fig. 1.*

(Longueur : 40 centim. dont le pétiole fait presque la moitié; segments, 3,5 centim. sur 7 millim. de largeur.)

Cette fougère se rapproche de notre *P. Guadalupense*, F., *Hist. foug. Antill.* Elle est plus robuste, et son facies n'a rien de saillant. Les segments pectinés diffèrent de longueur et de direction.

† 6. HIRSUTULUM, F.

Frondibus lanceolatis, acuminatis, basi attenuatis, petiolo cylindrico, breve hirsuto; rachi pilis brevibus nigris onusto, segmentis basi æqualiter dilatatis, coadunatis, centralibus oblongis, superioribus ovatis, inferioribus moni-

liformibus, omnibus obtusis, parce ciliatis; sporotheciis margini approxi-
matis, utrinque ad costulam 4-5; nervillis simplicibus, atris, marginem
non attingentibus; sporangiis parvulis, annulo angusto, 12 articulato; sporis
subrotundis, nigrescentibus.

> *Habitat in Brasilia fluminensi* (Glaziou, n° 2460).

Filix habitu Polypodii vulgaris, sed minor; rhizomate brevi, squamoso, squa-
mis fulvis, parvis, lanceolatis, marginibus ciliatis.

Icon. : *Tab. XXVI, fig. 2.*

(Longueur : 17-20 centim. sur 2 d'envergure au centre.)

Cette espèce est raide, les frondes naissent rapprochées sur un rhizome de la grosseur d'une petite plume d'oie; les pétioles sont hérissés de petits poils raides; on les retrouve sur les marges et en petit nombre sur les lames inférieures; les sporothèces sont indiqués sur la lame supérieure par un petit point noir.

† Type : Polypodium trichomanoides, Sw.

7. TRICHOMANOIDES, Sw., *Syn. filic.*, p. 33; Willd., *Filic.*, p. 184; Schkh., *Crypt. Gew.*, p. 11, t. 10, f. 1; Metten., *Filic. Lechler.*, p. 7, t. 2, f. 4-6. — Petite espèce, très-velue, étroite, presque sessile, à segments très-rapprochés; les frondes sont portées sur une petite souche dressée. Mettenius met en synonymie notre *P. Serricula*, à frondes glabres, très-longues, très-étroites et à segments plus écartés; il y joint aussi le *P. gibbosum*, malgré la grande dissimilitude des segments, porteurs d'une double oreillette. — Elle est indiquée au Brésil, mais nous ne la possédons pas de cette localité.

8. MONILIFORME, Cavan. Willd., *Filic.*, p. 184; Schkh., *l. c.*, p. 188, t. 8 c; Metten., *Filic. Lechler.*, 7, t. 2, f. 4-6 *(fragmenta)*. — Fougère indiquée au Brésil; elle est raide, épaisse, très-glabre. Nous l'avons en herbier, provenant du Pérou et récoltée par Dombey dès 1777.

† 9. IMMERSUM, F.

Frondibus linearibus, mollibus, sessilibus, pinnatifidis, abrupte terminatis;
segmentis inæqualibus, remotiusculis, oblongis, obtusis, leviter crenatis, basi
decurrentibus, horizontalibus, rimosis; sporotheciis profunde immersis, 4-6,
in quolibet lacinia, in senectute confluentibus; sporangiis parvulis, glabris,
sporis subtrigonis.

> *Habitat in Brasilia fluminensi* (Glaziou, n° 1721).

Filix elongata, flexuosa; ad arbores suspensa; surculo parvulo.

Icon. : *Tab. XXVII, fig. 1.*

(Longueur variable, 12-20 centim. sur 6-8 millim. de largeur.)

Cette espèce sera facile à reconnaître à ses sporothèces occupant une fossette, relativement très-profonde ; les frondes sont réunies en touffe sur une petite souche dressée ; elle est glabre ; les segments sont assez épais et opaques ; ceux qui terminent la fronde, réduits à quelques particules arrondies, semblent avortés. Dans notre genre *plectopteris* l'immersion est réelle ; ici les sporothèces déterminent simplement une dépression, dans laquelle ils sont logés.

10. SERRICULA, F., *Gen. filic.*, p. 238 ; *ejusd.* 6ᵉ *Mém.*, p. 9, t. VII, f. 1 ; Rio-Janeiro, Glaziou, nᵒ 2414. — Cette espèce est établie sur une fougère de la Guadeloupe, voisine, mais différente du *P. trichomanoides*, Sw. Le spécimen du Brésil est moins raide ; ses frondes sont arquées, glabres, mais avec des pétioles poilus.

† 11. EXIGUUM, F., Bahia, par Blanchet, nᵒ 8. — Cette espèce, la plus petite du genre, a le port du *P. Serricula*, elle en diffère par des proportions très-inférieures et par des pétioles qui font le tiers ou même la moitié de la longueur totale, qui ne dépasse pas 7 centim. sur 3 millim. de largeur ; elle est poilue et assez raide de port ; les segments sont monosores, les sporothèces assez gros, ainsi que les sporanges, qui renferment des spores arrondies, lisses et noirâtres.

Icon. : *Tab. XXXVII, fig. 1.*

† 12. CONFLUENS, F.

> *Frondibus caudatis, lanceolatis, petiolo cylindrico, pilosa ; segmentis oblongis, usque ad costam pinnatipartitis ; sporotheciis crassis, confluentibus, tabacinis, centralibus, 4-5 per seriem ; sporangiis crassis, rotundis, annulo lato, 12-14 articulato ; sporis magnis, atris, opacis, obscure trigonis rotundisque.*
>
> *Habitat in Brasilia fluminensi* (Glaziou, nᵒ 2413).
>
> *Filix crassitudine et colore atra sporarum notata.*

Icon. : *Tab. XXVI, fig. 3.*

(Longueur, 11-13 centim. sur 15 millim. d'envergure et 2-3 millim. de largeur.)

Très-distincte par la largeur de l'anneau et la grosseur des spores, obscurément trigones, opaques et très-noires ; cette espèce n'a point de caractères saillants ; les sporothèces sont confluents et très-gros. Les nervilles, simples, n'atteignent pas la marge. On ne peut les voir que par immersion dans l'eau. Il y a un rhizome.

13. ORGANENSE, Metten., *Polyp.*, p. 39; *Grammitis*, Gardner, *in* Hook., *Icon. pl.*, t. 509; Brésil, Gardner, n° 5913. — Le collecteur, en donnant une place à cette petite espèce parmi les *Grammitis*, indique que les sporothèces sont oblongs. Le réceptacle est poilu (*dense setosum*). (N. V.)

14. PILOSISSIMUM, Mart. et Galeott., *Filic. Mexic.*, p. 39, t. 9, f. 2; Serra os Orgaos, Gardner, n° 141 (*ex* Hook., *Sp. filic.*, IV, 181); Rio-Janeiro, Glaziou, n° 410. — Frondes lancéolées, acuminées, à segments atteignant le rachis; pétiole velu, à poils étalés, fauves. Les spécimens brésiliens sont moins velus que ceux qui proviennent du Mexique et qui sont les véritables types de cette espèce.

(Longueur, 16-20 centim. sur 15 millim. environ d'envergure.)

3° Type. *Polypodium pectinatum*, L.

* Grandes formes.

15. PECTINATUM, L., *Spec. pl.*, 1545, Sw., *Syn. filic.*, p. 34; Plum., *Filic.*, p. 64, t. 83; Gardner, Brésil, sous divers numéros. — Segments horizontaux à marge ondulée; sporothèces assez petits. Il est bien difficile de mettre d'accord les auteurs sur la validité de cette espèce. La planche citée de Plumier reproduit une très-grande plante dont nous n'avons pas l'équivalent en herbier. M. Hooker, *Sp. filic.*, IV, p. 203, donne de cette fougère une synonymie qui réunit plusieurs espèces parfaitement distinctes.

16. PARADISIÆ, Langsd. et Fisch., *Icon. filic.*, p. 11, t. 11; Willd., *Filic.*, p. 179; Metten., *Polyp.*, p. 60; Brésil, Rio-Janeiro, Glaziou, n° 1683, et Therezopolis, n° 1724; île Sainte-Catherine, Langsd. et Fisch.; H. Gauthier. — Cette espèce est élastique, finement velue, à très-longs segments linéaires, obtusiuscules, étalés, décroissant considérablement vers la base. La saveur des segments est d'une amertume prononcée. Les sporothèces sont petits, arrondis, au nombre de 30 et plus sur chaque côté du segment fructifié.

† 17. PARADISIASTRUM, F.
Habitu P. Paradisiæ; frondibus profunde pinnatifidis, apice longe attenuatis, segmentis lanceolato-linearibus, acuminatis, basi contractis, leviter flexuosis, inferne oppositis, inferioribus discretis, oppositis, superioribus approximatis, alternis, marginibus undulatis; sporotheciis ovoideis, distinctis, cen-

tralibus scrobiculo ad laminam superiorem indicatis; sporangiis rotunda-
tis, annulo 10-12 articulato; sporis aureis, laevibus, reniformibus.

Habitat in Brasilia fluminense (Glaziou, n° 396 et 974 au Corcovado,
et n° 1725 à Therezopolis).

Filix elata, glabrescens, rhizomate squamoso; squamis fulvis, lanceolatis, acu-
minatis, margine integris.

Icon. : *Tab. XXIX, fig. 2.*

(Longueur, 80 centim. à 1 m.; le pétiole, qui est arrondi et rougeâtre, fait le tiers de la longueur totale; les segments du centre atteignant jusqu'à 10 centim. sur 4-5 millim. de largeur.)

Cette belle espèce diffère du *P. Paradisiae* par la forme de ses segments rétrécis
à la base, laissant entre eux au centre de la fronde de larges sinus; ils sont très-
diversement dirigés et s'écartent capricieusement du parallélisme; ajoutons qu'ils
ne décroissent pas sensiblement à la base. Les sporothèces, au lieu d'être arrondis,
sont oblongs et n'impressionnent en aucune manière la lame supérieure à leur point
de développement; la squamescence est différente; les squames, qui sont ici lancéolées et fauves, sont linéaires et noirâtres dans le *P. Paradisiae.*

18. RECURVATUM, Klfss., *Enum. filic.*, p. 106; *P. menorum*, Lk., *Fil. sp.*, p. 126;
Brésil, Sainte-Catherine, H. Gauthier. — Très-grande espèce, facile à distinguer des deux espèces précédentes par des segments fortement crénelés,
arqués et dirigeant leur courbe de haut en bas.

19? OTITES, L., *Sp. pl.*, 1545; Willd., *Filic.*, p. 177; Metten., *Polyp.*, p. 59; *P.
molle*, H. B. et Klh.; *Nov. Gen.*, 1, 8; Bahia (ex Bory, Herb. F.), Sainte-Catherine, H. Gauthier. — Segments presque horizontaux, auriculés à la base
du côté supérieur. Rhizome rampant. Il est très-vraisemblable que sous le
nom d'*otites* on admet dans les herbiers des plantes spécifiquement différentes.
Il en est ainsi de la plupart des espèces qui n'ont point encore été figurées.
Le spécimen de Bahia que nous tenons de Bory a ses segments du centre
opposés, ainsi que le veut la description donnée par Willdenow; mais les
segments inférieurs ont des nervilles anastomosées, c'est un demi *goniophle-*
bium.

20. PLUMULA, Willd., *Filic.*, p. 178; Raddi, *Filic. Bras.*, p. 18, t. 27 (petite forme);
Metten., *Polyp.*, p. 58; Para, Spruce, n° 1; Glaziou, Rio-Janeiro et Tijuca,
n°s 1758, 2070 et 2461, Marianna, Vauthier, n° 591. — Varie dans ses dimensions; elle est souple, translucide et très-élégante; nous avons des spé-

cimeus fort longs, mesurant 50 centim. La description donnée par Raddi ne parle pas du mésonèvre des segments, lesquels sont très-flexueux; la figure donnée n'exprime pas ce caractère.

† 21. ROBUSTUM, F.

Frondibus oblongis, apice acutis, in parte inferiori abortivis, rigidis, robustis, petiolo rufo, glabrescente, canaliculato; rachi tomentoso, rufescente; segmentis horizontalibus, oblongo-linearibus, pilosulis, obtusissimis, basi superne auriculatis, mesonevro undulato, margine breve tomentoso; sporotheciis centralibus, rotundis, dimidiam partem inferiorem segmentorum occupantibus; sporangiis rotundis, turgidis; sporis crassis, ovoideo-reniformibus, punctatis, punctis translucidis.

Habitat in Brasilia fluminensi (Glaziou, n° 2407).

Filix gigantea, pinnatisecta, rhizomate crasso, fibrilloso, fibris numerosis, longissimis, rubescentibus: sporis structura propria.

ICON.: *Tab. XXVIII, fig. 1.*

(Longueur: 140 centim., dont le pétiole fait la 5e ou la 6e partie; les segments atteignent 9 centim. sur 9-10 millim. de largeur; ils sont très-rapprochés.)

Ce polypode prend place parmi les plus grandes espèces herbacées; le rachis n'est pas canaliculé; dans le spécimen que nous décrivons, les segments avortent et ne sont plus représentés que par des bases tronquées. Est-ce accidentel? La structure des spores est très-curieuse : elles sont ovoïdes ou réniformes, très-grosses, et se présentent sous le microscope criblées de points translucides; sont-ce de petits corps en saillie? ou des pores?

** *Petiolo barbato.*

22. FILICULA, Kffss., *Enum.*, p. 275; Metten., *Polyp.*, p. 58. *P. Plumula*, var. *minor*, Willd., *Herb.* Rio-Janeiro, Glaziou, n° 972. — L'espèce que nous décrivons et dont nous donnons la figure, a des frondes très-courtement pétiolées, oblongues, décroissantes vers le haut et vers le bas; les segments sont divisés jusqu'à la côte, linéaires ciliés, obtus; présentant, d'espace en espace, sur leur trajet, des espèces de renflements; le sommet est parfois dilaté. Est-ce bien là la plante de Willdenow? Pour en décider il faudrait la voir, et nous ne l'avons pas vue.

ICON.: *Tab. XXVIII, fig. 2.*

† 23. HETEROCLITUM, F., Rio-Janeiro, Glaziou, n° 2410. — Cette espèce nous semble très-bien caractérisée, quoique voisine des *P. Filicula*, *Otites* et *Plumula*. Elle est assez grande, à segments très-rapprochés, à marge ciliée, dentée en scie et de grandeur très-inégale. Le rachis est d'un brun rougeâtre et tomenteux ; la fronde est portée sur un petit rhizome écailleux. Les sporothèces sont marginaux et peu fournis de sporanges.

ICON. : *Tab. XXVI, fig. 4.*

24. SCHKUHRII, Radd., *Filic. Bras.*, p. 19, t. 27, f. 2. *P. pectinatum*, Schkh., *Crypt. Gew.*, p. 189, t. 17 B, *non* L. — Les figures données par les auteurs plus haut cités sont identiques. La fronde est tronquée à la base, où se trouvent des segments de même longueur qu'au centre. Malgré le très-grand nombre d'espèces de fougères brésiliennes dont se compose notre collection, cette forme nous est restée inconnue.

25. CHNOOPHORUM, Kze., *Flor.*, 1839. *Beibl.*, I, 34. Blanchet ; Mart., *H. Bras.*, n° 323. Glaziou, Rio-Janeiro, n° 975. — L'étymologie de ce nom spécifique se rapporte à une plante duveteuse ; il manque ici de justesse ; la fronde est simplement villeuse ; cette fougère acquiert parfois d'assez grandes proportions. Elle n'a point encore été figurée et se rapproche, par le port, du *P. vulgare*, L.

26. SUBLANOSUM, Hook., *Spec. filic.*, IV, p. 221. Serra os Orgaos, Gardner, n° 122. — Cette espèce, que la description caractérise très-faiblement, ne nous est pas connue.

27. PENDULUM, Sw., *Syn. filic.*, p. 33 ; Schkh., *Crypt. Gew.*, p. 12, t. 10 ; Metten., *Polyp.*, p. 55. Brésil, Gardner, n° 5914. — La figure citée de Schkuhr est une petite forme de cette espèce qui n'a guère l'apparence d'être pendante. Cet auteur, très-exact, a reproduit les poils dont le sacculus est porteur, comme dans toutes les espèces de cette section.

28. SUSPENSUM, L., *Spec. pl.*, p. 1544 ; Sw., *Syn. filic.*, p. 32 ; Willd., *Filic.*, p. 181 ; Plumier, *Filic.*, p. 67, t. 87. Rio-Janeiro, n°° 128 et 129. — Très-longues frondes, molles, flottantes, à segments oblongs, glabriuscules, à

marge portant plusieurs longs cils; les pétioles sont presque nus, assez longs,
cylindriques et brunâtres. La figure donnée par Plumier est exacte, quoique
grossière.

29. CULTRATUM, Willd., *Filic.*, p. 187; Plum., *Filic.*, p. 68, t. 88. *P. suspensum*,
Metten., *Fil. Lechl.*, 7; *non* L. Rio-Janeiro, Glaziou, n° 2417. — Très-
velue, très-flexible, assez étroite; frondes presque sessiles; segments alternes;
ovoïdes, arrondis à la base et détachés du rachis par la partie supérieure, de
sorte qu'elle est presque pinnée. Les spores brunâtres et polymorphes sont
renfermées dans une sporange, dont l'anneau porte plusieurs poils raides et
noirâtres.

† 30. CILIARE, F.

*Frondibus oblongis, mollibus, pinnatifidis, villosis, stipitibus brevissimis; seg-
mentis ovato-oblongis, obtusissimis, integerrimis, sursum gibbosis; pilis
longis utrinque obsitis; sporotheciis sparsis, in qualibet lacinia 3-4, crassis,
sæpe apicilaribus, rufis; sporangiis parvulis, pilis longissimis, rigidis, oculo
nudo perfacile perspicuis; annulo 10-12 articulato, sporis subtrigonis.*

Habitat in Brasilia fluminensi (Glaziou, n° 901).

Filix parva, sessilis, apice breve terminata.

ICON.: *Tab. XXVII, fig. 2.*

(Longueur: 7-9 centim. sur 7-9 millim. de largeur.)

Cette fougère a le port et le faciès du *Polypodium elasticum*, Bory, *in* Willd.,
Filic., p. 183. Elle est plus courtement stipitée, et ce qui la distingue d'une manière toute particulière, c'est la présence, sur le sacculus et l'anneau, de poils
raides, nombreux, et si longs qu'on les distingue à l'œil nu; ils dépassent de beaucoup la longueur de la capsule qui les porte.

† 31. OVALESCENS, F.

*Frondibus pinnatis, lincaribus, substipitatis, pilos longissimos flexibiles feren-
tibus; rachi flexuoso, tenuissimo atro; frondulis ovalibus obtusissimis, sessilibus; sporotheciis apicilaribus 2-3, rufis; sporangiis rotundis; annulo
10 articulato, pilis nigris, longissimis onusto; sporis ovalibus.*

Habitat in Brasilia fluminensi (Glaziou, n° 1722).

Filix parva, mollis, ad arbores suspensa.

ICON.: *Tab. XXVII, fig. 3.*

(Longueur: 7-9 centim. sur 7-9 millim. de largeur.)

Cette espèce ressemble beaucoup au *Polypodium ciliare*, F. C'est le même type, mais avec des frondes pinnées. Les poils portés par la sporange en excèdent 2 ou 3 fois la longueur.

32. SEMIADNATUM, Hook., *Icon. pl.*, t. 948; *ejusd. Centur. of ferns.* t. 48, et *Spec. filic.*, p. 222. Serra os Orgaos, Vauthier, n° 588; Gardn., n° 112. Rio-Janeiro, Brackenridge; même localité, Glaziou, n° 410. — Les poils de l'anneau sont aussi longs que dans l'espèce précédente; les spores sont trigones; les nervilles sont simples et n'atteignent pas la marge; les segments ne sont attachés au rachis que par une portion très-réduite de la partie inférieure de la base (voy. *P. cultratum*). C'est là ce qui, entre autres caractères, la distingue de notre *P. mollissimum* (*Hist. foug. Antill.*, p. 47, t. 12, f. 2). Elle est étroite et mesure environ un demi-mètre sur 2,5 d'envergure.

33. APICULATUM, Klotz., Kunz., *Linn.*, XX, p. 378; Metten., *Polyp.*, p. 44. Brésil, Gardn., Serra os Orgaos, n° 110 (H. Hook.). — Si cette plante est, en effet, notre *P. Pecten.*, *Gen. filic.*, p. 240, il est difficile de comprendre comment elle a pu mériter le nom d'*apiculatum*, les sporothèces naissant sur les segments dans presque toute l'étendue de la fronde.

II. *Frondes pinnées-pinnatifides* (segments dentés).

34. ACHILLÆFOLIUM, Klfss., *Enum. filic.*, p. 116; Kze., *Die Farrenkr.*, 1, p. 91, t. 43, f. 2. Brésil, Sellow, Gardner; Glaziou, Rio-Janeiro, n° 1720 et 2416. — Espèce bien dénommée, très-élégante et de proportions assez restreintes.

NB. Les *Polypodium* écailleux doivent être placés parmi les *Drynaria* ayant des nervilles anastomosées; c'est dans ce genre qu'il faut les chercher.

Parmi les espèces de la section B, il s'en trouve, ainsi que nous l'avons fait voir, qui portent sur l'anneau de longs poils raides, au nombre de 3-6, ayant parfois une longueur 2 à 3 fois supérieure à celle de la sporange. Voici celles qui présentent cette particularité :

1. *P. asplenifolium*, Sw., *Syn. filic.*, p. 32. La Martinique.
2. *P. ciliare*, F. Rio-Janeiro, Glaziou, n° 61. (*Vide supra.*)
3. *P. Guadalupense*, F. (Herb.).
4. *P. mollissimum*, F., *Hist. foug. Antill.*, p. 47, t. 12, f. 2.
5. *P. ovalescens*, F. (*vide supra*). Rio-Janeiro, n° 1722.
6. *P. semiadnatum*, Hook., *Icon. pl.*, t. 948; Glazion, Rio-Janeiro, n° 410.

7. *P. cultratum*, Willd., *Filic.*, p. 187; Glaziou, n° 2417. (*Vide supra.*)

8. *P. suspensum*, Sw., *Syn. filic.*, p. 33. Guadeloupe; Nouv.-Grenade, L. Schlim., n° 855. (H. F.) [*Vide supra.*]

9. *P. xanthotrichium*, Klotz., *Linn.*, XX, p. 376. *P. ellipticosorum*, F., *Gen. filic.*, p. 239. Colombie.

51. PHEGOPTERIS, F., *Gen. filic.*, p. 242, t. 20 a.

I. Frondes pinnées-pinnatifides.

** Formes à frondes plus ou moins étroites.*

1. PRIONITIS, Kze., *in Flora*, 1839, I, p. 29, *sub polypodio*. Phegopteris, F., *l. c.*, p. 243; Martius, *Herb. Bras.*, n° 305; Blanchet, Bahia, n° 2483. — Cette espèce peut atteindre 1 mètre de longueur; ses frondules sont étroitement lancéolées, aiguës, crénelées, à crénulations simulant des dents très-obtuses; nervilles simples et très-courtes; les sporothèces sont ovoïdes, parfois confluents; spores ovoïdes; elle n'a point été figurée. — *Prionitis*, petite scie.

2. TIJUCCANA, Radd., *Filic. Bras.*, p. 25, t. 37, *sub polypodio*; Ph. Tijuccana, F., *Gen. fil., l. c.* Brésil, au Corcovado; Spruce, à Saint-Gabriel, et Tarapota, n° 2100; Rio-Janeiro, Glaziou, n° 1784. — Port du *Ph. Thelypteris*, F., d'Europe; très-différente de l'espèce précédente, dont le port est spécial, et aussi plus petite; la souche est dressée; les pétioles sont chargés d'écailles fauves, lancéolées, à marge entière, acuminées, avec un acumen tortillé sur lui-même.

3. FLAVO-PUNCTATA, Kliss., *Enum.*, p. 108, *sub polypodio*. Fée, *Foug. et lycop. des Antill.*, p. 51. Brésil, Moricand, *in Spec. filic.*, Hook., IV, p. 239. Indiquée comme variété pinnée-pinnatifide. — Très-grande et très-belle espèce, pouvant atteindre 1 mètre et plus; les frondules sont dressées, étroitement lancéolées, crénelées (plus de 50 crénulations sur chaque marge), presque pinnatifides, terminées par une pointe piliforme; texture délicate, translucide, laissant voir par transparence de petits points arrondis d'un blanc jaunâtre. Je compte sur chaque marge environ 50 crénulations sur une largeur de 22 à 24 centim. — Glaziou, Rio-Janeiro, n° 2400. Forme étroite.

ICON. : *Tab. XXX, fig. 3* (un fragment pour établir la différence qui sépare cette espèce du *Ph. tenuis*, F.).

4. BLANCHETIANA, F., *Gen. filic.*, p. 245, Blanchet, Bahia, n° 2928. — Espèce
très-glabre; nervilles atteignant la marge; frondules pétiolées, segments entiers. Port des *Phegopteris* d'Europe. Les grands spécimens mesurent jusqu'à 75 à 80 centim. Elle prend, par la dessiccation, une teinte rougeâtre;
les frondules secondaires sont pétiolées; les segments entiers, mais légèrement denticulés au sommet.

† 5. FLUMINENSIS, F.

> *Frondibus pinnato-pinnatifidis, oblongis, longe petiolatis; petiolo rachique*
> *debilibus, canaliculatis, squamis mollibus, lanceolatis, acuminatis, obsitis;*
> *frondulis oblongis, sessilibus, infimis reflexis, supremis integris, medianis*
> *pinnatifidis; nervillis tenuibus, simplicibus; sporotheciis rufis, rotundatis;*
> *annulo angusto, nigrescente, 16 articulato; sporis rotundis, episporiatis.*
>
> *Habitat in Brasilia fluminensi* (Glaziou, n° 965).
>
> *Filix pinnata, petiolo et rachibus squamosis; sporangiis laminam superiorem*
> *inquinantibus; receptaculo punctiformi.*

(Longueur : 36 centim.; frondules centrales, 6-7 centim. sur 2 de largeur; le pétiole fait environ la moitié de la longueur totale; rhizome écailleux.)

Cette plante, quoique distincte spécifiquement, n'a point de caractère saillant.
Elle prend, par la dessiccation, une teinte jaunâtre; le pétiole, le rachis et ses subdivisions, ainsi que le mésonèvre des segments, sont écailleux; faciès européen.

6. OREOPTERIDASTRUM, F.

> *Frondibus pinnato-pinnatifidis, oblongo-lanceolatis, apice abrupte terminato;*
> *petiolo crasso, longo, sulcato, basi squamoso; rachi tomento griseo, brevi ves-*
> *tito; frondulis lanceolatis, sessilibus, cauda integra terminatis, subtus glabris,*
> *supra brevissime pilosis; segmentis obtusissimis, apice unidentatis; sporo-*
> *theciis submarginantibus, rotundis, rufis; sporangiis rotundatis; annulo lato,*
> *14-16 articulato; sporis crassiusculis, subreniformibus.*
>
> *Habitat in Brasilia fluminensi* (Glaziou, n° 963. Villarica, Vauthier,
> n° 585).
>
> *Filix magna; frondulis aliquando oppositis; nervillis simplicibus, Phegopteri-*
> *dem Oreopteridem Europæ facie referens.*

(Longueur totale : 1 mètre 10 centim. frondules centrales, 14-16 sur 2-2,2 de largeur; le
pétiole, qui est robuste, fait environ le tiers de la longueur totale. Nous comptons 25 paires de
frondules.)

Très-belle et très-grande espèce qui se termine brusquement en pointe avec des segments entiers; les frondules sont presque opposées à la base de la fronde et ne laissent entre elles qu'un intervalle (entre-nœud) de 2,4 centim. Les nervilles sont simples; les sporothèces atteignent le sommet du segment pinnulaire et chacun d'eux en porte de 7 à 10 et même 12 par rangée. Le rachis est d'un blanc jaunâtre, canaliculé et tomenteux du côté supérieur de la lame; elle rappelle, par le port, le *Phegopteris Oreopteris* d'Europe, qui en donne une idée assez rigoureuse pour qu'il ne soit pas absolument nécessaire de la figurer. Le spécimen recueilli par M. Vanthier a des sporothèces un peu plus petits et moins rapprochés de la marge.

7. PUBESCENS, Radd., *Fil. Bras.*, p. 23, t. 34, *sub polypodio*. Raddi, Sierra da Estrella. — Pubescente, délicate, assez petite; frondules lancéolées, sessiles, les inférieures plus petites et dirigées vers le bas; segments linéaires, très-entiers, obtus, recourbés en faux; souche dressée. (N. V.)

8. TRICHOLEPIS, F.

> *Frondibus extensis, late lanceolatis, petiolo elato, striato, squamis rufis, piliformibus, abunde vestitis; frondulis sessilibus, acutis, lanceolatis, basi suboppositis, mediunis alternis, segmentis brevibus, apice leviter erosis, superne glaberrimis, inferne pallidioribus; sporotheciis crassis, rufis, 14-18, per totas lacinias, inter mesonevron et marginem evolutis; sporangiis rotundis, magnitudine mediocri, annulo 14 articulato; sporis ellipsoideis, nigrescentibus.*
>
> *Habitat in Brasilia boreali ad San-Gabriel (Spruce, n° 2100).*
>
> *Filix elata, basi petiolorum squamis piliformibus, numerosissimis abscondito, surculo crasso; nervillis tenuibus, marginem attingentibus.*
>
> ICON.: *Tab. XXXII, fig. 2.*
>
> (Longueur totale: 1 mètre 20 centim., frondules, 16-18 sur 2 centim. de largeur.)

Cette espèce sera facile à reconnaître à ses pétioles chargés d'un épais coussinet de poils roussâtres, longs d'un centimètre et plus, un peu élargis inférieurement et atténués en une longue pointe sétacée; elle est fort vigoureuse et les frondes naissent d'une grosse souche, chargée des mêmes écailles que le pétiole.

9. RIVULORUM, Radd., *Fil. Bras.*, p. 23, t. 35, *sub polypodio*. *Phegopteris rivulorum*, F.; Rio-Janeiro, Raddi; Glaziou, n° 2361; elle y abonde. — Frondes étroitement lancéolées, finissant en une longue pointe; elle se termine par une dégradation ménagée des frondules qui sont sessiles, en pointe aiguë,

très-glabres et un peu cartilagineuses ; les segments n'atteignent pas la marge, ils sont arrondis, très-nombreux, ainsi que les frondules, celles-ci opposées ou presque opposées. Le pétiole est très-court et de couleur paille, ainsi que le rachis ; souche dressée.

10. FALCICULATA, Radd., *Fil. Bres.*, p. 24, t. 36 *, *sub polypodio. Phegopteris falciculata*, F. — Frondes longuement pétiolées ; sporothéces presque ronds, déterminant une petite fossette sur la lame supérieure ; elle est glabre avec un stipe quadrangulaire, légèrement velu vers la partie supérieure. — Trouvée par Raddi, qui la dit rare, dans la Sierra da Estrella ; revue à Bahia par Blanchet en 1857.

**** *Formes à frondes larges.***

11. MACROPTERA, Klfss., *Enum. filic.*, p. 111, *sub polypodio*; *Phegopteris macroptera*, F.; *Gen. filic.*, p. 243; Rio-Janeiro, de Gestas; Claussen; n° 111; Glaziou, n⁰ˢ 958 et 1676. — Très-belle et très-grande espèce, oblongue, ne portant qu'un assez petit nombre de frondules dont les segments sont obtus, ciliés, courbés en faux. La nervation présente, comme particularité propre à faire reconnaître la plante, des nervilles basilaires qui forment la lettre V et qui, quelquefois, s'unissent en anneau. Le *Phegopteris macroptera* ne saurait être confondu avec le *Ph. formosa* de Raddi, lequel prend place parmi les espèces bipinnées.

12. TENUIS, F.

> *Frondibus in ambitu oblongis, glabris; petiolo sulcato, longo, squamoso, squamis fulvis, lanceolatis, acuminatis, integris; frondulis inferioribus majoribus, lanceolatis, longe acuminatis, sessilibus, margine integris, basi superne truncatis, segmentis brevibus, dentibus crassis, curvatis, simulantibus; nervillis simplicibus, brevibus, marginem non attingentibus; sporotheciis 4-6 serialibus, rotundis, rubescentibus; sporangiis rotundis, annulo lato, 20 articulato; sporis ovideis, crassis.*
>
> *Habitat in Brasilia flumiaensi* (Glazion, n° 964).
>
> *Filix magna; frondibus suboppositis; petiolo rachique helveolis; textura delicatula.*

Icon.: *Tab. XXX, fig.* 1.

(Longueur : 70 centim.; pinnules, 16 centim. sur 2,5 de largeur; les entre-nœuds mesurent environ 3 centim.)

Cette fougère est transparente et souple; la texture du tissu est délicate; les frondules sont comme dentées, à dents tronquées; les nervilles, simples et très-courtes, se terminent assez loin de la marge; chaque segment porte deux rangées de 4-6 sporothèces; elle est parfaitement glabre.

† 13. DENTICULATA, F. Rio-Janeiro, Glaziou, n° 2400, *partim*. — Nous n'avons qu'une fronde stérile; elle est souple, translucide, très-mince; le pétiole et le rachis sont stramineux et écailleux; les frondules lancéolées, sessiles, s'allongent en une pointe dentée en scie, la base est inégale avec un segment supérieur assez long et un inférieur très-court; les segments, obtus et ovoïdes, sont dentés dans toute leur étendue.

Icon.: *Tab. XXXII, fig. 2.*

† 14. HETEROCARPA, F.

Frondibus oblongis, glabris, petiolo robusto, striato, squamoso; squamis lanceolatis, acuminatis, brunneis; rachi depresso, striato, squamis linearibus, parce obsitis; frondibus lanceolatis, crenatis, oppositis, sessilibus, subpetiolatis, aliquando connatis et tunc basi leviter decurrentibus, supremis pinnatifidis; segmentis curvatis, irregulariter crenato-dentatis; nervillis simplicibus, brevibus, marginem non attingentibus; sporotheciis rotundis, ovoideis, fuscis, receptaculis linearibus, super laminam superiorem fossicula lineari indicatis; sporangiis parvulis, succineo colore, pedicello longo, annulo 14 articulato; sporis ovoideis.

Habitat in Brasilia fluminensi (Glaziou, n° 2401).

Filix magna, diversitate sporotheciorum, brevitate nervillarum, fossicula laminæ superioris, præsentia sporotheciorum determinata, amplissime notata.

Icon.: *Tab. XXX, fig. 2.*

(Longueur totale: 1 mètre 30 centim., dont le pétiole fait plus de la moitié; il atteint dans sa partie inférieure la grosseur du petit doigt d'un enfant; frondules, 30-22 centim. sur 3 de largeur avec des entre-nœuds de 4 centim.; il existe une dizaine de paires de frondules jusqu'au sommet, qui s'étend en une longue pointe pinnatifide.)

Cette espèce est l'une des plus distinctes du genre. Le pétiole et le rachis sont tricanaliculés, le mésonèvre des frondules est aplati; celles-ci sont connées vers le haut, où elles tendent à devenir arquées; le tissu de la fronde permet de voir par transparence une multitude de petits points ronds, pellucides; les sporothèces, quadrisériés et de forme très-variable, sont portés sur un réceptacle linéaire, indiqué sur la lame supérieure par une petite dépression.

II. *Frondes bi-tripinnées.*

15. SPLENDIDA, Klfss., *Enum. filic.*, p. 112, *sub polypodio. Phegopteris*, F., *Gen. filic.*; *Polypodium formosum*, Radd., *Fil. Bras.*, p. 25, t. 38; Raddi, au Corcovado; Brésil. Martius, Gardner; Rio-Janeiro, Glaziou, n⁰ˢ 394 et 966. — Grande espèce, glabre, un peu coriace, très-dilatée, à segments crénelés; les sporothéces sont trisériaux et très-gros; les spores ont une forme ovoïde et une couleur noirâtre.

16. CONNEXA, Klfss., *Enum. filic.*, p. 120, *sub polypodio*; Mart., *Icon. crypt. Bras.*, p. 90, t. 65; *ejusd. Herb. Bras.*, n° 527; *Phegopteris connexa*, F.; *Gen. filic.*, p. 243. — Grande espèce glabre, à segments crénelés et à consistance mince; les sporothéces sont bisériaux; elle prend dans les herbiers une teinte rougeâtre.

17. CANESCENS, Kze., *Herb.*; Metten., *Phegopteris*, p. 30; Bahia, Blanchet, n° 2454. — Grande espèce, incane, ayant, après dessiccation, un aspect grisâtre; le pétiole est vigoureux, pluricanaliculé; les frondules secondaires sont pétiolées, pinnatifides, avec des segments crénelés, qui, vers la base, tendent à devenir obtus et légèrement arqués; le tissu est mince et souple; les nervilles, très-déliées, n'atteignent pas la marge.

18. SUBINCISA, Mart., *Icon. crypt. Bras.*, p. 89, t. 64, *sub polypodio*; *Phegopteris incisa*, F.; *Gen. filic.*, p. 243. Martius; province Saint-Sébastien, Minas-Geraes, Rio-Janeiro, Glaziou, n° 593. — Martius en fait une fougère arborescente; elle est sans doute tripinnée, ce que ne démontrent ni nos spécimens ni la planche citée.

19. MOLLI-VILLOSA, F., *Polypodium subincisum*; Mart., *Herb. Bras.*, n° 320, *in Herb. F., non* Mart. *in Icon. crypt. Bras.*, p. 89, t. 64. — Diffère évidemment de la fougère figurée par Martius (*l. c.*). Willdenow écrit *frondibus glabris* et elles sont ici couvertes de poils mous et soyeux. Elle ne saurait être arborescente et notre spécimen authentique en démontre l'impossibilité. Le pétiole est très-long, très-gros, fortement sillonné, ainsi que le rachis, dont les divisions de 2ᵉ ordre sont tomenteuses; les frondules sont oblongues et portent inférieurement des frondules de 2ᵉ ordre, à segments crénelés, tandis qu'ils sont entiers supérieurement; le pétiole, à la base, atteint la grosseur du petit doigt; il mesure 60 centim. dans notre spécimen.

20. CAUDATA, Klfss., *Enum. filic.*, p. 113, *sub polypodio*; Radd., *Filic. Bras.*, p. 25,
    t. 39; *Phegopteris caudata*, F., *Gen. filic.*, p. 243; Brésil, Raddi, au Corco-
    vado; Claussen, n° 433 (H. F.); Gardner, n° 131; Rio-Janeiro, Glaziou, n° 395
    et 2396. — Très-grande espèce fort élégante, à pétiole et à segments lisses,
    gramineux, très-glabres. Les frondules, terminées en une longue pointe den-
    tée, sont opposées, sessiles, avec des segments étroits, arqués, aigus et for-
    tement crénelés. Notre spécimen, sans le pétiole, mesure 75 centim. Le pé-
    tiole et le rachis sont écailleux.

† 21. SCROBICULATA, F.

*Frondibus amplissimis, patulis; frondulis primariis breve petiolatis, rufo-brun-
    neis, sulcatis, supra leviter tomentosis, infra glabris, oblongis, cauda fertili,
    integra, angulata terminatis; frondulis secundariis lanceolatis, caudatis,
    pinnatifidis; rachi et nervillis furcatis, tenuibus, rufescentibus; sporotheciis
    rotundis, marginantibus, flavescentibus, receptaculo globoso, prominente et
    super laminam superiorem scrobiculo parvulo indicatis; sporangiis rotun-
    dis, annulo 14-16 articulato; sporis numerosissimis, parvulis, ovoideis,
    fuscis, tenuissime papillosis.*

   Habitat in Brasilia fluminensi (Glaziou, n° 1780 et 2066).

*Filix magna, glabra, frondulis primariis et secundariis alternis; nervillis
    rufis, superficialibus, oculo nudo perspicuis.*

ICON.: *Tab. XXXI, fig. 2.*

(Longueur des frondules primaires, 50-54 centim.; des secondaires, 14-16 centim. sur une largeur de 3 centim. au centre; le rachis est gros comme une plume de cygne.)

Cette belle fougère est très-ample; les frondules primaires sont pétiolées et les
secondaires sessiles; les rachis sont rufescents. On la reconnaîtra facilement: 1° à
ses nervures visibles à l'œil nu du côté inférieur de la lame inférieure seulement
et colorées en brun-rougeâtre; 2° à ses sporothéces indiqués par une dépression
très-marquée, colorée en brun, très-visible sur la lame supérieure; 3° enfin à la
nerville basilaire interne, dont les deux branches sont bifurquées, ce qui leur donne
une apparence géminée.

† 22. ERIOPODIA, F.

*Frondibus amplissimis, rachibus secundariis tomentosis; frondulis primariis
    oblongis, acutis, basi pinnatis, dein adnatis; frondulis secundariis lanceo-
    latis, sessilibus, glabris, mesonevro tenui, rubricoso; nervillis simplicibus,
    omnibus fertilibus, marginem non attingentibus; sporotheciis rufescentibus.*

4-6 serialibus, receptaculo prominente, laminam superiorem inquinantibus; sporangiis rotundis, annulo 12-14 articulato ; sporis rotundo-ovoideis, leviter papillosis, atris.

Habitat in Brasilia fluminensi (Glaziou, n° 2397).

Filix ampla, dilatata ; petiolo basi incrassato, canaliculato, lana spissa, fulva cooperto ; frondulis secundariis basi inferiori decurrentibus.

Icon. : *Tab. XXXI, fig. 3.*

(Longueur des frondules primaires, 36-10 centim.; frondules secondaires, 8-9 au centre.)

Cette espèce ne se distingue que par la base de son pétiole, qui est renflé, de la grosseur du petit doigt d'un enfant et couvert d'un épais coussinet laineux, jaunâtre, formé d'écailles étroitement linéaires, mêlées à de véritables poils, très-longs et ondulés.

† 23. ADNATA, F., Rio-Janeiro, Glaziou, n° 2398. — Cette espèce est moins grande que la précédente ; les frondules de 2° ordre, à l'exception des deux ou trois paires inférieures, sont attachées par toute leur base, qui est décurrente du côté inférieur. La diagnose microscopique est la même ; ici les frondules de 2° ordre sont plus rapprochées, plus courtes, à crénulations moins profondes ; elles ont aussi une consistance plus ferme ; l'épiderme des frondes est évidemment granuleux. — Sporothèces 3-4 sériaux. Cette espèce est très-légèrement villeuse et les marges portent quelques cils.

† 24. PROPINQUA, F., Rio-Janeiro, Glaziou, n° 2399. — Cette fougère est établie sur le même type que les deux précédentes ; elle est glabre avec un épiderme très-finement granuleux ; ce qui la distingue spécifiquement, ce sont les frondules secondaires terminées par une longue pointe triangulaire, à marge entière ; les sporanges offrent ce caractère singulier de s'entourer de fibrilles linéaires, ondulées, qui, sans doute, partent du réceptacle. Celui-ci occupe une dépression dont on devine l'existence à un petit boursouflement, teinté de brun, très-apparent sur la lame supérieure.

Icon. : *Tab. XXXII, fig. 3.*

III. *Frondes plurijuguées.*

25. SPECTABILIS, Klfss., *Enum. filic.*, p. 121, *sub polypodio;* Metten., *Filic. Hort. Lips.*, p. 83, t. 17, f. 10 (fragm.), *Phegopteris spectabilis*, F.; *Gen. filic.*, p. 243, Rio-Janeiro, Glaziou, n° 967. — Cette belle et très-grande espèce est remarquable par les amas d'écailles rubanées qui se trouvent à la bifurcation des

principales divisions des frondes et de leur rachis; elle est glabre et à nervilles bifurquées.

26. EPIREOIDES, F., *Gen. filic.*, p. 248; Rio-Janeiro, Glaziou, n° 2395. — Nous avons (*l. c.*) indiqué cette espèce plutôt que décrite. Elle est fort grande, tripinnée, glabre avec des rachis et des mésonèvres tomenteux. Les sporothèces sont assez gros; l'anneau des sporanges est large et porte de 12 à 14 articulations; spores arrondies, noires et papilleuses. Le nom spécifique exprime qu'elle est tomenteuse; elle a, en effet, ce caractère sur le rachis et ses partitions.

27. DIVERGENS, Sw., *Syn. filic.*, p. 73, *sub polypodio*, Willd., *Filic.*, p. 209. *Polypodium effusum*, Sw., *l. c.*, p. 41; Willd., *Filic.*, p. 208. *Phegopteris effusa et divergens*, F., *Gen. filic.*, p. 243. Brésil, Gardner, n° 120; Claussen, n° 113, 128 et 213; Blackenridge, n° 31. Rio-Janeiro, Glaziou, n° 387, 960 et 2392. — Cette espèce, très-divisée, est parfois gemmifère; le pétiole est glabre, mais les subdivisions du rachis, déprimées, portent un sillon, relativement assez large, occupé par un tomentum roussâtre. On le trouve dans les spécimens indiqués comme *effusa*, ainsi que dans ceux déterminés comme *divergens*. L'examen le plus attentif ne fait trouver entre ces fougères aucune différence qui permette même d'établir pour elles une simple sous-variété. Swartz et Willdenow ne les avaient, du reste, séparées qu'avec doute. (*Voy.* Schkh., *Crypt. Gew.*, p. 27. *Polyp. divergens*, t. 26 B, et *P. effusum*, *l. c.*, t. 26 c.)

28. MARGINANS, F.

> *Inermis; frondulis primariis oblongo-lanceolatis, inæqualibus, breve petiolatis, acuminatis, alternis, apice curvatis; rachi et racheolis infra squamosis et supra breve tomentosis; squamis angustis, rufis; frondulis secundariis lanceolatis, apice sterili undulato; segmentis glabris, obtusissimis, undulatis; sporotheciis distantibus, marginantibus, 3-5 per singulas series; sporangiis rotundis, longe pedicellatis; annulo obliquo, 18 articulato; sporis subtrigonis, nigrescentibus.*
>
> *Habitat in Brasilia fluminensi* (Glaziou, n° 1631).
> *Filix flexibilis, sporotheciis remotiusculis notata.*
> ICON.: *Tab. LXI, fig. 1.*

(Longueur des frondules primaires, 30-36 centim.; frondules secondaires, 8 centim. sur 2 de largeur.)

Cette espèce se fera facilement reconnaître à ses rachis écailleux et à ses segments frondulaires glabres, crénelés dans le voisinage du pétiole, qui est très-court, et surtout à ses sporothèces écartés les uns des autres et tout à fait rapprochés de la marge. Les deux lames sont concolores. Elle a le port de l'*Alsophila aspera*, mais elle est inerme et l'anneau des sporanges n'est point oblique.

Il existe, très-vraisemblablement, quelques autres *Phegopteris* brésiliens ; tels sont, par exemple, un *Ph. brevinervis*, F., récolté par Claussen, qui se rapproche du *Ph. molli-villosa*, étant bipinné, glabre, à pinnules secondaires sessiles et décurrentes ; enfin un *Ph. organensis*, F., Glaziou, Serra os Orgaos, n° 2821, pluripinné, glabre, à frondules de 3° ordre, terminées en queue ; espèce surtout remarquable par des segments crénelés dans la partie inférieure de la frondule et à marge entière vers le haut.

Ce genre, à ne consulter que l'absence de l'indusium, devrait se grossir des *Polystichum* phégoptéroïdes. Nous nous sommes décidé en faveur du *facies*, tellement semblable à celui des *Polystichum*, que nous leur avons donné place parmi les espèces de ce genre. M. Glaziou a constaté que l'indusium n'existait pas, et vainement l'a-t-il cherché sur les sporothèces en voie de formation, sur des frondes qu'il a bien voulu nous transmettre. (Janvier 1869.)

Nous avons fait remarquer, ailleurs, que plusieurs espèces de fougères, regardées comme des *Gymnogramme*, devaient rentrer dans les *Phegopteris*, dont elles ne diffèrent que par l'élongation plus ou moins considérable des sporothèces.

52. GONIOPTERIS, Presl., *Tentam. pterid.*, p. 181.

1. PROLIFERA, Klfss., *Enum.*, p. 107, *sub polypodio*, P. *viviparum*, Radd., *Fil. Bras.*, p. 22, t. 32. *Goniopteris fraxinifolia*, Presl., *Tent. pterid.*, p. 182. Minas-Geraes, Claussen, n°° 112 et 122 (H. F.). Rio-Janeiro, Glaziou, au Corcovado, n°° 409, 1643 et 1685 ; ce dernier spécimen est à l'état prolifère ; île Sainte-Catherine, H. Gauthier, à Desterro. — Sporanges de médiocre grosseur, glabres ; anneaux portant 16-18 articulations ; spores légèrement réniformes, assez grosses.

2. TETRAGONA, Presl., *l. c. Polypodium tetragonum*, Sw., *Syn. filic.*, p. 87. Var. *c : tetragonoides*, F., *Hist. foug. et lyc. des Antill.*, p. 63. Brésil, Mart., *Herb. Bras.*, n° 319 ; Luschnath, n° 19 (H. F.). — Sporanges glabres, 12-14 articulations à l'anneau ; poils trifides sur le rachis et ses divisions.

14*

† 3. MACROCLADIA, F.

Frondibus pinnato-pinnatifidis, rachi quadrangulari, flaccido, pilosulo; frondulis suboppositis, breve petiolatis, longissimis, flexuosissimis, linearibus, acuminatis; mesonevro subtus glabro, supra piloso, anguste canaliculato; segmentis numerosis, oblongis, obtusissimis, ciliatis; sporotheciis confluentibus, rotundis, areola basilari sæpe fructifera; sporangiis crassis, glabris, annulo 16-18 articulato; sporis crassissimis, centro depressis et tunc marginem crassum circumdantibus.

Habitat in insula Santa-Catharina *ad urbem* Desterro (Alburquerque).
Filix flexibilis; frondulis linearibus longissimis, flaccidis notata.

ICON.: *Tab. XXXIII, fig. 3.*

(Longueur des frondules, 33-35 centim. sur 2-5 centim. de largeur.)

Cette espèce sera facile à reconnaître à ses longues frondules, très-souples, terminées en pointe, à ses segments nombreux, plus de 40, très-faiblement arqués, à marge ciliée, aux deux tiers libres, laissant entre eux un sinus terminé en pointe à la base; les segments basilaires sont à peine plus petits que ceux du centre. Les nervilles sont très-rapprochées, 12 environ sur un segment de 12 millim.

† 4. PLATYPES, F.

Frondibus pinnatis, oblongis, glaberrimis; petiolo plano, virescente, rachi decrescente, apice frondium filiformi; frondulis lanceolatis, basi cuneiformibus, apice acuminatis, marginibus crenato-undulatis, crenis unidentatis, membranula inter se coalitis; mesonevro tenui, nervillis elongatis, tenuibus, duabus conniventibus; sporotheciis parvis, quadriseriatis, remotiusculis; sporangiis parvulis, glabris; annulo 12-14 articulato; sporis rotundis, nigris.

Habitat in Brasilia fluminensi (Glaziou, n° 2402).
Filix elongata, petiolo depresso; rachi undulato, tenui; rhizomate crasso, squamis linearibus, fulvis vestito.

ICON.: *Tab. XXXIII, fig. 4.*

(Longueur: 1 mètre et plus jusqu'au sommet de la frondule terminale, qui atteint 18 centim. sur 3 centim. de largeur, dimension très-peu supérieure à celle des frondules centrales; entre-nœuds, 3,5 à 4 centim.)

Cette espèce est la plus grande du genre; les frondules sont papyracées; le pétiole est aplati dans sa moitié inférieure et canaliculé vers sa moitié supérieure. Nous comptons 12 paires de frondules. Elle est fort distincte.

† 5. HASTATA, F.

> *Frondibus in ambitu lanceolatis, glabris, petiolo rachique tenuiculis, sulcatis*
> *flaccidisque; frondulis sessilibus, hastato-lanceolatis, acuminatis, alternis,*
> *infimis, suboppositis, acumine integro, areola unica basilari; sporotheciis*
> *rotundis, mesonevro approximatis, tabacinis, in quavis lacinia biserialibus*
> *8-10; sporangiis ovatis, annulo 20 articulato, sæpe pilis furcatis coronato;*
> *sporis satis magnis, ovoideis.*

> *Habitat in Bahia* (Blanchet, 1856).

> *Filix extensa, glabra, frondulis sessilibus, basi hastatis.*

> ICON. : *Tab. XXXIII, fig. 2, ad tertiam partem reducta.*

(Longueur : 65 centim., dont le pétiole fait la 6ᵉ partie; frondules, 8-9 centim. sur 1,6 centim.
de largeur; entre-nœuds, un peu moins de 4 centim.)

Cette fougère est glabre, élancée, flexible, à pétiole et rachis grêles; les sporanges
portent souvent sur l'anneau un poil bifurqué.

NB. On n'a, jusqu'à présent, trouvé au Brésil que ces cinq espèces de *Goniop-*
teris, tandis qu'il en existe dix-huit aux Antilles. Ce fait de géographie botanique
méritait d'être noté.

53. GONIOPHLEBIUM, Presl., *Tent. pterid.*, p. 186.

** Polylépidées* (POLYPODIASTRUM).

1. INCANUM, J. Sm., *Journ. bot. Loud.*, IV, 56. *Marginaria incana*, Presl., *Tent.*,
   p. 188. Martius, Sebastianopolis. Glaziou, Rio-Janeiro, nº 973. Sainte-Catherine, H. Gauthier. — Fougère très-répandue sous les tropiques et à l'équateur; ses frondules sont assez mobiles.

   β *minor. Marginaria minima*, Bory, *Crypt. Voy. de la Coquille*, p. 264,
   t. 31, f. 2.

2. MICROLEPIS, F., 6ᵉ *Mém.*, p. 8, t. 6, f. 2, *sub polypodio*. Brésil, à Sainte-Catherine, par H. Gauthier. — Nous avons décrit cette jolie espèce sur un spécimen dont la patrie était seulement indiquée comme américaine; aujourd'hui
   nous indiquons une localité précise.

3. CETERACCINUM, F. Ile Sainte-Catherine, H. Gauthier. — Cette forme du *G. inca-*
   num a des segments courts, ovoïdes, attachés au rachis par une large base;
   elles prennent, dans leur ensemble, l'aspect ondulé des frondes du *Ceterach*

officinarum. C'est là, sans doute, le *Polypodium ceteraccinum* de Michaux, *Fl. Amériq. boréale*, II, p. 271.

4. LEPIDOPTERIS, Th. Moor., *in Indice*, p. 392, *Syn. exclus. pro parte. Acrostichum lepidopteris*, Langsd. et Fisch., p. 5, t. 2. — Cette espèce, trouvée à l'île Sainte-Catherine, du Brésil, par Langsdorff et Fischer, nous a été envoyée, en 1866, de la même localité, par M. H. Gauthier, et de Rio-Janeiro, par M. Glaziou, sous le n° 1221. Elle ne saurait être confondue avec l'espèce suivante.

5. HIRSUTISSIMUM, F., *Marginaria*, Presl., *Tent. pterid.*, p. 189. *Polypodium hirsutissimum*, Radd., *Fil. Bras.*, p. 17, t. 26. Brésil, Radd.; Glaziou, Rio-Janeiro, n°⁵ 976 et 977; à Tijuca, près de Rio, n° 2069; à Sainte-Catherine, par H. Gauthier. — Espèce très-distincte.

Var. β *angustior*. Pectinée, très-raide et très-écailleuse.

NB. Les fougères qui constituent ce petit groupe ont une synonymie fort étendue et fort confuse. Elles sont écailleuses comme les *Pleopeltis*, avec le port des *Polypodium* à frondes pinnatifides; chez les plus étroites il est très-difficile de constater l'union des nervilles.

** *Oligolépidées ou glabres* (ERGONTOPHLEBIUM).

A. *Frondes pinnatifides.*

6. XIPHOPHORUM, Kze., *Herb.*; Metten., *Polyp.*, p. 73. Brésil, Pohl. — Espèce rampante, coriace, glabre, profondément pinnatipartite, segments atténués au sommet. (N. V.)

7. CATHARINÆ, J. Sm., *Bot. mag.*, 72. *Polypodium Catharinæ*, Fisch. et Langsd., *Icon.*, p. 9, t. 9. *Marginaria*, Presl., *Tent. pterid.*, p. 188. Brésil, Sainte-Catherine et Serra os Orgaos; par divers.

8. PECTINATUM, J. Sm., *Bot. Her.*, I, 230. Brésil, San-Gabriel, Spruce, n° 2324; Nouvelle-Grenade, Schlim., n° 636. (H. F.)

9. LATIPES, J. Sm., *l. c. Marginaria*, Presl., *Tent. pterid.*, p. 188. *Polypodium latipes*, Langsd. et Fisch., *Icon. filic.*, p. 10, t. 10. Willd., *Filic.*, p. 170. Brésil, Claussen; île Sainte-Catherine, Gaudichaud, n° 37 (*marginibus repando-subdentatis*); H. Gauthier; Glaziou, Rio-Janeiro, n°⁵ 397 et 1659, et à Copocabona, au bord de la mer, n° 2068.

10. LÆTUM, J. Sm., *Bot. Her.*, I, 231; *Marginaria*, Presl., *Tent. pterid.*, p. 188; *Polypodium lætum*, Radd., *Fil. Bras.*, p. 19, t. 28; Serra os Orgaos; Rio-Janeiro, Glaziou, n° 1726, spécimen mesurant 90 centim. dont le pétiole fait les 2 cinquièmes. Les sporothèces impressionnent la lame supérieure.

11. LORICEUM, J. Sm., F., *Gen. filic.*, p. 255; ejusd. *Hist. foug. et lycop. des Antill.*, p. 67, *Polypodium loriceum*, L., *Sp. pl.*, 1546; Metten., *Fil. Lips.*, p. 32, t. 23, f. 7-9 (*fragm.*); Lowe, *Ferns*, II, t. 30; Serra os Orgaos, Gardner, n° 124.

12. CHNOODES, Spreng., *Syst.*, IV, p. 53, *sub polypodio*; F., *Hist. foug. et lycop. des Antill.*, p. 67. Brésil. — Espèce à tort réunie par quelques auteurs au *G. dissimile*, dont les frondes sont pinnatifides.

† 13. PECTINANS, F.

Frondibus pinnatis, glaberrimis, coriaceis, rigidis, oblongis; petiolo longo, lævi, luteolo; frondulis linearibus, oppositis, apice alternis, obtusiusculis, opacis, adnatis; sporothecüs biserialibus, in medio laminarum evolutis; nervilla basilari extra-axillari, fertili; sporangiis rotundis; annulo 12 articulato; sporis subreniformibus.

Habitat in Brasilia (Claussen, Herb. F.).

Filix pectinata; frondulis obtusiusculis, approximatis.

ICON. : *Tab. XXXIV, fig. 1.*

Dimensions : longueur, 12 centim. sur 10 d'envergure; le pétiole fait les 2 tiers de la longueur totale. Les frondules n'ont que 4-5 millim. de largeur.

Cette espèce se distingue à ses frondules exactement opposées dans presque toute l'étendue de la fronde; elles sont élargies à la base, au nombre de plus de trente paires, doublement auriculées, formant des sinus de 2 à 3 millimètres d'ouverture; le rhizome est courbé et écailleux; les écailles, qui sont lancéolées et acuminées, lui donnent un aspect crépu. Les frondes sont assez rapprochées et articulées, ainsi qu'en témoignent les débris des pétioles qui persistent. Nous lui donnons le nom de *pectinans* pour indiquer ses rapports avec le *G. pectinatum*, dont notre espèce est, du reste, très-distincte.

Dans le *G. pectinatum*, J. Sm., *Bot. Herit.*, I, 230, les écailles du rhizome sont cancellaires; nous comptons seulement 14 rangées de sporothèces sur chaque segment, tandis que, dans notre espèce, il en existe au delà de 20. Dans le *G. arcuatum*, F., les segments sont arqués et les inférieurs réfléchis. Au reste, ces trois espèces appartiennent à un même type.

† 14. GRAMMATOIDES, F.

> *Frondulis oblongis, glaberrimis, rigidis, coriaceis; petiolo et rachi helveolis,
> lævibus, nec canaliculatis, nec striatis; frondulis anguste lanceolatis, acutis,
> inferne leviter contractis, adnatis, approximatis, assurgentibus; margini-
> bus anguste cartilagineis; nervatione pellucida, nervillis liberis apice incras-
> satis; areolis nervillam rectam fructiferam ferentibus; sporotheciis crassis,
> oblongis, approximatis, receptaculo ovoideo, terminali, pellucido; sporan-
> giis ovoideis, annulo crasso, 14 articulato; sporis lævibus, semi-ovoideis.*

> *Habitat in Rio-Janeiro* (Glaziou, n° 1222).

> *Filix elegans; sporotheciis oblongis, approximatis, sed semper distinctis; rhi-
> zomate crasso, longo repente, squamis fulvis, oblongis, cancellatis obsito.*

> ICON. : *Tab. XXXIV, fig. 2.*

(Longueur : 65 centim. avec le pétiole, qui mesure 25 centim.; les frondules inférieures, qui
sont les plus grandes, s'élèvent à 12 centim. sur 10-12 millim. de largeur; le rhizome est de la
grosseur du petit doigt; les frondes qui s'y attachent sont écartées les unes des autres.)

Cette espèce élégante a une teinte jaune après dessiccation; les frondules inférieures sont arquées et légèrement obtuses. Elle diffère de toutes ses congénères
par la nervation et par la situation des sporothèces, qui naissent au sommet d'une
nerville droite renflée en un réceptacle globuleux, pellucide. Les sporothèces, en
outre, sont manifestement ovoïdes, et la nerville libre basilaire toujours stérile.

B. Frondes pinnées.

15. MENISCIFOLIUM, Langsd. et Fisch., *Icon. filic.*, p. 11, t. 12, *sub polypodio;
Goniophlebium*, F., *Gen. filic.*, p. 155; *Marginaria*, Presl., *Tent. pterid.*, p. 189,
t. 7, fig. 31 et 32 (*fragm.*); Langsd. et Fisch. à Sainte-Catherine; Rio-Janeiro, Pohl (*Herb. Vindob.* et H. F.); Luschnath à Bahia, et Glaziou, n° 2404.
— Grande espèce assez rare, prenant une teinte olivâtre par la dessiccation;
elle exhale une très-agréable odeur de violette qui persiste dans les herbiers;
les frondes sont membraneuses, minces et assez souples.

16. NERIIFOLIUM, Schkh., *Crypt. Gew.*, p. 14, t. 15, *sub polypodio; Marginaria*,
Presl., *Goniophlebium*; J. Sm. *in* Hook., *Journ. bot.*, IV, 67; F., *Gen. filic.*,
p. 255, t. 24 B, f. 2; Bahia, Salzmann, n° 753 (1830); Mart., *Herb. Bras.*,
n° 306; Moricand à la Jacobine, n°s 1792 et 3372 (H. F.); Gardner, n°s 26
et 1249; San-Gabriel, Spruce, n° 2269; Glaziou, Rio-Janeiro, n°s 397, 408,

1641, 1656 et 2403; au bord de la mer à Gavia, n°ˢ 1655 et 2405, et à Copocabana, n° 2067. — Cette espèce est très-répandue au Brésil, et il se pourrait que parmi les numéros cités de M. Glaziou il y eût des formes spécifiques. Les frondules sont très-fermes, cartilagineuses, redressées ou étalées, toujours plus étroites que dans l'espèce précédente, les sporothèces tachent en noir les lames inférieures à leur point d'évolution. Les spécimens n°ˢ 1792 et 3372 de la collection Moricand ont de larges frondules très-voisines par le faciès de la planche donnée par Langsdorff et Fischer pour le *G. meniscifolium*. Le nom spécifique attribué à cette fougère rend compte d'une analogie de forme qui n'est pas réelle :

* *Frondulæ erectæ*, EUNEURIFOLIUM : Martius, *Herb. Bras.*, n° 306; Rio, Glaziou, n°ˢ 397, 408, 1641, 1656.

** *Frondulæ patulæ* : Moricand à la Jacobine, n°ˢ 1792 et 3372; Glaziou, n°ˢ 2067 et 2405.

17. FRAXINIFOLIUM, Jacq., *Coll.*, vol. III, *Icon. pl. rar.*, 639, *sub polypodio*; *Polypodium distans*, Radd., *Fil. Bras.*, p. 21, t. 31; *P. triseriale*, Sw. *in* Schrad. *Journ.*, 1800, II, p. 26; *P. deflexum*, Lowe, *Ferns*, I, t. 45; *Goniopteris*, Pr., *Tent. pterid.*, p. 182; *Goniophlebium*, J. Sm., *Cat. Ferns*, 3; Regnell, I, 473; Glaziou, n°ˢ 1729 et 2411. — Sporothèces fort gros, distants, quadrisériaux; déprimant légèrement la lame; sporanges portées sur un long pédicelle grêle; anneau étroit; spores étroites, recourbées sur elles-mêmes d'une manière souvent extraordinaire. Le rhizome, assez délié, est rampant.

18. DISSIMILE, Linn., *Sp. pl.*, 1549, *sub polypodio*; Schkh., *Crypt. Gew.*, p. 14, t. 14. Brésil, Guillemin, n° 99; Para, Spruce, n°ˢ 12' et 736. — Espèce très-différente du *G. elenoides*, Spr., dont les frondes sont pinnées.

19. ALBO-PUNCTATUM, J. Sm., *Bot. mag.*, 1846, comp. 12; *Polypodium*, Radd., *Fil. Bras.*, p. 21, t. 30. — Serra os Orgaos. M. Hooker, *Spec. filic.*, IV, p. 27, le réunit au *G. meniscifolium*, à l'exemple de M. Mettenius; nous ne saurions adopter cette opinion.

20. HIRSUTULUM, Th. Moor., *in Ind.*, p. 390; *Polypodium*, Radd., *Fil. Bras.*, p. 21, t. 29, f. 2. — Plante mal connue.

21. RHIZOCAULON, Presl., *Tent. pterid.*, p. 186; *Polypodium Richardii*, Klotz., *Linnæa*, XX, p. 394; *P. rhizocaulon*, Willd., *Fil.*, p. 196. — Serra os Orgaos, Gardner, n° 130. (N. V.)

22. ELATIUS, Th. Moor., *Ind.*, p. 389; *Polypodium elatius*, Schrad., *Gott. gel. Anz.*, 1824, 868, Brésil. (N. V.)

23. ARTICULATUM, Presl., *Tent. pterid.*, p. 186, t. 7, f. 13; *Polypodium articulatum*, Desv., *Prodr.*, p. 236; San-Gabriel, Spruce, n° 2000, et la var. β *angustifolium*, Desv., *l. c.*, indiquée au Brésil. — La nervation de cette espèce et celle de l'espèce suivante reproduisent tout à fait la nervation des *menis-cium*; les sporothèces sont posés sur le sommet de l'angle que forme l'aréole prolifère; ces nervilles sont étagées et au nombre de 5-7.

† 24. GAUTHIERI, F.

Frondibus lanceolatis, glabris, rachi villoso, petiolo compresso; frondulis lineari-lanceolatis, sessilibus, approximatis; superne adnatis, basi rotundatis, apice acutiusculis; inferne punctis minutissimis, albis conspersis; superne crustulis niveis, punctiformibus carbonati calcis, ad apicem nervillarum sitis; nervillis scalpturatis, crassiusculis; sporotheciis biserialibus, partem medianam frondularum occupantibus; sporangiis rotundatis, annulo crasso, 12-14 articulato; sporis ovoideis, ad superficiem reticulatis.

Habitat in Brasilia fluminensi (Glaziou, n° 2406, *major*); *in insula Santa-Catharina Brasiliensium* (H. Gauthier, *minor*).

Filix rigida, crustulis carbonati calcis ad laminam superiorem frondium notata; siccitate nigrescit.

Icon.: *Tab. XXXIV, fig. 3.*

(45-50 centim. de longueur totale avec des pinnules de 11-13 centim. sur 2 de largeur; nous comptons au delà de 20 paires de frondules très-rapprochées.)

Cette espèce a ses nervures en relief, et toutes celles qui s'élèvent au-dessus des mailles déposent, du côté supérieur de la lame, une petite plaque ovoïde de carbonate de chaux, dont la présence est tellement constante qu'il serait possible de savoir, en les comptant, quel est au juste le nombre des mailles. Le côté inférieur est tiqueté de points blancs extrêmement nombreux et rapprochés. Les frondules sont opaques et assez raides.

Le nom de M. H. Gauthier, consul de l'Uruguay, à Desterro, qui se reproduit si fréquemment dans cet ouvrage, méritait, par gratitude, de figurer au nombre des espèces.

54. CAMPYLONEVRON, Presl., *Tentam. pterid.*, p. 189.

** Frondes simples.*

A. *Nervation réduite à une seule courbe.*

1. ANGUSTIFOLIUM, F., *Gen. filic.*, p. 257; *Polypodium angustifolium*, Sw., *Prodr.*, p. 130, et *Syn. filic.*, p. 27; Brésil, Martius, *Herb. Bras.*, n° 309; Gardner, Serra os Orgaos, n° 136 (*partim*); Regnell, II, 317 ¹/₂; Glaziou, Rio-Janeiro, n° 959. — Sporothèces naissant à l'extrémité d'une nerville qui se détache de la côte médiane.

> β *tenerum*, Glaziou, Serra os Orgaos, n° 1733; *Polyp. angustifolium*, Radd., *Fil. Bras.*, p. 14, t. 24, f. 2. — Très-souple, translucide, non convolutée par dessiccation et longuement acuminée.

B. *Nervation à deux courbes, emettant une droite fructifère.*

2. TÆNIOSUM, F., *l. c.*, *Polypodium tæniosum*, Willd., *Filic.*, p. 155; Metten., *Polypod.*, p. 82, et *Filic. Lips.*, p. 34, t. 24, f. 6 a et b (*synonym. plures rejiciendæ*); *non* Radd., *Fil. Bras.*, p. 14, t. 24, f. 2; Sainte-Catherine, Mᵐᵉ Fanny Gauthier. — Frondes translucides, longues, acuminées, ridées, mais non convolutées par la dessiccation; sporothèces fort gros. Le n° 1731 de M. Glaziou semble rentrer dans cette espèce, mais nous comptons trois courbes, et les frondes sont sessiles.

† 3. LEUCONEVRON, F.

> *Frondibus linearibus, glaberrimis, lucidulis, in petiolo desinentibus; apice longe attenuatis, margine repandis; rhizomate repente; nervillis sculpturatis mesonevroque albidis; venulis secundariis arcus duos formantibus, nervilla basilari axillari rigida; sporotheciis magnis, rufescentibus; sporangiis crassis, annulo spisso, leviter obliquo, 10-12 articulato; sporis lutescentibus, lævissimis, aspectu seminam phaseoli referentibus.*
>
> *Habitat in Brasilia fluminensi (Glaziou, n° 1001).*
>
> *Filix rigida, sessilis, linearis, rigida; margine incrassato, nervatione albicante.*
>
> ICON.: *Tab. XXXV, fig. 1.*

(Longueur des frondes, 40-45 centim., sur un peu moins de 2 centim. de largeur; elles sont fasciculées sur un rhizome de la grosseur d'une plume d'oie.)

Cette espèce est des plus distinctes; elle a le faciès du *C. tæniosum*, mais elle en diffère absolument par la nervation. Dans notre plante il se détache du mésonèvre des nervilles, qui s'ouvrent presque à angle droit, de sorte que cette nervation est pinnée, tandis que dans le *C. tæniosum* toutes les nervilles forment des courbes anastomosées. Les sporothèces sont fort gros et rougeâtres, avec des sporanges distendues par la présence de spores nombreuses, légèrement réniformes, jaunâtres, ayant, sous le microscope, la forme de petits haricots. Le mésonèvre et les nervilles primaires sont blanchâtres.

4. LUCIDUM, Th. Moor., *Ind.*, p. 225; *Polypodium lucidum*, Beyrich, *Herb.*; *P. tæniosum*, Metten., *Polypod.*, p. 82, var. γ; Glaziou, Rio-Janeiro, n° 1731, stérile, et 2073, fertile. — Plante raide, brusquement pointue; frondes courtement pétiolées, luisantes, opaques et comme vernissées sur les deux faces; rhizome rampant, radicelles tomenteuses. — Elle est voisine du *C. tæniosum*, F. Les sporothèces sont assez petits.

C. Nervation à trois ou quatre courbes.

5. FASCIALE, Presl., *l. c.*, p. 190; *C. minus*, F., *Gen. filic.*, p. 258, et 7ᵉ *Mém.*, p. 64 et 129, t. 24, f. 3; *Polypodium lapathifolium*, Raddi, *Filic. Bras.*, p. 45, t. 24, f. 3; au Corcovado, Raddi. Rio-Janeiro, n° 402, 2449 et 2457 (frondes obtuses); île Sainte-Catherine, H. Gauthier. — La figure donnée par Raddi reproduit une plante à fronde lancéolée, renflée au centre; notre planche (*C. minus*) se rapporte à une fronde presque linéaire; les spécimens provenant de MM. Glaziou et H. Gauthier ont tous cette forme.

† 6. FALLAX, F.

Frondulis lanceolatis, acutis, basi cuneatis, petiolo longo, depresso, bi-tricanaliculato mesonervoque helveolis; nervillis lateralibus, vix oculo nudo perspicuis; nervillis secundariis arcus quatuor constituentibus, apice paululum angulatis, nervillas rectas tres, intermediam fructiferam ferentibus; sporotheciis crassis, in duabus seriebus dispositis, una adscendente cum quatuor sporotheciis, altera descendente cum sex aut raro septem aut octo; sporangiis crassis, ovatis, annulo 24-28 articulato; sporis crassissimis, subreniformibus, lutescentibus.

Habitat in Brasilia fluminensi (Serra os Orgaos, Glaziou, n° 2819).
Filix lævissima, opaca, glaberrima; rhizomate repente, squamoso; squamis ovatis, obtusissimis.

Icon.: *Tab. XXXV, fig. 2.*

(Longueur : 40-50 centim. sur 3 environ de largeur; le pétiole fait le tiers ou le quart de la longueur totale.)

Cette espèce, qui prend, étant desséchée, un aspect jaunâtre, se distingue très-facilement de ses congénères par l'aspect que présentent ses rangées de sporothèces, lesquelles, au lieu de former pour l'œil des séries montantes, en forment, au contraire, qui semblent descendre du mésonèvre vers la marge.

D. Nervation à quatre ou cinq courbes.

7. REPENS, Presl., *l. c.*, p. 190; *Polypodium repens*, Sw., *Syn. filic.*, p. 29; Metten., *Fil. H. Lips.*, p. 34, t. 24, f. 1 et 2 (*synonym. exclus.*); Brésil, Sainte-Catherine, Gaudichaud, n° 24? Regnell, I, 471. — Courbes très-prononcées, surmontées de deux droites assez longues; nervilles noirâtres en saillie. Il n'y a aucun rapport entre cette plante, très-bien figurée par Mettenius, et nos *C. Xalapense* et *Moritzianum, Gen. filic.*, p. 258, à courbes plus nombreuses et très-différentes.

8. DECUMANUM, F., *Gen. filic.*, p. 265; *Polypodium decumanum*, Willd., *Filic.*, p. 170; *Pleopeltis*, Presl., *Tent. pt.*, p. 187, t. 7, f. 30. — Brésil, Hoffmannsegg; Gardner, n° 1221; Para, Spruce, n° 912.

E. Nervation à cinq ou six courbes.

9. PHYLLITIDIS, Presl., *l. c.*, t. 7, f. 18-20; *C. repens*, Lk., *Sp. filic.*, p. 124, *non* Mettenius; *Polypodium Phyllitidis*, L., *Sp. pl.*, 1543; Sw., *Syn. filic.*, p. 28; Plumier, *Filic.*, t. 130 (exagérée dans ses dimensions); Brésil, Gardner, n° 138; Rio-Janeiro par Glaziou, n° 1730; Sainte-Catherine, Pabst, n° 221; H. Gauthier, Serra os Orgaos; Gardner, n° 136, *in parte*. — Les frondes sont élancées, acuminées, lancéolées et très-raides.

† 10. ACROCARPON, F.

Frondibus lanceolatis, acuminatis, margine repandis, basi cuneatis, decurrentibus; petiolo depresso, alato, mesonevro supra planiusculo; nervillis primariis lateralibus, apertis; nervillis secundariis arcus quatuor aut quinque formantibus, apice leviter angulatis, nervillas tres, intermediam tantum fructiferam ferentibus; sporotheciis apicilaribus tabacinis, approximatis et sæpe confluentibus; sporangiis ovoideis, annulo lato, 12-14 articulato; sporis crassis, oblongo-subreniformibus, aureis, lævissimis.

Habitat in Brasilia fluminensi (Serra os Orgaos, Glaziou, n° 2801).
Filix repens, apice tantum fructifera, sporotheciis conniventibus.

ICON. : *Tab. XXXV, fig. 3.*

(Longueur : 30 centim. sur 2 environ de largeur; le pétiole fait les 2 cinquièmes de la longueur totale.)

Cette espèce est jaunâtre étant desséchée; elle a des rapports avec le *C. leuconeuron*, mais ici chaque moitié de la lame porte de 4 à 5 courbes, tandis que l'espèce à laquelle nous la comparons n'en a que deux à trois; la diagnose montre aussi des différences dans les sporanges et les spores; la situation des sporothèces et la décurrence des lames qui bordent le pétiole sont caractéristiques.

F. Nervation à sept ou huit courbes.

11. CRISPUM, F., *Gen. filic.*, p. 258; Luschnath, Bahia, *ad arbores*, n° 21. — Espèce mal à propos réunie au *C. nitidum*, Th. Moor., *Ind.*, p. 226.

G. Nervation à neuf ou dix courbes.

12. NITIDUM, Presl., *Tent. pterid.*, l. c., p. 90, *Polypodium nitidum*, Kze., *in Martio, Herb. Bras.*, n° 303, *non* Klfss., *Enum.*, p. 92; Brésil, Goyaz, Pohl. — La plante de Pohl est peut-être distincte comme espèce; le rhizome est rampant et délié; les frondes sont papyracées; le pétiole est court et ailé, et nous comptons seulement huit courbes.

13. LATUM, Th. Moor., *Ind.*, p. 225; *C. nitidum*, J. Sm., *Catal. ferns*, 13; *Polypodium nitidum*, Kl., *Linn.*, XX, p. 398; Brésil, Gardner, n° 5291.

** *Frondes pinnées.*

A. Nervation à cinq ou six courbes.

14. DECURRENS, Presl., *Tent. pterid.*, p. 190; *Polypodium decurrens*, Radd., *Fil. Bras.*, p. 23, t. 33; Lowe, *Ferns*, II, t. 4. Brésil, Douglas, n° 7; Gardner, n° 5292 et 5665; Serra os Orgaos, par le même, n° 104; au Corcovado, Glaziou, n° 970, 1684 et 1748. — Cette plante varie beaucoup par sa consistance plus ou moins souple, par sa pointe plus ou moins longuement acuminée, par son rachis plus ou moins gros. Il serait possible que ces variations, qui s'étendent au nombre des courbes, qui pourtant n'excèdent guère 6, fussent des espèces, ce qu'on peut décider seulement dans le pays où elles croissent. Nous pouvons du moins indiquer les formes suivantes comme des variétés :

β *tenerum*. Frondes très-souples, très-longuement acuminées, tantôt pin-
néés et tantôt simples ; marge ondulée, crénelée ; pétiole évidemment
décurrent ; 4 courbes et plus rarement 5 ; rhizome rampant et délié.
Rio-Janeiro, Glaziou, n° 403. Serait-ce un état jeune du type ?

γ. Frondes à marge irrégulièrement crénelée. Glaziou, Rio-Janeiro,
n° 2388.

δ *latifolium*. Frondes sessiles, oblongues, lancéolées, acuminées, pointe
longue, ondulée, ainsi que la marge qui est blanche, étroite et cartilagineuse ; le pétiole, extrêmement court, n'est pas décurrent. Dans le
type, la largeur des frondules n'excède guère 3 centim. ; elle atteint,
dans cette variété, jusqu'à 5. Rio-Janeiro, Glaziou, n° 404, 970 et
1749.

B. Nervation à huit courbes.

† 15. JUGLANDIFOLIUM, F.

*Frondibus pinnatis, rachi sulcato, mesoneuris robustis, rubescentibus ; frondulis
oblongo-lanceolatis, petiolo brevi suffultis, apice obtusiusculis, basi acutis,
margine undulatis ; nervillis primariis pinnatis, albidulis ; nervillis secundariis octo arcus efformantibus, duas vel tres nervillas rectas ferentibus ;
nervilla basilari axillari ; sporotheciis satis parvis ; sporangiis rotundo-
ovalibus ; annulo lato, 12 articulato ; sporis reniformibus.*

Habitat in Rio-Janeiro Brasiliensium (Glaziou, n° 1750).

ICON. : *Tab. XLV, fig. 1.*

(Frondules ; 30-35 centim. de longueur sur 5 de largeur.)

Nous ne possédons que la partie inférieure de cette plante, qui doit être fort
grande ; les frondules, presque opposées, ne sont nullement décurrentes ; elle est
robuste. Les sporothéces sont au nombre de 2 ou de 3, suivant le nombre de
droites qui se dressent sur les courbes ; nous en comptons 8 ; les nervilles ont une
couleur noire très-prononcée.

NB. La synonymie de ce genre est inextricable, faute d'un caractère tranché,
capable de séparer nettement les espèces. Nous croyons l'avoir trouvé en adoptant
le nombre de courbes ou de mailles qui composent la nervation de chaque côté
de la lame, à partir du mésonèvre. Ce caractère est constant et facile à constater.
Mais pour mettre de l'ordre dans ce chaos, il faut faire abstraction des synonymies,
les réduire considérablement et se rallier uniquement, pour les décrire, aux espèces
distribuées par les botanistes collecteurs.

55. CRASPEDARIA, Lk., *Spec. filic.*, p. 117, *reductum.*

1. PILOSELLOIDES, F., *Gen. fil.*, p. 264. J. Sm. *Marginaria*, Presl., *Niphobolus*, Spr., *Polypodium piloselloides*, L., *Sp. pl.*, p. 1542; Lowe, *Ferns*, I, t. 32. Brésil, Sainte-Catherine, Alburquerque.

2. AURISETA, F., *i. e. Polypodium aurisetum*, Radd., p. 12, t. 23, f. 1, *Marginaria*, Presl., *Tent.*, p. 186. Brésil, Em. Picard; Glaziou, Rio-Janeiro, n⁰ˢ 945 et 2418 (frondes un peu modifiées). Sainte-Catherine du Brésil, Alburquerque. — Les frondes sont ovoïdes, plus ou moins acuminées, quelquefois cordiformes à la base.

3. GESTASIANA, F., *6e Mém.*, p. 15, t. 4, f. 2. Brésil, de Gestas. — Charmante espèce la plus délicate et en même temps la plus écailleuse du genre.

4. CILIATA, Lk., *Fil. sp.*, 117; *Polypodium ciliatum*, Willd., *Filic.*, 144. Nord du Brésil, San-Gabriel, Spruce, n⁰ 2227; Para, Spruce, n⁰ 17. — Cette plante n'a point été figurée. (N. V.)

5. VACCINIFOLIA, Lk., *Sp. filic.*, p. 117. *Polypodium vaccinifolium*, Fisch. et Langsd., *Icon.*, p. 8, t. 7; Radd., *Fil. Bras.*, p. 13, t. 23, f. 2. Brésil, Martius, *Herb.*, n⁰ 308; Blanchet. (H. F.)

    Var. β *elongata*, Glaziou, Rio-Janeiro, n⁰ 1221.

† 6. CORDIFOLIA, F.

Frondibus sterilibus rotundo-ovoideis, cordatis, breve petiolatis, glabris, membranaceis, siccitate rufescentibus, areolis circum marginem tantum evolventibus; fertilibus linearibus, obtusis, in petiolo desinentibus, siccitate nigrescentibus; sporotheciis crassiusculis, centralibus, totam laminam occupantibus; sporangiis crassis, ovoideis; annulo crassissimo, articulis 16-18, spissis; sporis ellipticis seu raro leviter reniformibus.

Filix caulibus undulatis, parce ramosis, squamosis; squamis patulis, rufis, angustissimis.

    Habitat in Brasilia, insula Santa-Catharina (H. Gauthier).

Filix frondulis remotis, sterilibus cordatis, fertilibus linearibus, obtusiusculis.

ICON.: *Tab. XXXVI, fig. 1.*

(Frondes stériles, 17-18 millim. de diamètre; les fertiles, 4 centim. sur 4 millim. de largeur; les tiges ont la grosseur d'une petite ficelle.)

Nous avons peu de chose à ajouter à la description que nous donnons ici. Les
frondes stériles et les frondes fertiles se sont développées sur des tiges différentes
dans notre spécimen, circonstance peut-être accidentelle. Les stériles sont presque
aussi longues que larges ; elles ressemblent parfaitement aux feuilles de la nummulaire, et la plante mériterait de porter ce nom spécifique, si déjà il n'avait été
donné à une espèce des Philippines.

† 7. CRISPATA, F.

> *Frondibus sterilibus lanceolatis, obtusiusculis, in petiolo brevi desinentibus,*
> *glaberrimis, opacis, aliquando basi rotundatis; areolis basilaribus magnis,*
> *fertilibus linearibus, acutis, margine undulatis, in petiolo longissimo desi-*
> *nentibus; sporotheciis centralibus, remotis, laminam totam occupantibus,*
> *rufis; sporangiis crassissimis; annulo latissimo, 14-16 articulato, articu-*
> *lis spissis; sporis magnis, lutescentibus, reniformibus, reticulatis.*
> *Filix caulibus rigidiusculis, ramis brevibus, squamosis, rufescentibus, squamis*
> *linearibus, crispatis, longe acuminatis.*
>> *Habitat in Brasilia* (Tijuca, Glaziou, n° 2072).
> *Filix surculo crasso, squamis crispatis, rufis onusto.*
>> ICON. : *Tab. XXXVI, fig. 2.*

Frondes stériles, 6-8 centim. sur 2 de largeur ; fertiles, 10-12 centim. Les tiges dénudées
sont fort minces et irrégulièrement aplaties.)

Dans cette espèce, les frondes fertiles sont remarquables par leur longueur ;
elles portent jusqu'à 20 paires de sporothèces assez distants, qui impressionnent
la lame supérieure. Les spores réticulées, à la surface, d'un beau jaune d'or, sont
magnifiques d'aspect. Les écailles, très-abondantes, feraient croire à une grosseur
des tiges qui est fictive. C'est, avec l'espèce suivante, une des plus grandes du genre.

† 8. GRANDIS, F.

> *Frondibus sterilibus lanceolatis, acutis, longe petiolatis, cartilagineis, glaber-*
> *rimis; nervillis basilaribus, elongatis, nervillas rectas includentibus; areolis*
> *parvulis, circa marginem numerosis, fere pentagonoideis; fertilibus linea-*
> *ribus, longe petiolatis, obtusis, rigidis; sporotheciis 16-20, crassis, appro-*
> *ximatis, rufis, in fovea nascentibus, ad laminam superiorem gibbositate*
> *indicata; sporangiis pyriformibus; annulo 12-14 articulato; sporis ut supra.*
> *Filix caulibus ad cortices falcris affixis; squamis arcte imbricatis, ovoideis,*
> *margine laceris.*

Habitat in Brasilia fluminensi (Glaziou, n° 989).

Filix robusta, surculo crasso, frondulis cartilagineis, glaberrimis, opacis.

Icon. : *Tab. XXXVII, fig. 2.*

(Frondes stériles, 11-13 centim. sur 2 de largeur; fertiles, 9-10 centim. sur 7-9 millim. de largeur. Les tiges sont ondulées, raides, de la grosseur d'une plume de pigeon; elles s'attachent aux arbres par des crampons et émettent de courts rameaux très-écailleux.)

La nervation est fort belle et en relief. Les jeunes frondes stériles portent quelques écailles et des poils strigilleux. Les sporothèces sont logés dans une dépression de la lame, qui détermine, en dessous, une gibbosité; les sporanges sont attachées sur un réceptacle arrondi, noirâtre; elle grimpe sur les écorces et doit atteindre 1 à 2 mètres.

56. CHRYSOPTERIS, Lk., *Spec. filic.*, p. 120.

1. AUREA, Lk., *Spec. filic.*, p. 121. *Polypodium aureum*, L. Willd. *et auct. Pleopeltis aurea*, Presl., *Tent. pterid.*, p. 193. Plum., *Filic.*, p. 59, t. 76. Glaziou, Rio-Janeiro, n° 1727. — Forme à segments plus étroits que dans le type.

2. AREOLATA, Lk., *l. c. Ch. sporodocarpa*, Lk., *l. c.*, p. 121. *Pleopeltis*, Presl., Brésil. — Fronde profondément pinnatifide, glauque, à segments obtusiuscules; sporothèces unisériaux.

3. MARTINICENSIS, F., *8ᵉ Mém.*, p. 130; *Hist. foug. et lycop. des Antilles*, p. 71. Glaziou, Rio-Janeiro, n° 1728.

4. PULVINATA, Lk., *l. c. Polypodium pulvinatum*, ejusd. *Hort. Berol.*, 2, p. 99. Brésil (*teste* Link.). Frondes glaucescentes, à segments lancéolés, terminés en une longue pointe, à marge dentée; sporothèces unisériaux.

5. RADDIANA, F., *Polypodium glaucum*, Radd., *Filic. Bras.*, p. 20, t. 29, f. 1. Sierra d'Estrella, Raddi. — Il ne nous semble pas possible de rapporter à cette espèce, qui est très-velue, le *Goniophlebium Catharinae*, qui est tout à fait glabre. Elle a le port du *Polyp. vulgare*, L.; les deux segments inférieurs sont réfléchis.

57. DRYNARIA, Bory, *Diction. classiq.*, art. *Polypodium.*

* Frondes simples.

1. PERCUSSA, F., *Gen. fil.*, p. 270. *Polypodium percussum*, Cavan.; Langsd. et Fisch., *Icon.*, p. 8, t. 6. *Pleopeltis*, Hook. et Gr., *Icon.*, n° 67; Mart., *Herb.*

Bras., n° 304. Ile Sainte-Catherine, H. Gauthier. Rio-Janeiro, Glaziou, n° 2387, *normalis*, et n° 400, *angustior*.

2. MORICANDII, Metten., *Polyp.*, p. 87, t. 4, f. 47 et 48 (fragm.). Bahia, Moricand (N. V.) — Rampante, couverte d'écailles étroites et subulées; port du *D. lepidota*.

3. SCHOMBURGKIANUM, Kze., *Suites à Schkh.*, 4, p. 88, t. 42. San-Gabriel de Cachoeira, Rio-Nigro, Spruce, n° 2329. — Splendide espèce à frondes naissant espacées sur un très-gros rhizome couvert d'écailles lancéolées, à marge blanche. La fronde est coriace, largement lancéolée et terminée en un long acumen linéaire; les sporothèces sont irrégulièrement arrondis, portés sur un réceptacle étroit, noirâtre. Une variété à fronde étroite a des sporothèces parfaitement ronds et semi-globuleux.

4. LEPIDOTA, Schlecht., *Adumb.*, p. 17, t. 8, *sub polypodio*; *Pleopeltis*, Presl., *Tentam. pterid.*, p. 193; *Drynaria*, F., *Polypodium macrocarpon*, Willd., *Filic.*, p. 147. Rio-Janeiro, Glaziou, n°s 1735 et 2386. — Belle espèce à frondes lancéolées, épaisses, acuminées. Les sporothèces occupent le sommet de la lame ; ils sont fort gros et se développent entre le mésonèvre et la lame. Le réceptacle est ovoïde. Longueur des grandes frondes, 25-28 centim. sur 1,5 à 2,5 de largeur. Elle se trouve au Mexique et à Bourbon.

5. ELONGATA, F., *Gen. filic.*, p. 270. *Grammitis elongata*, Sw., *Syn. filic.*, p. 22. *Grammitis lanceolata*, Schkh., *Crypt. Gew.*, p. 9, t. 7. Glaziou, Rio-Janeiro, n°s 1170 et 1734. — Cette espèce est aux *Drynaria*, quant à l'élongation des sporothèces, ce que les *Grammitis* sont aux *Polypodium*. Le réceptacle est linéaire, caractère facile à reconnaître et qui la distingue nettement de l'espèce précédente.

6. ITEOPHYLLA, F., *Gen. filic.*, p. 270. *Polypodium stigmaticum*, Kze. *P. geminatum*, Schrad., *Gött. g. Anz.*, 1824, 867. Mart., *Herb. Bras.*, n° 302; Moricand. Glaziou, Rio-Janeiro, à Copacabana, n° 2071.

7. PERSICARIÆFOLIA, F., *l. c. Polypodium persicariæfolium*, Schrad., *l. c.* Metten., *Fil. Lips.*, p. 36, t. 25, f. 20; Mart., *Herb. Bras.*, n° 384. Bahia, Blanchet; Spruce, près le fleuve Orénoque, n° 3218. — Sporothèces allongés, portés sur un réceptacle linéaire, comme dans le *D. elongata*, et donnant lieu à la même remarque.

8. ACUMINATA, F.

Frondibus glabris, oblongis, ad apicem longissime acuminatis; fertilibus et sterilibus similibus, basi cuneatis; surculo filiformi, setoso, paleaceo, repente; squamis arcte imbricatis; sporotheciis intermediis, rotundis, crassis, receptaculo punctiformi; sporangiis rotundis; annulo 16-18 articulato; sporis ellipticis, crassis, lævibus, leviter lutescentibus.

Habitat in viciniis Barra, *prov.* Rio-Negro (Spruce, sans numéro; 1850-1854).

Filix repens, frondulis remotis, subpapyraceis, areolis irregularibus.

Icon.: *Tab. XXXVII, fig. 3.*

(Longueur : 16 centim. sur 2-2,5 centim. La pointe mesure 3 centim.)

Cette plante sera facile à reconnaître à la longue pointe qui termine les frondes; elle a le port des *D. persicariæfolia* et *lycopodioides.*

** Frondes pinnatifides.

9. RADDIANA, F., *Gen. filic.*, p. 270. *Polypodium pleopeltidifolium*, Radd., *Fil. Bras.*, p. 16, t. 21, *non Pleopeltis angusta*, H. et B., *in* Willd., *Fil.*, p. 211. Rio-Janeiro, Glaziou, n° 399; Claussen (H. F.). Ile Sainte-Catherine, H. Gauthier, n° 115.

Var. : *obtusiloba*, Glaziou, Rio-Janeiro, n° 978.

La description donnée par Willdenow, d'après Humboldt, pour le *Pleopeltis angusta*, ne saurait se rapporter à la plante figurée par Raddi (*l. c.*, p. 16, t. 21). Le stipe est lisse; la fronde atteint 4 à 5 centim. seulement; les segments, 3 centim.; ils sont linéaires, lancéolés, avec des sporothèces gros comme une graine de moutarde. Ce signalement se rapporte de tout point au *Pleopeltis angusta*, distribué par Galeotti sous le n° 6368 (plantes du Mexique). D'autre part, la figure 140, donnée par Humboldt et Bonpland, *Pl. æquinoxial.*, 2, p. 182, t. 140, ne correspond plus avec la description willdenowienne; elle se rapproche de la figure éditée par Raddi. Pour expliquer toutes ces singularités, il faut croire que la diagnose de Willdenow aurait été faite sur un très-petit spécimen, fructifié, pareil à celui édité par Galeotti. Ceci admis, il n'en reste pas moins établi que la plante brésilienne et la plante mexicaine sont différentes, celle-ci grimpante, avec un stipe de la grosseur d'une plume de pigeon, tandis que l'autre a un assez gros rhizome, simulant parfois une simple souche. Ajoutons que la plante mexicaine porte sur la lame supérieure de petites couches nombreuses de carbonate de chaux.

58. PLEURIDIUM, F., *Gen. filic.*, p. 273.

1. CRASSIFOLIUM, F., *l. c. Polypodium crassifolium*, L., *Sp. pl.*, 1543. Sw., *Syn. filic.*, p. 27. Willd., *Fil.*, p. 161. *Anaxetum*, Schott., *Gen. fil.*, fasc. 4. Rio-Janeiro, Glaziou, n° 1782; Sainte-Catherine, H. Gauthier. — Cette espèce, l'une des plus belles fougères américaines connues, dépasse parfois 1 mètre de longueur (1 m. 6 c. dans notre spécimen) sur 11-12 centim. de largeur. Nous avons changé le nom d'*Anaxetum*, donné par Schott, par ce motif qu'il sert à désigner un genre de Synanthérée, créé par Gardner.

† 59. HETEROPTERIS, F.

Sporotheciis rotundis, marginantibus; indusio nullo; sporangiis pyriformibus; annulo crasso, 16-18 articulato; sporis trigonis, leviter papillosis.

Frondibus monaxibus, trifidis, petiolis adiantinis, lævibus, sarculo erecto; novellis anastomosantibus exappendiculatis.

Filix tenera, heteromorpha.

† 1. DORYOPTERIS, F.

Frondibus glabris; novellis indivisis, basi cordatis, adultis subpedatis, segmento intermedio longo, acuto; omnibus teneris, pellucidis; sporotheciis fulvis, subrotundis, sæpe approximatis, sed semper distinctis; sporis trigonis, lutescentibus.

Habitat in Brasilia fluminensi (Glaziou, n° 939).

ICON.: *Tab. X, fig. 2.*

(Longueur totale jusqu'au sommet de la lame frondulaire, 24-25 centim.; le segment central mesure 9-11 centim. sur environ 2 centim.)

Sur une petite souche se dressent quelques frondes souples et translucides, prenant une teinte vert-jaunâtre en se desséchant. Cette fougère a tout à fait le port des *Pellæa*, et particulièrement celui du *P. quinquelobata*. C'est une ptéridée par le port et la situation marginale des sporothèces; mais il n'y a point d'indusium et les sporothèces forment des groupes arrondis très-distincts. Nous la plaçons comme appendice à la fin des Polypodiacées, dont elle termine la série.

NB. Ce groupe, l'un des plus considérables de la famille des Polypodiacées, a des représentants sur toute la surface du globe. Les nervilles des espèces européennes ne sont jamais anastomosées. Les *Phegopteris* ont le port des *Aspidium*, et quelques espèces ressemblent, sauf l'indusium, à des *Polystichum*. Le genre *Heteropteris*, propre au Brésil, doit être regardé comme dissident ; autant ptéridée que polypodiée. Nous décrivons ou énumérons 133 Polypodiées brésiliennes, réparties en 11 genres ; le nombre des Polypodiacées étant environ de 550, elles en forment à peu près le quart ; dans les Antilles, qui en ont 381, la proportion est de 3,4, et au Mexique, avec 94 de 3,5. Le nombre des genres, pour les trois régions, est de 11 pour le Brésil et les Antilles, et de 8 seulement pour le Mexique.

XVII. CYCLODIÉES.

60. POLYSTICHUM, Roth, *Tentam. Fl. German.*, III, 69 *(reduct.)*.

I. *EUPOLYSTICHUM.*

§ 1. *Mutiqua* : TECTARIA, Cavan.

1. CORIACEUM, Schott., 2e fascic., t. 4. *Aspidium coriaceum*, Sw., *Syn. filic.*, p. 57. Willd., *Filic.*, p. 268. *Tectaria*, Lk., *Spec. filic.*, p. 413. *Tectaria Calahuala*, Cavan., *Prælect.*, 1801. *Aspidium discolor*, Langsd. et Fisch., *Icon.*, p. 28, t. 43. Brésil mérid. Même localité, par Fox, n° 241. Sellow, Minas-Geraes ; Gardner, n° 5321. Ile Sainte-Catherine, H. Gauthier. Rio-Janeiro, Glaziou, n°° 384, 1778, 1779 et 2383. — Cette espèce cosmopolite varie grandement ses formes et se présente parfois avec des sporothèces nus, les indusium étant, sous certaines influences, très-facilement caducs. D'autres espèces se trouvent dans le même état. On a alors sous les yeux un *Phegopteris* ; pour reconnaître le genre, il faut consulter le port, très-spécial dans les espèces aristées, qui sont les plus nombreuses. Le *Polystichum coriaceum* permet d'établir, parmi les formes brésiliennes, les variétés suivantes :

ß *platychlamys*. Derniers segments mutiques ; indusium très-large, très-peu bombé, rufescent ; sporothèces écartés ; plante très-robuste ; stipe de la grosseur d'une plume de cygne, portant à sa base de larges écailles acuminées, dorées. — Rio-Janeiro, n° 384, H. Gauthier ; ile Sainte-Catherine.

γ *acuminatum*. Forme africaine ; frondules et leurs subdivisions écartées et acuminées ; les derniers segments mutiques ; indusium caduc ; sporothèces écartés ; plante souple avec un pétiole et des rachis graminenx. — Ile Sainte-Catherine, par Alburquerque. Rio-Janeiro, Glaziou, n° 1779.

à *callochlamys*. Les sporothèces sont recouverts par un indusium ombiliqué, ayant la forme d'un verre de montre très-bombé, avec une dépression centrale colorée; elle est très-robuste; à l'état de dessiccation elle prend une teinte jaunâtre très-prononcée. — Rio-Janeiro, Glaziou, n⁰ˢ 1225 et 1657; à Gavia, au bord de la mer.

† 2. REMOTUM, F.

> *Frondibus tripinnatis, glabris, coriaceis, omnibus partitionibus remotissimis, petiolo valido, sulcato, basi squamoso, rachibus helveolis; frondulis primariis curvatis, bipinnatis, pyramidatis, acutis; secundariis lanceolatis, pinnato-pinnatifidis; tertiariis oblongis, in tota superficie fructiferis; sporotheciis crassis, rufescentibus, conniventibus; indusiis crassis, atro-fuscis, persistentibus; receptaculo lineari; sporangiis ovato-rotundis, annulo 12-14 articulato; sporis nudis, vitreis, ovoideis aut leviter reniformibus.*

> *Habitat in Brasilia fluminensi* (Glaziou, n° 1778, Serra os Orgaos).
> *Filix statura mediocri, partitionibus remotis, siccitate flaridula.*

> Icon.: *Tab. XXXIX, fig. 1.*

(Longueur totale, 70 centim.; frondules primaires mesurées sur la paire inférieure, 20-25 centim., séparée de la supérience par un intervalle de 10-12 centim.; les secondaires de la base, 5-6 centim.)

Cette plante paraît bien distincte; elle est surtout caractérisée par l'écartement de toutes ses parties et la longueur des pétioles et pétiolules; les frondules de 3ᵉ ordre, celles qui sont fructifères, ont une forme ovoïde; la marge est crénelée et la lame inférieure entièrement couverte par les sporothèces qui se touchent par leurs bords.

§ 2. *Aristées.*

3. ACULEATUM, Roth., *Fl. Germ.*, III, p. 79. *Polypodium aculeatum*, L., *Sp. pl.*, 1552; *Aspidium*, Sw., *Syn. filic.*, p. 53, Willd., *Filic.*, p. 258. Schkh., *Crypt. Gew.*, p. 44, t. 39. — Cette fougère est présentée par M. Hooker comme absolument cosmopolite, et nulle plante ne le serait au même degré. La variété *angulare*, qui est pour nous une espèce distincte, aurait été trouvée au Brésil par Sellow et par Gardner, dans la Serra os Orgaos, et distribuée sous le n° 133. Nous ne la possédons pas de cette partie de l'Amérique du Sud.

† 4. MICROSORIUM, F.

> *Frondibus bipinnatis, oblongis, apice sensim decrescentibus; petiolo helveolo, depresso, subtus bisulcato, basi squamas amplas, ovatas, acuminatas ferente;*

rachi squamosa; squamis fuscis, angustis, linearibus, longe acuminatis;
frondulis primariis linearibus, acuminatis, inferioribus deflexis, horizonta-
libus aut superne curvatis; rachéolo anguste canaliculato; frondulis secun-
dariis fructiferis, breve ovatis, cuneatis, sursum auriculatis, apice et auri-
cula aristatis; marginibus repandis; sporotheciis minutis, indusia? paucis.

   Habitat in Brasilia fluminensi, circa Tijuca (Glaziou, n° 2065 *partim*).
Filix elata, bipinnata; frondulis primariis brevissime petiolatis, acutis; fron-
   dulis secundariis basilaribus minoribus.
   ICON.: *Tab. XL, fig. 1.*

(Longueur totale: 90 centim., dont le pétiole fait le tiers; les frondules secondaires atteignent
14-15 centim. et mesurent au centre 3 centim. Le pétiole, irrégulièrement anguleux, est de la
grosseur d'une plume d'oie.)

Cette espèce a un aspect agréable; les frondules primaires, terminées en pointe aiguë, sont garnies d'une trentaine de paires de pinnelles, aristées au sommet et sur l'auricule, à marge ondulée, très-obtuses, courtement pétiolulées, à base tronquée, se redressant sur le rachis, comme si elles voulaient s'y appliquer par leur marge; le pétiole et le rachis sont gramineux et très-écailleux, surtout le rachis. Elle est d'un jaune-paille très-prononcé après dessiccation. Le pétiole déprimé et lisse est parcouru par deux étroits sillons. Les pinnelles des frondules supérieures sont mutiques. L'indusium est hypothétique.

II. *PHEGOPTEROIDES.*

† 5. LANOSUM, F.

   Frondibus bipinnatis, amplissimis, ambitu oblongis; petiolo sulcato, crasso,
   helveolo; rachibus squamis angustissimis, lanæ rufæ similibus, vestitis; fron-
   dulis primariis petiolatis, alternis, remotis, lanceolatis, apice acuto inciso;
   frondulis secundariis glabris, basi cuneatis, sursum auriculatis, apice et
   margine crenato-aristatis; sporotheciis crassis, sparsis, tabacinis; sporan-
   giis rotundis; annulo crasso, 14-16 articulato, sporis rotundis.

   Habitat in Brasilia fluminensi [Claussen, sans numéro (H. F.); Glaziou,
   n° 388].
   Filix magna, petiolo, rachibus squamis rubellis, lanæ similibus, coopertis.
   ICON.: *Tab. XL, fig. 2.*

(Longueur: 1 mètre et plus; frondules primaires distantes, médiocrement arquées, mesurant
15-17 centim.; les secondaires, 3 centim. sur 9-11 millim.)

Cette belle espèce est remarquable par les écailles d'aspect laineux qui adhèrent au pétiole et aux rachis, particulièrement au point d'insertion des frondules; on ne les voit plus sur les frondules de 2e ordre; l'oreillette qui se trouve à la base supérieure de ces mêmes frondules, est très-accusée et fructifère, ce qui indique nettement qu'elle est la partition distincte d'un segment soudé, lequel, s'il se développait, rendrait la frondule pinnatifide. Le pétiole et ses divisions sont assez profondément canaliculés. C'est l'espèce dont les frondules secondaires sont les plus larges.

6. CAUDATUM, Cav., *Anal. de hist. nat.*, n° 4, p. 100, *sub tectaria. Aspidium caudatum*, Sw., *Syn. filic.*, p. 55. Willd., *Filic.*, p. 270. — Brésil, Clausseu, *Herb. F., ex Kze.*, mssc. — Frondes tripinnées, très-glabres; frondules primaires alternes, terminées en une longue pointe denticulée; les frondules secondaires très-rapprochées, auriculées, pointues, crénelées en leur pourtour; la pointe et l'auricule portent une pointe aristée. Elle n'a point encore été figurée.

Filix magna, dilatata, siccitate pallida, nervillis tenuibus.

(Longueur: 1 mètre 10 centim., dont le pétiole fait environ les 2 cinquièmes; entre-nœuds, 6-7 centim.; frondules primaires, 20-25 centim.; les tertiaires, 2-3,5 centim.) [Spécimen de Claussen.]

† 7. TIJUCENSE, F.

    Frondibus oblongis, bipinnatis; rachi squamoso, depresso, anguste canaliculato; squamis rufis, linearibus, patulis; pinnulis alternis, apice caudatis, vix petiolatis; rachi tenui, squamoso; pinnellis oblongis, basi cuneatis, sursum auriculatis, apice, auricula segmentorum et sæpe marginibus aristatis; supremis parvulis, conformibus liberisque; sporotheciis crossiusculis, remotiusculis; sporangiis rotundis, longo pedicello donatis, cum paucis squamis angustis, laceratis inmixtis; sporis crassis et ovoideis.

    Habitat in Brasilia fluminensi circa Tijuca (Glaziou, n° 2065).

Filix elegans, dilatata; frondulis cuneatis; pinnellis omnibus liberis.

ICON.: *Tab. XXXVIII, fig. 1.*

(Longueur, 46 centim. sans le pétiole, qui manque à notre spécimen; les frondules atteignent 15-17 centim. sur 3 centim. d'envergure.)

Cette fougère a le port du *P. microthecium*, F., dont elle diffère par de très-gros sporothéces nus, par des pinnules plus écartées du rachis avec lequel leur base forme un angle aigu, enfin par des arêtes assez nombreuses, qui se détachent d'une marge ondulée.

† 8. GIGANTEUM, F.

    Frondibus bipinnatis, oblongis, petiolo longo, basi præcipue squamoso; squamis tenuibus, lanceolatis, fulvis, margine integris; frondulis primariis lan-

ceolatis, longe acuminatis, breve petiolatis, curratis, pinnatis; frondulis secundariis ovatis, auriculatis, basi truncatis, apice et auricula mucronatis, marginibus undulatis, mucronem unicam ferentibus; sporotheciis distinctis 6-7, per seriem, ad auriculam tribus; sporangiis ovoideis; annulo 12-16 articulato; sporis rotundatis, opacis, fuscis.

Habitat in Brasilia fluminensi (Glaziou, n° 2354).

Filix formosa, gigantea, squamosa, caudata; sicca colorem viridem servat.

Icon.: *Tab. XXXIX, fig. 2.*

(Longueur, 1 mètre 80 centim. avec des frondules primaires, arquées, qui mesurent 19-21 centim. seulement et qui sont séparées par un entre-nœud de 4 centim.; le pétiole atteint à la base la grosseur du petit doigt; les écailles ont 2 centim. de long.)

Cette espèce peut être regardée comme la plus longue des fougères herbacées terrestres; le pétiole seul, fortement sillonné, atteint 70 centim.; il est couvert à sa base d'abondantes écailles, qui diminuent de dimension en arrivant dans le rachis, où elles deviennent irrégulièrement pinnatifides; les frondules secondaires se dressent légèrement sur leur base. On trouve dans le pétiole 6 faisceaux vasculaires, 2 supérieurs plus grands, 4 inférieurs plus petits.

† 9. ACULEOLATUM, F.

Frondibus bipinnatis, in ambitu oblongo-lanceolatis, glabris, longe caudatis, squamosis; squamis basilaribus late fulvis, lanceolatis, integris, superioribus succineo colore, ad rachim angustis fuscisque; frondulis primariis lanceolatis, acutis, pinnatis, vix ad apicem pinnatifidis; frondulis secundariis oblongis, auriculatis, obtusissimis, multiaculeolatis; sporotheciis 6-7 per seriem, distinctis; sporangiis ut supra.

Habitat in Brasilia fluminensi (Glaziou, n° 2357).

Filix elata, squamosa; frondulis secundariis multiaculeolatis.

Icon.: *Tab. XXXVIII, fig. 2.*

(Longueur totale, 1 mètre 20 centim., dont le pétiole fait le tiers; il a la grosseur d'une plume de cygne à la base; les frondules primaires, courbes et lancéolées, atteignent 20 centim. sur 2,5 de largeur; les inférieures sont un peu plus petites.)

Cette espèce, de grande taille, porte plus de 40 paires de frondules jusqu'au sommet de la fronde, qui est pinnatifide; les frondules secondaires sont chargées de mucrons, surtout en s'élevant vers le haut de la plante; les mucrons sont très-développés. Le pétiole porte trois sillons très-prononcés; il a le même nombre de faisceaux vasculaires que dans l'espèce précédente: 2 inférieurs plus grands, 4 supérieurs plus petits.

† 10. PLATYLEPIS, F.

> *Frondibus bipinnatis, glabris, pyramidatis, patulis; petiolo robusto, sulcato, squamoso; squamis ovoideis, acuminatis, margine fimbriatis, ad rachim filamentosis; frondulis primariis subsessilibus, lanceolatis, caudatis; frondulis secundariis ovoideis, approximatis, auriculatis, marginibus undulato-crenulatis, mucronibus validis; sporotheciis distantibus, centralibus; sporangiis ut supra.*
>
> *Habitat in Brasilia fluminensi* (Glaziou, n° 2356).
> *Filix magna, siccitate lutescente; squamis latis, fulvis, fimbriatis.*
> Icon.: *Tab. XL, fig. 1.*

Longueur totale, 1 mètre 26 centim., dont le pétiole fait le tiers; les frondules primaires très-étalées à la base des frondes, 24-25 centim.; celles du sommet, redressées et arquées, se réduisent successivement en grandeur; les frondules secondaires ne dépassent guère 2 centim.; les écailles sont molles, luisantes, longuement acuminées; les plus grandes mesurent 2 centim.)

C'est encore là une très-grande espèce; les frondules secondaires sont très-rapprochées et s'imbriquent assez souvent par leurs auricules; les marges sont ondulées, crénelées d'une manière un peu irrégulière; le pétiole, à sa base, est gros comme une plume de cygne; les faisceaux vasculaires sont fort petits, écartés du centre et blanchâtres; une coupe horizontale du pétiole semble le montrer pourvu d'une zone d'apparence corticale.

† 11. LONGE CUSPIS, F.

> *Frondulis bipinnatis, oblongis, glabris, squamosis; petiolo longo, stramineo, canaliculato; squamis lanceolatis, acutis, subcrispis; rachi squamoso, flexuoso; frondulis primariis lanceolatis, sessilibus, acutis, mucrone terminatis, basi patulis, deinde arcuatis; frondulis secundariis ovatis, auriculatis, apice crenato et auricula mucronatis, mucrone valido; sporotheciis crassis, tabacinis; sporangiis ut supra.*
>
> *Habitat in Brasilia fluminensi* (Glaziou, n° 2355).
> *Filix magna, magnitudine mucronum notata.*
> Icon.: *Tab. XL, fig. 2.*

Longueur totale, 1 mètre 26 centim., dont le pétiole fait le tiers; les frondules primaires, un peu plus petites à la base, ont au centre 13-14 centim.; les entre-nœuds sont distants, les uns des autres, de 3 centim. environ; les frondules secondaires ne dépassent pas 1 centim.)

Les faisceaux vasculaires sont au nombre de 8, et occupent la plus grande partie de la surface de la coupe du pétiole, ce qui la sépare complétement de l'espèce

17

précédente. Elle sera facile à reconnaître à ses mucrons plus longs que dans ses congénères ; les écailles sont aussi fort distinctes ; celles du rachis sont étalées, presque rouges, très-étroites et très-longuement acuminées.

12. PLATYPHYLLUM, Willd., *Filic.*, p. 255, *sub aspidio. Polypodium polystichioides*, Kl., *Linn.*, XX, p. 383. Caracas, Moritz, nº 2, et Colombie, nº 45 (*Herb. F.*). Rio-Janeiro, Karsten ; Glaziou, nº 1783. — Willdenow, en faisant de cette plante un *Aspidium*, semble faire croire qu'il a vu l'indusium. M. Klotzsch, qui la place dans le genre *Polypodium*, indique qu'il ne croit pas à la présence de ce tégument ; nous sommes dans le même cas, et si nous en faisons un *Polystichum*, c'est en raison du port, qui est tout à fait semblable aux espèces les mieux caractérisées de ce beau genre. Le *Polystichum platyphyllum* est semi-pinné dans ses frondules primaires et secondaires. Notre *Phegopteris polystichiformis*, *Gen. filic.*, p. 247, de Cuba, qui doit rentrer dans les *Polystichum* à sporothèces nus, est très-probablement une plante différente.

NB. *Polystichum abbreviatum*, Presl. (Voy. *Cyrtomium abbreviatum*, du même auteur.)

Le genre *Polystichum* se partage, très-naturellement, en deux groupes : espèces mutiques et espèces aristées. La 1re section, *tectaria*, est de beaucoup la moins nombreuse et pourrait constituer un genre distinct ; nous l'eussions fait, n'eût été la crainte de charger encore la synonymie. Ces espèces sont coriacés, privées de mucron et n'ont point d'analogues en Europe, tandis que celles de la 2e section, plus flexibles et toujours aristées, se rattachent de tout point à nos espèces européennes, avec cette différence que l'indusium n'existe pas ; sur notre prière, M. Glaziou l'a vainement cherché sur toutes les espèces et à tous les âges. Rigoureusement, elles devraient prendre place parmi les *Phegopteris*, mais tous les organes de la nutrition, souches, frondes, tout, jusqu'à la nature des écailles et à la présence constante des mucrons, en fait de véritables *Polystichum*, c'est là ce qui nous a décidé, nous contentant de noter ici les circonstances organiques qui ont motivé notre résolution. (Voy. *Phegopteris*, p. 105.)

Pour reconnaître les espèces, il faut s'aider de la squamescence, de la distribution des faisceaux vasculaires dans le pétiole ou dans le rhizome ; ce sont là d'utiles auxiliaires, qui confirment les caractères tirés des frondes et des frondules fructifères.

61. CYRTOMIUM, Presl., *Tent. pterid.*, p. 86.

1. ABBREVIATUM, Presl., *Tent. pterid.*, p. 86. *Aspidium*, Schrad., *Gœtt. gel. Anz.*, 1824, 809. *Nephrodium abbreviatum*, F., *Gen. filic.*, p. 306. *Polystichum abbreviatum*, Presl., *Epim. bot.*, p. 58. Martius, *Herb. Bras.*, n° 325; Blanchet (H. Moug.) (*Venulis liberis*). — Cette plante est *Polystichum* dans sa partie inférieure par des nervilles simples, et *Cyrtomium* vers le haut par des nervilles conniventes. C'est là une de ces plantes à caractère générique ambigu, qui démontrerait, s'il en était besoin, que les meilleures classifications, en apparence, sont toujours artificielles. Cependant à voir les nervilles des frondules inférieures, non-seulement libres, mais n'atteignant pas même la marge, il semble qu'elle est plus près des *Polystichum* que des *Cyrtomium*.

62. BATHMIUM, Lk., *Sp. filic.*, p. 286.

1. PLANTAGINEUM, F., *Aspidium*, Hook., Mettenius. *Polypodium*, Jacq. Sw. et Willd. Serra de San-Gabriel, Spruce, n° 2189.

> Var. β *serrata;* Rio-Janeiro, Glaziou, n° 2347. — Frondes oblongues, à marge sinueuse vers la moitié inférieure, dentée en scie vers le sommet, qui se termine en une longue pointe fortement dentée.

Cette plante est difficile à classer. Est-ce un *Drynaria?* Est-ce un *Bathmium?* Est-ce un *Dryomenis?* Quoique très-grande et très-complète dans les herbiers, elle est de genre incertain et se présente le plus ordinairement sans indusium.

XVIII. ASPIDIÉES.

63. ASPIDIUM, Sw., *Syn. filic.*, p. 51, *Emend.*

* *Indusium glabre* (frondes pinnées-pinnatifides).

† OoBLASTES, F., *Gen. filic.*, p. 290.

1. RIVULORUM, Radd., *Filic. Bras.*, p. 23, t. 35; *non* Kze. Brésil, Radd., Rio-Janeiro; Pohl (*Herb. F.*); Claussen, *sine numero*. — Espèce élancée; frondules se dégradant par le bas, de manière à ne plus ressembler qu'à des ébauches difformes. Nous n'acceptons pas la synonymie donnée pour cette plante par M. Hooker (*Spec. filic.*, IV, p. 90). La figure citée de Raddi est très-fidèle. Cette espèce peut atteindre jusqu'à 1 mètre de longueur sur 11 à 13 centim. d'envergure.

2. CONTERMINUM, Desv., *Mém. soc. Linn.*, VI, p. 255; Hook., *Spec. filic.*, IV, p. 91.
Polypod. conterminum, Sieb., *Fl. Martin.* Brésil, Fox et Forbes; Gardner,
n°s 5318 et 5316. — La synonymie de cette plante, chez M. Hooker, *l. c.*,
est confuse; elle n'a point été figurée et se rapproche de la précédente. L'indusium, glabre dans toute son étendue, porte à la marge des espèces de glandules. Nous ne l'avons pas vue provenant du Brésil.

3. HELVEOLUM, F.

    Frondibus glabris, extensis; petiolo rachique helveolis, supra tri- quadricanali-
      culatis, in ambitu oblongis; frondulis suboppositis, superne alternis, glabris,
      acuminatis, profunde pinnatifidis, sessilibus, infimis remotis, sensim bre-
      vioribus et difformibus, apice caudatis, cauda denticulata, segmentis oblongis,
      integris; nervillis simplicibus; sporothecis submarginantibus, partem me-
      dianam segmentorum occupantibus; sporangiis sessilibus, rotundis, annulo
      12 articulato; sporis atris, ellipticis subrotundisque.

    Habitat in Brasilia fluminensi (Glaziou, n° 2364).

    Filix extensa, frondulis basi et apice decrescentibus, glabris.

    ICON.: *Tab. XLII, fig. 2.*

(Longueur, 1 mètre et plus; pinnules centrales, 12 centim. sur un peu moins de 2 centim. de
largeur. Les frondules, dégradées dans leur forme, descendent très-bas sur le pétiole.)

Cette curieuse espèce a l'organisation des *Aspidium* à indusium obové (*cochla-
rys*), attaché au centre dans toute son étendue et libre dans son pourtour. Elle
est parfaitement distincte de la précédente par le port, le nombre et les dimensions des frondules; le nom spécifique que nous lui donnons pourrait être appliqué
à plusieurs autres espèces dont le pétiole et les rachis ont une couleur de paille.
Le *facies* n'offre aucun caractère spécial.

4. ELATIOR, F.

    Frondibus extensis, glabris; petiolo rachique laxi, helveolo; frondulis oppositis,
      inferioribus alternis, infimis remotis, abbreviatis, ultimis deformibus; fron-
      dulis lanceolatis, glaberrimis, acuminatis, profunde pinnatifidis, oblongis,
      pellucidis, obtusiusculis, marginibus integris, sæpe dentatis, sinu lato sepa-
      ratis, nervillis simplicibus; sporothecis breve pedicellatis, rotundis, annulo
      pellucido, 14 articulato; sporis ovoideis, aterrimis.

    Habitat in Brasilia fluminensi (Glaziou, n° 2366).

    Filix altissima; frondulis arcuatis, marginibus integris seu dentatis.

ICON. : *Tab. LXII, fig. 3.*

(Longueur, 1 mètre 50 centim. et même plus; frondules, 16-20 sur 2,5 centim. d'envergure; entre-nœuds inférieurs, 5 centim., s'écartent de plus en plus vers le pétiole, qui est renflé vers le bas et noirâtre; le nombre de paires de frondules excède 30.)

Cette espèce est gigantesque; elle diffère de l'*A. rivulorum* par des frondules plus écartées, plus larges et au moins trois fois plus longues; elle s'en éloigne encore par sa souplesse et la transparence de son tissu; elle se distingue de l'*A. helveolum* par sa taille et ses frondules plus larges, dont les segments arqués, plus longs et moins obtus, ont une marge dentée dans ceux qui se dirigent par en bas, tandis que ceux qui regardent le sommet de la fronde, sont entiers; c'est aussi par cet ensemble de caractères qu'elle s'éloigne de l'*A. conterminum*, Desv.

5. BERTEROANUM, F., *Hist. foug. Antill.*, p. 77, t. XXII, f. 1. Glaziou, Rio-Janeiro, n° 2305. — Grande espèce, à segments étalés, rapprochés; frondules termi- nées par une pointe qui se tortille par la dessiccation; elles sont pectinées et prennent une teinte noirâtre par dessiccation.

Dans les cinq espèces qui constituent ici le petit groupe des Oochlamydées, l'indusium, les sporanges et les spores ont des caractères communs, et dans toutes les frondules se dégradent en grandeur, pour ne plus offrir à la base que des ébauches informes.

†† ERVINEUX.

1. Frondes pinnées, à segments médiocrement dentés.

6. IMRAYANUM, Hook., *Sp. filic.*, p. 86, t. 242 B. San-Gabriel de Cachoeiro, Rio- Negro; Spruce, 2153. — Cette espèce peut atteindre jusqu'à 1 mètre de longueur, dont le pétiole fait presque la moitié; il est d'un blanc jaunâtre, bicanaliculé et porte, très-étalées, des frondules terminées en un court pédicelle; elles sont lancéolées, acuminées, crénelées, dentées, les supérieures parfois gibbeuses vers leur partie supérieure; les sporothèces trisériaux se détachent en brun sur la lame supérieure et déterminent sur l'épiderme une petite fossette en fente. Les frondules mesurent 13-14 centim. sur 1,7 centim. de largeur. Nous en comptons au delà de 20 paires. Notre spécimen brési- lien a des frondules courtement pétiolées; tandis que dans le spécimen de la Dominique, figuré par M. Hooker, elles sont sessiles.

7. BRACHYNEVRON, F. Bahia, Blanchet (*sans numéro*). — Même port que l'espèce précédente, avec des frondules un peu plus étroites et sensiblement pétio-

lées ; la pointe de la fronde est pinnatifide et terminée en une pointe crénelée ; mais ce qui la distingue, entre toutes, ce sont les nervilles excessive-
ment courtes, n'atteignant pas la moitié de la largeur du segment qui les
porte ; les sporothèces sont sous-terminaux. Elle dépasse 1 mètre ; le pétiole
mesure 55 centim. ; les frondules n'ont pas au delà de 12 centim. sur 15 millim.
de largeur.

2. Frondes pinnées-pinnatifides.

8. VESTITUM, Radd., *Filic. Bras.*, p. 24, t. 36, *sub polypodio*. *Aspidium*, F., *Nephrodium (Lastrea) Raddianum*, Hook., *Spec. filic.*, t. IV, p. 98, t. 245. Rio-
Janeiro, Douglas ; Martius, *Herb.*, n° 324 ; Pohl ; Glaziou, n° 2374. — Espèce
très-bien figurée et nettement caractérisée par les poils abondants qui la
recouvrent. L'indusium, qu'il n'est pas toujours facile de voir, est garni, en
son pourtour, de poils glanduleux ; elle a le port des *Aspidium* d'Europe.

9. TENERRIMUM, F.

*Frondibus tenerrimis, glaberrimis, ambitu pyramidatis, rachi helveolo, de-
presso, supra sulcato, leviter undulato ; frondulis pellucidis, pinnatifidis,
apice attenuatis, patulis, sessilibus ; nervillis simplicibus ; segmentis oblongis,
inferioribus obtusis, superioribus acutis, omnibus leviter arcuatis, crenatis,
basi conniventibus ; sporotheciis parvulis, fulvis, laminam superiorem inquinantibus ; indusio parvulo, glabro ; sporangiis subreniformibus, nigrescentibus.*

Habitat in Brasilia fluminensi (Glaziou, n°ˢ 390, 1223 et 2367).

Filix magna, flexibilis, tenerrima, glaberrima, pellucida ; nervillis simplicibus.

ICON. : *Tab. XLIII, fig. 1.*

(Longueur, 65 centim. sans le pétiole ; frondules inférieures, 20-22 centim. sur 3 centim. de
largeur ; les entre-nœuds mesurent 5 centim. ; nous comptons environ 24 paires de frondules et
au delà de 30 segments pour chacune d'elles.)

Cette espèce se distingue par de larges frondes dont la souplesse est très-
grande, par des frondules sessiles très-longuement acuminées, dont les segments
atteignent presque la nervure médiane. Les sporothèces sont formés d'un petit
nombre de sporanges, faiblement unies entre elles, au nombre de 4-8 par série ;
ils n'atteignent pas le sommet du segment prolifère et ne naissent que sur les deux
tiers inférieurs de son étendue seulement.

10. FALCICULATUM, Radd., *Fil. Bras.*, p. 31, t. 47; *Nephrodium*, Desv., *Mem. soc. Linn. Par.*, VI, p. 241. Rio-Janeiro, Raddi, Claussen, n° 12 (H. F.); Douglas, Gardner, Sellow, etc. — Les frondes sont réunies en grand nombre sur une souche dressée. Les pétioles canaliculés ont une teinte rougeâtre très-prononcée, qu'ils gardent après dessiccation dans les herbiers; on la retrouve sur les sporothèces, qui sont très-rapprochés; l'indusium est persistant. Elle est très-répandue au Brésil, dans les environs de Rio. Port des *Aspidium* d'Europe.

11. FILIX-MAS, Sw., *Syn. filic.*, p. 55. Schkh., *Crypt. Germ.*, p. 45, t. 44, *et auct. plurim. Nephrodium, Lastrea, Polystichum, auct. varior.* Sommités de la Serra os Orgaos, Gardner, n° 5944; Glaziou, n° 2823. — La forme brésilienne a été nommée, par Kunze, *A. parallelogrammum, Linn.*, XIII, p. 146, et établie sur une plante du Mexique; nous trouvons la plante du Brésil tout à fait semblable aux types d'Europe, seulement les frondules primaires sont très-longuement acuminées. L'*A. Filix-Mas*, Sw., est cosmopolite.

12. PARALLELOGRAMMUM, Kze., *Linn.*, XIII, p. 146. — Ce serait là une simple forme de l'*A. Filix-Mas*, L. Serra os Orgaos, Gardner, n° 5944. Nous n'avons pas vu cette forme provenant du Brésil.

13. BASILARE, F.

> *Frondibus oblongis, glabris, acuminatis; petiolo rachique squamosis; squamis lanceolatis, fulvis; frondulis inferioribus oppositis, ulteris alternis, breve petiolatis, lanceolatis, obtusiusculis; mesoneuris squamosis, approximatis; segmentis oblongis, leviter arcuatis; sporotheciis ad basim nervillarum simplicium circa mesoneuron evolutis; sporangiis rotundis; annulo pellucido, 12 articulato; sporis ovoideis, fuscis.*
>
> *Habitat in Brasilia fluminensi* (Glaziou, n° 2373).
>
> *Filix frondulis profunde pinnatifidis; segmentis squamosis; sporangiis longe pedicellatis, fasciculatis.*
>
> ICON.: *Tab. XLIII, fig. 2.*

(Longueur: 75 centim., y compris le pétiole, qui mesure 28-30 centim.; frondules, 10 centim. sur 2-2,2 de largeur; entre-nœuds, 2 centim.)

Dans cette espèce, les frondules sont très-rapprochées; elles se touchent ou même s'imbriquent parfois; nous en comptons 20 paires jusqu'à la pointe, qui est pinnatifide et porte des segments arqués; le nom spécifique s'entend des sporothèces qui naissent à la base des nervilles, à leur point d'insertion avec les mésonèvres.

† 14. SERVATUM, F.

Frondibus patulis, rachi sub et supra canaliculato, fusco; squamis sparsis, lanceolatis, nigrescentibus; frondulis lanceolatis, acutis, basi breve petiolatis; mesoneuro squamoso; segmentis oblongis, obtusis; nervillis simplicibus, curvatis, numerosis, tenuibus, oculo nudo perspicuis; sporotheciis centralibus, indusio tenui.

Habitat in Serra os Orgaos *Brasiliensium* (Glaziou, n° 1764).

Filix a me visa juvenis et cum sporotheciis immaturis.

(Longueur des frondules, 14-16 centim. sur 3,2 de largeur.)

La nervation, toute particulière, de cette plante la fera facilement reconnaître. Ses nervilles courbes, au nombre de 10 à 12 paires, quoique fort déliées, se dessinent nettement sur la marge. Elle prend, par la dessiccation, une teinte jaune-verdâtre agréable à l'œil; les segments pinnulaires sont entiers, très-rapprochés (24 environ) et libres seulement dans les deux tiers de leur étendue. Les sporothèces naissent au centre de la nerville.

15. ERIOCAULON, F.

Frondibus oblongis; petiolo longo, robusto, squamis flavidulis, lanatis, nec non rachibus abunde vestitis; frondulis patulis, profunde pinnatifidis, inferioribus oppositis, centralibus alternis, longe acuminatis, sessilibus, teneris, rachi-breve piloso; segmentis elongato-oblongis, arcuatis, obtusissimis, ciliatis, brevissime pilosis; sporotheciis rufis, indusio crasso, persistente, 8-9 seriatis, distinctis; sporangiis magnitudine mediocri, rotundis; annulo pellucido, 12-14 articulata; sporis vitreis, ovoideis.

Habitat in Brasilia fluminensi (Glaziou, n° 2369).

Filix magna, longe petiolata, petiolo rachique squamis lanatis abunde vestitis; nervillis simplicibus.

Icon.: *Tab. XLIV. fig. 1.*

(Longueur : frondales, 18-20 centim. sur 3 centim. de largeur; pétiole de la grosseur d'une plume de cygne, mesurant 50 centim.)

Cette espèce, que nous n'avons pas entière, est suffisamment caractérisée par les écailles jaunâtres, d'aspect laineux, très-longues, à marge entière, portant

seulement quelques dents, sous lesquelles disparaissent, dans toute leur étendue,
le pétiole et le rachis qui en est la continuation; le mésonèvre des frondules est
écailleux, mais les écailles sont plus petites et moins abondantes.

† 16. AMAUROLEPIS, F.

*Frondibus oblongis, glabris, petiolo rachique robustis, squamosis, squamis
brunneis, lanceolatis, acuminatis; frondulis breve petiolatis, profunde pinnatifidis, lanceolatis, acuminatis, patulis, rachicolo rufescente, tomentoso;
segmentis ovoideis, curvatis, obtusissimis, teneris, nervillis simplicibus,
marginibus integris, ciliolatis, sporotheciis parvulis, 8-10 seriatis; sporangiis rotundis, 12-14 articulatis, sporis ovoideis, episporiatis.*

> *Habitat in Brasilia fluminensi* (Glaziou, nᵒˢ 1680, à Tijuca, et 2370,
> 2371 et 2372).

*Filix magna, petiolo tricanaliculato, squamis fuscis, linearibus, rachique
abunde coopertis.*

ICON. : *Tab. XLIV, fig. 2.*

(Longueur: frondules, 17-20 centim. sur 3-4 de largeur; pétiole de la grosseur d'une plume
de cygne.)

Cette espèce a le pétiole et le rachis abondamment couverts d'écailles étalées,
brunes, étroitement lancéolées, un peu luisantes; le pétiole est fortement canaliculé; frondules parfois sous-opposées; sporothèces petits, situés entre la marge et
le mésonèvre.

† 17. ISABELLINUM, F.

*Frondibus amplis, basi decrescentibus, stipite trisulcato; rachi subquadran-
gulari, supra canaliculato, rufescente; frondulis intermediis lanceolatis,
profunde pinnatifidis, acutis, infimis abbreviatis, palmatis; segmentis
oblongis, crenatis, apice repandis, sinu angusto separatis, sporotheciis
10-11 seriatis, rufis; sporangiis subrotundis, annulo 12-14 articulato,
perfacile soluto, sporis ovoideis, episporiatis.*

> *Habitat in Brasilia fluminensi, ubi colligebat Dona Isabella, Petri II,
> imperatoris Brasiliæ, filia* (Glaziou, nᵒ 2368).

ICON. : *Tab. XLV, fig. 2.*

Cette espèce est distincte entre toutes ses congénères par les frondules inférieures, qui affectent une forme palmée; nous la dédions à Mᵐᵉ la princesse Isa-
belle d'Eu, qui l'a recueillie à Pétropolis; cette dame se plaît dans les études de

la botanique, et la cryptogamie a ses préférences; c'est donc avec empressement que nous lui faisons cet hommage et que nous rattachons son nom à cette fougère curieuse.

† 18. NEPHRODIOIDES, F.

> *Frondibus oblongis, glaberrimis, petiolo longo, lævi, depresso, rachique hel-*
> *vcolis, apice pinnatifidis; frondulis lanceolatis, curvatis, caudatis, mesonevro*
> *albescente; segmentis oblongis, integerrimis, apice dentatis, infima longiore,*
> *supra rachim imbricata; nervillis tenuissimis, simplicibus, liberis, fertilibus*
> *in segmentis fertilibus conniventibus; sporotheciis 6-7 seriatis; indusio cu-*
> *diformi, glabriusculo, crasso; sporangiis pyriformibus, annulo 14 articulato;*
> *sporis ovoideis, nigrescentibus, papillosis.*
>
> *Habitat in Brasilia fluminensi* (Glaziou, n° 2350).
>
> *Filix elata, glabra, frondulis inferioribus longitudine aliis æqualibus, sed*
> *apice acutis.*
>
> ICON.: *Tab. XLVI, fig. 1.*

(Longueur: 1 mètre et plus, dont le pétiole fait le tiers; frondules, 16-18 sur 1,8 centim. de largeur; entre-nœuds mesurés au centre, 4 centim.)

Cette fougère appartient, par le *facies*, au petit groupe des *A. patens, molle, violascens, Kaulfussii* et *ctenitis*, mais elle est glabre dans toutes ses parties; les frondules sont arquées, alternes, avec deux segments inférieurs aigus, plus longs que les autres et dont le supérieur s'imbrique sur le rachis; les nervilles sont serrées et fort déliées. On trouve, quoique très-rarement, les basilaires conniventes, circonstance qui justifie le nom spécifique.

b. Frondes ternées.

19. CICUTARIUM, Willd., *Filic.*, p. 215; *Nephrodium funestum*, Hook., *Spec. filic.*, IV, p. 129, tab. 259. Martius, *Herb. Bras.*, n° 321; Spruce, Gardner, etc. — Les frondes sont ternées par le bas, avec pareille tendance, pour les principaux rameaux; elle a un indusium glabre; les segments sont sinueux et assez larges; elle prend, dans les herbiers, une couleur d'un vert sombre. Cette fougère a un habitat très-étendu.

a. Frondes bi ou multipinnées.

† 20. FLEXUOSUM, F.

> *Frondibus bipinnatis, pilosulis; rachibus flexuosis, tomentosis squamosisque;*
> *frondulis primariis apice pinnatifidis; frondulis secundariis plus minusve*

deflexis, inferioribus breve petiolatis, intermediis sessilibus, supremis ad-
natis, segmentis oblongis, sinu angustissimo separatis, ultimo ovoideo dis-
tincto; sporotheciis parvis, 6-7 seriatis; sporangiis mediocri crassitudine;
annulo 12-14 articulato; sporis breve ovoideis, papillosis, nigrescentibus.

Habitat in Brasilia fluminensi (Glaziou, n° 2458).

Filix habitu proprio, rachibus flexuosis et frondulis deflexis.

Icon., *Tab. XLVII. fig. 2.*

(Longueur : frondules primaires, 40 centim.; secondaires, 8 centim. sur 2,5 de largeur.)

Le port de cette plante est tout spécial. Certaines frondes ont un rachis en zig-zag, chez d'autres il n'est que fortement flexueux; il porte, ainsi que ses subdi-visions, des écailles dorées, pellucides, lancéolées, acuminées et ciliées. Le port de cette curieuse fougère semble indiquer une espèce ramifiée, grimpante, mais sans crampons; dans le spécimen à rachis en zigzag, les frondules sont oblongues, dentées, et assez semblables aux folioles du *Poterium Sanguisorba*, L.

† 21. BIFORME, F.

Frondibus sterilibus bipinnatis, glabris, rachi hetevolo, squamuloso; frondulis
primariis oblongis, acutis; secundariis ovatis, obtusiusculis, basi pinnatis,
segmentis ovatis, denticulatis, opacis; frondibus fertilibus tripinnatis, par-
titionibus angustioribus, ultimis elongatis; sporotheciis submarginantibus;
indusio cordiformi, tenui; sporangiis rotundis, annulo 16-18 articulato.

Habitat in Brasilia fluminensi, loco dicto Altomacahe (Glaziou, n° 2393).

Filix frondosa, frondibus sterilibus et fertilibus diversis.

(Longueur : frondules primaires inférieures des frondes stériles, 24 centim., avec des entre-nœuds de 6,5 centim. Nous comptons une vingtaine de paires de frondules, et sur celles-ci autant de frondules de 2ᵉ ordre.)

Les pétioles et les rachis ont une couleur paille; ils portent des écailles brunâ-tres, très-étroites. Les frondules des frondes fertiles sont divisées en segments irréguliers assez étroits. Le port de cette plante se rapproche de celui du *Polysti-chum coriaceum*, Schott.

22. ACETUM, Hook., *Spec. filic.*, IV, 147, *sub nephrodio*, t. 271. Sellow (H. Hook.);
Spruce, n° 4662. — Grande espèce à segments aigus, oblongs, dentés en scie; indusium cordé-réniforme et de couleur brune. (N. V.)

† 23. CRENULANS, F.

Frondibus amplis, tripinnatis, patulis, rachi primario robusto, sulcato, minu-
tim villoso; frondulis primariis oblongis, breve petiolatis, rachi basi incras-

sato, tomentoso; frondulis secundariis lanceolatis, acuminatis, brevissime pedicellatis; mesonervo tenui, squamuloso; segmentis inferioribus sessilibus, confluentis, crenulatis, villosulis, ad apicem integris; sporotheciis rufis, partem superiorem segmentorum occupantibus; indusio glabro, coriaceo, succineo colore, persistente; sporangiis parvis; annulo 14-16 articulato, sporis subtrigonoideis.

Habitat in Brasilia fluminensi (Glaziou, n°s 1781 et 2351).

Filix dilatata, aperta, brachiata, petiolo robusto, pilis simplicibus, subulatis parce vestita; siccitate viridis.

ICON. : *Tab. XLVII, fig. 1.*

(Longueur des frondules primaires, 50 centim.; les secondaires, 14-16 sur 3 centim. de largeur; elles sont inégales; la rangée interne en a de plus courtes.)

Très-grande espèce, fort souple, laissant facilement voir la nervation; la base du pétiole est entourée d'écailles dorées, linéaires et rubanées, qui forment un coussinet très-épais; le rachis primaire est gros, sillonné, revêtu de poils grisâtres, très-courts; le rachis secondaire est bicanaliculé; le mésonèvre des frondules de 3e ordre est hérissé de petites écailles piliformes plus développées que sur les autres parties de la plante; les segments sont dressés, crénelés, mais en approchant du sommet ils deviennent entiers; la pointe est longuement ondulée. Le rachis principal est parcouru par 6 faisceaux vasculaires cylindriques, auxquels viennent s'ajouter 4 autres faisceaux plus petits. Les segments sont chargés de 6-8 sporothèces pour chacune des rangées.

24. CONSOBRINUM, F., *Hist. foug. et lycop. des Antill.*, p. 85. Glaziou, Rio-Janeiro, n°s 979 et 2350; H. Gauthier, à Desterro; île Sainte-Catherine. — Très-grande espèce; très-divisée; glabriuscule sur les lames, velue tomenteuse sur les rachis. Les indusium sont roussâtres, cordiformes, assez grands, persistants, épais, et s'imbriquent parfois par leurs bords. Nous l'avons décrite (ouvrage cité) sur une plante de la Guadeloupe. Le pétiole est robuste et porte à la base un coussinet d'écailles fauves, linéaires-rubanées, un peu crépues et fort longues.

† 25. PHÆOCHLAMYS, F.

Frondibus 3-4 pinnatis, patulis, squamulosis, rachibus dutecalis; frondulis primariis oblongis, basi subtripinnatis, apice decrescentibus, petiolatis; frondulis secundariis lanceolatis, acutis, petiolatis, apertis; frondulis ter-

tiariis decurrentibus; segmentis superioribus ovatis, crenulatis; sporotheciis
crassis, submarginantibus; indusio glabro, crasso, rufo, persistente; annulo
16-18 articulato; sporis atris, ovatis, episporiatis.

Habitat in Brasilia fluminensi (Glaziou, n° 1782).

Filix effusa, ampla, partitionibus remotiusculis; frondulis tertiariis decurrentibus; indusio rufescente.

ICON. : Tab. XLVII, fig. 2.

(Longueur des frondes primaires, 45 centim., avec des frondules de 2° ordre, qui atteignent
15-16 centim., et des frondules de 3° ordre, qui mesurent 4 centim.)

Cette fougère est très-ample, glabre, avec des écailles éparses, lancéolées et
brunâtres; les frondules primaires sont tripinnées à la base, bipinnées au centre
et simplement pinnées au sommet. Toutes les divisions de la fronde sont écartées
les unes des autres. Le rachis est bi-canaliculé du côté supérieur. Elle est nettement caractérisée par ses sporothèces, dont les indusium, de couleur rousse, épais
et à marge entière, ont un tissu à mailles d'apparence quadrangulaires, sous le
microscope.

† 26. RAMOSUM, F.

Frondibus tripinnatis, squamosis, ramosis; stipite undulato, squamis adpressis,
angustis, restito; pinnis primariis pyramidatis; frondulis secundariis oblongis, petiolatis, rachi depresso, squamuloso; tertiariis semipinnatis, oblongis;
segmentis crenatis, obtusis; sporotheciis marginantibus, semiglobosis; indusio cordiformi, sinu brevi; sporangiis ovatis, annulo latissimo, 10-12
articulato; sporis brunneis, subtrigonis.

Habitat in Brasilia fluminensi (Glaziou, n° 2391).

Filix magna, glabra, stipite ramoso insignis.

ICON. : Tab. XLVII, fig. 3.

(Longueur des frondules primaires, 40 centim. sur 26 d'envergure; les frondules tertiaires de
la base, 3,5 centim.)

Cette plante est suffisamment caractérisée par des souches rameuses, ondulées,
couvertes d'écailles roussâtres imbriquées : les frondules secondaires sont très-
ouvertes et leurs derniers segments obtus, glabres et fortement crénelés.

† 27. MACRUM, F.

Frondibus tripinnatis, glabris, rachibus laxe squamosis; frondulis primariis
oblongis, patulis, secundariis basi bipinnatis, tertiariis obovatis, basi decur-

rentibus, segmentis crenulatis, obtusis, apice dentatis; fertilibus angustioribus; sporotheciis fuscis, remotiusculis, sporangiis ovatis; indusio crasso, annulo 14-16 articulato, sporis crassiusculis, polymorphis, raro trigonis.

    Habitat in Brasilia fluminensi (Glaziou, n° 2390).

Filix magna, glabra, frondulis tertiariis crenulatis, decurrentibus.

ICON. : *Tab. XLVIII, fig. 1.*

(Longueur des frondules, 50 centim.; ce qui donne à la fronde entière 1 mètre d'amplitude.)

Le nom spécifique attribué à cette espèce ne consacre pas un caractère unique; la décurrence des frondules de 3ᵉ ordre sur leur rachis a plus de valeur. La fronde fertile et la fronde stérile diffèrent notablement. Dans cette dernière les frondules tertiaires sont beaucoup plus étroites et paraissent plus écartées; elle a enfin, dans tout son ensemble, un aspect appauvri, que n'a pas l'autre.

† 28. LATISSIMUM, F.

Frondibus quadripinnatis, rigidis, glaberrimis, rachibus hebreolis, squamulosis, opacis; frondulis primariis triangularibus; frondulis secundariis remotis, petiolatis; tertiariis semipinnatis; segmentis ovoideis, crenato-dentatis; sporotheciis marginantibus, rufis, satis magnis; indusio crasso, persistente; sporangiis succineis; annulo concolore, 12-14 articulato; sporis reniformibus, rotundis, lævibus, vitreis.

    Habitat in Brasilia fluminensi (Glaziou, n°ˢ 979, 2389 et 2394. Vauthier, Serra os Orgaos [1833], n° 625).

Filix ampla, dilatata; frondibus sterilibus et fertilibus diversis.

ICON. : *Tab. XLVIII, fig. 2.*

(Longueur totale, 1 mètre 50 centim. et plus; des frondules primaires. 40 centim.; des secondaires, mesurées à la base de celles-ci, 20-24, sur 8-9 d'envergure.)

Très-grande espèce, qu'il est difficile de décrire assez clairement pour qu'il soit possible de la reconnaître; remarque qui s'étend aux espèces pluripinnées, lesquelles, très-distinctes pour les yeux du botaniste qui les décrit, ne permettent aucune diagnose suffisante par des mots; il faut s'aider de figures et tout au moins de détails capables de fixer les incertitudes. Il n'y a pour cette espèce et la suivante, très-voisines l'une de l'autre, que la dissimilitude des frondes stériles et des frondes fertiles, qui s'accompagne de l'étroitesse des segments fructifères; ceux-ci portent de 2 à 4 sporothèces. Le port de cette espèce est spécial; il s'éloigne de nos espèces européennes et même du facies de ses congénères exotiques.

† 29. DICKSONIOIDES, F.

Frondibus tenerrimis, tripinnatis, in ambitu triangularibus; petiolis et rachibus rufescentibus, tenuibus, brevissime tomentosis, frondalis primariis oblongis, longe acuminatis, secundariis obtusis, tertiariis crenatis, basi cuneatis; sporotheciis apicilaribus; indusio crasso, suborbiculari fusco.

Habitat prope San-Gabriel *ad* Rio-Negro [*Brasilia borealis*], (Glaziou, n° 2429).

Filix tenera, asperu Dicksoniarum.

Icos. : *Tab. XLIX, fig. 1.*

(Longueur : 70 centim. sur 10 centim. de développement à la base; les segments fructifères, ovoïdes et crénelés, ne dépassent pas 7 millim. de hauteur.)

En disant que cette espèce a le port d'un *Dicksonia*, on l'a suffisamment caractérisée. Elle diffère de toutes les autres par des sporothèces marginaux, situés à l'extrémité des nervilles; cette particularité en ferait un *Amauropelta* (Kze., *Die Farrenkr.*, I, p. 109, t. 51), mais avec un port très-différent. L'*A. dicksonioides* pourrait devenir le type d'un genre spécial.

30. FURCATUM, Klotz., *Linn.*, XX, p. 371 ; Hook., *Sp. filic.*, IV, p. 136. Serra os Orgaos, Gardner, n° 189. — Espèce tripinnée, largement ovale, aiguë, pétiole brunâtre; segments oblongs, obtus, pinnatifides, dentés; indusium réniforme, glabre, brunâtre. Elle est indiquée au Brésil sur l'autorité de M. Hooker.

*** Indusium villeux ou glabriuscule.*

31. PATENS, Radd., *Filic. Bras.*, p. 32, t. 48; Willd., *Filic.*, p. 244; *Polypodium nymphale*, Schkh., *Crypt.*, p. 36, t. 34. Rio-Janeiro, Radd., *l. c.* Brésil, Gardner, n°⁵ 2989 et 5220; Twedie, Milne; Martius, *Herb. Bras.*, n° 390, *synon. exclus.*; Rio, Gaudichaud, n° 194, et Glaziou, n° 389 (*partim*). — Espèce facile à reconnaître à ses frondules sessiles, dont les deux segments inférieurs, plus grands que les autres, sont pinnés. Elle est très-voisine de l'espèce suivante, avec laquelle on la confond souvent; les indusium sont plaus, minces, blanchâtres et glabriuscules.

32. CONSPERSUM, Schrad., *Gœtt. gel. Anz.*, 1864, p. 869. *A. macrourum*, Klfss. *Enum.*, p. 230. Martius, *Herb. Bras.*, n° 314. Rio-Janeiro, Glaziou, n° 2360. — Se rapproche de l'espèce précédente. Ses segments sont arqués et terminés en pointe fort longue, entière. Elle est velue et atteint plus d'un mètre de hauteur, avec des frondules centrales qui mesurent 13-15 centim. Les indusium sont hérissés de poils courts.

33. OLIGOCARPON, Willd., *Filic.*, p. 201, *sub polypodio*, Rio-Janeiro, Glaziou, n° 389 (*partim*). Ile Sainte-Catherine, H. Gauthier. — Toute la plante est revêtue de poils grisâtres, fort courts, le rachis est tomenteux. Elle a le port des deux espèces précédentes.

34. GERMANI, L'Hermin., *in litteris*, F., *Hist. fong. et lycop. Antill.*, p. 82, t. 23, f. 3. Glaziou, Rio-Janeiro, n° 392. — Elle se rapproche de l'*A. patens*, Sw. Les frondes sont molles, villeuses et réunies en assez grand nombre sur une même souche.

35. VIOLASCENS, Lk., *Spec. filic.*, p. 101. Brésil, Lk., *l. c.* — Cette espèce est presque spontanée dans les serres à fougères; elle a, particulièrement sur le stipe, une couleur violâtre assez prononcée; le pétiole porte des poils dirigés en arrière; c'est une plante robuste, très-velue, pouvant s'élever à 75-80 centim.

36. KAULFUSSII, Lk., *Filic. sp.*, p. 101. Brésil, Lk., *l. c.* — Elle a le port et les dimensions de l'espèce précédente; les frondes sont moins velues, ainsi que l'indusium. Nous ne l'avons pas vue spontanée.

37. CTENITIS, Lk., *l. c.*, p. 101. Brésil, *teste* Lk., *l. c.* — Frondules lancéolées, très-obtuses, avec des segments dentés en scie; un pétiole et des rachis auxquels s'attachent des poils écailleux. Elle se rapproche du *Polypodium* (*phegopteris*), *falciculatum*, de Raddi. (N. V.)

38. TETRAGONUM, Hook., *Spec. filic.*, IV, p. 103, *synon. exclus.* Gardner, n°s 16 et 190? Glaziou, Rio-Janeiro, n° 389. — Frondules glabriuscules; pétioles et rachis quadrangulaires. Cette espèce a quelque rapport avec l'*A. conspersum*, Schrad. M. Hooker, *l. c.*, dit que les nervilles basilaires sont conniventes, ce qui en ferait un *Nephrodium*. (N. V.)

† 39. SERICEUM, F.

Frondibus pinnato-pinnatifidis, oblongis; petiolo longiusculo, basi squamis fuscis, lanceolatis, acuminatis obsita; rachi supra late canaliculato; frondulis lanceolatis, patulis, longe acuminatis, sessilibus, usque ad apicem fertilibus, supra et infra pilis brevibus, sericeis coopertis; segmentis mandris, aliquando mucronulatis; sporotheciis marginantibus, approximatis sed dis-

*tinctis, 7-9 per seriem, in segmentis inferioribus frondularum nascentibus,
indusio villoso, pilis simplicibus; sporangiis parvulis; annulo angusto,
18-20 articulato, sporis ovoïdeis, episporiatis.*

Habitat in Brasilia fluminensi (Glaziou, n°° 957 et 1658).

Filix, pilis sericeis, cinereis notata, circa A. patentem *collocanda.*

Icon. : *Tab. XLII, fig. 1.*

(Longueur, 60 centim., dont le pétiole fait le tiers; frondule, 10-12 centim., mesurée à la
base de la fronde, sur 2,2 centim. de largeur.)

Cette espèce, quoique fort distincte dans son ensemble, n'a pas une physionomie
spéciale; les frondules sont fructifères jusqu'au sommet de la pointe qui les termine; les sporothèces dépriment légèrement la lame, qui est ciliée; les nervilles
sont simples. Toute la plante est couverte de poils strigilleux.

† 40. RIVULARIOIDES, F.

    *Frondibus lanceolatis, elongatis, glaberrimis, acuminatis, basi sensim decres-
centibus; petiolis longiusculis, rachibusque debilibus, helveolis leviusculis;
frondulis alternis, sessilibus, lanceolatis, caudatis, pinnatifidis; segmentis
ovatis, fructiferis angustioribus; sporotheciis marginantibus, parvulis; indusio orbiteo (Oochlamydeo) parvulo; pilis marginantibus, rigidis; sporangiis
globulosis, annulo 14-16 articulato; sporis subreniformibus.*

    Habitat in Brasilia fluminensi (Glaziou, n° 2358).

    Filix elata, lanceolata, nervillis simplicibus, tenuibus. Affinis cum A. rivula-
rum *Radd., sed frondibus angustioribus et indusio villoso.*

Icon. : *Tab. L, fig. 1.*

(Longueur, 80 centim. sur 7-8 centim. d'envergure; entre-nœuds, 2 centim. Le pétiole, qui
est presque filiforme, se charge, dans la plus grande partie de son étendue, de frondules écartées,
à l'état rudimentaire.)

Les frondes fertiles portent des segments plus étroits; les pétioles sont écailleux
et villeux à la base; nous comptons jusqu'à 30 paires de frondules.

† 41. QUADRANGULARE, F.

    *Frondibus patulis; rachi quadrangulari, infra late canaliculato, cinereo, pilis
brevissimis cooperto; frondulis lanceolatis, vix petiolatis, caudatis, cauda
sterili, mesonevro angustissimo, tomentoso; segmentis oblongis, leviter arcuatis, inferne pilosis; pilis stellatis, brevibus, ala connectente angusta;
sporangiis rubellis, parcis, approximatis, sed distinctis; indusio glabres-*

cente, ad marginem pilos stellatos ferente; sporangiis rotundatis; annulo angusto, 20 articulato; sporis ellipticis.

Habitat in Brasilia fluminensi (Glaziou, nº 962).

Filix cinerascens, apertissima, frondulis horizontalibus, sæpe excurvatis.

Icon. : *Tab. L, fig. 2.*

(Les plus grandes frondules atteignent 20 centim. à la base de la fronde, sur 3 centim. de largeur, avec des segments de 5 millim. de largeur.)

Cette fougère prend place à côté des *A. patens, Kaulfussii et conspersum*; elle est caractérisée par un rachis parfaitement quadrangulaire, par des poils étoilés, que l'on retrouve jusque sur l'indusium, par de longues frondules à segments, libres jusqu'aux deux tiers de leur longueur, portant des séries composées de 9-11 sporothèces de couleur rougeâtre. Nous ne possédons pas la plante entière; elle doit atteindre ou même dépasser 1 mètre; elle conserve, après dessiccation, une couleur verte intense. Les segments pinnulaires portent, au point supérieur de leur jonction, une petite membranule blanchâtre et pellucide, que l'on observe surtout chez les *Nephrodium*, dont elle a le port, mais avec des nervilles libres.

††† Espèces se rapprochant, par le port, des POLYPERGIATE.

† 42. GRACILIPES, F.

Frondibus triangularibus, glaberrimis; petiolo longissimo, tenui, gracili, betreolo, basi nigrescente, squamoso; squamis anguste lanceolatis, rufis, margine integerrimis; frondulis basilaribus majoribus, omnibus curvatis, alternis; segmentis ovatis, sæpe monocarpidibus, argute dentatis, ad apicem frequenter bi- tridentatis, dentibus remotiusculis; sporotheciis magnis, læte rufescentibus; indusio glabro, orbiculari, sinu angusto, ambitu integro; receptaculo prominente, punctiformi; sporangiis rotundatis; annulo 16-18 articulato, sporis rotundis, nigrescentibus.

Habitat in Brasilia fluminensi (Glaziou, nᵒˢ 2053, 2382, 2364 et 2462).

Filix gracilis, flexibilis, triangularis; petiolo longissimo, gracili, squamoso; squamis angustis, fulvis, patulis; siccitate colorem viridem servat.

Icon. : *Tab. XLIX, fig. 2.*

(Longueur: 45-48 centim., dont le pétiole fait les deux tiers ou même la moitié; les frondules basilaires ont de 15 à 18 centim. de développement.)

Cette jolie espèce est pinnée dans toutes ses parties, avec des segments longuement dentés; elle appartient à un petit groupe qui renferme 4 plantes distinctes : savoir : 1º *A. tenerum*, F., *Gen. filic.*, p. 280, à sporothèces fort petits, dont l'indusium est tellement exigu et si facilement caduc, qu'il est presque hypothétique; les frondules et les segments, notablement rapprochés, sont portés en grand nombre sur une souche brune assez grosse; 2° l'*A. formosum*, F., *l. c.*, p. 296, à segments allongés, à dents très-obtuses; le pétiole, courbé à la base, est couvert de belles écailles jaunâtres, rubanées; 3° l'*A. jucundum*, F., 10° *Mém.*, p. 41, t. 42, f. 1; Cuba, Linden, n° 2115; Mexique, Galeotti, n° 6563, à segments longuement aristés; 4° et enfin l'*A. gracilipes*, que nous venons de décrire.

43. TENERUM, F., *Polystichum tenerum*, F., *Gen. filic.*, p. 280; Brésil, Claussen. (H. F.) — L'indusium est cordiforme et non pelté, circonstance qui décide du genre. Les rapports de facies avec les *Polystichum* sont manifestes. La souche est fort grosse et couverte d'écailles linéaires très-allongées et brunâtres.

44. DENTICULATUM, Sw., *Syst. filic.*, p. 57; Willd., *Filic.*, p. 272; *A. Klotzschii*, Hook., *Icon. pl.*, t. 923. Brésil, Gardner, n°s 1881, 5953, etc. Cette plante a tout à fait le port d'un *Polystichum*. — Frondes surdécomposées, quadripinnées, à frondules ovales, cunéiformes, incisées-dentées, et comme épineuses.

45. AMPLISSIMUM, Hook., *Spec. fil.*, IV, 145. *Polystichum*, Presl. Brésil, Sellow; Gardner, n°s 191 et 5946. — Segments obtus, ciliés, une ou deux fois dentés; ils ne portent qu'un sporothèce; le pétiole et le rachis sont paléacés.

64. CYSTOPTERIS, Bernh., *in Schrad. N. Journ.*, 1806, p. 49, t. 11, f. 7.

1. BRASILIANA, Presl., *Tent. pt.*, p. 93. *Aspidium Brasilianum*, Spreng., *Syst.*, IV, p. 109 (*nomen tantum*). — Plante de genre douteux.

2. EMARGINULATA, Presl., *l. c.*, 1. 93; *ejusd. Epim. bot.*, p. 65. — Même observation.

NB. De ces deux espèces ci-dessus énumérées, l'une étant incertaine et l'autre mal connue, il est permis de croire, jusqu'à présent, que le genre *Cystopteris* n'existe pas au Brésil.

65. LEPIDONEVRON, F., *Genera filicum*, p. 301, t. 23 C, f. 1.

1. LONGIFOLIUM, F., *l. c. Aspidium longifolium*, Pohl. (H. F.) Brésil, Martius.

2. OBTUSATUM, F., *l. c. Aspidium exaltatum*, Blanchet, *non auct.* La Jacobine, Blanchet. — Remarquable par les dents aiguës des segments de la fronde.

3. RUFESCENS, F., *l. c. Aspidium rufescens*, Schrad., *Gott. gel. Anz.*, 1824, p. 869. *Nephrolepis ensifolia*, var. β, Th. Moor. Brésil, Mart., *Herb. Brasil.*, n° 522. Blanchet, la Jacobine; Rio-Janeiro, Glaziou, n° 2353. — Elle est villeuse sur la lame inférieure et sur les mésonèvres, écailleuse sur le pétiole et le rachis; elle peut atteindre jusqu'à 1 mètre de longueur.

4. SESQUIPEDALE, F., *Aspidium sesquipedale*, Willd., *Filic.*, p. 230. Brésil, Hoffmannsegg, *teste* Willdenow, *l. c.* — Plante pinnée, à frondules lancéolées, aiguës, à marge ponctuée sur la lame supérieure, à base tronquée, auriculée vers le haut et tronquée inférieurement; les sporothèces sont marginaux et les stipes paléacés.

66. OLEANDRA, Cavanill., *Prælect.*, 1801, n° 623

1. NODOSA, Presl., *Tent. pterid.*, p. 78. *Aspidium nodosum*, Willd., *Filic.*, p. 211. *A. articulatum*, Schkh., *Crypt. Gew.*, p. 28, t. 27. Rio-Janeiro, Glaziou, n° 2153 et 3163, Serra do Couto (1869). — Belle fougère, pellucide, luisante, à sporothèces épars, à stipe rampant, hérissé d'écailles, atteignant souvent une longueur considérable.

67. NEPHRODIUM, Rich. *in* Mich., *Fl. Amer. bor.*, II, p. 266.

1. MOLLE, Schott., *Gen. filic.*, Desv., *Mém. soc. Linn.*, VI, p. 258; Brésil, Gardner, n° 1107 et 1902, Sellow; Sainte-Catherine, à Desterro, H. Gauthier.

2. POHLIANUM, Presl., *Tent. pterid.*, p. 81. *Aspidium gongylodes*, Schkh., *Crypt. Gew.*, p. 193, t. 33 C. Martius, *Herb. Bras.*, n° 311; Glaziou, Rio-Janeiro, n°° 1224, 2362, forme plus étroite, et n° 2363, plus grande et plus dilatée; Mme Fanny Gauthier, île Sainte-Catherine, à Desterro. C'est le *Goniopteris cheilocarpa*, F., *Gen. filic.*, p. 254; l'*Aspidium obtusatum*, Willd., *Filic.*, p. 241, et l'*A. (cyclosorus) consanguineum*, Kze. (H. F.). — Cette espèce, parfaitement distincte, très-commune au Brésil, peut atteindre jusqu'à 1 mètre, avec des frondules qui mesurent de 10 à 15 centim.; elles sont étroites, élégamment lobées, pointues et fructifères jusqu'à leur extrémité; la consistance est légèrement cartilagineuse; les sporanges, glabres et ovales, portent de 16 à 18 articulations à leur anneau; les spores sont ovales et comme vitreuses. Elle varie par des frondes plus ou moins étroites et plus ou moins dressées. Le rhizome est assez délié et rampant.

3. CHRYSOLORUM, Lk., *Filic. sp.*, p. 102, *sub aspidio*. Brésil (Lk., *l. c.*). — Frondes
atteignant 35-60 centim., avec des frondules de 8-9 centim. sur 5 centim.
de largeur; elle est pubescente, squameuse, avec un indusium glabrescent.
Cette fougère est encore peu connue.

68. SAGENIA, Presl., *Tentam. pterid.*, p. 86.

1. SORBIFOLIA, Presl., *l. c.*, p. 87. *Aspidium*, Venten. *in Willd. Filic.*, p. 223.
Brésil, de Gestas (H. F.). Stipe rampant, glabre; pétiole assez court; rachis
écailleux; frondules lancéolées, alternes, dentées, sous-auriculées; le mésonèvre est couvert de petites écailles ventrues.

69. CARDIOCHLÆNA, F., *Gen. filic.*, p. 314.

1. MACROPHYLLA, Sw., *Syn. filic.*, p. 43; *sub aspidio*; Willd., *Filic.*, p. 217. *Car-*
diochlæna macrophylla, F., *l. c.*, p. 315, t. 24 B. Rio-Janeiro, Glaziou,
n⁰ˢ 986 et 2352. — Cette fougère, extrêmement répandue sous les tropiques
et l'équateur, mériterait l'épithète de *varians*, tant elle change ses formes;
polymorphe à ce point de permettre, si on le voulait bien, de faire un grand
nombre d'espèces d'un type unique; nous allons indiquer les principales
variations, telles qu'elles se trouvent dans notre herbier, sans distinction de
localités.

β *pinnata*. La Martinique, Mˡˡᵉ Rivoire. — C'est la seule forme qui ne soit
pas divisée à la base; frondules rapprochées; sporothèces très-gros.

γ *lata*. Guadeloupe, L'Herminier; la Martinique, Hahn; Brésil, Glaziou,
n⁰ˢ 986 et 2352. — Frondules très-amples; la terminale mesurant jusqu'à 35 centim.; sporanges très-grosses.

δ *distans*. Brésil; Glaziou, n⁰ 969; Martius, *Herb.*, n⁰ 312; Bahia, Blanchet. — Frondules étroites, distantes; sporothèces gros.

ε *decrescens*. Rio-Janeiro, Glaziou, n⁰ 974. — Les frondules décroissent
vers le haut et la terminale est lancéolée, assez étroite; sporothèces
assez gros, naissant près de la marge.

ζ *acuminata*. Rio-Janeiro, Glaziou, n⁰ˢ 405 et 406. — Frondules terminales très-longues, sinuées; toutes longuement acuminées; sporothèces
assez petits.

η *sinuata*. Rio-Janeiro, Glaziou, n⁰ 1682; Claussen, n⁰ 123; Moritz, Ca-
raccas, n⁰ 112 (H. F.). — Frondes sinuées, lobées, tendant à la forme
pinnatifide; sporothèces assez gros.

δ *discreta*. Jamaïque, par Wilson. — Frondules très-longues, à marge ondulée; sporothéces très-gros et très-écartés.

Quoique nombreuses, ces formes ne sont pas les seules.

2. PILOSA, F., 10ᵉ *Mém.*, p. 45, t. 40, f. 4. Rio-Janeiro, Weddell, n° 656; Sainte-Catherine, à Desterro, par Alburquerque. — C'est la seule espèce qui porte des poils sur les lames et le rachis; ils y sont très-abondants.

NB. Le genre *Aspidium*, type de ce groupe, réunit à lui seul plus des trois quarts des fougères qui le composent. Il est représenté en Europe par une dizaine d'espèces. Le faciès des *Aspidium* exotiques rappelle tout à fait les nôtres. La diagnose présente certaines difficultés; elles se rattachent parfois aux *Phegopteris* et n'en diffèrent, en effet, souvent que par la présence de l'indusium; ce tégument se présente sous des formes assez variées, qui permettraient l'établissement de plusieurs sous-genres; la plus distincte est celle des *Oochlamys* (*Indusium ovoideum*); elle s'accompagne de quelques particularités dans la manière dont se terminent les frondes. Les *Cystopteris* se rapprochent beaucoup des nôtres; le *C. fragilis* est propre aux deux continents. Les genres *Lepidoneuron*, *Oleandra*, *Sagenia*, *Cardiochlaena* et *Faydenia*, qui n'a point été trouvé au Brésil, ont une physionomie qui leur est propre; quelques *Nephrodium* se rapprochent des *Polypodium*, et le *Lepidoneuron* a tout à fait le port des *Nephrolepis*. Le Brésil possède 58 espèces d'aspidiées, réparties très-inégalement dans 6 genres bien distincts; les Antilles, qui comptent deux genres de plus, n'ont pas moins de 73 espèces; le Mexique n'en a que 39; mais ce nombre est destiné à s'accroître, les fougères de cette vaste contrée étant soumises à des études sérieuses, auxquelles se livre avec succès M. le docteur Fournier.

XIX. NÉPHROLÉPIDÉES.

70. NEPHROLEPIS, Schott., *Gen. filic., reduct.*

1. EXALTATA, Schott., *l. c.* Presl., Hook., F.; *Aspidium*, Sw., *Syn. filic.*, p. 45. Schkh., *Crypt. Gew.*, t. 32 b. Raddi, *Fil. Bras.*, p. 50, t. 46. Brésil, Raddi, Sellow, Gardner, Spruce; Martius, *Herb. Bras.*, n° 317; Glaziou, Rio-Janeiro, n° 957.

2. SCHKUHRII, Lk., *Sp. filic.*, p. 109, *sub nephrodio. Aspidium pectinatum*, Willd., *Filic.*, p. 223; Glaziou, Rio-Janeiro, n° 442.

3. PENDULA, F., *l. c. Aspidium pendulum*, Radd., p. 30, t. 45. Raddi, Mandiocca; Brésil, Rio-Janeiro, n° 411, Claussen.

4. INTERMEDIA, F., *Catal. meth. foug. Mexic.*, p. 32; Glaziou, Rio-Janeiro, n° 938, Sainte-Catherine, Alburquerque. — Peut-être est-ce là une simple forme du *N. pendula*.

5. NEGLECTA, Kze., *Linn.*, XIII, p. 149. Brésil, Claussen. — Kunze renvoie à la planche 32 *b*, de Schkuhr, et à la planche 46 de Raddi, qui conviennent bien mieux au *N. exaltata*, Schott.

71. SACCOLOMA, Kllss., *Enum. filic.*, p. 224.

1. ELEGANS, Kllss., *in Berol. Jahrb. f. die Pharm.*, 1820, p. 51, *Enum. filic.*, p. 224, t. 1, f. 12; Kze., *in Schkh., Supp.*, I, p. 83, t. 41. Brésil, Langsdorff, Sellow, Beyrich, Gardner, n°⁵ 159 et 5325; Glaziou, Rio-Janeiro, n°⁵ 1746 et 2376. — La planche, éditée par Kunze, donne aux frondes une couleur jaune qui n'est pas celle de la plante. Nos spécimens ont des frondules plus larges et plus longues; les feuilles radicales atteignent jusqu'à 25 et même à 30 centim.; nous avons reçu, de M. Glaziou, sous le n° 2376, un spécimen unilatéral, sinistrogyre.

NB. Le petit groupe des Néphrolépidées ne diffère des Aspidiées que par la structure de l'indusium; aucune espèce ne se rattache par le faciès à nos fougères européennes, mais le genre type du groupe a le port des *Lepidoneuron*; le *sacculoma* est des plus distincts.

XX. DAVALLIÉES.

72. MICROLEPIA, Presl., *Tent. pterid.*, p. 124.

** Frondes bipinnées.*

1. FLUMINENSIS, F.

Frondibus bipinnatis, in ambitu oblongis, rachi tomentoso, viscoso? frondulis approximatis, oblongis, patulis, semipinnatifidis, inferioribus deflexis; segmentis ovatis, grosse crenatis, apice obtuso, denticulato, sæpe dimidiatis, glabris; sporotheciis angustis.

Habitat in Brasilia fluminensi (Glaziou, n° 2378).

Filix frondulis alternis, numerosis, inferioribus deflexis.

Icon.: *Tab. LI, fig. 1.*

(Longueur, 60 centim.; pétiole, 24 centim.; frondule vers la base, 10 centim. sur un peu plus de 3 centim.)

Cette espèce bien distincte serait-elle le *Microlepia Brasiliensis* que Presl, *Epim. bot.*, p. 95, rapporte aux espèces de Gardner portant les n⁰ˢ 60 et 200, plante qui aurait été récoltée aussi par Pohl? C'est là ce que nous ne pouvons décider, aucune figure et aucune description ne pouvant nous venir en aide.

2. LINDSAYÆFORMIS, F.

   Frondibus bipinnatis, glabris; frondibus sessilibus, lanceolatis, semipinnatis; segmentis ovoideis, obtusissimis, inferioribus sessilibus, basi cuneatis, superioribus adnatis, marginibus paucilobatis; sporotheciis angustis.

   Habitat in Brasilia fluminensi (Glaziou, n° 2379, Saint-Louis et Serra os Orgaos, n° 3332).

   Filix rachi rubescente, striata; frondulis suboppositis, nervillis tenuibus.

   Icon.: *Tab. LI, fig. 2.*

(Longueur des frondules, 20 centim. sur 4 centim. d'envergure; entre-nœuds, 7 centim.)

Cette plante sera facile à reconnaître à ses frondules longuement acuminées, pinnées dans leurs deux tiers inférieurs, puis pinnatifides; à ses segments ovales, terminés en coin, obtus, parfois même comme tronqués; les inférieurs crénelés, avec un lobe gibbeux à la base de la marge supérieure; elle a une teinte vert-foncée après dessiccation.

*** Frondes tri- et multipinnatæ.*

3. INÆQUALIS, F., *Davallia inæqualis*, Kze., *Synop. pl. Pœpp.*, p. 87. Rio-Janeiro, Glaziou, n° 386. (La plante n° 379, de Martius, constitue une espèce distincte, le *M. nigrescens*, Kze.)

4. DISTANS, F., *Davallia distans*, Klfss., *Enum. filic.*, p. 223. Martius (*Herb. Bras.*). (N. V.) — Plante douteuse.

5. POLYPODIOIDES, Presl., *Tent. pterid.*, p. 125. *Dicksonia polypodioides*, Sw., *Syn. filic.*, p. 137. Brésil, Swainson et Macrae, *teste* Hook., *Spec. filic.* t. 1, p. 182.

73. DAVALLIA, Sm. Sw., *Syn. filic.*, p. 5.

1 ? CORCOVADENSIS ? Lodd., *Catal.*; Kze., *Linn.*, XXIII, p. 248. — Il est très-douteux que cette fougère, au reste très-peu connue, soit un véritable *Davallia*.

74. STENOLOMA, F., *Gen. filic.*, p. 330, t. XXVII * A.

1. BIFIDA, Klfss., *Enum. filic.*, p. 222, *sub davallio*; H. et Grev., *Icon.*, n° 238.
Stenoloma bifida, F., Brésil : Chamisso (Kaulfuss), Langsdorff, Minas-Geraes;
Serra os Orgaos, Gardner, n° 155. Rio-Janeiro, Glaziou, n° 2325; île Sainte-
Catherine, Macrae.

† 2. GLAZIOVI, F.

*Frondibus herbaceis, decompositis, glaberrimis, in ambitu triangularibus,
siccitate viridibus, erectis, rigidis; petiolo adiantino, lævi, roseo; rhizomate
brevi, repente; frondulis primariis alternis, secundariis pinnatifidis; segmentis bifidis, uninervatis, monosporangiferis; sporotheciis parvulis, terminalibus, indusio membranaceo, tenuissimo; sporis trigonis.*

    Habitat in Brasilia fluminensi (Glaziou, n° 2326).

Filix delicatissima, segmentis vix cuneatis, linearibus.

Icon. : *Tab. LII, fig. 1.*

(Longueur : 20-22 centim., dont le pétiole fait environ la moitié; frondules secondaires, 6-7
centim., avec une envergure d'environ 3 centim.; les derniers segments n'ont que 3 à 4 millim.
de longueur; les sporothèces sont ponctiformes.)

Cette espèce, d'une grande élégance, rappelle le *S. Schlechtendalii*, F., mais le port
et la forme générale des frondes ne permettent pas de les confondre : notre plante
est dressée, tandis que l'autre est flexueuse et grimpante; les derniers segments
sont ici moins divariqués et un peu plus larges, quoique très-étroits; au lieu de
noircir, elle conserve, après dessiccation, une belle couleur verte.

3. GRATISSIMA, F.

*Frondibus glaberrimis, delicatissimis, in ambitu oblongis, tripinnatis; petiolis
filiformibus, glabris, albidatis, frondulis primariis segmentis unilateralibus,
reflexis, sæpe bifidis, fertilibus curvatis, apice dilatatis; indusio tenui;
sporis trigonis.*

    Habitat prope San-Carlos, *ad* Rio-Negro *Brasiliæ borealis* (Spruce,
    n° 2988).

Filix facie peculiari; segmentis parvissimis, in novellis reflexis, sæpe bifidis.

Icon. : *Tab. LII, fig. 2.*

(Longueur, 20-25 centim.; frondules secondaires, 2 centim.; segments, 2 millim. sur 0,2 millim. de large. Les pétioles sont aux frondes : : 2 : 1.)

Fougère remarquable par son extrême délicatesse; elle est glabre et les frondes naissent en faisceau sur une petite souche dressée, très-fibrilleuse.

NB. Le genre *Stenoloma*, réduit aux espèces à segments bifides, plus ou moins divariqués et linéaires, a un port très-spécial, tel qu'on le trouve dans les deux espèces brésiliennes et dans le *S. Schlectendalii*, F.; mais lorsque ces segments s'élargissent et qu'ils portent deux ou trois sporothèces sur leur marge, les *Stenoloma* se rapprochent des *Lindsaya*, avec lesquels on peut les placer sans trop d'inconvénients, mais en faisant d'eux une section distincte.

XXI. DICKSONIÉES.

75. DICKSONIA, L'Hérit., *Sertum anglicum*, p. 30.

1. COUTARIA, Sw., *Syn. filic.*, p. 137; Plumier, *Filic.*, p. 39, t. 31. *Dennstaedtia*, Th. Moor., *Ind.*, p. 305. Brésil, Gardner, n° 5327, Glaziou, Rio-Janeiro, n° 358, et au Corcovado, n° 1221.

> β *tenera*, Presl., *Del. Prag.*, I, p. 189. *D. adiantoides*, Lk., *Hort. Berol.*, II, p. 9, non Hook.; Martius, *Fil. Bras.*, p. 380; Gardner, n° 62.
> γ *cornuta*, Th. Moor., *Ind.*, p. 304. Brésil, Claussen, n° 2100 a, Serra os Orgaos. Gardner, n° 204.
> δ *erosa*, Ejusd., l. c. Brésil (sans autre indication).
> ε *remota*, F. Glaziou, n° 3172, Serra do Couto. — Variété remarquable par la grandeur des segments, leur écartement des rachis et le petit nombre de sporothèces (1-2) sur chaque segment. Peut-être est-ce une espèce distincte?

2. RUBIGINOSA, Klfss., *Enum. filic.*, p. 226; Hook., *Sp. filic.*, I, p. 79, t. 27 A. Brésil, Claussen, n° 118; Martius (H. F.), Rio-Janeiro, Glaziou, n° 2381, au Corcovado.

3. DISSECTA, Sw., *Syn. filic.*, p. 136; Schkh., *Crypt. Gew.*, p. 120, t. 130 B. Brésil, Regnell, II, 322; Claussen, n° 109.

4. CICUTARIOIDES, F., *Hist. foug. et lyc. des Antill.*, p. 95, t. 25, f. 2. Brésil, Claussen, n° 140. (H. F.) — Espèce très-ample; à dernières frondules et à segments oblongs, très-obtus, crénelés; sporothèces fort petits. La fructification la rapproche des *Stenoloma*.

5. APIIFOLIA, Sw., *Syn. filic.*, p. 137; Hook., *Spec. filic.*, I, p. 77, t. 26 c. Brésil, Martius, *sub nomine Dicksonia flaccida*, Sw. (H. F.)

76. BALANTIUM, Presl., *Tentam. pterid.*, p. 134 (*reductum*).

1. SELLOWIANUM, Presl., *Tent. pterid.*, p. 134; Kze., *Linn.*, XXIII, p. 239; *Dicksonia Sellowiana*; Hook., *Spec. filic.*, I, p. 67, t. 22 B. *Balantium*, F. Brésil, Riedel, n° 317; Regnell, II. 321. Rio-Janeiro, n° 2824. — Fougère très-divisée; à derniers segments dentés; valves des sporothèces presque égales. (N. V.)

2. MARTIANUM, Klotz., mssc., *in Herb. Berol.* et *in Herb. Hookeri*, *sub dicksonia*. *Dicksonia Martiana*, Hook., *Spec. filic.*, I, p. 70, t. 24 B. Brésil, Glaziou à Saint-Louis, n°ˢ 1787 et 2281; Serra do Couto, n° 3171. — Les frondes sont surdécomposées, coriaces, glabres, acuminées, à derniers segments oblongs, dentés en scie; le stipe atteint de 2 à 3 mètres sur 60 à 70 centim. de circonférence. Elle se distingue de ses congénères à trois caractères principaux : 1° à sa ressemblance avec les *Polystichum* et comme eux à segments rigides portant des pointes aristées au sommet et à la marge des segments; 2° à sa teinte un peu glauque, 3° et enfin aux longs poils dorés, intestini-formes, qui forment un épais coussinet à la base des pétioles; ceux-ci sont inermes, jaunes-paille et portent, vers la base, des frondules dégradées dans leurs dimensions. Les caractères génériques déduits de l'indusium bivalvaire sont très-marqués.

NB. Les Davalliées et les Dicksoniées se rapprochent les unes des autres par la frondaison; elles ne sont pas nombreuses et se trouvent éparses sous l'équateur et les tropiques. En général, ce sont de grandes fougères herbacées, très-décou-pées, pluripinnées. Dans les Dicksoniées, l'indusium a une origine propre et prend souvent la forme d'une petite coupe, d'une pyxide, d'un calice, tantôt uni-valve et tantôt bivalve, clos dans la jeunesse ou bien ouvert dès le premier âge; ayant quelquefois une disposition operculaire. Sous le rapport des organes fructi-

fères, ces deux petits groupes s'éloignent plus des autres Polypodiacées que les
Alsophilées et les Cyathées, groupes qui tirent surtout leur dignité de la condition arborescente, mais qui, par les frondes, ne diffèrent pas des *Aspidium* et
des *Phegopteris*. Par la consistance des frondes, plusieurs Davalliées et certaines
Dicksoniées se rapprochent des Hyménophyllacées.

XXII. ALSOPHILÉES.

A. Eualsophilées.

77. ALSOPHILA, R. Br., *Prod. Fl. Nov. Holl.*

** Segments pinnulaires à marge entière, à peine dentés au sommet.*

1. MIERSII, Hook., *Sp. filic.*, I, p. 38. *A. acuminata*, J. Sm., *Lond. Journ. bot.*, I,
   667. Serra os Orgaos, Gardner, nº 117; Claussen, nº 140 (H. F.); Tejuco,
   Miers; Glaziou, Tijuca (Rio-Janeiro), nº 1702. — Cette espèce n'a point été
   figurée; elle sera facile à reconnaître à ses frondules portées sur un pétiole
   arrondi, de 5 millim. de longueur; elles sont longuement acuminées; l'acumen
   est stérile et denté en scie. Les segments sont obtus, très-rapprochés et unis
   entre eux dans la moitié de leur longueur. Cette fougère est glabre, assez
   raide, opaque, très-prolifique; à sporothèces dorés; pétiole épineux à épines
   droites, très-aigues, longues d'un centimètre; écailles lancéolées, luisantes,
   acuminées, à marge entière et de couleur de succin. Le rachis et ses divisions
   sont blanchâtres; il porte çà et là de petites épines courtes.

2. PROCERA, Klfss., *Herb.* Desv., *Prodr.*, 319. *Polypodium procerum*, Willd., *Filic.*,
   p. 206. Brésil, Rio-Negro, Spruce, nº 2115. Sainte-Catherine, Gaudichaud,
   nº 68, et à San-Paolo, nº 27; Durville (H. Bory), Rio-Janeiro, Glaziou, nº 2390,
   et nº 3168. Serra do Cento (1869). — Glabre, à segments oblongs, un peu
   arqués, dentés au sommet, mais entiers à la marge. Sporothèces terminaux,
   presque ronds; le tronc s'élève environ à 4 mètres. Le rachis porte quelques
   courtes épines; elle n'a point été figurée.

3. ARBUSCULA, Presl., *Tent. pterid.*, p. 61. Kze., *Bot. Zeit.*, II, 343. *Alsophila
   procera*, Mart., *Icon. Crypt. Bras.*, p. 64, t. 40 (fig. 1 exclus., *non* Kaulfuss).
   Martius, Para, Saint-Paul, Minas-Geraes; Gardner, nºˢ 114 et 5637; Spruce,

n° 32, à Para. — Stipe aiguillonné. M. Hooker, *Sp. filic.*, I, p. 38, réunit
cette espèce à la précédente.

4. PUNGENS, Klfss., *Herb.* Presl., *Tentam. pterid.*, p. 61. *Polypodium pungens*,
Willd., *Filic.*, p. 206. Brésil, Hoffmannsegg. — Stipe glabre, brillant, armé
d'épines aiguës, courtes ; segments ovales, aigus, très-entiers ; elle n'a pas
encore été figurée. (N. V.)

5. HOOKERIANA, Klotz., *in Herb. Reg. Berol.*; Hook., *Sp. filic.*, I, p. 39. Brésil
mérid., Sellow ; Sainte-Catherine, Lay et Collie. — Peut-être n'est-ce là
qu'une variété de l'*A. procera*. Cette plante est peu connue et n'a point encore
été figurée. Ses pétioles sont épineux, le stipe et le rachis écailleux, les segments courts et entiers, les sporothèces bisériaux.

† 6. SCROBICULATA, F.

Frondibus amplissimis, pilosulis ; petiolo lævissimo, helveolo, spinis concolo-
ribus, robustis arcuato ; squamis linearibus, basi dilatatis, longis, fulvis luci-
dulisque ; frondalis primariis lanceolatis, subpetiolatis, rachi striato ; fron-
dalis secundariis lanceolatis, curvatis, abrupte acutis, subtus glaucescentibus,
supra viridibus, segmentis oblongis, leviter curvatis, marginibus integris ;
sporotheciis per tota segmenta 8-10, scrobiculos parvos super laminam in-
feriorem determinantibus.

> *Habitat in Brasilia fluminensi* (Glazion, n° 378, 2293, 2294 et 2295).

Filix magna, petiolo lævissimo, spinoso ; segmentis arcuatis, integris.

ICON. : *Tab. LIII, fig. 1.*

(Longueur : frondales primaires, 64-70 centim. ; les secondaires, 10 centim. sur 8 millim. de
largeur.)

Elle est caractérisée par des rachis primaires glabriuscules, par des rachis
secondaires poilus, par des pétioles très-lisses, ayant des épines les unes rapprochées, les autres écartées, et surtout par les petites fossettes que déterminent les
sporanges sur la lame supérieure. Le rachis des frondules secondaires et le mésonèvre des segments sont chargés de petites écailles blanchâtres. La particularité
organique, indiquée comme caractère spécifique, n'est que faiblement marquée.

7. PŒPPIGII, Hook., *Spec. fil.*, I, 43. *A. villosa*, Kze., *Syn. pl. Crypt. Pœpp.*, p. 99.
Brésil, *Herb. Klfss. (fide Kunzei).* Mariana, Vauthier, n° 655. — Les rachis

primaires sont glabrescules, tandis que le reste de la plante est villeux et
même tomenteux sur la lame inférieure ; les pinnules secondaires sont sessiles
et se terminent assez brusquement par une pointe entière ; les longs poils qui
entourent les sporothèces les dérobent à la vue et leur donnent une fausse
apparence de *Cyathea*.

8. VILLOSA, Desv., *Prodr.*, 319 ; Presl., *Tent. pterid.*, p. 62. *Cyathea villosa*, Humb.
et Bonpl., *in* Willd., *Filic.*, p. 495. Brésil, Gardner, n°ˢ 5332 et 5394 ?
Martius, à Saint-Paul.

Elle est inerme, villeuse, surtout du côté inférieur. Les sporothèces n'occupent que les deux tiers inférieurs du segment ; ils ne sont entourés de poils
qu'à la base. Cette espèce a d'évidents rapports avec la précédente.

9. RIGIDULA, Mart., *Icon. Crypt. Bras.*, p. 74, t. 51. Province de Saint-Paul, Mart.,
l. c. — Fronde bipinnée, ferme, pubescente, floconneuse inférieurement ;
la base du stipe est munie de longues écailles rousses (*in icone*), blanches
(*in textu*) ; les sporothèces sont très-gros, avec 30 ou 40 sporanges portées
sur un mince réceptacle. Nous croyons avec M. Hooker, *Sp. fil.*, I, p. 45,
qu'elle est distincte de l'*A. villosa*, à laquelle espèce la réunit M. Th. Moore
(*in indice*).

† 10. APERTA, F

Frondibus glabris, rachibus flexibilibus, lucidis, fuscis, petiolis robustis, het-
erolis, basi strictis ; spinis concoloribus, longis, rectis ; squamis albidulis,
lanceolatis, longe acuminatis, tenuibus, basi fuscescentibus, frondibus pri-
mariis oblongo-lanceolatis, satis longe petiolatis, fere omnino pinnatis ;
rachi fusco, supra 2-3 canaliculato ; frondulis secundariis lanceolatis, pa-
tulis, petiolatis, basi rotundatis, apice longe caudatis, cauda crenato-den-
tata ; segmentis creniformibus ; mesonevro atro-purpurascente ; sporotheciis
4-6 per tota segmenta ; annula completa, lata.

Habitat in Brasilia fluminensi (Glaziou, n° 2304).
Filix glabra ; frondulis secundariis ad apicem frondium integerrimis, omnibus
apertis.

ICON. : *Tab. LIV, fig. 2.*

(Longueur : frondules primaires, 36-40 centim., avec un pétiole d'un peu moins de 2 centim. ;
les secondaires, 8 centim. sur 12 millim. de largeur.)

Cette espèce est bien caractérisée par ses frondes, dont toutes les partitions,
assez étroites, sont très-ouvertes et pétiolées. La partie supérieure de la fronde porte
des frondules primaires écartées, dont les frondules secondaires, simplement dentées, sont entières vers le sommet; les rachis sont assez grêles. Le pétiole est
robuste, strié longitudinalement dans sa partie inférieure, jaunâtre et armé d'épines
linéaires, qui atteignent 7-8 millim. de longueur; les écailles sont jaunâtres et
gramineuses.

11. FLEXUOSA, F.

Frondibus pluripinnatis, glaberrimis; rachi robusto, rufescente, flexuosissimo,
sulcum latum, inferne et superne ferente; frondulis tertiariis lineari-lanceo-
latis, rigidis, crassis, acuminatis, crenatis, crenis integris; sporotheciis dif-
fusis; sporangiis magnis, ovnulo lato, vix obliquo, 24-32 articulato.

Habitat in Brasilia meridionali circa Saint-Paul, *amicissimus* Guillemi-
nus *colligebat anno 1839.*

Filix robusta, crassa; rachi undulato notata.

(Longueur des frondes secondaires, 24-28 centim.; des frondules tertiaires, 3 centim. sur
5-6 millim. de largeur; les entre-nœuds 6 centim. pour les frondules secondaires et 9-11 millim.
pour les frondules tertiaires.)

Plante vigoureuse, épaisse, coriace, brunissant par la dessiccation; elle est très-
frondescente et ses rachis primaires sont extrêmement flexueux. Les frondules
secondaires ont un pétiole épaissi à la base et noirâtre; les frondules tertiaires
sont étroites, acuminées, sessiles, élégamment crénelées, à crénulations réfléchies
en dedans; nervilles simples, sporanges éparses.

12. GARDNERI, Hook., *Sp. filic.,* I, p. 40. Brésil, San-Gaetano, Gardner, n° 5330,
M. Hooker indique une variété β, qui serait le *Cyathea nigrescens,* Klotzsch
(H. Berol.), non encore figurée. — Frondules secondaires, courtement pétiolées, terminées en une longue pointe ondulée; segments entiers, oblongs,
très-obtus; rachis rudes au toucher.

13. INFESTA, Kze., *Linn.,* IX, p. 98; Presl., *Tent. pterid.,* p. 61, t. 1, f. 19 *(fragm.).*
A. pracincta, Kze., *Comm. Fl. Bras., Flora,* 1839; Mart., *Herb. Bras.,*
n° 391. Para, Spruce, n° 22. — Stipe aiguillonné. Espèce facile à reconnaître
à ses sporothèces très-gros, rougeâtres, semi-globuleux, exactement marginaux, rapprochés, mais toujours distincts, à sporanges très-nombreuses et
très-serrées.

14. RADENS, Klfss., *Enum.*, p. 248; Hook., *Sp. filic.*, I, p. 46; Presl., *Die Gefässb.*,
p. 32, t. 6, fig. 5 et 6 (coupe du stipe). Sainte-Catherine. — Pétiole aiguillonné; frondes à pinnules linéaires, lancéolées pinnatifides; segments oblongs,
obtus, entiers; sporothèces petits et globuleux. N'a point été figurée.

15. SETOSA, Klfss., *Enum.*, p. 249; Hook., *Sp. filic.*, I, p. 46. Brésil, Chamisso.
— Elle est inerme; pinnules linéaires, courbées légèrement en faux; segments entiers, denticulés au sommet; les mésonèvres sont pileux. Kaulfuss
(*l. c.*) parle d'un indusium très-mince et déchiqueté, qui recouvrirait les sporothèces; ce serait donc une Cyathée. (N. V.)

16. PLAGIOPTERIS, Mart., *Icon. Crypt. Bras.*, p. 73, t. 50; Hook., *Sp. filic.*, I, 44.
Saint-Paul, A. Saint-Hilaire, *Catal. C¹.*, n° 1394; Martius, Brésil mérid., Sellow
et Claussen; Rio-Janeiro, Glazion, n° 988. — Le stipe est aiguillonné. Les
sporothèces deviennent confluents et recouvrent complétement les segments
pinnulaires. Les écailles abondantes, imbriquées, luisantes et de couleur
fauve, sont lancéolées linéaires et atteignent une longueur de 3 centim. Leur
pointe est étroite et très-longue.

17. PYCNOCARPA, Kze., *Linn.*, IX, p. 97. *Ejusd.*, *Suites à Schkh.*, I, p. 208, t. 86;
Hook., *l. c.*, I, p. 46. Sainte-Catherine. — Elle est aiguillonnée, très-peu
élevée sur tige, à fronde coriace, à la manière des Gleichéniacées, bipinnée,
à pétioles articulés. Cette espèce a été fondée par Kunze sur une fougère
péruvienne, et c'est sur l'indication donnée par M. Th. Moore que nous lui
donnons une place parmi les *Alsophila* du Brésil.

18. PHALERATA, Mart., *Icon. pl. Crypt. Bras.*, p. 67, t. 42; Presl, *Tent. pter.*, p. 62.
Cyathea, Spreng., *Syst.*, II, p. 320. Bahia, par Martius, n° 392. — Le nom
spécifique s'applique aux capsules, dont l'anneau forme comme une sorte de
capuchon sur le sacculus. Le stipe est épineux.

    β *squamulosa*, Hook., *Spec. fil.*, I, p. 42. Ilheos, par Moricand.

† 19. GLAZIOVI, F.

*Frondibus amplis; petiolo longo, lævi, nudo, intus medulloso, extus fissuris
longis, perpendicularibus, angustissimis percurso, basi squamuloso; squamis
ovoideis, acuminatis, marginibus piloso-tomentosis; frondulis primariis
oblongo-lanceolatis, curvatis, longe petiolatis; petiolo basi nigrescente; fron-*

dalis secundariis lanceolatis, approximatis, alternis, cauda longa, sterili, argute dentata, inferne rotundis; segmentis oblongis, obtusissimis, oligocarpicis; sporotheciis globulosis, congestis; receptaculo punctiformi, piloso; sporangiis magnis; annulo obliquo; sporis ovoideis, episporiatis.

Habitat in Brasilia fluminensi (Glaziou, n° 2155, et n° 3167, Serra do Couto) [1869].

Filix jucunda, laxis, squamas parvas, concavas ferens.

Icon.: *Tab. LV, fig. 2.*

(Frondules primaires, 32-35 centim. de longueur; pétiole, 2-3 centim.; frondules secondaires, 7-8 centim. sur 9-11 millim. de largeur. Le stipe dépasse rarement 2 mètres 50 centim. sur 18-20 centim. de circonférence.)

Cette espèce a un aspect agréable; toutes ses parties sont assez rapprochées. Le rachis des partitions supérieures est flexueux. Les segments ne sont fructifères que dans leur moitié inférieure et ne portent, de chaque côté de la lame, que deux et très-rarement trois sporothèces; leur point d'évolution est indiqué sur la lame supérieure par une petite fossette, ce qui est fréquent dans toutes les espèces de ce beau genre. Il est digne de remarque de trouver dans cette fougère une particularité qui n'existe, à notre connaissance, dans aucune autre : les écailles de la base du stipe sont bordées de petits poils serrés qui les encadrent et leur donnent un aspect tomenteux.

† 20. LEPTOCLADIA, F.

Frondibus tripinnatis, rachi primario et partitionibus secundariis aculeis acutissimis armatis, brevissime villosis, petiolis spinosis, spinis validis, rectis, longis, acutis; frondulis primariis brevissime petiolatis, acuminatis; frondulis secundariis sessilibus, pinnatifidis, longe acuminato-caudatis, supra glabris, lineari-lanceolatis, rachibus stricte alatis, sporotheciis laxis; sporangiis diffusis, lutescentibus, sporis trigonis.

Habitat in Brasilia fluminensi (Glaziou, n° 2299).

Filix formosa, armata, feracissima, segmentis integris.

Icon.: *Tab. LV, fig. 1.*

(Longueur: frondules primaires, 25-30 centim.; frondules secondaires, 5 centim. sur 7-8 millim. de large; épines du pétiole, 8-9 millim. Entre-nœuds des frondules primaires, 10 centim.; des frondules secondaires, 9-11 millim.)

Espèce élégante, épineuse, à rachis couverts de poils courts, serrés, presque
tomenteux; frondules secondaires terminées par une longue pointe entière. La
lame supérieure brunâtre est glabre et impressionnée par les sporothèces à leur
point d'attache; la lame inférieure est couverte de poils blanchâtres, mêlés aux
sporanges, qui sont diffuses et jaunâtres.

† 21. ERIOCARPA, F.

*Frondulis oblongis, apice longe caudatis, breve petiolatis, pilosis; rachi pri-
mario compresso, tomentoso, spinis brevissimis armato; rachi secundario
depresso, supra canaliculato; frondulis secundariis vix petiolatis, alternis,
lanceolatis, cauda sterili terminatis; segmentis oblongis, integerrimis, obtusissimis, leviter curvatis, pilosis; pilis longis, intestiniformibus; sporothecis
aureis aut roseis approximatis, subconfluentibus, laminam superiorem depri-
mantibus; sporis trigonis, papillosis.*

Habitat in Brasilia ad montem Corcovado (Glaziou, n°s 987 et 1799).
Filix tota villosa; petiolo spinoso; spinis rabidis, curvulis.

ICON.: *Tab. LVI, fig. 1.*

(Frondules primaires, 45-48 centim. de longueur sur 16-17 d'envergure; nous comptons
22-25 paires de frondules secondaires, ayant 9-11 millim. de largeur, avec des entre-nœuds de
3 centim.)

Cette fougère est caractérisée par des frondules terminées en une longue pointe
stérile et crénelée; elle a des rachis tomenteux et sur toutes ses parties des poils
blancs, assez longs, abondants, surtout à la surface inférieure; les sporothèces,
d'une couleur plus ou moins rougeâtre, se touchent tous et n'occupent que les
deux tiers supérieurs du segment fructifère; ils déterminent, sur la lame inférieure, une légère dépression qui correspond à leur point d'attache, et sont entourés ou même parfois plongés dans une touffe de poils. La base du pétiole primaire est armée de petites pointes et couverte de belles écailles dorées, lancéolées,
très-longuement acuminées, luisantes, jaune d'or, à marge légèrement denticulée;
il en est qui mesurent jusqu'à 4 centim. sur un peu moins de 2 millim. de largeur.
Le rachis des pinnules de 2ᵉ ordre, ainsi que le mésonèvre des segments, sont
garnis de petites écailles blanchâtres, étroites, rapprochées, ovoïdes, terminées en
pointe et bombées. C'est par là seulement qu'elle se rapproche de l'*A. loxoscapa*,
Mart.

† 22. CORCOVADENSIS, F.

Frondibus amplis, petiolo spinoso; rachibus primariis viridibus, lucidis, crassis, inermibus, superne profunde canaliculatis; frondulis primariis late lanceolatis, petiolatis, caudatis, glabris, rachi plano, sulcato; frondulis secundariis lanceolatis, basi subcordatis, apice late caudatis, lamina inferiori squamas ovatas, albidulas, ad nervillas simplices adhaerentes ferente; segmentis ovatis, obtusissimis; sporothecis paucis, remotis, ad basim segmentorum sitis; sporangiis crassis; sporis trigonis, opacis, nigrescentibus.

Habitat in Brasilia fluminensi ad montem Corcovado (Glaziou, n°° 985 et 1710).

Filix petiolis spinosis, squamosis; squamis formosis, lucidis, lanceolatis, acuminatis; margine erosis.

ICON.: *Tab. LVI, fig. 2.*

(Longueur des plus grandes frondules primaires, 42-46 centim.; le pétiole général, très-écailleux, atteint la grosseur du pouce; les frondules secondaires n'ont que 8 centim. de longueur sur 17-18 millim. de largeur; nous en comptons 18 à 20 paires.)

Cette espèce, quoique distincte, manque de caractère tranché, si ce n'est d'avoir des segments qui ne portent, de chaque côté du mésonèvre, qu'un seul sporothèce; elle est souple, assez transparente pour laisser voir les nervilles, qui sont simples et parfois bifurquées; les frondules sont terminées par une longue pointe dentelée; le pétiole, armé de courtes épines, porte de nombreuses écailles lancéolées, atténuées au sommet, roussâtres, luisantes et étroitement imbriquées.

† 23. CEROPTERIS, F.

Frondibus bipinnatis tripinnatisve, amplis, pedalis; stipite (petiolo) universali spinis brevibus, acutis armato; rachi primario crassissimo, flexuoso, depresso, supra sulcato, subtus canaliculato; frondulis primariis lanceolatis, acuminatis; petiolo brevi, basi dilatato, linea fusca circumdato; frondulis secundariis alternis, anguste lanceolatis, longe acuminatis, crenatis, subsessilibus, basi cordatis; lamina superiori glaberrima, siccitate fuscescente, lamina aversa, secretione albida tecta; granulis, ope vitrea, hexaëdricis; frondulis superioribus marginibus integris; sporotheciis rotundis; receptaculo globoso, crassiusculo; sporangiis crassis; annulo lato, vix obliquo, 12 articulato; sporis trigonis, laevibus.

  Habitat in Brasilia fluminensi (Glaziou, nº 981, et Serra do Conto, nº 3169) [1869].

 Filix arborescens; stipite squamosa; squamis longis, bicoloribus, lanceolatis, acuminatis, adpressis; margine integris.

  ICON. : *Tab. LVII, fig. 1.*

(Frondules primaires, 32-35 centim. de longueur; secondaires mesurées à la base, 5-6 centim. sur 9-11 millim. de largeur.)

Nous avons imposé à cette curieuse fougère le nom spécifique de *Ceropteris*, pour indiquer qu'elle sécrète sur la lame inférieure une matière céreuse, pareille à celle observée sur les *Ceropteris*; cette sécrétion, très-peu adhérente, est composée de molécules assez régulièrement hexaédriques. Les nervilles portent de très-petites écailles caduques, ovoïdes et blanchâtres. Les faisceaux vasculaires qui parcourent le stipe sont très-gros et comme anastomosés. La lame supérieure présente une petite fossette au point qui correspond aux sporothèces. Les écailles des pétioles sont très-grandes, acuminées, d'un blanc jaunâtre en leur pourtour et d'un brun rougeâtre au centre. Nous ne connaissons pas les dimensions du stipe.

† 24. DICHROMATOLEPIS, F.

 Frondulis petiolo longo, spinoso, glabro; squamis bicoloribus, marginibus latis, albidulis, striis transversalibus, approximatis notatis, ad centrum purpurascentibus; frondulis primariis oblongis, breve petiolatis, rachi primario virescente, lævi, superne striato; frondulis secundariis remotiusculis, lanceolatis, breve petiolatis, basi subcordatis, apice integerrimis; segmentis brevibus, rotundatis; nervillis simplicibus; squamis albis, ovatis, parvulis, remotis; sporothecis distantibus, paucis, partem superiorem segmentorum occupantibus; sporis crassis, trigonis.

  Habitat in Brasilia fluminensi, Serra os Orgaos (Glaziou, nº 1786).
 Filix squamis bicoloribus notata.

  ICON.: *Tab. LVII, fig. 2.*

(Frondules primaires, 40 centim. de longueur; frondules secondaires, 7 centim. sur 12-13 millim. de largeur; entre-nœuds, 2 centim. 18-20 paires de frondules.)

Deux caractères rendront facile la diagnose de cette espèce; d'abord et spécialement la couleur des écailles, blanches en leur pourtour, et d'une belle couleur brune au centre, portant de plus sur la marge de petits plis transverses; puis les frondules secondaires, qui se terminent vers le tiers supérieur par une large pointe anguleuse, très-longue, entière et stérile. Disons encore que les sporothèces, en petit nombre, n'occupent que la partie supérieure du segment fructifère.

† 25. IMPRESSA, F.

Frondibus incrmibus; rachi primario lævi, rubescente, supra bicanaliculato; frondulis primariis petiolatis, late lanceolatis, curvatis; rachiolo planiusculo, superne angusto bicanaliculato, pilosulo, inferne glabra; frondulis secundariis sessilibus, alternis, lanceolatis, acuminatis, acumine denticulato, segmentis oblongis, obtusissimis, arcuatis, apice dentatis; sporotheciis confluentibus, lete rubellis, in segmentis imis tantum ecolventibus, per tota segmenta 8-10; sporangiis crassis; annulo latissimo, laminam superiorem deprimentibus; sporis trigonis.

Habitat in Brasilia fluminensi (Glaziou, n° 983).

Filix venusta, rachidas rubescentibus, læribus; segmentis manifeste curvatis; segmentis basilaribus ultimis supra rachim sedentibus.

Icon.: *Tab. LVIII, fig. 1.*

(Longueur des frondules primaires, 42-14 centim.; les frondules secondaires atteignent 8 centim. sur 5 millim. de largeur, et les entre-nœuds 2 centim.)

Cette plante est souple, à nervilles simples; les frondules sont terminées en pointe et les segments notablement arqués; la lame supérieure, qui conserve la couleur verte après dessiccation, est fortement impressionnée au point où s'opère le développement du sporothèce, et il en résulte une petite fossette très-marquée; c'est là ce qui la caractérise, ainsi que la courbure des segments pinnulaires, dont les deux derniers s'appuient sur le rachis. Elle a du rapport avec l'*A. plagiopteris*, qui est aiguillonné et dont toutes les parties sont d'un vert livide, tandis que dans notre plante, qui est inerme, elles sont toutes rubescentes.

† 26. UNGUIS CATI, F.

Frondibus oblongis, petiolis squamosis spinosisque; squamis succineo colore, longis, lanceolatis, acuminatis; spinis validis, curvatis, acutis, approximatis; rachibus crassis, spinis curvatis, parcis armatis; frondibus primariis oblongo-elongatis, sessilibus, apice pinnatifido, longiusculo, rachibus trisulcatis, depressis; frondulis secundariis sessilibus, apice acutis; segmentis villosis; oblongis, arcuatis, sinu latiusculo separatis, marginibus integris; mesonerviis squamulosis; sporotheciis basilaribus, confluentibus; per tota segmenta 4-6; annulo loto completo.

Habitat in Sau-Ludovico *Brasiliensium* (Glaziou, n° 2297).

Filix sporotheciis basilaribus paucis; petiolis, spinis curvatis, inequibus catorum similibus, armata.

Icon.: *Tab. LVIII, fig. 2.*

(Longueur: frondules primaires, 55-60 centim.; frondules secondaires, 9-10 sur 2 centim. de largeur; entre-nœuds, 2 centim.)

Les segments, séparés par un assez large sinus, donnent aux frondules un aspect ouvert et comme dilaté; les sporothèces sont basilaires et en petit nombre. Les épines des pétioles sont recourbées, robustes et accrochantes. On les retrouve, mais beaucoup plus petites, sur les rachis primaires.

27. COMPTA, Mart., *Icon. crypt. Bras.*, p. 66, t. 41. *A. atrovirens*, Presl., *Tent. pter.*, p. 61. *Polypodium atrovirens*, Langsd. et Fisch., *Fil.*, p. 12, t. 14; Willd., *Filic.*, p. 88. Prov. Saint-Paul, par Martius; Rio-Negro, Spruce, n° 614. Sainte-Catherine, Langsdorff.

28. NIGRA, Mart., *Icon. crypt. Bras.*, p. 71, t. 47, Hook., *Sp. filic.*, I, p. 45. Brésil, Rio-Negro, Martius. — Pétiole et rachis aiguillonnés, que la figure citée reproduit en rouge-brun; elle est velue sur les rachis et les nervures: les frondules de 3° ordre sont pinnatifides, lancéolées, acuminées; les segments ont une marge ondulée-crénelée.

** Segments pinnulaires, dentés ou crénelés.

29. ARMATA, Presl., *Tent. pterid.*, p. 62, *non* Martius. *A. Swartziana*, Mart., *Icon. crypt. Bras.*, p. 73, t. 49. *Polypodium armatum*, Sw., *Syn. filic.*, p. 41. Brésil, Sellow. — Martius ne l'a pas trouvée au Brésil. Il existe une variété à *Menziesii*, que M. Hooker, *l. c.*, I, p. 40, a figurée d'après un spécimen provenant de la Jamaïque. Gardner, n° 118.

† 30. RUFA, F.

Frondibus amplis, petiolo armato; spinis validis, rectis, conicis, approximatisque; frondulis primariis lanceolatis, sessilibus, rachibus rufis, pharicanaliculatis, depressis, villosis; frondulis secundariis sessilibus, lanceolatis, approximatis, longe acuminatis, acumine apice tenuissimo serrato, subtus leviter glaucescentibus; segmentis adnatis, curvatis, oblongis, basi latiori, apice acuto, marginibus dentato-incisis, supra glabris, subtus pilosis, præcipue ad mesoneura; sporotheciis per tota segmenta 18-24, parcalis, maturitate confusis, rufis, ad laminam superiorem leviter impressis; annulo lato,

Habitat in Brasilia fluminensi (Glaziou, n⁰ˢ 2291 et 2292).

Filix frondibus amplissimis, petiolis spinosis, rachibus tacte asperis, segmentis crenato-dentatis.

ICON. : *Tab. LIX, fig. 1.*

(Longueur des frondules primaires, 80 centim. et plus; frondules secondaires, 12-15 centim. Les sinus qui séparent les segments ont environ 3 millim. d'ouverture.)

Très-grande et très-belle espèce à lame supérieure glabre, à lame inférieure très-velue, principalement sur le mésonèvre; écailles pétiolaires, roussâtres, luisantes, lancéolées, longuement acuminées, marge entière, dépassant 3 centim. Toute la plante a la même couleur que les écailles. Elle varie par des segments plus ou moins larges et se rapproche, par le port, de l'*A. Mexicana*, avec des écailles absolument différentes, de forme et de couleur, des frondules secondaires non acuminées et des segments beaucoup plus profonds; elle a aussi quelques rapports avec l'*A. hirsutissima*, F., *Hist. foug. des Antill.*, p. 95, de Saint-Domingue.

† 31. CONTRACTA. F.

Frondibus amplissimis, pilosis, petiolo glaberrimo, brevi, spinis armato, squamis longissimis, lanceolatis, fulvis, lucidis, acumine longissimo terminatis, marginibus integris; frondulis primariis, oblongis, acutis, rachi primario crasso, tomentoso, superne late canaliculato; basi nigricante; frondulis secundariis lanceolatis, pinnatifidis, sessilibus, acuminatis, alternis, approximatis, patulis; segmentis obovatis, marginibus contractis, apice acuminatis, mesonevro squamis parvulis, imbricatis vestito; sporotheciis basilaribus, rufis; per tota segmenta 6-8, annulo sporangiarum completo.

Habitat in Brasilia fluminensi (Glaziou, n⁰ˢ 2288 et 2296).

Filix ampla, segmentis pilosis, crenato-dentatis, basi angustioribus notata.

ICON.: *Tab. LIX, fig. 2.*

(Longueur: frondules primaires, 60-68 centim. sur 20-24 centim. d'envergure. Les écailles mesurent jusqu'à 6 centim.; le rachis primaire atteint la grosseur du doigt.)

Le pétiole, dans une grande partie de son étendue, est chargé d'écailles très-longuement acuminées, dorées, luisantes et d'une grande beauté; elles s'accompagnent de très-courtes épines coniques. Nous comptons jusqu'à 36 et 40 paires de frondules secondaires sur chaque frondule primaire, séparées par un entre-nœud de 2 centim. Les segments ne sont fructifères que dans leur tiers ou leur moitié inférieure, qui est sensiblement contractée; les segments stériles n'offrent pas ce caractère.

32. ACULEATA, J. Sm., *Lond. Journ. bot.*, I, 667. *A. armata*, Mart., *Icon. crypt. Bras.*, p. 72, t. 48. *Polypodium aculeatum*, Radd., *Fil. Bras.*, p. 27, t. 42 (*syn. exclus.*). *A. ferox*, Presl., *Tent. pter.*, p. 62. Brésil, Gardner, n° 27; la Jacobine, Blanchet; Glaziou, Rio-Janeiro, n°° 380 et 982. — Écailles luisantes, étroitement imbriquées, longues d'environ 2 centim., brunâtres, à marge légèrement déchiquetée, terminées en une longue pointe linéaire, rubanée. Stipe mince, ayant 18-20 centim. de circonférence. Croît en plein soleil, au niveau de la mer; monte rarement au delà de 400 mètres et n'a guère que de 1 à 3 mètres de hauteur.

33. LEUCOLEPIS, Mart., *Icon. Bras. crypt.*, p. 70, t. 46. Hook., *Sp. fil.*, I, p. 41. Brésil, Martius, Minas-Geraes; Gardner, n°° 5329 et 5331. — Très-distincte; le stipe est aiguillonné. Les écailles blanches qui se trouvent sur le mésonèvre des frondules secondaires et sur le mésonèvre des segments, sont plus ou moins écartées, ovoïdes et un peu bombées.

34. PALEOLATA, Mart., *Icon. crypt. Bras.*, p. 68, t. 43. *A. mucita*, Presl., *Tent. pterid.*, p. 62. *Cyathea Sellowiana*, Hook., *Sp. filic.*, I, p. 23. Martius, Saint-Paul, Sebastianopolis, Bahia.

35. HIRTA, Kllss., *Enum.*, p. 249; Martius, *Icon. crypt. Bras.*, p. 69, t. 44. Gaudich., *Voy. Freyc.*, p. 366. Brésil, Martius, Prov. de Saint-Sébastien; Rio-Janeiro, Raddi; Glaziou, n°° 381, 984, 1004, 1708 et 1709. — Les écailles, qui sont luisantes, jaunâtres, étroitement lancéolées, portent à la base une petite tache rougeâtre. Le rachis et ses principales divisions sont aiguillonnés; la consistance du stipe est fort dure, sa densité considérable et sa couleur d'un rouge ochracé intense. Stipe s'élevant de 4 à 6 mètres sur 18-20 centim. de circonférence.

36. AXILLARIS, Radd., *Filic. Bras.*, p. 27, t. 41, *sub polypodio*; *Alsophila axillaris*, Th. Moor., *Ind.*, p. 48 (*synonym. plurib. exclusis*). *Phegopteris axillaris*, F., *Gen. filic.*, p. 243. Brésil, Raddi, Rio-Janeiro. Glaziou, même localité, n° 1711, et n° 2298 à Cova do Onça. Stipe épineux; écailles lancéolées, minces, longuement acuminées, de couleur rougeâtre, avec une tache brune au point d'attache; épines assez longues, droites, aiguës, sur un stipe rougeâtre.

† 37. PECTINATA, F.

Frondibus bipinnatis, tripinnatisve? rachi primaria depressa, virescente, supra sulcato, piloso; frondulis primariis petiolatis; apice acuto; petiolo inferne

tomentoso, racheola superne piloso ; frondulis secundariis lanceolatis, profunde pinnatifidis, caudatis, sessilibus, cauda eleganter crenata ; segmentis
anguste oblongis, satis distantibus, crenatis ; segmento basilari minori ; nervillis simplicibus ; sporotheciis distinctis ; sporangiis laxe insitis ; annulo lato ;
sporis trigonis, laevibus, vitreis, numerosissimis.

Habitat in Brasilia fluminensi, circa Tijuca (Glaziou, n° 1704).

Icon. : Tab. LX, fig. 1.

Filix arborescens : petiolis laevibus, spinosis ; spinis sparsis, leviter curvatis.

(Frondules primaires, 50-56 centim., avec un rachis gros comme le petit doigt ; le pétiole et
les entre-nœuds mesurent 3 centim. Les frondules secondaires atteignent 12-14 centim. de longueur et les segments 2 centim. sur 3-4 millim. de largeur.)

Le pétiole général est lisse et épineux ; il porte de magnifiques écailles argen-
tées, satinées, pellucides, de 2 centim. de longueur, à marge entière, montrant à
la base un petit point noir, arrondi, par lequel elles adhèrent à leur support.
Cette espèce est caractérisée par des segments écartés, crénelés, dont les inférieurs atteignent presque la côte, enfin par la longue pointe, élégamment crénelée,
qui termine les frondules secondaires, pointe qui ne se montre pas à l'extrémité
des frondules primaires. Les deux lames sont discolores par dessiccation ; la supérieure est brune et l'intérieure d'un beau vert ; les écailles ont aussi un caractère
tout spécial.

† 38. LUDOVICIANA, F.

Frondibus amplis ; petiolo spinis brevibus, rectis, acutis armato, ad basim squamas magnas, lucidas ferente ; infas fasciculis vasorum, angustis, parallelis,
perpendicularibus peregrato ; frondulis primariis oblongo-elongatis, abrupte
terminatis, petiolatis ; petiolo rachique striato depressis, villosis ; frondulis
secundariis lanceolatis, vix petiolatis, alternis, approximatis ; mesoneuro
laminae inferioris squamoso ; squamis parvis, ovoideis, subimbricatis, segmentis oblongis, curvatis, repandis, villosulis ; sporotheciis pallidis, costa
approximatis, 3-5 per seriem, partem medianam et inferiorem segmentorum occupantibus ; sporangiis crassis ; sporis trigonis.

Habitat in Brasilia fluminensi [Saint-Louis] (Glaziou, n° 1785).

Icon. : Tab. LX, fig. 2.

Filix magna, flexibilis, squamoso-villosa.

(Frondules primaires, 50 centim. de longueur; frondules secondaires, 9-10 centim., séparées par un entre-nœud de 15 millim. Il en existe au moins 24 paires, parfois légèrement imbriquées par les bords.)

Cette plante se rapproche de l'*A. plagiopteris*. Les sporothèces, au nombre de 4, et plus rarement de 5 par rangée, sont très-rapprochés, mais non confluents; les écailles qui entourent la base du pétiole général, lequel, dans notre spécimen, est rougeâtre, sont très-raides, lancéolées, acuminées, à marge denticulée, brunâtres, imbriquées et très-luisantes; elles peuvent atteindre jusqu'à 3 centim. de longueur. Les sporothèces sont blanchâtres; ils impressionnent la lame inférieure à leur point de développement. Les pétioles portent une assez grande quantité d'épines éparses, droites et courtes.

† 39. GLUMACEA, F.

Frondibus glabris, rachibus sulcatis, robustis; frondulis primariis petiolatis, oblongis, apice pinnatifido elongato, rachi sulcato, sulco lato, tomentoso; frondulis secundariis sessilibus, lanceolatis, in acumine longo terminatis; segmentis oblongis, basi leviter dilatatis, marginibus basi ad apicem crenatis, sinu latiusculo separatis, inferioribus paululum minoribus; sporotheciis per tota segmenta 12-16, satis parvis, centralibus; annulo completo.

Habitat in Brasilia fluminensi (Glaziou, n° 2290).

Filix ampla, petiolis exasperatis, squamosis; squamis helveolis, lanceolatis, acuminatis, scariosis, albis, ad basim punctum fuscum ferentibus.

ICON.: *Tab. LXI, fig. 2.*

(Longueur: frondules primaires, 70 centim.; secondaires, 12-14 sur 2,5 de largeur. Nous comptons au delà de 30 paires de frondules, séparées par un entre-nœud de 2 centim. Le pétiole atteint la grosseur du doigt.)

Cette espèce est caractérisée par des segments légèrement arqués, crénelés dans toute leur étendue, élargis brusquement à la base; ils forment des sinus dont la base est anguleuse. Les écailles sont ovales, médiocrement acuminées, scarieuses et ressemblant aux glumes de quelques espèces de graminées, celles qui en portent de très-grandes, l'avoine, par exemple.

† 40. NIGRESCENS, F.

Glaberrima, rachibus primariis, aculeis brevibus armato, secundariis inermibus, omnibus nigrescentibus, lævibus; frondulis primariis lanceolatis, petiolatis, acuminatis, rachi depresso, pilosulo; frondulis secundariis petiolatis,

alternis, lanceolatis, acutis, segmentis obovatis, marginibus et apicibus cre-
natis, mesoneuro squamulas ovatas ferente; sporangiis parvis, per tota seg-
menta 10-12.

Habitat in Brasilia fluminense (Glaziou, n° 2289).

Filix nigrescens, petiolis aculeatis, squamis helveolis, lanceolatis, longe acu-
minatis, integris lucidisque.

Icon. : *Tab. LIV, fig. 1.*

(Longueur des frondules primaires, 10-40 centim.; frondules secondaires, en moyenne, 8-10
sur un peu moins de 10 centim. de largeur; écailles, 2 centim.; entre-nœuds, 2 centim.)

Elle se rapproche, par la couleur, de l'*A. nigra*, de Martius ; elle en diffère par
des poils étalés, des rachis secondaires et des nervilles velues (*hirsutæ*). Les frondules secondaires ne sont pas non plus pinnatifides ; l'auteur annonce aussi, comme
se trouvant sur les rachis partiels, des écailles que nous ne voyons pas ici ; enfin,
les pinnules secondaires, très-manifestement pétiolées dans notre espèce, sont
sessiles dans la plante à laquelle nous la comparons.

41. MEXICANA, Martius, *Icon. crypt. Bras.*, p. 70, t. 45 ; Hook., *Sp. filic.*, I, 47.
Rio-Janeiro, d'Orbigny, n° 14. (H. F.) — Frondes tripinnatifides, çà et là
villeuses ; pétiole et rachis hérissés et couverts de grandes écailles et de paléoles
fugaces. Les frondules sont linéaires-oblongues, sessiles, aiguës, terminées
en pointe, avec des segments qui atteignent la marge et qui sont très-
fortement crénelés et obtus ; les sporothèces ont une couleur rougeâtre. Le
spécimen recueilli par d'Orbigny, à Rio-Janeiro, ne diffère pas de l'espèce
mexicaine.

42. BLANCHETIANA, Presl., *Epim. bot.*, p. 28. Blanchet, *Herb. Bras.*, n° 77. —
Fronde coriace, bipinnée, à frondules courtement pétiolées ; à segments
ovales-oblongs, obtus, denticulés, courbés en faux ; rachis inermes ; le stipe
n'est pas connu.

† 43. TIJUCENSIS, F.

Frondibus glaberrimis; rachibus primariis pallide fulvis, lævissimis, profunde
trisulcatis, spinas acutas, breves, sparsas ferentibus; frondulis primariis
elongato-oblongis, breve petiolatis, pinnatis, rachibus gracilioribus, canali-
culatis, rubescentibus; frondulis secundariis lanceolatis, pinnatifidis, sessi-
libus, apice caudatis, cauda tenui, leviter crenata; segmentis oblongis, cur-
vatis, marginibus integris, vix ad apicem crenatis; sporotheciis basilaribus,
partem medianam segmentorum occupantibus; receptaculo villosissimo.

Habitat in Brasilia fluminensi, ad Tijuca (Glaziou, n°s 1221 et 1707).

Filix rigida, glaberrima, squamis lutescentibus, lanceolatis, longe acuminatis, basi nigrescentibus.

Icon. : *Tab. LXIII, fig. 1.*

(Longueur : frondules primaires, 42-45 centim.; frondules secondaires, 7-9 sur 12-13 millim. de largeur; les écailles, presque capillacées, mesurent 2 centim.)

Cette espèce est caractérisée par l'absence de poils, par son opacité, sa rigidité et par la nature de ses écailles; elle est élastique et très-ferme; le réceptacle est chargé de poils intestiniformes, dans lesquels les sporanges sont comme plongées; le rachis a une saveur sucrée.

78. LOPHOSORIA, Presl., *Die Gefässh.*, p. 37.

Ce genre, créé par Presl, *l. c.*, a été formé aux dépens des genres *Cyathea* et *Alsophila;* il repose sur des caractères assez légers, que pourtant vient confirmer le port. Ce sont des fougères à larges frondes, très-divisées, couvertes plus ou moins abondamment de poils roux cotonneux et articulés; Presl, parlant des nervilles, dit que près de la marge elles s'unissent en arc, ce que nous n'avons pu voir. Les spores sont grosses et trigones; les sporanges sessiles et fort grandes; l'anneau, qui n'est point oblique, devrait faire placer ces plantes à la suite du genre *Phegopteris;* il compte de 20 à 30 articulations, suivant les espèces; celles-ci sont très-étroitement unies entre elles.

1. PRUINATA, Presl., *l. c.*, p. 37. *Polypodium glaucum*, Sw., *Prodr.*, p. 134. *P. griseum*, Schkh., *Crypt. Gew.*, p. 25, t. 25 *b, reduct. Alsophila pruinata*, Klfss, *Herb. et auct. plurim. Cyathea discolor;* Bory, *Voy. Duperrey*, p. 281. Glaziou, Rio-Janeiro, n°s 377, 1232 et 1705. Ile Sainte-Catherine, à Destorro, Mme Fanny Gauthier. — Sporothèces de couleur rouge, formés de sporanges sessiles, lâchement unies, entremêlées de poils courts, de même nuance; anneau portant 28-30 articulations; segments étroits, crénelés, médiocrement convolutés après dessiccation. Elle s'élève, au Chili, à 4 mètres environ.

2. CÆSIA, Presl., *l. c.? Polypodium cæsium*, Presl., *Reliq. Haenk.*, I, 27. Glaziou, Brésil, fertile, n° 1232, Rio-Janeiro. — Elle a inférieurement une teinte bleuâtre très-prononcée; les poils sont peu nombreux; la lame supérieure est brunâtre et luisante. La consistance est moins raide que dans l'espèce précé-

dente. Au lieu d'écailles, la base des frondes est couverte de longs poils,
mous et dorés, intestiniformes vus sous le microscope.

† 3. DORSALIS, F.

*Frondibus amplissimis, glaberrimis; petiolo aspero, brevibus spinis armato,
basi turgido; rachibus lævibus, helveolis; frondulis primariis discoloribus,
supra intense viridibus, subtus glaucescentibus, lanceolatis, sessilibus; rachi
depresso; frondulis secundariis lanceolatis, sessilibus, caudatis, caudata crenata, segmentis oblongo-elongatis, opacis, duris, obtusis, crenatis; sporotheciis dorsalibus, per tota segmenta 12-14, in senectute confusis, bases
segmentorum tectantibus.*

    Habitat in Brasilia fluminensi (Glaziou, n° 2287; *in loco v. d.* Novo-
        Friburgo, *ad ripas rivulorum*).

Filix rigida, dura, opaca, multifrondulosa, glaberrima. An species Alsophilæ?

ICON. : *Tab.* LI, *fig.* 3.

(Longueur : frondules primaires, 45-50 centim.; les secondaires, 7-8 sur 15-17 centim. de
largeur; nous comptons 20 paires de frondules secondaires et autant de segments sur chacune
d'elles.)

Cette plante est fort belle et très-ample, glabre comme toutes ses congénères.
Les poils qui recouvrent la base du pétiole, étroitement appliqués, sont sétacés
et très-raides. Les lames supérieures sont couvertes de petites écailles de carbonate de chaux. Est-ce accidentel? — Les sporothèces semblent s'appuyer contre
le mésonèvre; quoique très-rapprochés, ils sont distincts les uns des autres et assez
petits.

† 4. PROSTRATA, F.

*Frondibus tripinnatis, rigidis, amplis, petiolo crasso, basi curvato, nudo, pilis
lanatis obsito; frondulis secundariis late lanceolatis, apice acuminatis,
rachi plano, squamoso; frondulis tertiariis alternis, approximatis, petiolatis, petiolo brevi, squamoso; squamis rufis, basi pinnatis, superioribus
pinnatifidis; segmentis oblongis, glaucescentibus, crenatis; sporotheciis crassiusculis, rufescentibus; sporangiis sessilibus, magnis, annulo 20-24 articulato; sporis trigonis, crassis, semitranslucidis.*

    Habitat in Brasilia fluminensi, Serra do Couto (Glaziou, n° 3165) [1869].

*Filix formosa, glaucescens, superne glabra, subtus plus minusve squamulosa;
pilis longissimis, succinoideis, intestiniformibus.*

(Longueur des frondules primaires, 52-54 centim.; des frondules secondaires, 12-16 centim. sur 4 centim. d'envergure.)

Cette fougère ressemble beaucoup à l'*A. pruinata*; M. Glaziou nous écrit que le stipe est toujours couché sur le sol, circonstance qui décide de sa spécificité, le stipe de l'*A. pruinata* étant dressé et pouvant atteindre 2-3 mètres ou même davantage.

† 5. ACAULIS, F.

    Frondibus tri-quadripinnatis, rachibus glabris, depressis, bi-tricanaliculatis; frondulis primariis oblongis, in acumine longo serrato terminatis, patulis, remotis, longe petiolatis; frondulis secundariis lanceolatis, petiolatis, profunde pinnatifidis, longe attenuatis, rachi tenui depresso, in cauda argute dentata terminatis; segmentis glaucescentibus, sublinearibus, acutis, superne glaberrimis, inferne lanatis; sporotheciis laxis, ad basim superiorem dentium solitariis; sporangiis ut supra.

    Habitat in Brasilia fluminensi [Serra do Couto] (Glaziou, nº 3484).
    Filix acaulis, rigida, omnibus partitionibus remotis, satis flexibilibus.

(Longueur des frondules primaires, 50 centim., avec des entre-nœuds de 6-8 centim.; des frondules secondaires, 20-24 centim.; des tertiaires, 6 centim. sur 9-10 millim. de largeur.)

C'est la seule espèce qui soit acaule; elle est très-ouverte, souple, à segments assez écartés, crénelés, presque linéaires. M. Glaziou ne dit pas s'il existe un rhizome.

6. AFFINIS, Presl., *Die Gefässb.*, p. 37. Brésil, Glaziou, nº 1692; au Moro da Midozi, à 1,000 m. — Déterminé sur le spécimen authentique de Caracas, recueilli par Moritz et cité par Presl (H. F., nº 9). Rhizome rampant; couleur glauque manifeste; rachis canaliculé, glabre, flexueux. Plante cartilagineuse, opaque.

79. TRICHOPTERIS, Presl., *Delic. Prag.*, I, 172.

1. EXCELSA, Martius, *Icon. crypt. Bras.*, p. 63, t. 37, *sub alsophila (Chnoophora). Trichopteris*, Presl., *Del. Prag.*, I, p. 172. *Polypodium Tænitis*, Kllss., *Enum.*, p. 149. *Polypodium Corcovadense*, Radd., *Fil. Bras.*, p. 28, t. 40. Martius, au Corcovado et aux Minas-Geraes; Rio-Janeiro, Glaziou, nºˢ 382 et 1220. Serra do Couto, nº 3466? (*sterilis*). Gardner, nºˢ 5335 et 5336; docteur Miller,

île Sainte-Catherine, à Desterro, H. Gauthier. — Écailles jaunes, dorées,
lancéolées, très-longuement acuminées, mesurant 5 centim. de longueur;
épines courtes et robustes.

2. ELEGANS, Presl., *Tent. pterid.*, p. 59. *Alsophila (Chnoophora) elegans*, Mart., *Icon.
crypt. Bras.*, p. 63, t. 38. Prov. Saint-Paul, Minas-Geraes, par Martius; Sellow. Serra do Couto, Glaziou, n° 3166 (1869) [stérile].

3. CRENATA, Pohl, mss. *Alsophila crenata*, Kze., *Bot. Zeit.*, II, p. 212. Brésil.
(N. V.)

80. AMPHIDESMIUM, Schott., *Gen. filic. in notis.*

1. PARKERI, Schott., *l. c. A. Blechnoides*, Kze., *Linn.*, XXI, p. 253. *Metaxya rostrata*, Presl., *Tent.*, p. 60, t. 1, fig. 5 (*nervatio*). San-Gabriel, Spruce, n° 2404;
à Para, par le même, n° 35.

   Var. β *majus. Alsophila (Chnoophora) rostrata*, Mart., *Icon. crypt. Bras.*,
   p. 64, t. 39. Para et Rio-Negro.

B. HÉMITHÉLIÉES.

81. HEMITHELIA, Presl., *Die Gefässb.*, p. 41.

1. GARDNERIANA, Presl., *l. c. Alsophila Capensis*, Hook., *Sp. filic.*, I, p. 36 (*synon.
excl.*). *Amphicosmia riparia*, Gardner, *in Hook. Lond. Journ. bot.*, I, p. 141,
t. 12 (*syn. excl.*). Brésil, Serra os Orgaos, Gardner, n° 5954.

2. SELLOWIANA, Presl., *l. c.*, p. 45. *Cyathea Sellowiana*, Presl., *Tent. pterid.*,
p. 55; Hooker, *Sp. filic.*, I, p. 23. Brésil, Sellow. Serra d'Estrella, Weddell,
n° 871; Glaziou, n° 980.

3. MACROCARPA, Presl., *l. c.*, p. 44. *Cyathea Moricandiana*, Kze., *in littera ad Cl.
Moricandium*. Bahia, Blanchet, *Pl. Bras.*, n°⁵ 17 et 3227. (H. F.)

82. HEMISTEGIA, Presl., *Die Gefässb.*, p. 46.

1. INSIGNIS, F., *Hist. des foug. et lycop. des Antill.*, p. 98, f. 26. Rio-Janeiro,
Glaziou, n° 2420. — Cette belle espèce est tout à fait identique avec la plante
de la Guadeloupe. Elle est arborescente et inerme; les écailles du pétiole,
blanchâtres et assez semblables à des glumes, sont lacérées à la marge, longue-

ment acuminées et traversées par une ligne brunâtre. Les frondules se
présentent parfois opposées ; leurs segments portent des denticulations en
scie dans les trois quarts de leur étendue ; les nervilles sont souvent unies
à la base.

XXIII. CYATHÉES.

83. CYATHEA, Sm., *Act. Taur.*, V, p. 417.

** Segments pinnulaires à marge entière.*

1. ARBOREA, Sm., *l. c.* Sw., *Prodr.*, p. 139. *Hemithelia arborea*, F., *Gen. filic.*,
   p. 350. *Polypodium arboreum*, L., *Sp. pl.*, 1554. Plum., *Fil.*, tab. 1 et 2.
   Descourtils, *Antill.*, I, t. 63. *Dict. sc. nat.*, éd. Levrault, t. 57, Brésil.

   Var. β *Sternbergii*, Pohl, *in Sternb. Fl. der Vorw.*, 47, t. G. — F., *Hist. foug.
   et lyc. des Antill.*, p. 101, t. 27, fig. 1 (fronde et stipe). Blanchet,
   Igreja-Velha, Bahia, n° 2506. *An spec. distincta?* — Sporothèces en
   petit nombre, attachés à la base des segments pinnulaires. L'indusium
   est large, persistant et membraneux, flasque à l'état de dessiccation.
   Les pétioles sont inermes.

2. GARDNERI, Hook., *Sp. filic.*, I, p. 21, t. 10 A. Gardner, Arrial das Mercés,
   n° 5328, et Morro-Velho, n° 5333. Weddell, Minas-Geraes, n° 1062. Rio-
   Janeiro, n° 2282. — Cette plante est glabre, à frondules de 2ᵉ ordre sessiles, longuement acuminées, avec un acumen denté ; les segments sont
   arqués, séparés par un sinus de 2 millim. : ils portent de 6 à 8 sporothèces
   distincts, parfaitement globuleux ; on voit au sommet un point coloré en brun
   qui les surmonte. Le pétiole est assez robuste, canaliculé, chargé à la base
   de magnifiques écailles dorées, luisantes, linéaires, pouvant atteindre jusqu'à
   5 centim. ; elles y sont lâchement appliquées et forment d'épais coussinets.
   Le stipe atteint environ 3 mètres de hauteur sur 60-70 centim. de circonférence. Il est inerme et plus ou moins garni de racines adventives.

† 3. MAMILLATA, F.

   *Frondibus oblongo-lanceolatis ; rachibus glabris ; frondulis primariis remotis,
   sessilibus, lanceolatis, semi-pinnatis, acutis ; frondulis secundariis sessilibus, linearibus, pinnatifidis ; segmentis subtriangularibus, cauda longa
   angustissima, terminalis ; supra, mesonevro excluso, glaberrimis ; infra*

*longos pilos molles, albidulos ferentibus; sporotheciis rotundis, segmentum
totum tegentibus, sed semper distinctis, clausis, ad apicem mamillatis.*

Habitat in Serra-Carassa Brasiliæ (Galeotti, n° 247). [H. F.]

Filix elata, sporangiis globulosis, mamilla fusca notata.

Icon. : *Tab. LXIII, fig. 2.*

(Frende, 70 centim., avec des frondules primaires centrales de 15 à 17 centim.; frondules
secondaires, 4 centim. sur 5 centim. de largeur; le rachis est jaunâtre, déprimé et canaliculé; les
entre-nœuds mesurent 8 centim.)

Cette plante est caractérisée par des frondules primaires beaucoup plus courtes
que dans presque toutes les espèces connues de fougères en arbre et par des frondules secondaires linéaires, dont les segments ressemblent à de grosses dents; en
outre, les sporothèces, au nombre de 4-6 sur chaque segment, sont clos et sur-
montés d'un pore rougeâtre, ce qui leur donne tout à fait l'apparence de certaines
espèces de *porum* exotiques. Ce dernier caractère se retrouve dans le *Cyathea Gardneri*, Hook., *Sp. fil.*, I, p. 21, t. 10 a, mais c'est là le seul rapport qui existe
entre les deux espèces.

† 4. ACANTHOMELAS, F.

*Frondibus petiolo basi turgido, squamis angustis, numerosis, hirto, spinis
assurgentibus, acutissimis, rectis, nigris, basi late dilatatis; rachibus primariis depressis, inermis, falcis, sulcatis, frondulis primariis elongatis,
lanceolatis, rachi depresso, superne tricanaliculatis; frondulis secundariis
sessilibus, apertis, lanceolatis, cauda obtusiuscula terminatis, perfacile de-
lapsis; segmentis oblongis, prope laminam terminatis; sporangiis paucis,
basilaribus, pilis rigidis, fuscis, simplicibus aut bifurcatis immixtis; sporis
irregulatim trigonis, nigrescentibus.*

Habitat in Brasilia fluminensi (Glaziou, n° 379).

*Filix pinnulis articulatis, caducis; sporangiis paucis, ad imam segmentorum
evalventibus.*

Icon. : *Tab. LXIV, fig. 1.*

(Longueur des frondules primaires, 65-70 centim.; des frondules secondaires, 7-8 centim.;
elles sont larges de 1,3 centim. et séparées par un entre-nœud de même dimension.)

Deux caractères distinguent nettement cette plante : 1° un long pétiole, renflé à
la base, très-abondamment couvert d'écailles linéaires, frangées à la marge, dressées et d'aspect hérissé; du milieu de cette espèce de bourre s'élèvent des épines

éparses, très-aiguës, luisantes, très-noires, plus abondantes du côté externe que
du côté interne; 2° la facilité avec laquelle les frondules secondaires, qui sont
horizontales et articulées, se détachent du rachis. Cette espèce a, par ses frondes,
du rapport avec le *C. arborea*, Sm., qui est inerme.

† 5. TAUNAYSIANA, Glaziou, *in litter.*

> *Frondulis extensis, glabris, inermibus; petiolo crasso, rufescente, in utroque
> multistriato; frondulis primariis distantibus, remotis, alternis, oblongis,
> acutis, rachi superne breve piloso; frondulis secundariis linearibus, acumi-
> natis, patulis, sessilibus; segmentis oblongis, marginem attingentibus; spo-
> rotheciis totam laminam invadientibus et confluentibus; sporangiis crassis;
> sporis trigonis.*

> *Habitat in Brasilia fluminensi, circa* Tijuca (Glaziou, n° 1704).

> *Filix formosa; frondulis decrescentibus, remotissimis, basi squamosa, squamis
> longissimis, flavis, linearibus, capilliformibus.*

Icon.: *Tab. LXIV, fig. 2.*

(Frondes, 1 mètre et plus de longueur; frondules primaires, 25-27 centim.; frondules secondaires, 6 centim.; les segments, aussi larges que hauts, ont à peine 3 millim. Le stipe atteint
3 mètres sur 60-70 centim. de circonférence; la base est couverte de racines adventives.)

Cette belle espèce, que M. Glaziou a dédiée à la mémoire d'un peintre célèbre,
qui avait trouvé une seconde patrie au Brésil, est remarquable par la beauté des
écailles qui entourent les jeunes pousses et la base des pétioles d'un duvet délicat;
vues au microscope, elles apparaissent comme d'étroites membranes portant quelques dents à la marge; le réseau est formé de mailles étroites et très-allongées.
Toutes les parties de la plante sont assez écartées les unes des autres; les frondules se dégradent en dimension du sommet à la base, où elles se montrent rudimentaires. Les frondules secondaires ressemblent à la fronde du *Polypodium ma-
niliforme*, Sw.; elles sont sessiles, à nervilles très-rapprochées, fort déliées, assez
épaisses et fructifères à ce point de ne rien laisser voir de la surface envahie; les
pétioles portent des stries nombreuses.

† 6. ATTENUATA, F.

> *Frondibus amplis, rachibus inermibus, flavidulis laevibusque; frondulis pri-
> mariis glabris, petiolatis, oblongo-lanceolatis; rachi depresso, sulcato, apice
> elongato, longe attenuato; frondulis secundariis sublinearibus, pinnatifidis,*

*sessilibus, rigidis, segmentis oblongis, obtusis, crassis, opacis; sporotheciis
majusculis, globosis, in quavis lacinia 8-10; sporangiis crassis, cum squamis laceratis immixtis; annulo lato 24-28 articulato; sporis inæqualiter
trigonis.*

Habitat in Brasilia (Weddell, n° 1062).

Filix frondibus secundariis et tertiariis ad apicem longissime attenuatis notata.
Icon. : *Tab. LXVI, fig. 1.*

(Longueur des frondules primaires, 42-45 centim., avec des entre-nœuds de 10 centim.; les
secondaires mesurent 8 centim. sur 7-8 millim. de large, avec des entre-nœuds de 10-12 millim.)

Il sera facile de reconnaître cette espèce à ses frondules primaires et secondaires, terminées au sommet par une très-longue pointe, pouvant atteindre 2
à 2,5 centim. de longueur. Cette pointe devient flexueuse par la dessiccation;
les segments qui s'y attachent et qui sont entiers, se replient sur eux-mêmes par
dessiccation. Quoiqu'elle soit glabre, on trouve mêlées aux sporanges des espèces
d'écailles sinueuses, déchiquetées, dont les partitions sont étroitement linéaires.

** *Segmenta pinnularea dentata.*

† 7. FEEI, Glaziou, *in litter.*

*Frondibus amplis, patulis, rachibus primariis crassis, glabris; petiolo fusco,
spinis brevibus cribrato, squamis lanceolatis, acuminatis, fulvis; frondulis
primariisfrondulosis, pinnatis, petiolatis, oblongis, rachi tomentosa, superne
tricanaliculato, inferne unicanaliculato, apice vix pinnatifidis; frondalis
secundariis lanceolatis, subpetiolatis, pinnatifidis, patulis, apice longe caudatis; segmentis oblongis, crenatis, curvatis, caudatis, in parte superiori
sterilibus; sporotheciis ad maturitatem confusis, rufidulis.*

Habitat in Brasilia fluminensi (Claussen, n° 114, et Glaziou, n° 2286).
*Filix magna; frondalis et segmentis in parte inferiori tantum fructiferis, spo-
rotheciis supra laminam superiorem impressis.*

Icon. : *Tab. LXVI, fig. 2.*

(Longueur des frondules primaires, 70 centim.; les secondaires, 11-13 centim. sur 2 centim.
de largeur; le sinus qui sépare les segments a 2 millim. de largeur; nous comptons près de
40 paires de frondules secondaires, séparées par un entre-nœud de 2 centim. Le stipe, qui est
dépourvu de racines adventives, est le plus élevé des espèces de cette tribu.)

Cette espèce est fort grande et de très-beau port; les rachis primaires atteignent
la grosseur du petit doigt; ils sont lisses et portent quelques épines courtes. Le
rachis de la frondule primaire est déprimé et comme strié du côté supérieur de la

lame, impressionnée par les sporothèces au point qui correspond à leur attache; ils ne couvrent que les deux tiers des frondules secondaires et laissent libre le tiers supérieur des segments.

8. SERRA, Willd., *Fil.*, p. 491; Hook., *Sp. filic.*, I, p. 17, t. 9 A. — F., *Hist. faug. et lycop. des Antill.*, p. 101. Brésil, Gardner, n° 2900; Claussen, n° 258. — Segments linéaires, légèrement courbés, crénelés, mais à marge entière au sommet dans quelques variétés.

9. VESTITA, Mart., *Icon. crypt. Bras.*, p. 75, t. 52. *C. Delgadii*, Pohl, *in Sternb. Flor. der Vorwelt*, t. B. Brésil, province Saint-Paul et Saint-Sébastien, Martius; Brésil, province de Ceara, Gardner, n° 1907.

10. MEXICANA, Schlecht., *Linn.*, V, p. 616; Mart. et Galeotti, *Filic. Mexic.*, p. 79, n° 6335. Tijuca, dans les forêts, L'Hotschy? — Arbre de 5 à 7 mètres; frondules secondaires sessiles, acuminées-caudées; segments assez petits, obtus, à marge fortement crénelée et abondamment chargée de sporothèces connivents, de couleur roussâtre.

11. SCHANSCHIN, Mart., *Icon. crypt.*, p. 77, t. 54. *C. oligocarpa*, Kze., *Linn.*, IX, p. 101. *Syn. pl. crypt.*, Pœpp. Prov. Saint-Paul et Minas-Geraes, Martius, Sellow; Serra os Orgaos, Gardner, n° 5955? Claussen, à la Nouv.-Fribourg, n° 257; Rio-Janeiro, Glaziou, n°s 986, 1703, 1707 (*partim*) et 2285. — Les rachis principaux, munis de très-petites épines, sont glabres. Les écailles, dorées, luisantes, très-lisses, à marge entière, portent quelques longs poils déliés: elles atteignent jusqu'à 3,5 centim. de longueur. Le pétiole est roussâtre, lisse et épineux; ses épines, assez déliées et flexibles, ont environ 4-5 millim. de longueur.

12. HIRTULA, Mart., *l. c.*, p. 76, t. 53. Serra do Mar, Bahia. — Frondes bipinnées; rachis brunâtres, légèrement hérissés; frondules linéaires aiguës, poilues sur les deux faces, pinnatifides; segments ovales lancéolés, obtus, faiblement crénelés; sporothèces peu nombreux; pétioles armés d'aiguillons.

† 13. SPHÆROCARPA, F.
Frondibus patulis, pilosis, rachibus ferrugineis, tomentosis; petiolo fusco, glabro, spinis conicis, fuscis; frondulis pinnatis, lanceolatis, petiolatis, rachi depresso, superne et inferne canaliculato, pilosissimo, apice brevissime pinnatifidis; frondulis secundariis lanceolatis, sessilibus, apice crenato-

segmentis oblongo-elongatis, subtiliter crenatis, inferioribus minutis, omnibus curvatis, obtusissimis, mesonevro squamoso, marginibus integris; sporotheciis globosis, distinctis, per tota segmenta 7-8.

Habitat in Brasilia fluminensi (Glaziou, n° 2283).

Filix villosa; petiolis spinosis squamosisque; squamis rigidis, opacis, lucidis, lanceolatis, acuminatis.

Icon. : *Tab. LIII, fig.* 2.

(Longueur : frondules primaires, 48-54 centim.; frondules secondaires, 8-9 centim. sur 10 millim. de largeur; nous comptons une trentaine de paires de frondules secondaires; squames, en moyenne 1 centim.)

Cette espèce est velue; elle manque de caractères saillants; ses sporothéces globuleux, assez petits et de couleur dorée, la forme de ses écailles et celle de ses épines, la feront facilement reconnaître. Les segments atteignent presque le mésonèvre.

14. INCURVATA, Kze., *Linn.*, XXIII, p. 579. Brésil, Minas-Geraes, Regnell, I, 477. — Frondes coriaces, discolores; frondules secondaires courtement pétiolées, courbées au sommet; segments triangulaires ovales, oblongs, en fanx, obtus, à marge crénelée. Le stipe est inconnu. (N. V.)

15. MONTICOLA, Presl, *Die Gefässb.*, p. 39, t. 7, f. 12 (coupe du stipe). *Alsophila monticola*, Mart., *Crypt. Bras.*, p. 75; Hook., *Spec. filic.*, I, 45. Minas-Geraes; Villafranca, Freireis; Martius, *l. c.* — Fronde bipinnato-partite; rachis et nervilles inférieurement pileux, tomenteux en dessous; les frondules secondaires sont oblongues, lancéolées, avec des segments linéaires, oblongs, sous-pinnatifides et denticulés; les sporothéces, presque solitaires, occupent chaque côté des segments.

† 16. BEYRICHIANA, Presl, *Tentam.*, p. 55; Hook., *Spec. filic.*, I, 21, et *Icon. pl.*, n° 623. *Amphicosmia Beyrichiana*, Th. Moor., *index.*

Frondibus amplis; frondulis primariis oblongis, sessilibus, apice abrupte terminatis; rachibus primariis robustis, inermibus, brevissime tomentosis, supra late canaliculatis, depressis; rachibus secundariis supra fuscis, viscosis? frondulis secundariis lanceolatis, mesonevro squamuloso; segmentis in tota longitudine liberis, apice obtusissimis, dilatatis; apice subcrenulato; sporis trigonis.

Habitat in Brasilia fluminensi (Gardner, nº 435 ; Weddell, Serra d'Estrella, nº 874 ; Glaziou, nº 980).

Filix arborescens, stipite spinoso, spinis nigrescentibus, squamis linearibus, margine denticulato circumdatis.

Nous décrivons cette plante d'après le spécimen nº 980 de M. Glaziou. Il nous a semblé qu'il fallait en présenter les caractères d'une manière précise.

Cette espèce controversée a passé successivement dans divers genres ; elle est caractérisée par des segments pinnulaires, notablement élargis au sommet ; par des épines noires, coniques, cachées dans une sorte de coussinet formé d'écailles linéaires à marge denticulée, ayant l'apparence du foin desséché ; elles sont marginées de blanc ; le rachis primaire est lisse, inerme, déprimé, largement sillonné en dessus et bombé en dessous. La plante est discolore, brunâtre en dessus et verdâtre en dessous. Cette dissimilitude de couleur est surtout remarquable chez le rachis des frondules primaires.

† 17. LEUCOSTICTA, F.

Frondibus longe petiolatis; petiolo squamoso; squamis cinereis, curvatis, linearibus, albo marginatis; spinis nigris, brevibus, basi incrassatis; frondulis primariis oblongo-lanceolatis, subsessilibus; rachi crasso, inermi, glabrescente, apice abrupte terminatis; frondulis secundariis patulis, lanceolatis, alternis, acutis, glabris, mesoncero squamuloso; segmentis oblongis, crenulatis, ad basim et apicem dilatatis, costam attingentibus; sporotheciis per tota segmenta 5-6, apice sterili; sporangiis rotundis, annulo lato, vix obliquo, 14 articulato, perfacile soluto; sporis trigonis, lutescentibus.

Habitat in Brasilia fluminensi (Glaziou, nº 1700) [Tijuca].

Filix inermis, glabra, rachibus glabriusculis; squamis cinereis; spinis validis, basi incrassatis.

ICON.: *Tab. LXV.*

(Frondules primaires, 45-47 centim. de longueur ; frondules secondaires, 9 centim. sur 15-17 millim. de largeur ; entre-nœuds distants d'environ 2 centim.)

Cette espèce est caractérisée par des frondules primaires brusquement terminées en une pointe, dont les segments supérieurs sont entiers, et surtout par sa squamation, qui consiste en un amas d'écailles linéaires, rubescentes, assez souples ; les segments, très-obtus, sont légèrement crénelés ; les sporothèces n'envahissent que la moitié inférieure de chaque segment. Les pétioles sont très-longs, verdâtrès, à épines écartées; ils portent, vers le bas, de très-petites frondules très-découpées, à segments oblongs, pétiolulés. Les lames sont tiquetées de petites plaques blanchâtres, irrégulières, légèrement boursouflées; elles adhèrent à l'épiderme, dont il est difficile de les séparer.

✝ 18. ABRUPTE CAUDATA, F.

> *Frondibus pilis ferrugineis, obsitis; petiolis fuscis, spinis brevibus et squamis lanceolatis, ovatis, acuminatis vestitis; frondulis primariis oblongis, villosis, rachi tomentoso, unicanaliculato; frondulis secundariis sessilibus, lanceolatis, abrupte caudatis, cauda subtiliter crenatis; sporotheciis 6-8 per tota segmenta, ad maturitatem confusis et tunc faciem acrosticharum referentibus.*

> *Habitat in Brasilia fluminensi* (Glaziou, nᵒ 2284).

> *Filix ferruginea, tota villosa, rachibus primariis tomentosis, spinescentibus, secundariis inermibus; sporotheciis confluentibus.*

ICON.: *Tab. LXII, fig. 2.*

(Longueur des frondules primaires, 36-40 centim.; des secondaires, 7-8 centim. sur 42 millim. de largeur avec des intervalles de 11-12 millim., nous comptons 22-25 paires de frondules; les écailles ne dépassent guère 1 centim.)

Elle est facile à reconnaître à la couleur ferrugineuse-roussâtre de ses rachis et de leurs subdivisions; les frondules secondaires sont rapprochées les unes des autres; les segments ont une marge crénelée et ne produisent de sporothèces que dans leur moitié inférieure; ils sont ordinairement confluents. Le pétiole, qui est rougeâtre, porte à sa surface de petites aspérités.

19. DENTICULATA, Goldm., *N. act. N. C.*, XIX, suppl. 466. Brésil. — Elle nous est inconnue.

NB. Ce beau groupe renferme les fougères en arbre, celles qui attirent les regards des voyageurs et qui donnent, avec les palmiers, une physionomie toute spéciale au paysage. Les frondes prennent un développement considérable, 2 à 4 mètres; à très-peu d'exceptions près elles ont, en grand, l'aspect de nos *Phegopteris* et de nos *Aspidium*. Les pétioles sont très-fréquemment épineux, le tronc pouvant être inerme. Toutes ces plantes n'ont pas la majesté de port que semble indiquer l'épithète de fougères en arbre. En ce qui concerne les espèces brésiliennes de ce groupe, M. le docteur Glaziou nous écrit qu'elles peuvent être divisées en trois groupes: 1ᵒ les minces, de 18-20 centim. de circonférence, qui dépassent rarement 400 mètres d'altitude au-dessus de la plaine; 2° les moyens, qui atteignent de 30 à 35 centim. de circonférence sur 6 à 8 mètres de hauteur; c'est la taille de la majorité des fougères brésiliennes; 3° les gros, qui ont de 60 à 70 centim. de circonférence, avec de nombreuses racines adventives; ils sont toujours dépourvus d'épines, et leur stipe mesure rarement plus de 3 mètres. Quelques espèces sont herbacées et ne produisent qu'un gros rhizome fibrilleux. Parmi les *Lophosoria*, il existe une espèce acaule et une autre qui rampe sur le sol. On voit que si l'on trouve l'élégance du port, la majesté des proportions n'existe pas.

Les Alsophilées et les Cyathées sont de détermination difficile; on n'a pu les figurer que partiellement. Il faut s'aider du port du stipe, de la présence ou de l'absence des épines sur les pétioles et surtout des écailles très-différentes de forme, de couleur et de proportions.

II. HYMÉNOPHYLLACÉES.

I. TRICHOMANOIDÉES.

84. HYMENOSTACHYS, Bory, *Dict. classiq. hist. nat.*, t. 8, p. 462.

1. DIVERSIFRONS, Bory, *l. c.*, *cum icone. Feea Boryi*, V. den Bosch. *Hym.*, p. 7. — Récolté pour la première fois à Cayenne, par Poiteau, botaniste aussi savant que modeste; puis vers Saint-Gabriel, de Rio-Negro, Brésil septentrional, par Spruce, n° 2182. C'est pour Presl, *Hymen.*, p. 11, le *Trichomanes osmundoides*, de Poiret. — Les frondes stériles sont pinnatifides; les fructifères, beaucoup plus longues, étroitement linéaires et à marge entière, portent autant de pyxidules qu'il y a de nervures. Cette plante a été imparfaitement connue de Rudge, qui en avait fait un *Trichomanes elegans*. La fronde fertile est exactement celle du *Feea polypodina*, Bory.

2. HUMBOLDTII, V. den Bosch, *Hymenoph.*, p. 7, *sub Feea. Trichomanes heterophyllum*, H. Boupl. et Kth., *Nov. Gen.*, I, p. 25. Dans les environs de Santarem, prov. de Para (sans numéro). — Nous ne croyons pas que cette espèce appartienne en réalité au genre *Hymenostachys*. Les frondes stériles ont une autre consistance; elles sont pinnées et attachées sur un rhizome rampant; les pétioles et les frondules portant de longs poils, faiblement adhérents; les

frondes fertiles, au lieu d'être formées de parties soudées, simulant un épi contracté, constituées par des segments arrondis imbriqués, largement attachés sur le pétiole. — Ce serait peut-être un genre à former et il serait intermédiaire entre le *Feea* et l'*Hymenostachys*.

85. NEVROPHYLLUM, Presl., *Hymenoph.*, p. 18, t. IV, fig. c.

1. HEDWIGII, V. d. Bosch, *Hymen.*, p. 8. *Trichomanes pinnatum*, Hedw., *Gen. et spec. fil.*, fasc. 1, t. 4, f. 1. F., *Hist. foug. et lycop. des Antill.*, p. 104. *Nevrophyllum pinnatum*, Presl., *l. c.*, p. 19. Claussen, Brésil, n° 432.

2. PENNATUM, Klfss., *Enum. fil.*, p. 264, *sub trichomanoide*. *Trichomanes floribundum*, H. et B., *in Willd.*, *Fil.*, p. 505; Hook. et Grev., *Icon.*, n° 9; Mart., *Herb. Bras.*, n° 432; Luschnath, n° 33. Rio-Janeiro, Glaziou, n° 2243.

3. ABRUPTUM, F., *Mém.*, I, p. 14, t. 1, f. 5. *N. Hostmannianum*, Kl., *in Linn.*, XVIII, p. 532. Brésil (*teste* Kze.).

86. TRICHOMANES, Presl., *Hymenophyll.*, p. 13.

** Frondes dressées, souples.*

1. INCISUM, Klfss., *Enum.*, p. 261. *T. cognatum*, Presl., *Hymen.*, p. 16 et 41. Brésil mérid., Chamisso, Tweedie, Macrae, Beechey. Glaziou, Rio-Janeiro, n° 460, 918, 1648, 1672, 2257 et 2466; Sainte-Catherine, H. Gauthier. — Cette espèce est-elle bien celle qui a été figurée par Bory, tab. 38, fig. 1, du *Voyage de Duperrey* et ne semble-t-elle pas plutôt se rapporter au *T. sinuosum?* Le *T. incisum*, Minas-Geraes, Gardner, n° 5326, tel que nous l'avons sous les yeux, est facile à reconnaître aux pyxidules, dont les marges sont extrêmement divariquées. La plante est ciliée d'assez longs poils, souvent étoilés; elle varie par des frondes plus ou moins larges.

2. BANCROFTII, Hook. et Grev., *Icon.*, n° 204. *T. coriaceum*, Kze., *Linn.*, IX, p. 105, et *Analecta pterid.*, p. 45, t. 29, f. 1. Brésil, Poeppig.

3. BICORNE, Hook., *Centur. of ferns*, t. 82. Sau-Gabriel de Rio-Negro, Spruce, n° 2334. — Les pyxidules portent, sur le côté, deux prolongements simulant deux cornes, particularité qui caractérise nettement cette espèce.

4. SINUOSUM, Willd., *Filic.*, p. 502. *T. quercifolium*, Desv., *in Berol. mag.*, V,
   p. 328, *non* Hook. et Grev. *T. Poeppigii*, Presl., *Hym.*, p. 16 et 41? Ile Sainte-
   Catherine, à Desterro, H. Gauthier. — Translucide, très-souple, portée sur
   un rhizome très-délié, et rampant. Dimensions variables. Elle a été figurée
   par Lamarck, *Illustr.*, t. 871, f. 1, et par Hooker et Greville, *Icon.*, n° 43,
   sur un grand spécimen. Les columelles sont flexueuses et fort longues.

5. PELLUCENS, Kze., *Linn.*, IX, p. 104, et *Suites à Schkk.*, p. 158, t. 68. Brésil,
   Martius; M'Rae. — Elle est villeuse et les lèvres des pyxidules sont entières.

† 6. AURATUM, F.

> *Frondibus pinnato-pinnatifidis, lanceolatis, acutis, petiolo rachique purpu-*
> *reis, pilis longiusculis, auratis, obsitis; frondulis villosissimis, oblongis, pel-*
> *lucidis, approximatis, sæpe imbricatis, infimis minoribus, segmentis undu-*
> *latis; sarculo erecto; pyxidulis ore dilatato inclusis, columella crassiuscula,*
> *setacea; nervillis tenuibus; arcolis telæ cellulariæ minutis.*
>
> *Habitat in Brasilia fluminensi* (Glaziou, n° 2465).
>
> *Filix formosa, pilis longissimis, auratis falcisque; petiolo et rachi purpurea.*
>
> ICON. : *Tab. LXVII, fig. 1.*

(Longueur des plus grandes frondes, 25-30 centim. sur 3-4 centim. d'envergure; le pétiole
fait environ la moitié ou les deux cinquièmes de la longueur totale.)

Cette espèce est très-délicate, dressée sur une souche assez grosse; toutes ses
parties sont couvertes de longs poils, étalés, flexueux, les uns dorés, les autres
fauves; sur les jeunes frondes ils prennent un aspect soyeux; la transparence est
parfaite. Les mailles du tissu sont fort petites et allongées; les pyxidules entourées
dans toute leur étendue par le tissu des segments sur lesquels elles naissent.

7. CRISPUM, L., *Sp. pl.*, 2ᵉ édit., p. 1560; V. d. Bosch, *Hym.*, p. 18, *nec* Hedw.,
   nec Hook. Barra, Rio-Negro; Spruce, Vauthier. Minas-Geraes, n° 675. —
   Frondes pinnatifides, lancéolées, à frondules parallèles, un peu denticulées.

8. CRISTATUM, Klfss., *Enum.*, p. 265. Gardner, Rio-Janeiro; Glaziou, n° 2054.
   Sainte-Catherine, H. Gauthier. — Les pyxidules sont bidentées.
   Var. *macrothrix*, F. Rio-Janeiro, Glaziou, n° 2246. — Elle ne diffère du type
      que par des columelles d'une longueur considérable, pouvant atteindre
      jusqu'à 3 centim.

9. PILOSUM, Radd., *Filic. Bras.*, p. 63, t. 79, f. 1. *T. laxum*, Klotz., *Linn.*, XVIII.
p. 540. Brésil, Raddi, Martius, Prince de Neuwied. — La figure donnée par
Raddi se rapporte à une plante qui mesure une dizaine de centimètres seulement; elle n'est pas rampante.

10. MARTIUSII, Presl., *Hymen.*, p. 15 et 36. *T. pilosum*, Mart., *Icon. crypt. Bras.*,
p. 105, t. 68; *ad dextram*, non Radd. Brésil. — Souche dressée. Espèce à
frondes pinnées, à frondules entières, très-rapprochées, pileuses, à pétiole
villeux et à spores trigones. (N. V.)

11. PLUMULA, Presl., *Hymen.*, p. 15 et 36. *T. pilosum*, Mart., *l. c.*, t. 68, *ad sinis-
tram*, Martius, Brésil. — Elle a le facies de l'espèce précédente; mais elle est
plus ample et le rhizome est rampant. (N. V.)

12. SELLOWIANUM, Presl., *l. c.*, p. 15 et 37. Brésil, Sellow et Gardner. — Grande
espèce: 40 centim. de hauteur, dont le stipe fait environ le quart; les segments mesurent 4 centim. au centre sur 6 millim. de largeur; les nervilles
sont assez grosses et noirâtres.

† 13. TRANNINENSE, F.

*Frondibus erectis, arbusculam parvulam referentibus, petiolatis, bipinnatis;
petiolis rachibusque alatis; segmentis linearibus, obtusiusculis, glabris,
caulice longo, repente; pyxidulis axillaribus, ore contracto; columella longissima.*

Habitat in Brasilia fluminensi (Glaziou, n° 2251).

Filix petiolata, pyramidata; areolis telæ cellularis minutissimis.

ICON.: *Tab. LXIX, fig. 1.*

(Longueur: 8-9 centim. sur 2 centim. dans la plus grande largeur. Le pétiole fait environ le
tiers de la longueur totale.)

Les frondules naissent très-espacées sur un rhizome filiforme, tomenteux; elles
ont la forme d'un petit arbre; les plus grandes frondules terminent la fronde. La
columella excède trois fois la longueur de la pyxidule. Le nom spécifique rappelle
celui de M. Trannin, cultivateur habile du Brésil, qui aime les sciences naturelles.

14. PYXIDIFERUM, L., *Sp. pl.*, 1561 (*synonym. excl.*), Plum., *Fil.*, p. 74, t. 50 E.
Rio-Janeiro, Glaziou, n° 2052. — Frondes pinnées, parfois bipinnées; frondules à segments linéaires, obtus, très-entiers; le rachis et le pétiole sont ailés.

† 15. ACROCARPON, F.

Parva, pinnatifida, repens; frondibus oblongis, viridibus, sessilibus, segmentis late linearibus, undulatis, penicillos pilorum albidos longos ferentibus et præterea pilis stellatis sparsis, præcipue ad margines; pyxidulis elongatis, liberis, apicem segmentorum occupantibus; areolis telæ cellularæ rotundæ; columella atra, longiuscula.

Habitat in Brasilia fluminensi (Glaziou, nº 2248).

Filix ramulos arborum vestiens; rhizomate crasso, fusco, tomentoso; pyxidulis terminalibus.

Icon.: *Tab. LXX, fig. 1.*

(Longueur; 3 centim. sur 15 millim. de largeur.)

Cette espèce est simplement pinnée; ses segments ondulés ou lobés sont légèrement crépus. Des pyxidules assez longues terminent les segments sur lesquels elles s'attachent. Indépendamment de poils étoilés, on trouve çà et là de petits faisceaux de poils dressés assez longs, production peut-être accidentelle.

16. EMARGINATUM, Presl, *Epim. bot.*, p. 11, t. V, B. Serra d'Estrella, Beyrich et Pohl; Serra os Orgaos, Glaziou, nºˢ 1717 et 2464. (Indiq. comme très-rare.) — Elle n'a pas de caractères tranchés.

17. BRASILIENSE, Desv., *Mém. Soc. Linn. Par.*, VI, p. 328, t. 7, f. 4. *T. pyxidiferum,* Hedw., *Gen. fil.*, t. III, f. 2. Brésil, Martius; Weddell. — Il règne beaucoup de vague sur cette espèce, qui peut-être ne diffère pas du *T. pyxidiferum*, L.

18. LEPTOPHYLLUM, V. d. Bosch, *Hymenoph.*, p. 23. *T. pyxidiferum*, H. et Grev., *Icon. filic.*, p. 206, non Hedw. Glaziou, Rio-Janeiro, nºˢ 919, 2250, 2252 et 3179, à Serra do Conto (1869). — Glabre, rampante, segments linéaires; columelle assez longue.

19. SCHIEDEANUM, C. Mull., *Bot. Zeit.*, 1854, p. 716.
Var. β *Brasiliana*; Glaziou, Saint-Louis, Serra os Orgaos, nº 1716, et Rio-Janeiro, nº 2249. — Plante d'une grande délicatesse, à segments étroitement linéaires; pyxidules allongées, légèrement bordées par une membranule, l'orifice est un peu dilaté; la columelle manque très-souvent.
Le type et la variété prennent place à côté du *T. trichoideum*, Sw.

20. TENERUM, Spreng., *Syst.*, IV, p. 129. Brésil, Martius, Blanchet, Regnell. Beyrich. — Frondes bipinnatifides, linéaires-lancéolées, glabres, bidentées parfois au sommet. Cette espèce est confuse dans les herbiers.

** *Frondes dressées, raides, toujours pluripinnées.*

21. RIGIDUM, Sw., *Fl. Ind. occid.*, III, 1738. Hedw., *Gen. filic.*, t. 11. *T. Mandioccanum*, Raddi, *Fil. Bras.*, t. 79, f. 2. *T. firmulum*, Presl., *Hymen.*, p. 46? Serra d'Estrella, Claussen; Rio-Janeiro, Glaziou, n° 456, et Serra do Couto, n° 3178? (petite forme) 1869. *Rachibus nudis; segmentis linearibus, acutis; sæpe siccitate crispis.*

22. PRIEUREI, Kze., *Fl. Bras. Martii*, n° 387, et *Analect. pterid.*, p. 48. Ilhéos et ailleurs, San-Gabriel de Rio-Negro, Spruce, n° 1398. Serra do Couto, n° 3176; Glaziou (1869). — Elle est plus ou moins divisée, plus ou moins raide; la souche est très-grosse, avec des radicelles fort dures, perpendiculaires et brunâtres, presque nues et fort longues.

†23. SERRICULA, F., Barra, province de Rio-Negro. — Nous n'avons sous les yeux cette espèce qu'à l'état stérile; aussi nous contenterons-nous de la décrire sommairement. Elle est rampante et à stipe filiforme; les frondules sont pinnatifides, linéaires, obtuses; elles se terminent par un très-court pétiole; leur marge est en scie, avec des dents souvent bifides. Leur dimension ne dépasse pas 7 centim. sur 8-9 millim. de largeur.
ICON. : *Tab. LXVIII, fig. 3.*

24. ANCEPS, Hook., *Sp. filic.*, I, p. 135, t. 40 c (*syn. excl.*). Brésil, Sellow. Barra, prov. de Rio-Negro, Spruce. — Se rapproche du *T. rigidum*, Sw. (N. V.)

*** *Frondes radicantes.*

25. RADICANS, Sw., *Fl. Ind. occ.*, p. 1736. *T. scandens*, Hedw., *Gen. fil.*, t. 6, non L. Bahia; Rio-Janeiro, Glaziou, n°s 457, 458, 922, 1219, 1678 et 2253, Serra do Ariro, et 3177, Serra do Couto (1869). — Cette espèce est fort controversée et, en général, confondue avec d'autres espèces dans les herbiers; nous la distinguons du *T. Luschnathianum*, Presl., par de longs pétioles, étroitement ailés. Le n° 457 de M. Glaziou est normal, ainsi que le n° 922; le n° 1219 est une variété à segments étroits et écartés, var. à *macilentum*, remarquable par l'exiguïté de ses pyxidules; le n° 1678 est remarquable par les grandes dimensions de ses frondes et par ses frondules primaires dressées et plus courtes que dans les autres formes. Il arrive quelquefois que les pyxidules manquent.

26. BRACHYPUS, Kze., *Linn.*, IX, p. 105. *T. radicans*, H. et Gr., *Icon.*, n° 218,
   non Sw. Brésil, de Gestas; Blanchet; Martius, *Herb. Bras.*, n° 387.

27. LUSCHNATHIANUM, Presl., *Hymen.*, p. 46. *T. radicans*, Kze., *in Fl. Bras.*, Mart.,
   Herb. Bras., Martius, n° 389. Bahia, Luschnath, n° 32 (H. F.); Claussen,
   n° 103, *sub nomine T. radicantis*, Sainte-Catherine, H. Gauthier, Glaziou,
   Rio-Janeiro, n° 459, 2255? et 2256. — Frondes sessiles; pétiole nu, d'un
   vert livide, prenant une teinte brune-verdâtre par dessiccation.

28. ABROTANIFOLIUM, V. d. Bosch, *Hymen.*, p. 27. Brésil, Martius, *in Herb. Sond.*

† 29. FRONDOSUM, F.

> *Frondulis sessilibus, oblongo-lanceolatis, apice acutis, glaberrimis; rachi late
> alato; frondulis primariis lanceolatis; segmentis linearibus, obtusis, bifidis;
> pyxidulis infundibuliformibus, truncatis, aut leviter ore dilatato; columella
> indusio duplo minori; sporangiis rotundis; annulo vix obliquo, 20 arti-
> culato; sporis triedricis.*
>
> *Habitat in Brasilia fluminensi* (Glaziou, n°° 917, 4647, 1745 et 2254).
> *Hymenophyllum rupestre*, Radd., *Filic. Bras.*, p. 67, t. 80? *Trichomanes
> Luschnathianum*, V. d. Bosch, *Hymen.*?
> *Filix radicans, stipite recto; frondibus approximatis, sessilibus; frondulis
> basilaribus sæpe flabelliformibus.*
>
> ICON.: *Tab. LXVIII, fig. 1 (pinnatum) et fig. 2 (bipinnatum).*
> (Longueur des frondes, 20-22 centim.; des frondules secondaires, 3 centim.)

Les frondules de cette espèce, quelquefois allongées, étroites, très-souples et
pendantes, naissent sur un stipe assez raide, s'attachant aux écorces dans toute
son étendue; il est arrondi, lisse et glabre en dessus. On pourrait, sans inconvénient, ainsi que la plupart des espèces radicantes, le regarder comme un rachis,
sur lequel s'attacheraient des frondules alternes; il existe une telle corrélation
entre le support (le rhizome) et les frondes, toujours espacées de même et régulièrement alternes, qu'il semble convenable de regarder toutes ces parties comme
constituant un tout harmonique. Cette fougère est d'un aspect agréable; elle fructifie volontiers. Elle a quelques rapports avec le *T. Luschnathianum*, Presl., mais
dans l'espèce de cet auteur les mailles du tissu sont d'une telle ténuité, qu'elles
sont à peine visibles avec une forte loupe; tandis qu'ici on peut les voir sous un
très-faible grossissement. Raddi n'avait vu son *H. rupestre* que stérile; nous sommes
plus heureux et pouvons avec certitude en faire un *Trichomanes*.

✝ 30. LÆTE VIRENS, F.

Frondibus stipitatis, lanceolatis, bipinnatis, glabris, debilibus; rachi alato; rhizomate flexuoso, cylindrico, fusco; frondulis primariis lanceolatis, assurgentibus; segmentis apice integris linearibusque; pyxidulis lateralibus, ore aperto; columellis longis.

   Habitat in Brasilia fluminensi (Glaziou, n° 1677).

Filix venusta, lanceolata, siccitate colorem viridem servans.

ICON. : *Tab. LXVII, fig. 2.*

(Longueur des frondes, 32-35 centim., avec un pétiole de 1,5 centim.; les frondules secondaires ne dépassent guère 5 centim.; elles sont chargées de segments linéaires relativement assez longs.)

Cette espèce est très-élégante; les frondes sont plus étroites et plus régulières que dans la plupart des *Trichomanes* radicants, les pyxidules sont sessiles à l'aisselle d'un segment allongé avec une columelle qui la dépasse beaucoup. Dans les spécimens jeunes manque la columelle, dont l'élongation serait postérieure à la formation de la pyxidule.

87. DIDYMOGLOSSUM, Presl., *Hymenoph.*, p. 22, t. 8, f. A.

1. PUMILUM, V. d. Bosch, *Hymen.*, p. 40. *Trichomanes pumilum*, Sw., *Syn.*, p. 142. *Hemiphlebium pusillum*, Pr., *l. c.*, p. 25, t. 9, Brésil (*teste* V. d. Bosch).

2. NUMMULARIUM, V. d. Bosch, *Hymen. supp.*, p. 52. Brésil septentr., à Barra, près Rio-Negro, par Spruce.

✝ 3. QUERCIFOLIUM, Hook. et Grev., *Icon.*, n° 115, *sub trichomanoide. Trich. montanum, ejusd. Icon. plant.*, t. 187. *Didymoglossum*, Presl., *l. c.*

Frondibus glabris, inæqualibus, pinnatifidis; petiolo brevi, nigrescente, tomentoso; surculo longo, repente, filiformi, nigro, tomentoso; nervillis secundariis tenuissimis, liberis, leviter flexuosis, a margine mesonecroque sæpe remotis, centro laminarum nascentibus; pyxidulis terminalibus aut axillaribus, bilabiatis, elongatis, columella vix exserta.

   Habitat in Brasilia fluminensi (Serra os Orgaos, n° 3352, Glaziou, juin 1869).

Filix cæspitosa, frondulis pinnatifidis, segmentis irregularibus.

ICON. : *Tab. LXXI, fig. 1. Nervatio aucta.*

(Dimensions : longueur, 4 à 5 centim., avec des segments dont les plus longs mesurent 9-10 millim.)

Cette espèce, trouvée pour la première fois à Esmeraldas, à plus de 2,800 mètres d'altitude, par Jameson, croît en touffes ; les rhizomes, très-déliés et très-longs, sont couverts d'un épais tomentum, sur lequel naissent les frondes espacées les unes des autres, très-vertes, pinnatifides et remarquables par des segments très-inégaux ; le sommet s'allonge en pointe obtuse. Elle a, par la nervation, tous les caractères des *Microgonium*, dont elle est la plus grande forme, et c'est pour en justifier que nous la figurons.

II. HYMÉNOPHYLLÉES.

88. LEPTOCIONIUM, Presl., *Hymenoph.*, p. 26, t. 11, f. D.

1. FUCOIDES, Presl., *l. c.*, Sw., *Fl. Ind. occid.*, p. 1747, et *Syn. filic.*, p. 146. *Trichomanes fucoides*, Hedw., *Fil. cum icone.* Serra os Orgaos, Gardner, n° 5951.
— Presl ne rattache cette espèce au genre *Leptocionium* qu'avec doute.

2. ATTENUATUM, Hook., *Sp. filic.*, I, 99, t. 36 A. Brésil, Gardner. (N. V.)

89. HYMENOPHYLLUM, *Smith et auct. emendatorum.*

* EURYMENOPHYLLEM.

1. STURMII, V. d. Bosch, *Hymen. nov.*, p. 68. *H. polyanthos*, Sturm., *in Fl. Bras.*, Mart., 23, p. 288, *non* Sw. Rio-Janeiro et Serra os Orgaos, Gaudichaud, Vauthier, Beyrich, etc. — Frondes lancéolées ou ovales lancéolées, tripinnatifides, glabres ; pyxidules arrondies, à lobes égaux arrondis, réceptacle filiforme, inclus ; rhizome relativement assez gros. — Longueur, 8 centim. sur 3-4 de largeur.

2. ASPLENIOIDES, Sw., *Syn. filic.*, p. 145 ; Hedw., *Filic. cum icone* ; Lmck., *Illustr.*, t. 8, f. 1 ; Willd., *Filic.*, p. 516 ; V. d. Bosch, *Hymen.*, p. 46. Rio-Janeiro, Glaziou, n° 2259.

    Var. β *palmatum*, Klotz., *Herb. Berol.* et *in* H. Hook. Glaziou, n° 2258. — Frondes pinnées pinnatifides, très-glabres, segments inégaux, monocarpiques ; pyxidules arrondies ; pétiole sétacé ; rachis nigrescent ; elle est notablement dilatée au sommet. Cette forme se rapproche de l'*H. macrocarpon*. F., et Schaffn., *Catal. foug.* Brésil, p. 59.

ICON. : *Tab. LXX, fig. 2.*

3. MEGACHILUM, Presl., *Epim. bot.*, p. 22, t. 8 B; V. d. Bosch, *Hymen.*, p. 62, Brésil, Serra dos Orgaos, Gardner, n° 213. Valves de la pyxidule très-développées. Petite espèce ayant quelque analogie avec l'*H. Tunbridgense*, Sm. — Fronde bipinnée à segments étroitement linéaires; valves des pyxidules profondément bifides; réceptacle cylindrique. (N. V.)

4. PUSILLUM, Schott., *apud* Sturm, *Fl. Bras.*, 24, p. 289. Brésil, Sellow, Vauthier, Beyrich, etc., à San-Gabriel, Rio-Negro, Spruce, n° 2161.

5. ACULEOLATUM, V. d. Bosch, *Hym. nov.*, p. 95. Brésil septentr., près de Panouri, Rio-Kaupis, Spruce, n° 2974. — Frondes pinnatifides; 2-3 centim. de longueur sur 12-16 millim. de largeur; pyxidules 3 valves bilobées garnies de poils raides, imitant de petites épines. (N. V.)

6. HIRSUTUM, Sw., *Syn. fil.*, p. 146; Radd., *Filic. Bras.*, p. 10, t. 79, f. 3; Hook. et Grev., *Icon.*, n° 84; *H. venustum*, Desv., *Ann. Soc. Linn. Par.*, VI, p. 332. *H. lanatum*, F., *Hist. foug. Antill.*, p. 116, t. 31, f. 3. Glaziou, Rio-Janeiro, n° 2205, et Serra do Couto, n° 3180 (1869). — Les frondes sont très-régulièrement pinnatifides; elles peuvent atteindre jusqu'à 15 ou 16 centim. Les segments linéaires, dressés, obtus et laineux, sont portés sur un rhizome filiforme. Toute la plante est couverte de longs poils étoilés.

7. WILSONI, Hook., *in Brit. Flor. in E. Bot. supp.*, t. 2686. Glaziou, Rio-Janeiro, n° 2264. — Cette espèce, dont l'aire de développement est très-étendue (Cap, Chili, Angleterre, Bourbon), est regardée comme une simple variété de l'*H. Tunbridgense*, Sm., par Kunze. Le spécimen du Brésil est denticulé comme le type, mais d'une manière moins marquée. C'est une petite espèce à rhizome filiforme rampant.

† 8. NOTABILE, F.

Frondibus oblongis, tripinnatis, glabris, intense viridibus, cauda terminalis, petiolo longo, tenui, rachi alato; frondulis primariis lanceolatis, caudatis, sessilibus; segmentis linearibus, obtusis; areolis telæ cellulariæ ovoideis parvulisque; nervillis atris, crassiusculis, marginem non attingentibus; sporotheciis ovoideis, valvis integris, glabris; sporangiis crassis, polypodiaceis; annulo 30 articulato, accedente; sporis subrotundis.

Habitat in Brasilia fluminensi (Glaziou, n°s 1714 et 2271).

*Filix elastica, satis magna, siccitate viridissima; frondulis primariis approxi-
matis, sæpe imbricantibus; rhizomate longissimo, recto, tomentoso ramosoque.*

ICON.: *Tab. LXIX, fig. 2.*

(Longueur des frondules, 25-30 centim., dont le pétiole fait environ les deux cinquièmes; les
frondules primaires mesurent 5-6 centim. Le rhizome, à peine flexueux, atteint la grosseur
d'une très-petite ficelle; il est fort long. Les frondes y naissent très-écartées les unes des autres.)

Cette espèce est élégante; elle se rapproche de l'*H. Organense*, Hook., qui a une
souche et non pas un rhizome; les valves des sporothèces ne sont ni dentées, ni
ciliées; leur tissu est constitué par des mailles allongées assez épaisses. Le nombre
des articulations de l'anneau est considérable, 30 au moins; il se sépare facilement
du sacculus et ne semble pas différer alors de l'anneau des Polypodiées. Le sommet
du pétiole est ailé. Le rachis et ses subdivisions sont légèrement poilus. Lorsqu'on
interpose la fronde entre l'œil et la lumière, on voit qu'elle a une apparence per-
forée; ces points, assez nombreux, ne sont autre chose que les sinus arrondis que
forment les segments en s'imbriquant les uns sur les autres. Cette particularité
rend très-facile la diagnose.

9. ANGUSTUM, V. d. Bosch, *Hymen.*, p. 99. San-Gabriel de Cachoeiras, Spruce,
Brésil septentr. — Frondes linéaires, pinnatifides, à segments divergents et
rapprochés, parfois dichotomes et tendant à devenir bipinnatifides; poils sti-
pités, bifurqués, en étoile; petites pyxidules terminales urcéolées; rhizome
sétacé, rampant, rameux. Longueur des frondes, 6-10 centim. sur 9-11 millim. de largeur.

10. ELEGANS, Spreng., *Syst. veget.*, IV, 133. *H. trifidum*, Hook. et Gr., *Icon.*,
n° 196. *ab errore, in Spec. filic.*, I, p. 91, *sub nomine H. bifidi*. Brésil, Sellow, Langsdorff. — Frondes très-délicates, pinnées, à frondules sessiles divisées en 3-5 segments, portant de longs poils; pyxidules petites, longuement
poilues. (N. V.)

11. ORGANENSE, Hook., *Spec. filic.*, I, 90, t. 32 B; *H. Beyrichianum*, Kze., *Linn.*,
IX, p. 108. Brésil, Gardner, n° 210; Beyrich. — Grande fronde pinnatifide,
à segments linéaires, obtus, dentés, souvent légèrement ciliés; valves de la
pyxidule très-ouvertes, oblongues, denticulées-ciliées.

† 12. VIRIDISSIMUM, F.

*Frondibus lanceolatis, glaberrimis, propemodum bipinnatifidis, petiolo longius-
culo, capilliformi, segmentis alternis, oblongis, obtusis, bifidis, sinuatis,*

areolis telæ cellulariæ atomariis; nervillis paucis, atris; pyxidulis termi-
nalibus orbiculatis; valvis rotundatis, cutris; receptacula brevissimo.

Habitat in Brasilia fluminensi (Glaziou, n°s 1718 et 2050).

Filix siccitate viridissima, repens, rhizomate capilliformi, repente; frondibus
bipinnatis, segmentis undulatis.

Icon.: *Tab. XLIX, fig. 3.*

(Longueur des frondules, 7-8 centim. sur 2 centim. d'envergure.)

Cette espèce ressemble, par le port, au *Leptocionium fucoides*, Presl., avec des proportions plus petites; le rhizome est rampant, filiforme et se charge de frondes espacées, portées sur des pétioles aussi déliés que le rhizome; ces frondes, très-élargies au centre, se terminent insensiblement par de petites frondules rudimentaires. Les sporothèces occupent le sommet des segments, presque toujours deux par deux; les valves sont arrondies et s'ouvrent jusqu'à la base pour mettre les sporanges en liberté; celles-ci ont un anneau qui diffère bien peu de celui des polypodiées; il porte une vingtaine d'articulations avec des spores obscurément trigones et opaques. La plante a un aspect légèrement crépu.

13. JALAPPENSE, Schlecht., *Linn.*, t. 5, p. 619. Brésil, Claussen, Rio-Janeiro, Glaziou, n° 2264. — Frondes presque tripinnatifides ou même tripinnées; derniers segments bifides, obtus; pyxidules terminales; valves arrondies, presque entières; les frondes noircissent par la dessiccation. Longueur, 14-15 centim.

14. POLYANTHOS, Sw., *Syn. fil.*, p. 149; Willd., *Fil.*, p. 131. Hedw., *Fil. cum icone.* Rio-Janeiro, Glaziou, n° 2262. — Frondes bipinnées, à frondules pinnatifides, rachis ailé, ainsi que le pétiole. Elle est très-confuse dans les herbiers.

15. CRISPUM, H. B. et Kth., *Nov. gener. Amer.*, 1, 90. Glaziou, Serra os Orgaos, n°s 3347 et 3348? — Frondes bipinnées, linéaires, à segments étroits; rachis ondulés, ailés, crépus; elles naissent écartées sur un stipe filiforme. La description donnée par les auteurs la présente comme glabre, tandis que dans notre spécimen elle porte çà et là d'assez longs poils extrêmement déliés; nous en faisons une variété β *Brasiliana*, que nous croyons utile de figurer. Icon.: *Tab. LXXI, fig. 2.*

16. BORYANUM, Willd., *Fil.*, p. 518; Hook., *Spec. fil.*, I, p. 89, t. 34 c. Rio-Janeiro, Glaziou, n° 2266. — Frondes bipinnées, à segments linéaires fins-

ment denticulés à la marge, couvertes dans toutes leurs parties et sur le rachis, qui est ailé, de poils étoilés; les pyxidules sont petites, terminales, arrondies. Nervilles noirâtres; rhizome filiforme, couvert de poils roux. Longueur, 12-14 centim. sur 2-3 d'envergure. — La figure citée du spécimen de M. Hooker se rapporte très-parfaitement à cette espèce.

† 17. PODOCARPON, F.

Frondibus bipinnatifidis, in ambitu lanceolatis, petiolatis; petiolo glabriusculo, nudo; frondulis secundariis remotis, segmentis linearibus, brevissime argute serrulatis, apice emarginatis; surculo longo, repente, filiformi; pyxidulis crassis, obovatis, axillaribus, pedunculatis, valvis amplis, denticulatis; columella brevi, raro exserta.

Habitat in Brasilia fluminensi (Serra os Orgaos, Glaziou, n° 3350, juin 1869).

ICON.: *Tab. LXXI, fig. 3.*

Filix subrigida, repens, pyxidulis pedicellatis notata.

(Dimensions: longueur, 13-15 centim. Les plus grandes frondules mesurent 2 centim. Le pétiole est aux lames :; 1 : 4.)

Nous avons des rhizomes qui s'étendent à plus de 60 centim.; ils portent de très-courtes radicelles. Les frondes ont un aspect maigre et toutes les partitions sont écartées les unes des autres. On la reconnaîtra facilement à ses pyxidules pédonculées et fort grosses; les rachis sont étroitement ailés, mais le pétiole est nu. Ce *Trichomanes* est voisin par le port de l'*Hymenophyllum macrothecium*, F., *Foug. Antilles*, p. 115, t. 31, f. 2, à segments entiers et à sporothèces terminaux presque en grappe et qui rentre peut-être dans ce genre.

† 18. PRODUCENS, F.

Frondibus bipinnatis, ovoideis glaberrimis, longe repente; rachi alato, segmentis ultimis linearibus, in cauda terminatis; pyxidulis subrotundis, marginibus integerrimis.

Habitat in Brasilia fluminensi (Serra os Orgaos, Glaziou, n° 3349).

Filix parva, segmentis linearibus, ultimis extensis.

ICON.: *Tab. LXXI, fig. 4.*

(Longueur: frondes, 8-9 centim. Les plus grandes frondules latérales mesurent 12-14 millim.)

Cette espèce, qui ne se rattache à aucune autre, est remarquable par les segments terminaux prolongés en une longue pointe linéaire stérile. Il serait utile de la revoir.

** SPHÆROCIONIUM (Presl., *Hym.*, p. 33).

19. CAUDICULATUM, Mart., *Icon. crypt. Bras.*, p. 102, t. 67. Martius; Sellow, Os
Organs, Gardner, n° 211. Glaziou, Rio-Janeiro, n°s 1213 et 2260. — Belle
espèce, très-distincte.

> Var. β *productum*, Presl., *Hymen.*, p. 61, *sub sphærocionio*. Glaziou, Rio-
> Janeiro, n° 921.

20. PLUMOSUM, Klfss., *Enum. filic.*, p. 267, *sub hymenophylla. Sphærocionium aureum*, Presl., *Hymen.*, p. 34 et 57. Brésil. — Frondes tomenteuses sur les
deux faces, à frondules imbriquées, lancéolées, dentées.

21. LINEARE, Sw., *Fl. Ind. occid.*, III, p. 1740, *sub hymenophylla. H. elegans*,
Spreng., *Syst.*, IV, p. 133.

> Var. *Brasiliense*. Frondes pendantes ciliées, à frondules linéaires et à
> rachis nu. Brésil, Serra os Orgaos, Glaziou, n°s 1712 et 2263.

22. REMOTUM, V. d. Bosch, *Hymen.*, p. 73, *sub hymenophyllo. H. ciliatum*, H. et
Gr., *Icon.*, n° 35, *non* Sw., *Sphærocionium Grevilleanum*, Presl., *Hymen.*,
p. 34. Brésil, Sellow; Langsdorff.

23. SURINAMENSE, V. d. Bosch, *Hymen.*, p. 74, *sub hymenophyllo. Sphærocionium
ciliatum*, Presl., *Hymen.*, p. 34. Brésil (*teste* V. d. Bosch).

24. COMMUTATUM, Presl., *Hymen.*, p. 34. *Hymenophyllum Boryanum*, Radd., *Fil.
Bras.*, p. 66, t. 70, f. 4, *non* Willd. — Frondes bipinnées, les frondules
inférieures plus petites, les segments linéaires, obtus; poils étoilés pédicellés.
Longueur, 10 centim., avec des frondules de 2-3 centim.

† 25. CAULOPTERON, F.

> *Frondibus oblongis, bipinnatis; petiolo ferrugineo, alato, rachi pilis stellatis
> vestito; rhizomate filiformi, repente; sporotheciis valvis ovoideis, ciliatis;
> parenchymate valvarum e cellulis hexagonoideis, latis constructo; sporis
> subtrigonis.*
>
> > *Habitat in Brasilia fluminensi* (Glaziou, n° 1713; Serra da Estrella,
> > n° 920. Rio-Janeiro, forme plus petite, n°s 2269 et 2270).
>
> *Filix copiose fructificans; nervillis nigrescentibus, marginem non attingentibus,
> pilis bi-trifurcatis onusta.*

Icon.: *Tab. LXX*, *fig. 3.*

(Longueur des frondes, 20-24 centim.; frondules primaires, 5 centim. Le pétiole mesure en moyenne 6 centim.)

Cette espèce fructifie assez volontiers; le pétiole, le rachis et ses subdivisions sont roussâtres et, ainsi que les nervilles, couverts de poils pédicellés, bifurqués ou trifurqués au sommet. Les sporothèces occupent l'extrémité de tous les segments supérieurs de la fronde; ces segments sont assez courts, étroits et obtus. Les mailles du tissu sont ovoïdes, extrêmement petites, tandis que celles des valves sont, au contraire, très-grandes et hexagonales, circonstance qui démontre leur indépendance organique. Les dimensions de cette espèce sont assez variables.

† 26. RUFUM, F.

Frondibus tripinnatis, oblongis, pilis rufis, stellatis toto vestitis; rachibus flexuosis; frondulis primariis oblongis, brevissime petiolatis, secundariis ovatis, aliquando pinnatis; segmentis linearibus, approximatis, obtusis; sporotheciis satis parvis, rotundis, pilosissimis; sporis crassis, fuscis, triedricis.

Habitat in Brasilia fluminensi (Glaziou, n° 2467).

Filix rufa, subtripinnata, tota villoso-tomentosa, rhizomate repente, flexuoso, penicellos pilosos globosos ferente.

Icon.: *Tab. LXX*, *fig. 4.*

(Longueur, 30 centim.; frondules, 7 centim. sur 9-11 millim. de largeur; pétiole, 8-9 centim.)

Cette espèce est fort belle et nettement caractérisée par les poils roux qui en recouvrent toutes les parties, le rhizome même compris; les frondules inférieures sont de moindre dimension que les autres; les frondules primaires diffèrent entre elles de grandeur et de composition: les unes simplement pinnées, les autres bipinnées; elle se rapproche, par la vestiture, des *Sphærocionium sericeum et pulchellum*. Les frondes sont dressées.

III. GLEICHÉNIACÉES.

90. MERTENSIA, Willd., *Act. Holm.*, 1804, p. 165.

** Segmentis inferioribus glabris.*

1. PECTINATA, Willd., *Filic.*, p. 73; Langsd. et Fisch., *Icon. filic.*, p. 26, t. 30 (junior). *Gleichenia glaucescens*, H. B. et Kth., *Nov. genera*, I, 29. M. Bra-

salinum, Desv., *Berol. Mag.*, V, p. 329. *Herb. Bras.*, Mart., 359; Miers, 50 *;
Blanchet, à la Jacobine; Claussen, Glaziou, Rio-Janeiro, nᵒˢ 567, 1694 et
2278; Sainte-Catherine, H. Gauthier. — La synonymie de cette plante est
inextricable. Elle varie par des frondules plus ou moins glaucescentes et plus
ou moins courbes, à sporothèces plus ou moins rapprochés et plus ou moins
nombreux. Il existe des spécimens à frondules droites ou arquées; celles-ci
s'écartent du rachis presque à angle droit. Elle dépasse en hauteur 1 mètre
25 centim., avec un pétiole assez grêle, rougeâtre, qui mesure 90 centim.
dans l'un de nos spécimens.

2. DICHOTOMA, Willd., *Fil.*, p. 71. *M. flexuosa*, Mart., *Icon. crypt. Bras.*, p. 108,
t. 60, f. 1, et *M. pumila*, ejusd., *l. c.*, p. 111, t. 60, f. 2. *Gleichenia Hermanni*,
Hook. et Grev., *Icon.*, nᵒ 14. Brésil, Claussen; Martius, dist. des Diamants.
— La synonymie de cette espèce est tellement confuse, que nous n'osons la
donner ici. Elle réunit des plantes absolument distinctes, par exemple le
Gleichenia flabellata, de Labillardière, fougère de la Nouvelle-Calédonie; le
Mertensia discolor, de Martius, etc.; plusieurs autres rapprochements sont
tout aussi hasardés. Le type de cette belle espèce appartient à la Flore de
Ceylan, à celle de Bourbon et de l'Ile de France; peut-être les spécimens qui
proviennent de ces diverses localités ne sont-ils pas identiques.

3. RUBESCENS, Mart., *in Schedula* (H. F.). Brésil, sans autre indication. — Fronde
dichotome, très-glauque; bourgeon axillaire stationnaire; rachis et ses subdivisions roussâtres; sporothèces petits, limités, 12-15 par rangée, se déve-
loppant sur toute la longueur du segment fructifère, entre le mésonévre et
la marge; nervilles très-nombreuses, très-serrées, visibles seulement à la
loupe.

† 4. SCALPTURATA, F.

*Frondibus longe petiolatis, glaberrimis; petiolo rotundo, roseo, lœvi; frondulis
bifurcatis, lanceolatis, sessilibus, pectinatis, apice decrescentibus; in dicho-
tomia gemmam sessilem foliaceam ferentibus; frondulis duabus oppositis,
horizontalibus, minoribus ad basim bifurcationum extensis; segmentis
integerrimis, obtusis, inferioribus reflexis, longioribus, lobatis, aliquando
pinnatifidis; mesonevro plano; nervillis tenuibus; sporotheciis centralibus.*

Habitat in Brasilia fluminensi (Claussen, nᵒ 102 a [*Herb. F.*]; Glaziou,
nᵒˢ 364 et 1695).

Filix rigida, crassa, glaberrima; nervillis sculpturatis, subtus leviter glauces-
cens; gemma aliquando evoluta.

Icon.: *Tab. LXXII, fig. 1.*

(Longueur, 70 centim.; frondules, 16-20 centim. sur 4 centim. d'envergure. Le rhizome est
horizontal, un peu flexueux et rougeâtre.)

Le caractère qui distingue cette espèce est de porter à la base de toutes les
bifurcations deux frondules horizontales, faisant office de bractées; elle a une grande
fermeté et des nervilles en relief; elles se rendent à un mésonèvre aplati, assez
large, qui n'atteint pas le sommet du segment. Elle se rapproche du *M. spissa.* F.

5. FURCATA, Willd., *Fil.*, p. 71, Sw., *Syn. filic.*, p. 163. *Acrostichum furcatum*,
   L., *Sp. pl.*, p. 1529. Plum., *Filic.*, p. 22, t. 28. Martius, Minas-Geraes, Goyaz.
   — Sporanges ataxiques; segments pénicellés; un bourgeon à chaque bifurca-
   tion; grande espèce écailleuse, mais non velue.

6. REMOTA, Klfss., *Enum. filic.*, p. 39; Spreng., *Syst. veg.*, IV, 27, *sub Gleichenia.*
   G. tenuis; Hook., *Sp. filic.*, 1, p. 13. Rio-Janeiro, Gaudichaud, n° 142. —
   Frondes dichotomes, rameuses, avec un bourgeon axillaire qui se développe
   en frondules; celles-ci sont géminées, allongées, linéaires, avec des paléoles
   ciliées.

7. RUFINERVIS, Mart., *Crypt. Brasil.*, p. 111. *Gleichenia rufinervis*, Kl., *Linn.*,
   XVIII, p. 538. *G. Klotzschii*, Hook., *Sp. filic.*, 1, p. 13, t. 5 B *(fide* Kl.).
   Minas-Geraes, Freyreiss. — Pinnules abondamment chargées au centre d'un
   tomentum formé de poils roussâtres que l'on retrouve sur d'autres espèces.

8. REVOLUTA, H. B. Kth., *Nov. gen.*, 1, p. 29. *M. pruinosa*, Mart., *Icon. Crypt.
   Bras.*, p. 109. Brésil, Claussen, n° 90; Minas-Geraes, Saint-Hilaire, Cat. B,
   n° 272; Regnell, II, 326 ¹⁄₄. — Frondes petites, quatre fois dichotomes, frondules linéaires, glauques en dessous, à segments oblongs; le pétiole est très-
   long, délié; le rhizome atteint la grosseur d'une plume de pigeon.

† 9. SPISSA, F.

Frondibus glaberrimis, bifurcatis, pectinatis, siccitate flavescentibus, spissis,
opacis, gemma centrali non evoluta, basi pilis rufis vestita, nervillis rima
lineari indicatis, sculpturatis; frondulis lanceolatis, sessilibus, apice cau-
datis; segmentis lanceolato-linearibus, obtusiusculis, ultimis deflexis, mar-

*gine revolutis; sporotheciis centralibus, 24-28 per seriem, mesavarro ali-
quando lana rufa vestito.*

Habitat in Brasilia fluminensi (Glaziou, n° 2468).

Filix rigida, glaberrima, magna, crassissima, repetito-dichotoma.

ICON. : *Tab. LXXIII, fig. 2.*

(Dimensions : frondules, 20 centim. jusqu'à la naissance de la dichotomie, sur 5 à 6 centim.
d'envergure; le pétiole de la bifurcation mesure 4-5 centim.)

Cette belle espèce est cartilagineuse, jaune par dessiccation; on trouve souvent,
à la base de la dichotomie, une bractée linéaire, obtuse et crénelée; elle est légèrement glauque en dessous; les nervilles, très-rapprochées les unes des autres,
déterminent sur la lame inférieure de très-petits sillons linéaires, qui lui donnent
un aspect ciselé.

† 10. TRIFURCANS, F.

*Frondibus trifurcatis, glabris; petiolo robusto, cylindrico, squamoso, squamis
appressis; gemmis omnibus evolutis, frondalis lanceolatis, pectinatis, apice
caudatis, decurrentibus; segmentis linearibus, patulis, margine leviter revolutis, apice retusis, basi dilatatis; nervillis tenuibus, oculo armato tantum perspicuis; sporotheciis centralibus.*

Habitat in Brasilia fluminensi, circa Tijuca (Glaziou, n° 1697).

Filix rigida, trifurcata, gemmis omnibus evolutis.

ICON. : *Tab. LXXIV, fig. 1.*

(Longueur des frondes, 42-46 centim.; des frondules, 18-20 centim. sur 4 d'envergure; le
pétiole mesure 12 centim. Le rhizome atteint la grosseur d'une petite plume d'oie.)

Le *M. trifurcans* est caractérisé par la rigidité de ses frondes, dressées et très-
rapprochées les unes des autres, particularité qui lui vaudrait, si les dimensions
étaient plus considérables, l'épithète de *scoparia;* les bifurcations, dont il existe
3-4 étages, sont très-rapprochées les unes des autres. Tous les bourgeons
fournissent leur évolution.

** Segments tomenteux inférieurement.

11. NERVOSA, Klfss., *Enum. filic.*, p. 37; Hook., *Spec. filic.*, 1, p. 12, t. 5 A, *sub
Gleichenia,* Sainte-Catherine, Chamisso et Sellow. Serra os Orgaos, Glaziou,
n° 1752, 2280 et 2827. — Espèce bifurquée, quelquefois simple, s'élevant
à 40 ou 48 centim., avec des segments de 4-6 centim. Le pétiole fait la moitié
de la longueur totale de la plante; elle est en dessous couverte d'un épais

tomentum d'une très-belle couleur de kermès. Lorsque les frondes sont à l'état complet de développement, les segments roulés sur eux-mêmes donnent à la plante un aspect très-remarquable. Elle ne mérite pas plus, et peut-être moins que d'autres espèces, de porter le nom de *nervosa*.

12. LANUGINOSA, Moric., *in Herb. Candolleano*. Blanchet, Bahia, n° 3706. Claussen, à Carapa, n° 88. Ponte-Acto, Saint-Hilaire, B', n° 273, sous le nom de *Gleichenia ramosissima*. — Petite espèce, très-abondamment couverte en dessous d'un tomentum laineux, entourant les sporanges sans toutefois les cacher; elle est quatre fois dichotome, à rameaux serrés; le bourgeon situé au fond de la principale bifurcation se développe souvent en fronde; les frondules sont linéaires, à segments nombreux, étroits; ils se terminent par une petite pointe chargée de poils; cette espèce prend une teinte rouge-ferrugineuse après dessiccation.

13. RIGIDA, J. Sm., *Enum. Fil. Philipp. in Hook. Journ. of bot.*, IV, p. 420. Brésil, Claussen, n° 102 B; Glaziou, Rio-Janeiro, n° 169 c. — Espèce raide, dressée; frondules rapprochées, segments entiers, rachis laineux. Le nom de *scoparia* lui eût été convenablement appliqué. Elle s'éloigne, par le port, de toutes les espèces brésiliennes connues pour se rapprocher de la *M. flabellata*, R. Br., *Prod. Fl. Nov. Holland.*, p. 161. MM. Hooker et Th. Moore la rattachent, comme variété, à la *M. dichotoma*, rapprochement qui ne nous semble pas heureux.

14. PUBESCENS, H. et B., *in* Willd., *Filic.*, p. 73. *Mertensia decurrens*, Radd., *Fil. Bras.*, p. 78, t. 7. *Gleichenia immersa*, Hook. et Gr., *Icon.*, n° 15. Gaudichaud, Rio-Janeiro, n° 142, et Glaziou, n°ˢ 365, 366 et 923, Sud du Brésil, Gardner, n° 29. — La synonymie de cette plante est extrêmement chargée. Le tomentum est ferrugineux.

† 15. SQUAMOSA, F.

Frondulis extensis, lanceolatis, arcte geminis, acutis, basi decrescentibus, rachi, gemma et mesonevris squamis rufis obsitis, segmentis linearibus, obtusis, mucronatis; sporotheciis intermediis.

Habitat in Brasilia fluminensi (Glaziou, n° 2279).

Filix magna, squamosa, pectinata, rigida, opaca.

ICON : *Tab. LXXII, fig. 2.*

(Longueur des frondules, 40 centim. sur 5 centim. d'envergure; nous comptons plus de 100 paires de frondules.)

Nous ne possédons pas cette plante entière; les frondules sont bifurquées et pétiolées; le bourgeon axillaire est très-gros et très-écailleux; les écailles du rachis sont étroites et longuement acuminées; aucune espèce n'a d'aussi longues frondules.

16. BIFIDA, Spreng., *Syst. veg.*, IV, p. 27, *sub Gleichenia*, Willd., *Act. Holm.*, 1804, 168, t. 5, f. B. Brack., Rio-Janeiro; Schott (H. F.); Glaziou, n° 1693. — Lames inférieures très-velues, ainsi que les rachis; sporothèces adossés au mésonèvre, au nombre de 10-12; frondules et segments portant au sommet un pénicille de poils; frondules bifides, dichotomes; pétioles lisses, arrondis, d'un vert livide.

17. LONGIPINNATA, Kl., *Linn.*, XVIII, p. 537, et XXI, p. 203. *Gleichenia*, Hook., *Spec. filic.*, I, p. 9. Sud du Brésil (Th. Moore, *Ind.*). — Frondes inférieures villeuses.

18. GRACILIS, Mart., *Icon. crypt. Bras.*, p. 107, t. 59, f. 2. *Gleichenia*, Th. Moore. *Ind.*, p. 378. Brésil, Martius. — Les frondes sont paléacées.

† 19. LATISSIMA, F.

Frondibus longe petiolatis; frondulis sessilibus, pinnatifidis, abrupte terminatis, ovoideis; gemma foliacea, latente; segmentis linearibus, approximatis, obtusis; basi dilatata, subcordata; rachi supra squamuloso, subtus nudo; lamina inferiori, lana rufa, spissa vestita; sporotheciis immersis.

Habitat in Brasilia fluminensi (Serra os Orguos, Glaziou, n°⁵ 1751, 2825 et 2826; Serra do Couto, n°ˢ 3173 et 3174; ce dernier numéro à segments moins longs) [1869].

Filix magna, rhizomate parvulo, repente, villoso; segmentis lana rufa, spissa, perfacile soluta coopertis.

ICON.: *Tab. LXXIII, fig. 1.*

(Longueur des pinnules, 28-32 centim. Les segments atteignent jusqu'à 7 centim. de longueur sur 3 millim. de largeur; nous en comptons plus d'une soixantaine.)

Cette espèce est nettement caractérisée par la longueur des segments pinnulaires, de beaucoup les plus longs de toutes ses congénères; ils sont presque cordiformes à la base et horizontaux avec une marge un peu roulée par dessiccation.

Les frondes se terminent brusquement en une pointe ondulée à la base et entière vers le haut. Le rhizome est horizontal et couvert de poils roux, très-courts; le n° 2825 a le tomentum laineux grisâtre, circonstance sans doute accidentelle.

20. PENNIGERA, Mart., *Icon. crypt. Bras.*, p. 106, t. 59, f. 1. Minas-Geraes, Martius, *l. c.* — Pétiole anguleux vers le haut; fronde plusieurs fois dichotome; pubescente, légèrement velue sur la lame supérieure; rachis couverts de squames ciliées, pinnatifides; sporanges groupées par 3 ou 4.

   β *lanuginosa*, Th. Moor., *Ind.*; *M. pedalis*, J. Sm., *in Lond. Journ. bot.*, 1, 202. Claussen, n° 88. (H. F.)

NB. Toutes les fougères qui appartiennent à cette famille sont exotiques. Les espèces américaines, genre *Mertensia*, ont une même physionomie; les espèces de la Nouvelle-Hollande et des îles de la mer du Sud, genre *Gleichenia*, ont un aspect tout différent. On n'a nulle peine à reconnaître la famille; il n'en est pas ainsi des espèces dont la diagnose est des plus difficiles et la synonymie très-confuse. Elles sont vigoureuses, raides, de grande taille et presque toujours dichotomes. Nous en comptons 20 au Brésil, 11 au Mexique et 8 seulement aux Antilles; du reste, cette famille est numériquement assez restreinte.

IV. SCHIZÉACÉES.

1. EUSCHIZÉACÉES.

91. ACTINOSTACHYS, Wallich., Presl., *Supp. pteridogr.*, p. 72.

1. PENNULA, Hook., *Gen. filic.*, t. 111 A. *Schizæa Pennula*, Sw., *Syn. fil.*, 150 et 379. *S. penicillata*, H. et Bonpl., *in Willd.*, *Fil.*, 86. *S. trilateralis*, Schkh., *Filic. Bras.*, p. 137, t. 136. Hook. et Grev., *Icon. filic.*, n° 54. Brésil, Poeppig; Rio-Janeiro, Sellow. Martius, *Herb. Bras.*, n° 190. — Fronde très-simple, nue, raide, filiforme; stipe triangulaire, épis dressés, subulés, au nombre de 5 à 8; les frondes sont fasciculées sur une assez grosse souche. Il n'y a d'autre lame que les épis fructifères, qui sont au stipe : : 1 : 12 ou 14.

2. SUBTRIJUGA, Presl., *l. c.*, p. 117. *Schizæa subtrijuga*, Mart., *Icon. pl. Brasil.*, p. 117. Martius, à Japura. — Frondes très-simples, linéaires, planes, stipe semi-cylindrique; épis, 3 environ.

92. SCHIZÆA, Smith., Presl., *Supp. pterid.*, p. 73.

1. BIFIDA, Sw., *Syn. filic.*, p. 151. Var. β *incurvata*, Presl., *l. c.*, p. 75. *Schizæa incurvata*, Schkh., *Filic.*, p. 138, t. 137. Calibres (*teste* Presl.). — Stipe triangulaire, délié, glabre, un peu rude au toucher, épis unilatéraux en panicule, raide et dressée, en nombre considérable; les frondes naissent fasciculées sur une souche fibrilleuse.

93. LOPHIDIUM, Rich., *Act. Soc. Hist. nat. Paris*, p. 112.

1. SPECTABILE, Presl., *Supp. pterid.*, 76. *Schizæa spectabilis*, Mart., *Icon. crypt. Bras.*, p. 117. Japura, Martius, *l. c.* — La fronde est étalée, entière, en éventail et cunéiforme à la base; la marge se charge d'épis flexueux assez courts.

2. PACIFICANS, Presl., *l. c.*, p. 77. *Schizæa pacificans*, Mart., *Icon. crypt. Bras.*, p. 116, t. 56, f. 1. Japura, Martius, *l. c.* — Plante très-élégante, longuement pédicellée, à lame bifide, cordiforme; sporothéces portés sur des nervures exsertes qui simulent des dents.

3. FLABELLUM, Presl., *l. c.*, p. 77. *Schizæa flabellum*, Mart., *l. c.*, p. 115, t. 55, f. 3. Japura et Rio-Negro, par Martius, *l. c.* Ile Sainte-Catherine, H. Gauthier; donnée comme rare. — Plante élégante, longuement pédicellée, à lame bifide, cunéiforme; sporothéces entremêlés de paraphyses, portés sur des nervures exsertes, qui simulent des dents.

4. ELEGANS, Presl., *l. c.*, p. 77. *Schizæa elegans*, Sw., *Syn. fil.*, p. 151; Willd., *Fil.*, p. 88. *Acrostichum elegans*, Vahl, *Symb.*, II, p. 104, t. 56. Brésil, Sellow, Itajahy, prov. de Sainte-Catherine, Gauthier. (H. F.) — Fronde nue, à segments lancéolés, bifides, avec des nervures en relief, déchiquetés au sommet; épis portés sur des prolongements de la marge, simulant de longues dents; elle atteint plus d'un demi-mètre.

II. ANEIMIACÉES.

94. ANEIMIA, Sw., *Sw. Syn.*, p. 195.

**COPTOPHYLLUM (frondes fertiles et stériles sur le même pied, mais distinctes).*

1. MILLEFOLIUM, Gardn., *sub Coptophyllo millefolio*, *in* Hook., *Lond. Journ. bot.*, I, 133, et *in* Hook., *Icon.*, t. 478. — Goyaz, territoire de Arrayas, n° 4083;

Weddell, province de Matto-Grosso, n° 2925. (H. F.) — C'est une très-petite espèce, nettement caractérisée; multifide, à frondes fasciculées sur une petite souche dressée, mesurant 5-6 millim. au plus.

2. TRINIÆFOLIA, Gardn., *Herb. Cand.* Goyaz, Gardner, n° 4084. — Elle a le port de l'espèce précédente avec des feuilles raides dont les segments sont bifurqués; la souche, fort petite, est couverte de poils roussâtres assez longs.

3. DICHOTOMA, Gardn., *Herb. Bras.*, n° 4084. *Coptophyllum bardifolium*, *ejusd.* in *Journ. bot. Hook.*, I, 133. — Figurée par le même auteur in Hook., *Icon.*, V, t. 477. (N. V.)

** EUANEIMIACÉES (*frondes fertiles naissant à la base d'une fronde stérile*).

† 4. MICROSTACHYS, F., Brésil, entre Goyaz et Cujaba, Weddell, n° 2826. — Bahia, Blanchet, n° 959. — Petite espèce tomenteuse, pinnée à lobes ovoïdes entiers; le pétiole général est robuste, tandis que les rachis fructifères sont presque capillaires; les épis ont leurs rameaux distiques, composés, fort petits, irrégulièrement distants. Elle croît en rosette et ses radicelles forment une grosse touffe.
ICON. : *Tab. LXXIV, fig. 3.*

5. ROTUNDIFOLIA, Schrad., *Gœtt. Gel. Anz.*, 1824, p. 865, n° 8; *A. radicans*, β. Radd., *Fil. Bras.*, p. 70, t. 11; Serra do Mar, par Neuwied; Rio-Janeiro, Raddi, Sellow. — Raddi a représenté cette plante à l'état radicant, circonstance extrêmement rare dans ce genre. — Espèce très-velue, à frondules ovales, arrondies supérieurement et échancrées à la base; chaque fronde en porte une douzaine de paires.

6. HUMILIS, Sw., *Syn. filic.*, p. 156; Willd., *Fil.* p. 90; Schkb., *Fil.*, p. 142, t. 141; *Osmunda humilis*, Cavan., *Icon.*, VI, 69, t. 592, f. 3; *Aneimia repens (minor)*, Radd., *Fil. Bras.*, p. 71, t. 9, fig. 2 A; Brésil, Gardner, n°° 2389 et 3560; Claussen, n°° 79, 109, 195; Para, Spruce, n° 948. — C'est l'*A. pilosa*, Mart. et Gal., *Fil. Mexic.*, p. 19, t. 2, f. 1. — Frondes pinnées, frondules obovales en coin, tronquées au sommet, crénelées, villeuses en dessous. Le pétiole est hérissé d'écailles piliformes.

† 7. GLAZIOVI, F.

Frondibus sterilibus imparipinnatis, glaberrimis; petiolo longiusculo, depresso, canaliculato; frondulis rotundatis, oppositis, brevissime petiolulatis, marginibus denticulatis, dentibus approximatis, cartilagineis; frondulis terminalibus, petiolo longiori donatis; frondibus fertilibus binis, tri-quadripinnatis, glabris, siccitate intense ferrugineis, petiolo anguste canaliculatis. Sporothecia generis.

Habitat in Brasilia fluminensi, Bico de Papagayo (Glaziou, n° 2058), et Serra do Couto (n° 3175) [1869].

Filix robusta, glabra, nervillis approximatis, sculpturatis, surculo crasso, squamis pallide curvis, filiformibus.

ICON.: *Tab. LXXIV, fig. 2.*

(Longueur : 12 centim.; frondules, 2,5 centim. de hauteur sur 2 centim. de largeur; pétiole, 5 centim.; les frondes fertiles naissent à quelques millimètres de la base des frondules pour s'élever à 7-8 centim.)

Espèce très-distincte, qui diffère de ses congénères par des frondules opaques, assez semblables à des feuilles de nummulaire, dentées en leur pourtour. Toute la plante est glabre; la souche est arrondie et très-abondamment couverte d'écailles piliformes qui s'élèvent sur les pétioles. Les épis, d'un vert gai avant la maturité, prennent plus tard une teinte ferrugineuse très-foncée. Les nervilles sont parallèles, très-serrées et en relief.

8. OBLONGIFOLIA, Sw., *Syn. fil.*, p. 156; Willd., *Filic.*, p. 90; Schkh. *Crypt. Gew.*, p. 142, t. 141; *Osmunda oblongifolia*, Cavan., *Icon.*, VI, p. 69, t. 592, f. 2; Brésil, Gardner, n° 3561; Goyaz, près de Boa, Serra Dourada, Pohl; Claussen et Blanchet à la Jacobine (H. F.). — Elle porte sur une grosse souche globuleuse plusieurs frondes, à segments pileux entiers; nervilles en relief. Les épis sont interrompus; c'est une petite espèce.

9. GLABROSA, Gardn., *Sert. pl.*, t. 70; *A. Gardneriana*, Presl., *Supp. pteridogr.*, p. 82; Goyaz, Gardner, n° 4086. — Fronde ovale en cœur, obtuse, pinnée, pubescente, presque tomenteuse, à frondules opposées, oblongues, rhomboïdales, très-obtuses, crénelées, décurrentes sur le rachis; épis courtement pétiolés.

10. GARDNERI, Hook., *Icon. pl.*, t. 190; Brésil, Gardner, n° 4. (N. V.)

11. RUTÆFOLIA, Mart., *Icon. crypt. Bras.*, p. 112, t. 55, f. 1; Martius, Minas-Geraes et Serra do Caraça. — Frondes glabriuscules, bipinnatifides, frondules pinnatifides, à segments linéaires, les unes radicales et les autres caulinaires; épis turgides. On ne voit guère comment cette petite plante a pu mériter le nom spécifique de *rutæfolia*.

12. DELTOIDEA, Sw., *Syn. fil.*, p. 156; Willd., *Filic.*, p. 92; Schkh., *Crypt. Gew.*, p. 143, t. 142; *Osmunda deltoidea*, Cavan., *Icon.*, VI, p. 70, t. 593, f. 1. Corcovado, Pohl; Serra os Orgaos, Gardner, H. *Bras.*, 5956. — Frondes bipinnatifides, glauques, inférieurement villeuses; frondules ovales, obtuses, crénelées; le rachis est très-velu.

13. RADDIANA, Lk., *Hort. Berol.*, II, 144; *A. flexuosa*, Radd., *Filic. Bras.*, p. 71, t. 13; *syn. exclus.*, Mart., *Icon. crypt. Bras.*, III; Corcovado, Lhotsky, Schott, Mart., *Herb. Bras.*, n° 195; Gardn., n° 7; Minas-Geraes, Gardner, n° 5340 et 5341; Glaziou, Rio-Janeiro, n° 444, 935 et 2276; Claussen, n° 1797. — Cette plante varie par une villosité plus ou moins abondante, plus ou moins roussâtre, et par des segments pinnatifides plus ou moins élargis; les épis sont géminés et très-allongés, elle peut atteindre un demi-mètre; la souche est rampante et fort grosse; elle se charge d'un très-grand nombre de frondes.

14. TOMENTOSA, Sw., *Syn. fil.*, p. 157; Willd., *Fil.*, p. 93; *A. flexuosa*, Sw. et Willd.; Radd., *Fil. Bras.*, p. 71, t. 43; *A. villosa*, Willd., p. 93; *A. ferruginea*, H. B. et Kth., *Nov. gen.*, I, p. 26; *A. villosa*, var. *Humboldtiana*, Presl., *Supp. pterid.*, p. 83; Brésil, Sellow, Bahia; Blanchet, *Herb. Bras.*, n° 3270, Claussen; Glaziou, Rio-Janeiro, n° 1228, et à Sainte-Catherine, par H. Ganthier. — Elle est assez variable dans ses formes, plutôt villeuse que tomenteuse; les segments sont ondulés, presque pinnatifides et peu nombreux; la souche est couverte d'écailles piliformes de couleur dorée.

15. CHEILANTHOIDES, Klfss., *Enum.*, p. 53; Spreng., *Syst.*, IV, p. 32. *A. villosa*, Presl., *Supp. pterid.*, p. 83, var. s *cheilanthoides*, Sainte-Catherine, Chamisso; Brésil, Sellow. — Petite espèce villeuse, glabriuscule, à fronde ovale bipinnée, à pinnules presque sessiles et à segments arrondis; les épis sont grêles et 3 à 4 fois plus longs que les frondes.

NB. Les espèces 12, 13, 14 et 15 ont été réunies comme variétés, tantôt à l'*A. villosa*, H. et B., tantôt à l'*A. tomentosa*, Sw., *Syn.*, p. 157.

16. FULVA, Sw., *Syn. filic.*, p. 157; Willd., *Fil.*, p. 98; Schkh., *Crypt. Gew.*, p. 144, t. 142. *A. villosa*, Blanchet, *Herb. Bahia*, n° 3270; Igreja-Velha; au Corcovado, Pohl; Goyaz, Gardner, n° 3559. Une variété β *robusta*, Presl., *Supp. pterid.*, p. 84, à Engenho da Costa et Serra d'Ourada, Pohl. — Elle est pinnée-pinnatifide, abondamment villeuse dans toutes ses parties; le pétiole porte un sillon profond.

17. RADICANS, Radd., *Filic. Bras.*, p. 70, t. 10. *A. caudata*, Klfss., *Enum.*, p. 52, et une var. *evoluta*, Presl., *Supp. pterid.*, p. 86. Au Corcovado, Raddi, Pohl, Schott, Sellow; Gaudichaud, Rio-Janeiro, n° 33. Em. Picard (H. F.). Glaziou, Rio-Janeiro, n° 441 (*specimen redivans*) et 442. — Frondes fasciculées, très-chargées de frondules, celles-ci dentées, obtuses, supérieurement gibbeuses; stipes gramineux, épis fructifères extrêmement abondants.

18. COLLINA, Radd., *Fil. Bras.*, p. 70, t. 12. *A. vellea*, Schrad., *Gœtt. gel. Anz.*, 1824, p. 865, n° 7. *A. Phyllitidis*, Mart., *Herb. Bras.*, n° 361. Rio-Janeiro, Raddi, Sellow; Bahia, Martius; Glaziou, n° 443; Blanchet, n° 2486. Presl, *Tent. pterid. supp.*, p. 86, reconnaît une variété β *evoluta*. Sellow, Rio-Janeiro.

Espèce très-distincte par ses longues écailles poilues et d'une belle couleur dorée. Les frondules sont écartées, dimidiées, gibbeuses en dessus, cunéiformes, au nombre de 10 paires environ. Les rachis sont chargés de poils écailleux, que l'on ne retrouve plus sur le pétiole des épis qui sont gemmés; la souche est très-grosse.

19. PILOSA, Mart. et Galeotti, *Foug. Mex.*, p. 19, t. 2, f. 1; Presl., *Supp. Tent. pterid.*, p. 86. Brésil, Goyaz, Pohl; Gardner, n° 3560 et 4087; à Piauhy, par le même, n° 2389. — Frondes stériles presque sessiles et radicales, pinnées, oblongues; pétioles des frondes fertiles, légèrement poilus et très-longs; épis assez gros, interrompus; rhizome rampant.

20. FILIFORMIS, Sw., *Syn.*, p. 150; Willd., *Fil.*, p. 90; Presl, *Supp. Tent. pterid.*, p. 87. *A. pulchra*, Pohl, *Herb. Vindob.* Goyaz, Pohl; Piauhy, Gardner, n° 2387. — Les pinnules portent des poils blancs ou blanchâtres; les frondules sont oblongues, terminées en coin, obtuses, incisées-dentées au som-

27

met ; le pétiole est hérissé de poils. Elle est petite et n'a point encore été figurée.

21. CILIATA, Presl., *Del. Prag.*, p. 158. *A. repens b major*, Radd., *Fil. Bras.*, p. 71, t. 9, f. 2 *b*. *A. hirsuta*, var. *achilleæfolia*, Mart. et Galeotti, *Foug. Mexic.*, p. 20. Brésil, Gardner, nᵒˢ 18, 2388 et 3558 ; Weddell, nᵒ 604 (H. F.) ; Claussen ; Glaziou, Rio-Janeiro, nᵒˢ 1003 et 3354, Serra os Orgaos. — Petite espèce à pétioles filiformes, glabres ; frondules incisées-dentées, au nombre de 5-6 paires ; épis géminés assez gros ; rhizome oblong.

22. INCISA, Schrad., *Gætt. gel. Anz.*, 1824, 865. *A. pallida*, Field. et Gardner *Sert. Pl.*, sub t. 70. Gardner, prov. Goyaz, nᵒ 3560 *b*. — Espèce élancée, blanchâtre après dessiccation ; frondes pinnées, segments sous-opposés, sessiles, dentés, à dents écartées ; deux épis floraux longuement pétiolés, portant une fronde à leur base. Longueur, 45 centim. ; le pétiole mesure 27 centim. de la base de la fronde à la naissance des épis ; la souche est arrondie et petite. Presl (*Supp. pterid.*, p. 93) fait de cette plante un *Aneimidictyon*.

23. TENUIFOLIA, Presl., *Epim. bot.*, p. 10, t. 4. Brésil. — Très-grêle dans toutes ses parties ; frondes multifides ; rhizome rampant, écailleux.

24. TENELLA, Sw., *Syn. filic.*, p. 156 ; Schkh., *Crypt. Gew.*, p. 143, t. 141. *A. dissecta*, Presl., *Supp. Tent. pterid.*, p. 88. Brésil, Regnell, II, 340 ; Claussen. — Petite espèce, glabriuscule ; frondes stériles pinnées-pinnatifides ; frondes fertiles à pédicelle capilliforme bifide ; petite souche arrondie.

25. SCHRADERIANA, Mart., *Icon. crypt. Bras.*, p. 113, t. 58. *A. Vespertilio*, Schrad., *Gætt. gel. Anz.*, 1824, p. 865, var. *minor*. Dans les forêts de Bahia, Neuwied et près de Almada, Martius. — La plus distincte et la plus curieuse des espèces. Le nom spécifique de *vespertilio* rend très-bien compte de la forme des frondes, dilatées en manière d'ailes de chauve-souris.

26. LANGSDORFFIANA, Presl., *Supp. Tent. pterid.*, p. 89. *A. Phyllitidis*, Langsd. et Fisch., *Icon.*, p. 24, t. 28. Brésil, Sainte-Catherine. — Cette espèce ne diffère de l'*A. Phyllitidis*, Sw., que par des nervilles libres. (Voy. *Anebnidictyon Phyllitidis*, Presl.)

27. BREUTELIANA, Presl., *Supp. Tent. pterid.*, p. 90, *A. Mandioccana*, Hook., *Gen. filic.*, t. 90, *non* Raddi ; *A. Phyllitidis*, Mart., *Herb. Bras.*, nᵒ 361, *non* Langsd.

et Fisch. Bahia, Blanchet, n°° 49 et 50 (H. F.). — Frondes longuement pétiolées, frondules peu nombreuses; épis géminés, rhizome rampant; stipes avec
des écailles piliformes.

28. MANDIOCCANA, Radd., *Fil. Bras.*, p. 70, t. 9, f. 1. *A. caudata*, var. γ *abscissa*,
Th. Moor. *A. abscissa*, Schrad., *Gœtt. gel. Anz.*, 1824, 864. Rio-Janeiro :
Mikan; Pohl ; Gardner, *Herb. Bras.*, n°° 2 et 3; Sellow, au Corcovado, Glaziou, n°° 1670, 1227 et 934. — Très-belle espèce, pouvant dépasser 90 centim.; souche très-grosse, chargée de belles écailles dorées, portant un grand
nombre de stipes, ceux-ci déliés, sillonnés, écailleux ; rachis souvent coloré
en rouge : segments très-glabres supérieurement, élégamment dentés, obtus,
dimidiés ; marge inférieure entière; épis rameux, fructifères, très-nombreux
et très-déliés.

29. TRICHORHIZA, Hook., *Icon. pl.*, t. 876. Brésil, Gardner, n° 4080. (N. V.)

95. ANEIMIDICTYON, J. Sm. Presl., *Supp. Tent. pterid.*

1. PHYLLITIDIS, J. Sm., *Lond. Journ. bot.*, II, 387. Presl., Th. Moore, etc. *Aneimia
   Phyllitidis*, Sw., *Syn. filic.*, p. 155, Willd., Desv., Link, Mettenius, Glaziou,
   Rio-Janeiro, n° 446.

   Var. β *longifolium*; Brésil, Blanchet, n° 2279 ; Gardner.
   Var. γ *cordifolium*; *Aneimia Ihenkei*. Presl., *Reliq. Hœnk.*, t. 74. Brésil.
   Var. δ *fraxinifolium*; Brésil, Blanchet, n°° 9, 74 et 178 ; Gardner, n° 6;
       Glaziou, Rio, n°° 445, 933 et 2277 ; Sainte-Catherine, à Destrerro,
       H. Gauthier.
   Var. ε *laciniatum*; Brésil. *Aneimidictyon laciniatum*, Presl., *Supp. Tent.*,
       p. 94.

2. TWEEDIEANUM, Th. Moor., *Index*, p. 72. *Aneimia*, Hook., *Icon. pl.*, n° 906,
   Brésil.

3. HIRTUM, Sw., *sub aneimia*, *Syn. filic.*, 155; Presl., *Supp. Tentam.*, p. 92. *A. obliquum*, Presl., *l. c. Aneimia hirta*, Sw., *Syn. filic.*, p. 155. Brésil. — Frondes
   pinnées ; à frondules oblongues, lancéolées, dentées, glabres ; pétiole et rachis
   hérissés d'écailles piliformes.

96. TROCHOPTERIS, Gardn., *Journ. botan. de Londres.*

1. ELEGANS, Gardn., Hook., *Lond. Journ. bot.*, I, p. 74, t. 14. *Anemia elegans*,
Presl., *Supp. pterid.*, p. 81. Brésil, Gardner, n° 4035. — Nous avons cette
plante de Cuba, Linden, sous le n° 1906. — Frondes bipinnées, pétiolées,
portées sur un rhizome ou souche couverte d'écailles piliformes de couleur
rouge foncée. Les pétioles sont laineux, ainsi que les lames frondulaires; les
épis ont une grande tendance à devenir foliacées. A l'exception de la fructification, cette plante rappelle beaucoup le *Nothochlæna lanuginosa*, Desv.;
même vestiture et même port.

NB. Les Schizéacées se composent de deux sous-familles : 1° les Euschizéacées
et 2° les Aneimiacées, lesquels, réunis par les organes reproducteurs, les sporanges, sont complétement séparés par le port. Cette famille, qui appartient exclusivement aux régions équatoriales et tropicales, est peu nombreuse en espèces.
Presl en décrit 55, savoir 17 Schizéacées et 38 Aneimiacées. La contrée de la terre
où ces plantes sont le plus abondantes, est sans contredit le Brésil, qui seul
possède 7 Schizéacées et 33 Aneimiacées. Le Mexique compte 14 Aneimiacées,
sans Schizéacées, et les Antilles 3 Schizéacées et 15 Aneimiacées. Toutes sont
herbacées et de port spécial. Plusieurs espèces d'*Anemia*, très-variables de forme,
ont donné lieu à de nombreuses variétés.

V. LYGODIACÉES.

97. LYGODIUM, Sw., *Synop. filic.*, p. 152.

1. VOLUBILE, Sw., *l. c.*; Radd., *Fil. Bras.*, p. 68, t. 81; Presl., *Supp. Tent.*, p. 103.
L. scandens, Schkh., *Crypt. Gew.*, p. 138, t. 139 *(synonym. omnib. exclusis)*
Blanchet, *Herb. Bahia*, n° 1. Saint-Sébastien, près de Rio-Janeiro; Pohl.
Brésil, sans autre indication. — Plante très-répandue dans les herbiers et
cultivée dans les jardins botaniques.

2. HASTATUM, Desv., *Prodr. Ann. Soc. Linn. Par.*, VI, 204; Mart., *Icon. crypt.
Bras.*, p. 118, t. 57, f. 1 *(exclus. synonym.*, Klfss.) *L. varium*, Lk., *Hort.
Berol.*, II, 140. Rio-Janeiro, au Corcovado; Bahia; Serra do Mar, Martius,

H. Bras., n° 368; Luschnath, Pl. Bahia, n° 94; de Gestas; Goyaz, Pohl;
Nouv.-Fribourg, Claussen, Blanchet; Rio, Glaziou, n° 448. Sainte-Catherine,
à Bignassu, par Alburquerque. — Cette espèce est très-commune au Brésil,
où elle a été récoltée par un grand nombre de collecteurs.

3. HIRTUM, Kl!ss., *Enum. filic.*, p. 47; Presl., *l. c.*, p. 104. Rio-Janeiro, Sellow.
Une variété β *lucens*, Kl!ss., au Corcovado, par Mikan et Sellow. — Les
rachis et les pétioles sont cylindriques, tomenteux, mais les mésonèvres sont
toujours pileux sur l'un et l'autre côté des lames.

4. VENUSTUM, Sw., *in Schrad. Journ.*, 1801, II, p. 303; Schkh., *Crypt. Gew.*,
p. 140 et 139; Mart., *Icon. crypt. Bras.*, p. 110, t. 57, f. 2 (*sterilis*). *L. poly-
morphum*, H. B. et Kth., *Nov. gen.*, I, 93. *Hydroglossum hirsutum*, Willd.,
Fil., p. 80. Brésil, rives de l'Amazone, Pœppig; Rio, Mikan; Para, Martius;
Villa Boa, Pohl; province Ceara, Gardner, n° 1231.

   Var. β *spiciferum*, Presl., *l. c.*, p. 105.

Cette plante a une géographie très-étendue.

5. POHLIANUM, Presl., *l. c.*, p. 105. Serra de San-Jezabel et Santa-Luzia, Minas-
Geraes, Pohl. — Frondes glabres, pinnées et bipinnées; les inférieures
alternés ne portent point de bourgeon axillaire; les frondules sont ovales
cordiformes, divisées en 5 ou 6 lobes, la terminale plus longue; les rachis
sont cylindriques.

NB. Les plantes qui composent cette petite famille ont toutes le même port;
elles grimpent à la manière de nos clématites, et pour se soutenir elles ont besoin
d'appui. La fructification est en épis, comme dans les Ophioglossacées, mais la
préfoliation est circinale. Les nervilles sont libres dans le genre *Lygodium* et anastomosées dans l'*Hydroglossum*, genre créé par Presl et qui renferme une espèce
mexicaine énumérée par nous, *Catal. pl. Mexic.*, p. 42. Cette famille est repré-
sentée au Brésil, aux Antilles et au Mexique par cinq espèces presque toutes de
même type. L'anneau des sporanges est complet et apicilaire.

VI. MARATTIACÉES.

98. GYMNOTHECA, Presl., *Tent. pterid., Supp.*, p. 12.

1. CICUTÆFOLIA, Presl, *l. c.*, p. 13. *Marattia cicutæfolia*, Klfss., *Enum.*, p. 32. Mart., *Icon. crypt. Bras.*, p. 119, t. 69, 71 et 72 (*excl. syn.*, Raddi). Serra d'Estrella, Martius; Brésil, Sellow; Rio-Janeiro, Glaziou, n°s 374, 375, 944 et Gaudichaud, 1650 (*junior*); Sainte-Catherine, H. Gauthier. Var. β *heterodon*, F. (*in Hort. Lips., culta ex* Kze.). — Le n° 375 de M. Glaziou présente, à la base des frondules qui ont une marge denticulée, de petites stipules pinnatifides. Ce spécimen, qui devra constituer une variété γ *stipulacea*, est stérile. Cette prolification est-elle normale? On pourrait se demander pourquoi cette plante porte le nom spécifique qui lui a été attribué.

2. RADDIANA, Presl., *l. c.*, p. 13. *Marattia Raddii*, Desv., *Prodr. filic.*, p. 207. Martius, *Icon. crypt. Bras.*, p. 119, t. 70. Gaudichaud, Rio-Janeiro, n° 202; Glaziou, n°s 1229, 1649-1651. — Frondes bipinnées, à frondules opposées, horizontales, lancéolées.

3. POLYODON, Presl., *l. c.*, p. 14. — *Marattia cicutæfolia*, Mart., *Icon. crypt. Bras.*, t. 70. (Les trois paires inférieures de pinnules.) Martius, Rio-Janeiro.

4. OBTUSIDENS, Presl., *l. c.*, p. 15; *M. cicutæfolia*, Mart., *l. c.*, t. 70. (Les deux paires supérieures de pinnules.) Martius, Rio-Janeiro.

NB. Ces deux dernières espèces demandent à être mieux connues.

99. EUPODIUM, Presl., *Supp. Tent. pterid.*, p. 16.

1. KAULFUSSII, J. Sm., *in* Hook., *Journ. bot.*, IV, 190. *Marattia alata*, Raddi, *Filic. Bras.*, p. 74, t. 83 et 84. Pohl et Raddi, au Corcovado et dans plusieurs localités de Rio-Janeiro; Glaziou, n° 376; même localité, n°s 1698, 1699 et 2275, vers Tijuca. — Cette espèce est pellucide, fort délicate, très-élégante et fort mobile dans ses formes; celles qui suivent peuvent être indiquées comme les principales.

β *macropteron*, F.; Rio-Janeiro, Glaziou, n° 2273. — Les rachis sont remarquables par l'ampleur des décurrences.

γ *acuminatum*, F.; même localité, n° 2274. — Frondules primaires longuement acuminées, écartées les unes des autres, ainsi que les frondules secondaires; pyxidules assez grosses.

NB. Les Marattiacées, bien étudiées par Presl, *Supp. pteridogr.*, p. 7, ont des
sporothèces sessiles, bivalves; chaque valve porte intérieurement les sporanges qui
forment une double série; elles sont privées d'anneau, et s'ouvrent à la maturité, pour
mettre en liberté les spores. Ces fougères sont rares en Amérique et vivent de pré-
férence dans l'archipel africain, dans les îles de la mer du Sud, aux Philippines,
à Java, etc. Presl en a décrit 35 espèces, réparties en 7 genres; le Brésil a 5 espèces
et 2 genres; les Antilles 1 seul genre et 2 espèces; le Mexique 2 genres et 3 espèces;
les autres parties de l'Amérique du Sud ne sont pas plus riches ou même le sont
encore moins.

VII. DANÆACÉES.

100. DANÆA, Smith., *Act. Taur.*, V, p. 420, t. 9.

** Frondes simples.*

1. SIMPLICIFOLIA, Rudge, *Pl. Guyan.*, I, 24, t. 36; Willd., *Fil.*, 67; Kze., *in
Schkh. contin.*, I, p. 107, t. 50. Para, Spruce, n° 29. — Frondes stériles
beaucoup plus grandes et beaucoup plus étroites que les fertiles, dont les
lames prennent une direction horizontale.

*** Frondes pinnées.*

2. LONGIFOLIA, Desv., *Berol. mag.*, 1811, p. 307. Serra do Mar, Mart., *Herb. Bras.*,
n° 339. Rio-Janeiro, n° 1; Serra os Orgaos, n° 2327. — Ce spécimen est
remarquable par des frondules fertiles ouvertes à angle droit. M. Th. Moore
réunit le *D. longifolia* au *D. nodosa*, Smith.

3. ELLIPTICA, Sm., *in Rees cyclop.*; H. et Gr., *Icon. filic.*, t. 54. *D. geniculata*, Radd.,
Fil. Bras., p. 75, t. 5, f. 4. Bahia, Luschnath, n° 14 (H. F.); Gardner, *Pl.
Brés.*, n° 87. San-Gabriel, Rio-Negro, *sine numero*. Glaziou, Rio-Janeiro,
n° 370.

4. DUBIA, Presl., *Tent. pterid. supp.*, p. 36. Brésil, Rio-Janeiro, par Kuhncampf. — Frondes pinnées; les fertiles presque sessiles, linéaires, très-aiguës, très-entières, arrondies à la base, qui est cordiforme. Plante douteuse, qui n'a point été revue.

† 5. CORDATA, F.

   Frondibus pinnatis: frondulis sterilibus, sessilibus, oblongo-lanceolatis, papyrinis, basi cuneatis, apice caudatis, cauda longiuscula, lineari, flexuosa; nervillis numerosis, tenuibus, fuscescentibus; fertilibus lanceolato-linearibus, breve petiolatis, suboppositis, basi cordatis, apice caudato, sterili, leviter arcuatis.

   Habitat in Corcovado (Glaziou, n°s 451 et 1686) [*sterilis*].

   Filix magna, robusta, surculo durissimo.

   ICON: *Tab. LXXI, fig. 5 (fragmenta).*

   (Longueur, 1 mètre et plus; frondules stériles, 26-28 centim. sur 3 de largeur; fertiles, 15-16 centim. sur 11-12 millim.; l'appendice stérile, 2 centim.)

Les frondes stériles ne diffèrent pas de celles du *D. longifolia*; mais ce qui distingue cette espèce entre toutes, ce sont les frondules fertiles à court pétiole, à base cordiforme et à sommet terminé en un long appendice linéaire et stérile. Presl, *Supp. pterid.*, p. 36, parlant du *D. dubia*, dont il n'a vu que la fronde fertile de son espèce, dit que le rachis est cylindrique; il est aplati dans la nôtre.

6. SELLOWIANA, Presl., *in Corda, Beitr. z. Fl. d. Vorw.*, t. 51, f. 18-23, et *Supp. Tent. pterid.*, p. 37. Brésil, Sellow. — Frondes pinnées; frondules stériles, pétiolées, oblongues-lancéolées, acuminées, très-entières, caudées, aiguës à la base, les fertiles courtement pétiolées, linéaires, acuminées; rachis allongé, continu.

7. ALATA, Sm., *Act. Taur.*, V, p. 420; Sw., *Syn. filic.*, 467; Willd., *Filic.*, 68; Hook. et Grev., *Icon.*, 18. Rio-Negro, Spruce, 1407. Plumier a donné une figure grossière de cette plante, *Filic. Americ.*, t. 109. — Cette espèce est distincte entre toutes par son rachis ailé.

8. STENOPHYLLA, Kze., *in Schkh. supp.*, I, 55, t. 28. *Heterodanaea*, Presl., *Supp. Tent. pterid.*, p. 38. — Nous avons reçu (1868) d'Itajahy, île Sainte-Catherine, de M. H. Gauthier, une fronde fertile de cette espèce; la fronde stérile serait nécessaire pour lui attribuer définitivement une localité brésilienne.

101. DANÆOPSIS, Presl., *Tent. pterid. supp.*, p. 36.

1. PALEACEA, Presl., *l. c.* Radd., *Filic. Bras.*, p. 76, t. 5, f. 2, *sub Danæo (pinna sessilis)*. Serra d'Estrella, Radd. — Plante mal connue et douteuse.

NB. Cette famille, créée par Presl, *Supp. pterid.*, p. 33, renferme des fougères à sporothèces linéaires, parallèles, connivents, charnus, persistants, naissant sur le trajet des nervilles et s'ouvrant à la maturité par des pores, d'où la qualification de Poromptérides, donnée à ces fougères par Willdenow. Les sporanges sont privés d'anneau. Presl en énumère 13 espèces, réparties dans 3 genres. Le Brésil en possède 9, les Antilles 5; nous ne connaissons aucune Danæacée mexicaine.

VIII. OSMONDACÉES.

102. OSMUNDA, L., *Spec. plant.*, p. 1521.

1. SPECTABILIS, Willd., *Fil.*, 98, *O. spectabilis*, var. β *palustris*. Grev. et Hook., *Enum. filic.*, *in* Hook. *Bot. misc.*, III, p. 230. Brésil, Sellow, Neuwied, Gardner, Pohl, Glaziou, n° 932. Serra d'Estrella, Riedel, *in locis variis*. — M. Milde, *Filic. Eur. et Atlantid.*, p. 178, ne fait de cette plante qu'une simple forme de l'*O. regalis*, L.

2. GRACILIS, Lk., *Hort. bot. Berol.*, II, 145; Kze., *in Schkh. contin.*, I, p. 84, t. 39. Brésil, Sellow; Rio-Pardo, Riedel; *O. regalis*, var. β *gracilis*, Milde, *l. c.* — C'est la plus petite de toutes les espèces; les frondes, au nombre de 2-4, sont sessiles, denticulées, assez distantes.

3. CINNAMOMEA, L., *Spec. pl.*, 1522; Sw., *Syn. filic.*, p. 160; Willd., *Filic.*, 98; Schkh., *Crypt. Gew.*, t. 146. Serra os Orgaos, Glaziou, n° 3353 (juin 1869). — Très-belle plante, chargée vers la base des frondes et souvent sur les pétioles de longs poils couleur de cannelle; les sporanges ont aussi cette couleur; les frondules stériles sont sessiles. Elle vit au Mexique et n'avait point été, jusqu'ici, trouvée au Brésil. Le spécimen cité de M. Glaziou a ses frondules assez petites, rapprochées et de forme lancéolée.

NB. Cette famille se compose de 3 genres, qui renferment 24 espèces sagement réduites par M. Milde. Elle manque aux Antilles. Le Brésil n'en a que 3 et le Mexique 1 seule. L'anneau des sporanges est apicilaire et incomplet.

IX. OPHIOGLOSSACÉES.

103. OPHIOGLOSSUM, L., *Spec. plant.*, p. 1518.

1. RETICULATUM, L., *Sp. pl.*, *l. c.* H. et Gr., *Icon. filic.*, n° 20. Brésil, Saint-Sébastien, Arrabida.

> β *cordatum*, F., Rió-Janeiro; Glaziou, n° 2272. — Frondes cordiformes, presque orbiculaires; radicelles très-longues.

2. NUDICAULÉ, L. Fil. *Supp.*, p. 443; Sw., *Syn. filic.*, p. 60 et 397; Kze., *in Schkh. contin.*, I. p. 59, t. 29, f. 3. O. *Ypanemense*, Mart., *Icon. crypt. Bras.*, p. 39 et 130, t. 73. Brésil, région de l'Amazone, Pœppig; Ypanema, prov. de Saint-Paul, par Martius et par Gardner, à Piauhy.

3. SPRUCEANUM, F.

> *Frondibus radicalibus petiolatis, caulibus sessilibus, omnibus ecostatis, infra bullatis; spicis longe stipitatis, linearibus, longiusculis, acutis, rectis.*

> *Habitat prope* San-Gabriel de Cachoeira *ad* Rio-Negro, *in Brasilia boreali* (Spruce, n° 2041).

> *Filix frondibus dissimilaribus, ad surculos ellipsoideis petiolatis, ad caules sublinearibus sessilibus.*

> ICON.: *Tab. LII, fig. 3.*

Cette espèce est fort distincte; elle mesure 10 centim. avec l'épi, qui ne dépasse guère 2 centim. La souche est légèrement renflée et globuleuse. Il n'existe qu'une seule feuille à la base du pédicelle fructifère et elle naît à 2 centim. environ de la souche. Elle rappelle un peu, par le port, l'*O. nudicaule*, L. fils; mais ici les feuilles n'ont point de côte médiane (mésonèvre).

404. CHEIROGLOSSA, Presl., *Tent. pterid.*, *Supp.*, p. 56.

1. palmata, Presl., *l. c.*, p. 57. *Ophioglossum palmatum*, Plum., *Fil. Amer.*, p. 139,
t. 163. *Ramondia palmata*, Mirb., *Dict. sc. nat.*, éd. Levrault, t. 97. Brésil.
Sellow. Ile Sainte-Catherine, H. Gauthier. (H. F.)

NB. Les Ophioglossacées diffèrent de toutes les fougères par une préfoliation
dressée et non circinale ; les sporothèces, disposés sur deux rangs, agglomérés ou
seulement rapprochés, sont globuleux et bivalves à la maturité ; il n'y a point d'anneau. Presl reconnaît 6 genres, auxquels il rattache 48 espèces. L'Europe a 2 genres
seulement, *Botrychium* et *Ophioglossum* ; le Mexique 3 genres et 6 espèces ; les
Antilles 3 genres et 4 espèces ; le Brésil 2 genres et 4 espèces. Elles sont éparses
sur toute la surface du globe, sans lieu de prédilection.

II. LYCOPODIACÉES.

(Spring, *Monographie*, 1re et 2e Partie.)[1]

---

1. LYCOPODIUM, Spring., *l. c.*

1. Type : REFLEXUM.

1. REFLEXUM, Lmrk., *Encyc. bot.*, III, p. 658; Willd., *Filic.*, p. 52; Schkh., *Crypt.*, p. 160, t. 159. Rio-Janeiro, Gaudichaud; Lagoa-Santa, *in fossis humidis*, Warming; Glazion, n°s 910 et 1790, Serra os Orgaos; Minas-Geraes, par Martius. — Espèce deux fois dichotome, courbe, assez souple; à feuilles formant huit séries, toutes réfléchies; dernier caractère que l'on retrouve dans le *L. Sieberianum*, Spring., qui est plus raide et beaucoup plus robuste.

2. INTERMEDIUM, Spring., *in Fl. Brasil.*, I, p. 111; *Monogr.*, I, p. 27. Brésil, Sellow, et près de Rio, Freyreiss. — La racine est tomenteuse; la tige, qui s'élève environ à 35 centim., est couverte de feuilles semi-verticillées très-raides, ainsi que le mucron qui les termine.

3. STASINITES, Lmrk., *Encyc. bot.*, III, p. 654; Willd., *Filic.*, p. 47. *L. quadrifarium*, Bory, *in Duperr.*, *Voy. bot. crypt.*, p. 245. *L. catharticum*, Hook., *Ann. of natur. hist.*, I, p. 428, t. 14. Sellow, Rio-Janeiro; Gardner, Serra os Orgaos; Lhotsky, île Sainte-Catherine; Durville (*Herb. Paris.*), et H. Gauthier (H. F.) — Cette espèce est très-facile à reconnaître à sa tige exactement quadrangulaire, raide et 2-4 fois dichotome.

---

1. Nous suivons, sans nous en écarter, la belle monographie de cet auteur qui a bien voulu revoir notre collection de Lycopodiacées.

4. SARMENTOSUM, Spring., *Monogr.*, II, p. 13. Gardner, Serra os Orgaos. — Tiges pendantes, flasques, pâles, 3-4 fois dichotomes, avec des feuilles quaternées, très-étroites, divergentes, pouvant atteindre 12 millim. de longueur.

2. *Type*: LINIFOLIUM.

5. LINIFOLIUM, L., *Sp. pl.*, p. 1563 et *auctor.* Brésil, Beyrich; Para, Martius; Gardner, Rio-Janeiro, Glaziou, nᵒˢ 2047 et 2240, etc.; île Sainte-Catherine, H. Gauthier. (H. F.) — Varie par des feuilles plus ou moins longues, plus ou moins raides et par des rameaux plus ou moins divariqués et plus ou moins souples.

    Var. β *sanguineum*, Spring., *Monogr.*, I, p. 31. — Tiges et leurs divisions couleur pourpre de sang et même quelquefois çà et là les feuilles.

6. BRONGNIARTII, Spring., *Monogr.*, I, p. 33. Sommet de la Serra os Orgaos, Glaziou, nᵒ 2797. — Cette espèce a un aspect rustique et disgracieux; elle est robuste; le *facies* permet de la ranger à côté du *L. ulicifolium*, Venten.; mais suivant M. Spring elle est plus près des *L. taxifolium*, Sw., et *linifolium*, L.

3. *Type*: DICHOTOMUM.

7. SETACEUM, Hamilt., *in Don. Prod. Fl. Nepal*, 18. *L. pulcherrimum*, Hook. et Gr., *Icon.*, nᵒ 38. Saint-Sébastien, Schott; Para, Martius.

    Var. β *Brasiliense*, *L. mollicomum*, Mart., Spring., *in Fl. Brasil.*, I, p. 113. — Feuilles plus courtes que chez le type, linéaires, acuminées, dentées vues à la loupe; anthéridies sous-orbiculaires, comprimées. (N. V.)

8. MANDIOCCANUM, Radd., *Fil. Bras.*, p. 77, t. 4. *L. dichotomum*, H. et Gr., *Enum. filic.*, nᵒ 22. Raddi, Saint-Sébastien, près Mandiocca; Serra d'Estrella, Beyrich; Sainte-Catherine, H. Gauthier, province de Saint-Paul, forêts de Morro d'Arara, prov. de Neuwied. Rio-Janeiro, Glaziou, nᵒ 2239, et par le même, Serra do Couto, nᵒ 3182 (1869); petite forme. — Varie par des feuilles plus ou moins raides et plus ou moins étroites, mais toujours très-longues.

4. *Type*: VERTICILLATUM.

9. VERTICILLATUM, L., *Supp.*, p. 448. *L. filiforme*, Sw., *Syn. filic*, nᵒˢ 174 et 398, t. 4, f. 3, Radd., *Fil. Bras.*, p. 77, t. 4¹, f. 1. Rio-Janeiro, Schott, Gaudichaud,

Langsdorff; Glaziou, n°s 2238 et 3314, Serra os Orgaos. Bahia; prov. de Neuwied. Ile Sainte-Catherine, H. Gauthier. — Tiges mesurant de 40 à 50 centim., filiformes, pendantes, très-souples, très-longues; feuilles étalées, courbées en dedans, capillacées, subulées, à dos convexe; anthéridies éparses.

Var. β *apertum*. Tiges 6-7 fois dichotomes, pendantes, rameaux recourbés en dedans; feuilles sétacées étalées, assez longues, les fructifères un peu dilatées à la base. Glaziou, os Orgaos, n°s 3312 (juin 1869).

10. TENUE, H. Bonpl., *in Willd. filic.*, p. 55. *L. curvifolium*, Kze, *Linn.*, IX, p. 5. Minas-Geraes, Martius; Rio-Janeiro, Gaudichaud. — Tiges pendantes filiformes, très-divisées; feuilles capillacées, subulées, lâches et quadrifariées.

11. FONTINALOIDES, Spring., *Fl. Bras.*, I, p. 112, t. 5, f. 2, et *Monogr.*, I, p. 49. Brésil, Sellow. Sommités de la Serra os Orgaos, Glaziou, n°s 2794 et 3315 (juin 1869). — Facile à reconnaître à sa tige divisée près de la souche, en rameaux pendants, plus ou moins divariqués, presque filiformes, plusieurs fois dichotomes; les feuilles sont carénées, très-entières et mutiques; les tiges quadrangulaires. Elle atteint jusqu'à 70 centim. de longueur.

† 12. SERPYLLIFOLIUM, F.

Caulibus pendulis, laxis, colore coralloideo, 5-6 dichotomis, fili emporetici crassitudine, ramis curvato-divaricantibus, foliis basalibus sessilibus, ovatis, acutis, translucidis, margine rubescentibus, supremis plicatis et in ramis dichotomiarum carinatis albo marginatis, imbricatis, bifariis, obtusiusculis antheridiis....

Habitat in Brasilia, ad montes v. d. Serra os Orgaos (Glaziou, n° 2703). *Lycopodium pendulum foliis dissimilaribus, ad basim caulium ovatis petiolatis.* Icon: *Tab. LXXIII, fig. 3.*

(Longueur: 20-24 centim.)

Cette charmante espèce est remarquable à plusieurs titres; elle est plusieurs fois dichotome, avec des feuilles étalées, pétiolulées, à marge bordée de rose, qui rappellent celles du serpolet. Vers le haut de la tige elles se plient sur la nervure médiane, deviennent sessiles et conservent leur forme; elles ont une marge blanchâtre, ainsi que d'autres feuilles beaucoup plus petites, carénées et étroitement appliquées sur les rameaux dichotomes; la tige principale et les rameaux ont une couleur rouge de corail très-pure. Nous ne la connaissons que stérile.

5. *Type* : ULEIFOLIUM.

13. NITENS, Chamisso et Schlecht., *Linn.*, V, p. 623; Spring., *Monogr.*, I, p. 54.
Saint-Sébastien, Gardner; Rio-Janeiro, Glaziou, n° 2046 et 2453. — Tiges
une ou deux fois dichotomes, à feuilles allongées, étalées, rétrécies à la base;
très-amincies au sommet, à nervure médiane, très-apparente et très-légèrement courbée en carêne.

6. *Type* : GNIDIOIDES.

14. RUBRUM, Chamisso, *Linn.*, VIII, p. 389; Spring., *Monogr.*, I, p. 61. Brésil
intertropical, Sellow. — Très-distincte par la couleur d'un beau rouge de
ses feuilles. (N. V.)

7. *Type* : OPHIOGLOSSOIDES.

15. SUBULATUM, Desv., *Encyc. bot. Supp.*, III, 544; Klfss., *Enum. filic.*, p. 8;
Spring, *l. c.*, I, p. 71. Serra os Orgaos, à 1,660 mètres; Gardner, Glaziou,
n° 2795 et 3313 (juin 1869). — Tiges pendantes, filiformes, plusieurs fois
dichotomes; à feuilles lâches, distantes, étalées, linéaires, aiguës, un peu
arquées; épis cylindriques, rappelant les chatons de quelques espèces de
piper, ils sont souvent dichotomes et fort longs.

8. *Type* : INUNDATUM.

16. ALOPECUROIDES, L., *Sp. pl.*, 1565; Sw., *Syn. filic.*, p. 177; Willd., *Fil.*, p. 26;
Schkh., *Crypt. Gew.*, t. 160. Minas-Geraes, Martius; Goyaz, Pohl; Arara-
quara (Saint-Paul), *in paludibus*. Porto d'Estrella, Freitas. Glazion, Serra os
Orgaos, n° 2790, β *integerrimum*, Spring, I, p. 74. Sainte-Catherine, Gaudichaud. — M. Spring, *l. c.*, indique également au Brésil une variété *Spinu-
losum*, qu'il dit rare et que nous n'avons pas vue. Elle est facile à reconnaître
à la longueur de ses rameaux florifères, raides, et se terminant en une sorte
d'épi allongé, renflé, qui se charge de capsules.

> Var. β *furcatum*, F. Lagoa-Santa, Minas-Geraes, E. Warming (1866). —
> Forme très-remarquable, une ou deux fois fourchue; elle est rampante,
> fort longue; les tiges stériles sont courbes et dichotomes, à rameaux
> unilatéraux, et les feuilles plus ou moins appliquées par imbrication.
> Peut-être est-ce une espèce distincte.

17. CONTEXTUM, Mart., *Icon. crypt. Bras.*, p. 38, t. 20, f. 1. Brésil, dans les montagnes. — Tiges rampantes, radicantes, très-feuillues; feuilles rameuses,

raides, très-serrées, linéaires, subulées, très-entières, énerves. Chatons
sessiles, droits, avec des bractées foliacées; les rameaux ont une forme tout
à fait différente de la tige principale.

9. Type : ANNOTINUM.

18. CERNUUM, L., *Sp. pl.*, 1566; Sw., *Syn. filic.*, p. 178; Willd., *Filic.*, p. 30;
Spring, *Monogr.*, I, p. 79. *L. Doryanum*, Rich., *Voy. astrol.*, t. 2. Plum.,
Filic., t. 155, f. A; Ad. Brongn., *Vég. foss.*, II, t. 4. Saint-Sébastien, Para,
Minas-Geraes, Rio-Grande, Saint-Paul, Bahia, Sainte-Catherine, H. Gauthier;
la Jacobine, Blanchet; Rio-Janeiro, Glaziou, nᵒˢ 914 et 1669. Forêts, friches,
marais, et jusque dans l'eau (Warming). — La géographie de cette plante
est très-étendue. — Tiges dressées, très-grandes et très-rameuses; feuilles
subulées, rapprochées, divergentes, étalées, demi-cylindriques, à dos marqué
de sillons; les chatons sont sessiles et penchés (*inde nomen*).

10. Type : CLAVATUM.

19. CLAVATUM, L., *Sp. pl.*, 1564. DC., *Fl. fr.*, II, 573. *L. officinale*, Neck., *Meth.
musc.*, p. 450. Schkh., *Crypt. Gew.*, t. 162. Brésil, par Raddi, Beyrich, Pohl,
Martius, Guillemin, Clausson. — La synonymie de cette plante cosmopolite
est très-chargée; elle est commune en Europe.

Var. α *distachyon*, Spr. Serra da Pietade, *in alpestribus saxosis*, à 14-16
mètres, Warming.

† 20. ERIOSTACHYS, F.

Caule repente, foliosissimo, inæqualiter dichotomo; foliis dense confertis, mul-
tifariis, leviter patentibus, lineari-subulatis, apice setigeris, curvulis;
amentis 3-4, longe pedicellatis; pedunculo squamis albidulis, adpressis
vestito; spicis obtusiusculis, elongatis, lutescentibus; squamis albo-margi-
nato-scariosis, apice longe pilosis.

Habitat in Brasilia fluminensi, Serra os Orgaos (Glaziou, nᵒ 1788).

Espèce caractérisée par ses épis d'apparence laineuse; la tige qui rampe émet
des crampons qui se terminent en une sorte de pénicille de radicelles. Cette tige
s'allonge en rameaux dichotomes, qui mesurent 14-16 centim. et qui se terminent
par des pédoncules de même longueur que les rameaux ou même plus longs. Les
épis, au nombre de 3-4, atteignent 3 à 3,5 centim. de développement. Cette espèce
a quelque rapport avec les *L. trichiatum*, Bory, et *aristatum*, H. et Boupl.

21. TRICHIATUM, Bory, *Voy. aux 4 îles afric.*, I, 350; Sw., *Syn. fil.*, p. 179; Willd., *Fil.*, p. 16; Spring., *l. c.*, I, p. 91. *L. aristatum*, Presl, Gaudich., Hook. et Gr., Kunze, Spring, etc. Prov. Saint-Sébastien, Martius, Pohl, Gaudichaud; Saint-Paul, Martius; Minas-Geraes, Claussen; Mugi das Cruces (Saint-Paul), *in sylvis*, Warming. Rio-Janeiro, Glaziou, n° 914. — Tiges rampantes, radicantes, très-chargées de feuilles; irrégulièrement rameuses; chatons pédonculés, feuilles étalées sans ordre, planes et binervées, portant un très-long poil blanchâtre.

11. Type: CAROLINIANUM.

22. CAROLINIANUM, L., *Sp. pl.*, 1567, et auct. plurim. *L. repens*, Sw., *Syn. fil.*, p. 180; Willd., *Filic.*, p. 14. *L. affine*, Bory; *Voy.*, II, 204. Brésil, *ad Ressaca, inter* Barbacena *et* Brunisado, *in pratis paludosis* (1863); Beyrich, Sellow; Pœppig, Luschnath, Schott; Rio-Janeiro, Glaziou, n° 2237, et Serra os Orgaos, n° 3311 (juin 1869); près de Bahia, Salzmann, Blanchet; île Sainte-Catherine, Durville; Blanchet, Igreja-Velha. — Tiges radicantes-rampantes, aphylles sur le dos; feuilles lâchement étalées, obliques, les latérales distiques, ainsi que les intermédiaires, qui sont plus petites; chatons pédonculés, solitaires. Elle est très-répandue.

23. PARADOXUM, Mart., *Icon. crypt. Bras.*, p. 38, t. 20, f. 2; Spring, *Monogr.*, I, p. 99. Provinces mérid. du Brésil, Martius; prov. Saint-Paul, Guillemin. — Les caractères sont les mêmes que ceux de l'espèce précédente, dont elle ne diffère que par ses feuilles latérales binervées, formant une série continue avec des intermédiaires 3 fois plus petites, étroitement appliquées sur la tige.

12. Type: COMPLANATUM.

24. COMPLANATUM, L., *Sp. pl.*, p. 1567; Sw., *Syn. fil.*, p. 180; Willd., *Fil.*, p. 19; Spring, *Monogr.*, I, p. 101. *L. Chamæcyparissus*, Al. Br. Schkh., *Crypt. Gew.*, t. 163. *Fl. danoise*, t. 78. Saint-Sébastien, Martius, Schott, Guillemin; Minas-Geraes, Claussen; Glaziou, Rio-Janeiro, n° 943 et 1789. Serra do Couta, n° 3181; Mugi das Cruces (Herb. Warming).

> Var. β *adpressifolium*, Spring, *Monogr.*, I, p. 102. — Cette variété, à laquelle se rattachent les spécimens brésiliens, est plus robuste que les types d'Europe et d'Asie. Les pédoncules portent de 2-4 à 16 épis, presque tétragones, les feuilles du sommet moins étalées; elle a des tiges plus longues et plus diffuses que chez les spécimens européens.

13. Type : JUSSIEI.

25. COMPTONIOIDES, Desv., *Prodr. in Annal. Soc. Linn. Par.*, VI, p. 185. — Cette
espèce, que nous n'avons pas vue, demande à être mieux connue; elle n'a
point été figurée.

2. SELAGINELLA, Spring. Monogr., II, p. 55.

1. Type : RUPESTRIS.

1. RUPESTRIS, Spring., *in Endlich. et Mart. Fl. Bras.*, I, p. 118. *Lycopodium ru-*
pestre, L., *Sp. pl.*, 1564. Radd., *Fil. Bras.*, p. 80, t. 4ᵃ, f. 2. *Stachygynan-*
drum, Palis. Beauv., *Prodr. Æthog.*, p. 113. Rio-Janeiro, Raddi; de Gestas;
1824 (H. F.); Gaudichaud; Guillemin; Glaziou, nᵒˢ 1216 et 3306; Serra os
Orgaos (juin 1869); Rio-Grande et ailleurs, Martius. — M. Spring reconnaît
deux formes de cette plante, l'une var.: α *Borealis*, l'autre var.: β *Tropica*,
c'est là celle qui vit au Brésil et dans une foule de contrées tropicales. La
variété des pays septentrionaux conserve toujours la même forme et pourrait
fort bien être une espèce distincte.

† 2. BREVIPES, F.

> *Caule parva, spicis bi-trifidis, elongatis, bracteis carinatis, pellucidis, laxe*
> *imbricatis; foliis lateralibus ovatis, obtusis, pellucidis, integris auriculatis,*
> *auricula imbricante, intermediis ovatis?*

> *Habitat in Brasilia fluminensi* (Glaziou, nᵒ 2241; Serra os Orgaos).

> *Species parva; ramis cylindricis, foliis arcte imbricatis, apice divisis et spicas*
> *cylindricas, apicilares ferentibus.*

ICON. : *Tab. LXXV, fig. 1.*

(Longueur des rameaux, 3 centim.; épis, 9-11 millim.)

Cette espèce a le port de la variété boréale de la *S. rupestris*, mais les feuilles
ne sont pas ici terminées par une longue arête blanche, et elles ne sont pas appliquées sur les tiges d'une manière aussi manifeste. L'analogie que nous signalons
n'est qu'un rapport de première vue. M. Glaziou dit qu'elle est rare.

2. Type : INVOLVENS.

3. CONVOLUTA, Spring., *l. c.*, p. 69. *S. hygrometrica, ejusd. in Mart. Fl. Bras.*,
nᵒ 198. *Lycopodium Bryopteris*, Aubl., *Pl. Guyan.*, II, p. 967, *non* L. Rio-

Janeiro, de Gestas (H. F.); Glaziou, n° 1217; Bahia, Fernambouc et ailleurs, par divers. — Facile à reconnaître à la disposition rossulée des tiges, qui sont dénudées dans le bas, ainsi qu'à la coloration particulière du dos de la plante; elle est robuste, privée de stolons, épaisse, à rameaux alternes, très-courts; les feuilles de tous les ordres sont très-fortement imbriquées et en carène; les épis sont courts, oblongs avec des bractées carénées, aristées.

3. Type : Apus.

4. APUS, Spring., *l. c. in Mart. et Endl. Fl. Bras.*, I, p. 119. *Lycopodium apodum*, L., *Sp. pl.*, 1568; Sw., *Syn. filic.*, 184; Willd., *Filic.*, p. 38. *L. Brasiliense*, Radd., *Fil. Bras.*, p. 82, t. 1, f. 1; Saint-Sébastien, au Corcovado, à Lund (Herb. Warming), Bahia, Sainte-Catherine; Glaziou, Rio, n° 1646. — Très-répandue. Gazonnante, annuelle, plus ou moins longue. La base des feuilles latérales dans sa partie postérieure est toujours élargie de manière à couvrir entièrement le dos de la tige. Les tiges des spécimens brésiliens atteignent jusqu'à 11-13 centim.

5. CRASSINERVIA, Spring., *in Endl. et Mart. Fl. Bras.*, I, p. 119; *Monogr.*, II, p. 77. *Lycopodium crassinervium*, Desv., *Prodr.*, p. 190. Environs de Rio-Janeiro, Gaudichaud et Langsdorff. — Délicate, flasque pellucide, d'un pâle vert; radicules très-nombreuses, capillaires; la nervure des feuilles intermédiaires se prolonge en arête.

6. POLYSPERMA, Spring., *Enum. Lycop.*, n° 22; *Monogr.*, II, p. 78; Rio-Janeiro, Gardner. — Elle a quelques rapports avec le *S. apus*, dont elle diffère par ses feuilles distinctement dentées à leur sommet, par la brièveté et l'épaisseur des tiges.

4. Type : Microphylla.

7. MICROPHYLLA, Spring., *Enum. Lycop.*, n° 158, *ejusd. Monogr.*, II, p. 88, *S. thuyæfolia*, *ejusd. in Mart. et Endl. Fl. Bras.*, I, p. 120. *Lycopodium microphyllum*, Klh. *Syn. pl. Æquin.*, I, p. 96. Prov. de Rio-Grande. — Petite plante gazonnante, très-féconde; épis quadrangulaires, à écailles lâchement imbriquées; nous ne l'avons pas vue provenant du Brésil.

5. Type : Cæspitosa.

8. ERECTIFOLIA, Spring., *Monogr.*, II, p. 92. Brésil; Swainson (Herb. Hook.). — Stolonifère, à radicules extérieures réfractées; rameaux inférieurs distiques, divergents, étalés; épis quadrangulaires, courts. (N. V.)

6. *Type :* Porelloides.

9. muscosa, Spring., *in Mart. et Endl. Fl. Bras.*, 1, p. 120; *Monogr.*, p. 100; province Saint-Sébastien, Luschnath (H. Mart.). — Plante délicate, flasque, gazonnante, tige rampante, à rameaux dressés; épis tétragones, à bractées larges et acuminées. (N. V.)

7. *Type :* Jungermannioides.

10. jungermannioides, Spring., *in Endl. et Mart. Fl. Bras.*, 1, p. 121; *Monogr.*, p. 117. *Lycopodium Jungermannioides*, Gaud., *in Freyc. Voy.*, 1, p. 286. *L. marginatum*, Radd., *Fl. Bras.*, p. 82, t. 1, f. 2 (*ex parte*). Rio-Janeiro, Langsdorff; Martius, Gaudichaud; Forbes; Glaziou, n° 462, *partim;* île Sainte-Catherine, Durville; Brésil méridional, Claussen. — Tige radicante, rampante, irrégulièrement quadrangulaire; feuilles intermédiaires ovales, courbées en faux, ciliées, marginées de blanc; épis courts, quadrangulaires, à bractées carénées, ciliolées.

11. brevnii, Spring., *in Mart. et Endl. Fl. Bras.*, 1, 124. *Monogr.*, II, p. 119. *Lycopodium atrovirens*, Presl., *Reliq. Haenk.*, 1, p. 70, t. 12, f. 2. *L. marginatum*, Radd., *Fil. Bras.*, p. 82, t. 1, f. 2 (*ex parte*). *L. plumosum*, Schkh., *Crypt. Gew.*, t. 165, f. 4. Rio-Janeiro, Radd., Glaziou, n° 462, *partim;* Brésil équatorial, Martius. — Tiges radicantes, à rameaux distiques, aplatis; feuilles opaques, à base ciliée; épis atteignant 1 centim. de long, géminés, courbes, linéaires, et d'un vert intense.

8. *Type :* Ericina.

† 12. ericoides, F.

Caule ramoso, repente, radicante, radiculis tenuibus, ramis approximatis, elongatis, foliis opacis, intense viridibus, obovatis, integris, intermediariis carinatis, ovoideis, acutis, lateralibus parum minoribus; spicis terminalibus, geminis, quadrangularibus, bracteis obovatis, acutis, carinatis, laxe imbricatis.

Habitat in Brasilia fluminensi (Glaziou, n° 2243).

Selaginella facie ericoidis, unde nomen, siccitate atrovirens.

Icon. : *Tab. LXXV, fig. 2.*

(Longueur, 20-24 centim. [sans doute variable]; rameau latéral, le plus grand, 12 centim.)

Elle est rude au toucher, tripinnée, à rameaux irréguliers, à radicelles presque
sétacées, très-feuillue, les caulinaires rapprochées. Elle a, desséchée, l'aspect du
Fontinalis antipyretica, L. Le port est tout spécial parmi les congénères de cette
espèce curieuse.

9. Type : THERMOSTACHYA.

13. FLEXUOSA, Spring., *in Mart. et Endl. Fl. Bras.*, 1, p. 122; *Monogr.*, p. 131.
   Lycopodium stoloniferum, Radd., *Fil. Bras.*, p. 81, t. 2 (*syn. exclus.*). *L. brasiliense*, Desv., *Prodr.*, VI, p. 190; Glaziou, Rio-Janeiro, n° 1645; Lagoa-
   Santa (Minas-Geraes), Warming; île Sainte-Catherine et ailleurs, par divers
   collecteurs. — Tiges allongées, radicantes, arrondies; rameaux en éventail;
   feuilles latérales obtuses, très-entières; les intermédiaires 3 fois plus petites;
   épis de 1 centim. de long; ils sont rudes au toucher.

14. MACROSTACHYA, Spring., *in Endl. et Mart. Fl. Bras.*, 1, p. 123. *Monogr.*, II,
   p. 133. Brésil, Sellow. — Tiges allongées, rampantes, radicantes, légèrement tétragones, très-feuillues, presque en pyramide; à rameaux divergents;
   feuilles latérales ovales, aiguës, à pointe très-raide; épis, 2 centim., linéaires,
   quadrangulaires, à bractées ovales, deltoïdes et carénées.

15. GARDNERI, Spring., *Monogr.*, II, p. 134; Serra os Orgaos, Gardner (H. Hook.);
   Glaziou, Rio-Janeiro, n° 916. — Tiges couchées, inégalement tétragones, à
   rameaux distiques; feuilles latérales ovales, oblongues, horizontales, les intermédiaires 3 fois plus petites; épis quadrangulaires, de 5-6 millim. de long,
   avec des bractées ovales ventrues.

† 16. CAMPTOSTACHYS, F.

   *Ramosa, bipinnata, caulibus filiformibus, ramosis, basi radicantibus, radi-
      culis capillaribus; foliis lateralibus ovatis, carinatis, integris, acutiusculis;
      intermediis duplo minoribus, plicato-carinatis, omnibus imbricatis; spicis
      linearibus, quadrangularibus, ornithopodiaceis, flexuosis, numerosis, termi-
      nalibus axillaribusque.*
      Habitat in Brasilia fluminensi (Glaziou, n° 2242).
   Facie singulari, spicis longis, curvatis notata.
   ICON. : *Tab. LXXV, fig. 3.*

(Longueur, 12-13 centim.; elle est nue dans le tiers inférieur de son étendue; ses plus grands
rameaux mesurent 7 centim.)

Ses rameaux sont dressés et ses radicelles presque aussi déliées que des crins;
elle est très-férace, et ses épis qui dépassent 1 centim. sont notablement courbés,
les uns en dedans, les autres en dehors; elle prend, étant desséchée, une teinte
verte assez intense.

10. Type : LÆVIGATA.

17. LÆVIGATA, Spring., *in Mart. et Endl. Fl. Bras.*, I, p. 125. *Lycopodium*, Willd.
    Fil., p. 45. *L. Willdenowii*, Desv., *Encyc. bot. supp.*, III, 525; Hook et Grev.,
    Icon., nᵒ 59; Saint-Sébastien et Saint-Poul, Martius. — Tige allongée, grim-
    pante, pouvant atteindre jusqu'à 4 mètres, canaliculée, distique, rameuse;
    feuilles latérales linéaires, oblongues, planes; les intermédiaires 3 fois plus
    courtes; épis allongés, acuminés de 7-8 millim. jusqu'à près de 2 centim.

11. Type : INÆQUALIFOLIA.

18. BAHIENSIS, Spring., *l. c.*, I, p. 124, et *Monogr.*, II, p. 153; Brésil septentr.,
    près de Bahia, Blanchet, et à Igreja-Velha (H. F.). — Tiges ascendantes, qua-
    drangulaires, ridées par la dessication; feuilles latérales denticulées, à marge
    réfléchie; les intermédiaires 4-5 fois plus petites; épis quadrangulaires de
    5-6 millim. de longueur.

19. ERYTHROPUS, Spring., *l. c.*, I, p. 125, et *Monogr.*, II, p. 156. *Lycopodium
    erythropus*, Mart., *Icon. crypt. Bras.*, p. 39, t. 20, f. 3; Piauhy, Martius et
    Gardner; Goyaz, Pohl; Minas-Geraes, Claussen (H. F.); Rio-Janeiro, Gla-
    ziou, nᵒ 461; Lagoa-Santa, Warming. — Tiges tétragones stolonifères, à ra-
    meaux pinnés, très-feuillus. Elle est facile à reconnaître à la couleur rouge
    de la base de ses tiges. Les épis sont courts, nombreux, de 4-6 millim. de
    longueur.

12. Type : CAULESCENS.

20. COARCTATA, Spring., *l. c.*, I, p. 126, et *Monogr.*, II, p. 164. *Lycopodium
    coarctatum*, Martius (Herb. Monac.); mont Arara-Coara; province de Rio-
    Negro, Martius. — Tige allongée, droite, légèrement tétragone, pouvant
    atteindre 33 centim. de longueur, de la grosseur d'une plume de corbeau;
    rameaux droits, feuilles raides, dures; épis solitaires très-courts, ovales.

13. Type : FLABELLATA.

21. AMAZONICA, Spring., *l. c.*, p. 124, t. 6, et *Monogr.*, II, p. 176; région de
    l'Amazone, Rio-Negro et Para, Martius (Herb. Monac.). — Tige radicante,
    exactement tétragone; rameaux primaires divariqués; les secondaires très-

élégamment plumeux; feuilles raides d'un vert obscur. Épis assez longs
(4-5 millim.); flasques recourbés, nombreux, à bractées ovales lancéolées,
longuement acuminées. (N. V.)

14. Type : DECOMPOSITA.

22. DECOMPOSITA, Spring, *l. c.*, I, p. 123, *et Monogr.*, II, p. 196. Serra os Orgaos,
Guillemin. — Tiges de la grosseur d'une plume de corbeau, très-rameuse et
très-feuillée, mesurant un demi-mètre; elle porte des radicules assez grosses
et fort raides; les feuilles sont un peu rudes, dimorphes; les latérales légèrement recourbées en dedans, ovales oblongues, très-finement denticulées;
les intermédiaires, du double moins grandes, sont courbées en faux et aristées;
épis solitaires de 6 millim. de longueur, avec des bractées carénées, ovales-
acuminées.

15. Type : STOLONIFERA.

23. MARGINATA, Spring., *in Bot. Zeit.*, 1838, I, p. 194; *Monogr.*, p. 211. *Lycopodium marginatum*, H. et B., *in Willd. Filic.*, p. 41, Minas-Geraes et Goyaz,
Pohl; Minas-Geraes, Claussen. — Tige très-longue, radicante sur toute son
étendue, distique, rameuse, dichotome; feuilles ruguleuses, finement ponctuées; épis linéaires, quadrangulaires; bractées ovales, longuement acuminées.

24. DISTORTA, Spring., *in Endl. et Mart. Fl. Bras.*, p. 128, et *Monogr.*, II, p. 213.
Brésil intertropical, Sellow; Minas-Geraes, Martius; Saint-Sébastien, Langsd.
(Herb. Mart.). — Tiges couchées, lisses, brillantes, noueuses, rameaux
étalés à angle droit; feuilles opaques, un peu épaisses, ruguleuses; les intermédiaires plus petites, ovales, oblongues, très-entières; épis mesurant
5-6 millim., à bractées ovales acuminées, presque cordiformes.

25. EXCURRENS., Spring, *l. c.*, p. 128, et *Monogr.*, II, p. 214; Brésil, Minas-Geraes,
Sellow, Ackermann; Rio-Grande, Tweedie. — Tige radicante dans toute son
étendue, tétragone; feuilles raides, brillantes, d'un vert foncé; les intermédiaires 3 fois plus petites, ovales, aiguës, très-entières; épis inconnus.

16. Type : SULCATA.

26. SULCATA, Spring., *Bot. Zeit.*, 1838, I, p. 184. *L. sulcatum*, Desv., *Encyc.
méth. supp.*, III, 549. *L. stoloniferum*, hortul. Très-commune au Brésil et ré-

coltée par un très-grand nombre de botanistes; Glaziou, Rio-Janeiro, n° 915,
et Sainte-Catherine, H. Gauthier (H. F.); Nouvelle-Fribourg, Claussen. —
Tiges de 30 centim. et plus, de la grosseur d'une plume de corbeau, rampantes, à nombreuses radicules; rameaux divergents, étalés; feuilles latérales
oblongues, aiguës; les intermédiaires 3-4 fois plus petites, en pointe aristée; épis solitaires, tétragones, atteignant 9-11 millim. de long; bractées
longuement acuminées.

27. SUAVIS, Spring., *l. c.*, 1838, I, p. 185, et *Monogr.*, II, p. 216. Prov. Saint-
Sébastien, Sommer, Pohl; Martius, au Morro-Formoso, prov. Saint-Paul;
Brésil mérid., Sellow. — Tige s'élevant à 30 centim. environ, tétragone,
radicante dans son étendue, striée, rameaux distiques, très-flasques, plusieurs fois dichotomes; feuilles caulinaires écartées; les latérales oblongues,
ensiformes; les intermédiaires 3-4 fois plus petites, marginées de blanc; épis,
5-6 millim. de longueur; bractées longuement acuminées, carénées, blanchâtres.

28. PŒPPIGIANA, Spring., *l. c.*, p. 185, et *Monogr.*, II, p. 217. *Lycopodium Pœp-
pigianum*, H. et Gr., *in Bot. misc.*, III, p. 106. Kze., *Fil. Pœpp. in Linnœa*,
1834, p. 11. Brésil, Serra de Cubatao, Guillemin; Ilhéos, prov. Bahia. (H. P.)
— Tige allongée, tétragone, rugueuse par dessiccation; feuilles opaques; les
latérales linéaires oblongues, les intermédiaires fortement imbriquées, denticulées vues à la loupe, cordiformes à la base, inégalement bi-auriculées;
épis courts, 2-5 millim., avec des bractées longuement acuminées, pâles et
en carène.

† 29. GLAZIOVI, F.

Caule elongato, passim radicante, nodis vix prominentibus; radiculis brevibus,
coloratis, in axillis ramorum nascentibus; ramis flaccidis, rachibus in parte
superiori rubescentibus, dichotomis; foliis opacis, integerrimis, lateralibus
oblongis, acutis, siccitate leviter undulatis, intermediis dupla minoribus,
obovatis, abrupte acutis; caulinis remotissimis, oblongis, integris, basi cilia-
tis; spicis ovoideis, brevibus subquadrangularibusque; bracteis carinatis,
lanceolatis, laxe imbricatis, acuminatis.

Habitat in Rio-Janeiro (Glaziou, n° 2244).

Selaginella formosa, flexibilis, rachibus depressis, striatis, purpurascentibus.

Icon. : *Tab. LXXV, fig. 4.*

(Longueur totale, qui doit être variable, 40-45 centim.; rameaux, 10-12 centim.)

Cette espèce est fort belle, très-souple, dichotome et remarquable par des rachis déprimés, striés et purpurescents; les feuilles sont opaques, très-rapprochées; les raméales plus développées que les autres, laissant entre elles un intervalle de 7-9 millim.; les radicelles sont très-raides et relativement assez grosses. Elle a quelque analogie avec le *S. Pæppigiana*, Spring.

17. Type : STELLATA.

30. STELLATA, Spring., *in Endl. et Mart., Fl. Bras.,* I, p. 129, t. 8, et *Monogr.,* II, p. 228. *Lycopod. stellatum et stoloniferum,* Willd., *Herb.,* n° 19392, t. 1. Région de l'Amazone, prov. de Para, Martius, Sieber, Natterer. M. A. Braun en fait un *Selaginella calcarata.* — Tige allongée, rampante, émettant parfois, au lieu de rameaux, de longs stolons, qui prennent toutes les directions; rameaux distiques et leurs divisions dichotomes; feuilles un peu rudes, d'un vert gai, glaucescentes en dessous, ovales-lancéolées, longuement acuminées, les intermédiaires 4 fois plus petites et courbées en faux; épis 5-8 millim., quadrangulaires, avec des bractées ovales, acuminées, carénées et denticulées.

31. CONDUPLICATA, Spring., *l. c.,* p. 129, et *Monogr.,* II, p. 229. Région de l'Amazone, prov. de Para, Martius (H. Monac.). — Tiges de la dimension d'un gros fil; elle a la forme d'un nid d'oiseau; les feuilles, d'un vert obscur, portent à leur surface un petit point plus ou moins coloré; les intermédiaires sont 3-4 fois plus petites et en faux; les épis atteignent 10-12 millim. de long, avec des bractées très-entières et longuement acuminées. Elle est fort élégante.

3. PSILOTUM, Sw., *in Schrad. Journ.,* 1800, II, p. 109 et 132.

1. TRIQUETRUM, Sw., *Syn. filic.,* p. 187; *Bernhardia, Hoffmannia, Ipphia, Buchozia, Garsaultia, auct. plurim.* Rio-Janeiro, au Corcovado; Saint-Sébastien; Minas-Geraes. Glaziou, n° 2798. Serra os Orgaos. — Cette espèce est des plus répandues.

III. HYDROPTÉRIDÉES.

1. SALVINIACÉES.

Bartl., *Ord. natur.*, 15. Mart., *Pl. crypt. Brasil.*, p. 123.

1. AZOLLA, Lmrk., *Dict. encyc.*, 1, 343, et *ouv.*

1. MAGELLANICA, Willd., *Filic.*, p. 544 ; Klfss., *Enum.*, p. 273. *A. filiculoides*, Lmrk., *l. c. A. arbuscula*, Desv., *Prodr.*, p. 178. Rio-Janeiro, Howard (H. F.), Glaziou, nº 2442. Metten., *Linn.*, XX, p. 275, t. 3, f. 46 et 21, *particulæ* — *Receptacula ovuligera, ovato-conica ; massæ pollinis sex, processibus glochidiatis, exarticulatis instructæ. Folia superiora oblongo-ovata, obtusiuscula, papillosa* (Metten., *l. c.*). — Petite plante aquatique, écailleuse, très-élégante. Port des mousses ; radicules flottantes, très-longues.

2. MICROPHYLLA, Klfss., *Enum.*, p. 273. *Salvinia Azolla*, Radd., *Pl. Bras.*, p. 2, t. 1, f. 3. Mart., *Icon. select. pl. crypt.*, p. 124, t. 74 et 75 ; Metten., *Linn.*, XX, p. 276, t. 3, f. 3-8. Martius, prov. Saint-Sébastien et ailleurs. — *Receptacula ovuligera, oblongo-ovata ; massæ pollinis sex, processibus glochidiatis, articulatis instructæ. Folia inferiora oblique ovata, obtusiuscula, papillosa* (Metten., *l. c.*). — Port de l'espèce précédente.

2. SALVINIA, Mich., *Nov. gen.*, 107, t. 58.

1. HISPIDA, H. Bonpl., Kth., *Nov. gen.*, I, p. 44. Eaux du Brésil, par Commerson, *teste* Bory. (H. F.) — Feuilles ovoïdes, elliptiques, striées, stries parallèles en saillie, pétioles pubescents, ainsi que la surface inférieure des lames, qui sont transparentes.

2. ROTUNDIFOLIA, Willd., *Filic.*, p. 537, Hoffmannsegg, *ex* Willd. Howard. 1843. (H. F.) Glaziou, Rio-Janeiro, 2443. — Feuilles presque rondes en cœur, obtuses; sporanges ovales, en grappe, pédoncules soyeux, lames à surface papilleuse; radicules courtes. Feuilles de moitié plus petites que celles de l'espèce précédente.

NB. Raddi, *Fil. Bras.*, p. 1, t. 1, f. 4, a décrit et figuré un *Salvinia biloba*, trouvé dans les fossés de Rio-Janeiro; ce n'est rien autre chose qu'une variété du *S. rotundifolia*.

3. OBLONGIFOLIA, Mart., *Icon. select. Bras.*, p. 128, t. 75, f. et t. 76. Santa-Maria de Belem et Para (ex Martio). — Feuilles linéaires-oblongues, papilleuses en dessus, pubescentes en dessous. Sporocarpes en grappes à la base des feuilles.

II. MARSILÉACÉES.

Bartl., *Ord. natur.*, 45.

1. MARSILEA, L., *Gen. pl.*, n° 1184.

1. BRASILIENSIS, Mart., *Icon. crypt. Bras. select.*, p. 122, t. 73, f. 2. Bahia, Mart., *l. c.* — Feuilles obovées cunéiformes, très-entières, glabriuscules, ainsi que les pétioles, à la base desquels s'attachent les sporocarpes, au nombre de 7-9; ceux-ci sont arrondis et villeux.

IV. ÉQUISÉTACÉES.

DC., *Fl. fr.*, II, 580; Vauch., *in Mens. Soc. hist. nat. Genev.*, I, 330.

1. Brasiliense, Milde, *Verh. der zool.-bot. Ges. in Wien*, 1862; voisin de l'*E. giganteum*. — On en trouve une mauvaise figure dans la *Flora fluminensis*, t. 51, sous le nom d'*E. giganteum*, L. Nous possédons cette plante depuis plus de 40 ans, sous le nom d'*E. Tussaci*. — C'est la plus grande et la plus belle de tout le genre.

2. Martii, Milde, *Monogr. Equiset.*, t. 20. Province des Mines, par Martius et par Gardner. — Espèce voisine de la précédente; tige rude, sillonnée, portant 16-40-52 sillons, à vallécules très-étroites; rameaux très-rapprochés à 7-9 angles; gaines allongées, dilatées, à dents linéaires subulées, épiderme chargé de granules, avec 2-5 séries de stomates.

3. pyramidale, J. G. Goldmann, *in F. Meyenii Observ. in nov. act.*, XI, *Suppl.* 1 (1843), p. 469. Milde, *Monogr. Equiset.*, t. 22. Brésil. — Plus petite que la précédente, mais plus robuste; tiges rudes, sillonnées, portant 16-24 sillons, avec des vallécules étroites et convexes; rameaux verticillés, au nombre de 7-9; épiderme chargé de granules; 2 à 4 séries de stomates.

APPENDICE.[1]

---

1. ACROSTICHUM, F. (Page 1.)

7. CONSOBRINUM, Kze. (Page 2.)

Glaziou, n°° 3157 et 3347. Ce dernier numéro avait été rapporté, page 1,
comme appartenant à l'*A. latifolium*, Sw.

14. MINUTUM, Pohl. (Page 5.)

Glaziou, n° 3316, Serra os Orgaos (juin 1869). — Espèce cartilagineuse,
opaque; atténuée vers les deux extrémités des frondes; nous ne l'avons vue
que stérile. Le rhizome est assez gros et très-écailleux; il s'applique sur
les écorces.

† 20. GLAZIOVI, F. (Page 6.)

Serra os Orgaos, n° 3324.

† 24. ERINACEUM, F. (Page 8.)

Glaziou, Serra os Orgaos, n° 3321 (juin 1869) et n° 3320, même localité,
petite forme. — Belle espèce, à gros rhizome; frondes acuminées, élégamment ciliées, arrondies à la base; souples et transparentes.

---

1. Les espèces nouvelles décrites dans cet appendice proviennent toutes d'un dernier envoi qui nous est
parvenu au commencement de juillet de cette année.

† 24ᵉ. HIRTIPES, F.

> *Frondibus sterilibus lanceolatis, obtusiusculis, basi cuneatis, laminis squamosis,*
> *squamis linearibus, inferne dilatatis, marginibus repandis, ciliatis; ferti-*
> *libus vix longioribus, lamina ellipsoidea, obtusissima, petiolis in utrisque*
> *debilioribus, stramineis, filiformibus, squamis angustis, patalis, rufescen-*
> *tibus; sporangiis tabacinis; annulo lato, 12 articulato; sporis ovoideis, epi-*
> *sporiatis.*
>
> *Habitat in Brasilia fluminensi* (Serra os Orgaos, Glaziou, nᵒ 3323; juin
> 1869).
>
> *Filix tenera, translucida, membranacea, repens; nervillis apice turgidis, mar-*
> *ginem non attingentibus.*
>
> Icon.: *Tab. LXXVI, fig. 1.*

(Longueur : Frondes stériles, 30 centim. sur 20-22 millim. de largeur, avec un pétiole de
12 centim. Frondes fertiles, de même longueur ou à peine plus grandes; la lame mesure 6 centim. sur 10-11 millim. de largeur.)

Le rhizome est rampant et chargé d'écailles linéaires piliformes, un peu élargies à la base; les pétioles sont stramineux et hérissés d'écailles fauves que l'on
retrouve sur les deux lames et le long des marges sous l'aspect de cils.

† 25ᵉ. STRAMINEUM, F.

> *Frondibus sterilibus lanceolatis, acuminatis, papyraceis, basi tunc cuneatis,*
> *tunc rotundis; mesonevro superne et inferne anguste canaliculato, squamoso;*
> *squamis lanceolatis, rufis, petiolis stramineis, squamosis, debilibus flexuo-*
> *sisque; fertilibus ovalibus, obtusissimis, basi cordatis, petiolo longo debiliori,*
> *rhizomate repente; sporangiis rotundis, tabacinis, membranula tenui sterili*
> *circumdatis; annulo 12 articulato, sporis ovoideis, fuscis, granulis minutis*
> *extus coopertis, perfacile solutis.*
>
> *Habitat in Brasilia fluminensi* (Serra os Orgaos, Glaziou, nᵒ 3322).
>
> *Filix tenera, flexibilis, nervillis apice turgidis, marginem non attingentibus.*

(Longueur : Frondes stériles pouvant atteindre 70 centim. sur un peu moins de 3 centim. de
largeur, avec un pétiole de 14-17 centim. Frondes fertiles, 40 centim. et plus; la lame ne dépasse pas 7 centim.)

Cette espèce se rapproche de l'*A. gratum*, F. La disproportion des lames fertiles et stériles est considérable. Les spores couvertes de granules à l'extérieur dé-

viennent facilement libres. Nous ne connaissons pas de fait analogue dans l'examen microscopique auquel nous nous sommes livré en étudiant les autres espèces de fougères.

41. LANGSDORFFII, Hook. et Gr. (Page 11.)

Serra os Orgaos, n° 3319 (juin 1869). — Très-belle et très-grande espèce, couverte d'écailles; mésonèvre très-large. Les écailles de la lame fertile inférieure forment trois rangées très-distinctes. Cette fougère mesure 1 mètre; la lame stérile n'a pas moins de 6 centim. de largeur.

42. CUSPIDATUM, Willd. (Page 12.)

Glaziou, Serra os Orgaos, n° 3318 (juin 1869). — Elle justifie très-bien le nom spécifique, mais ici, au lieu de voir des frondes linéaires-lancéolées, atténuées aux deux extrémités, nous trouvons des frondes oblongues, arrondies à la base et très-souples. Nous ne l'avons vue que stérile. Peut-être est-ce une espèce distincte?

10. CHRYSODIUM, F. (Page 18.)

3. DANÆFOLIUM, Langsd. et Fisch., *sub acrosticho,* p. 5, t. 1. F., *Hist. acrost.,* p. 101. Sainte-Catherine. Brésil mérid. — Cette espèce est plus petite que ses congénères. Les frondes sont très-glabres avec des frondules obtuses très-entières, à mailles pentagonales. Quoique la figure citée soit très-bonne, il faut attendre pour confirmer la légitimité de cette espèce.

11. LOMARIA, Willd. (Page 20.)

5ᵉ FIALHOI, F. et Glaz.

Frondibus lanceolatis, glaberrimis, ad imam surculi congestis; sterilibus profunde pinnatifidis, teneris, petiolis tenuibus, sulcatis, basi nigrescentibus, rufescentibus, apice longe decrescentibus; segmentis adnatis, lanceolatis, acutis, ultimis deflexis, basi superne subauriculatis, marginibus eleganter argute dentatis, dentibus longiusculis, fertilibus minoribus, segmentis linearibus, remotis; sporangiis totam superficiem laminarum invadientibus, rufescentibus, annulo lato, 18-20 articulato; sporis trigonis.

Habitat in Brasilia fluminensi (Serra os Orgaos), Glaziou, n° 3326.

Filix extensa, formosa, membranacea, petiolis debilibus.

Icon. : *Tab. VII, fig. 2.*

(Longueur : La plus grande fronde stérile mesure 1 mètre 13 centim., le pétiole est à la lame :: 2 : 5; les segments du centre, 8 centim. sur 9 millim. de largeur; ils sont séparés par des sinus ayant en moyenne 9-10 millim.; ils s'élargissent dans le bas de la plante.)

Cette espèce est fort belle, très-distincte de ses congénères, très-souple, transparente, les nervilles sont bifurquées; elles se détachent du mésonèvre et déterminent, en sortant de la lame, des dents nombreuses assez longues qui donnent à la plante un aspect particulier. Elle consacre le nom de M. Fialho, protecteur dévoué de la botanique et de l'horticulture brésiliennes. M. Martius a eu particulièrement à se louer du zèle dont il a fait preuve lors de la publication de la *Flora Brasiliensis*.

13. SALPICHLÆNA, J. Sm. (Page 26.)

1. VOLUBILIS, Klfss., *sub blechno*. Glaziou, Serra os Orgaos, n° 3338 (juin 1869).

26. LITOBROCHIA, Presl. (Page 45.)

† 1*. ORGANENSIS, F.

Frondibus pinnatis, glaberrimis; stipite lævi, purpurascente; frondulis breve petiolatis, suboppositis, remotis, assurgentibus, curvatis, lanceolatis, marginibus incrassatis, apice argute serratis, basi vix inæqualibus, novellis sæpe trifoliatis; frondibus fertilibus multo longioribus, apice trifoliatis, minoribus; sporotheciis continuis, apicem non attingentibus, indusio persistente, crassiusculo; sporangiis rotundatis, annulo lato, 18-20 articulato; sporis trigonis, magnis.

Habitat in Brasilia fluminensi (Serra os Orgaos, Glaziou, n° 3329; juin 1869).

Filix elata, nervatione elegantissima, sculpturata; frondulis paucis, suboppositis.

(Longueur des frondes fertiles, 40 centim., avec un pétiole de 30 centim.; les frondules stériles ne dépassent pas 9 centim., mais la terminaison n'a pas moins de 13 centim. sur 2 centim. de largeur.)

Cette plante se rapproche du *L. splendens*, mais on peut la distinguer de cette dernière espèce par le port, la nervation moins régulière, la courbure des frondules, oblongues et arrondies à la base.

17. PALLIDA, Presl. (Page 50.)

Pteris pallida, Radd. Glaziou, Serra os Orgaos, n° 3330. — Cette fougère est très-voisine du *Litobrochia elegans*; dans le *L. pallida*, les sporothèces, très-peu étendus, occupent le sinus qui sépare les segments et s'élèvent très-peu au-dessus; dans le *L. elegans*, ils partent de la marge pour ne finir que très-près du sommet; le n° 1742 de M. Glaziou est plutôt le *L. elegans* que le *L. pallida*.

36. ANTROPHYUM, Kffss. (Page 57.)

2. LINEATUM, Kffss. Glaziou, Serra os Orgaos, n° 3344 (juin 1869).

44. ANOGRAMME, Lk. (Page 61.)

† 2. BIARDII, F.

Frondibus extensis, tripinnatis, glaberrimis, sarmentosis, petiolo flaccido, rachibusque puniceis; frondulis primariis breve petiolatis, subtriangularibus, assurgentibus; secundariis pinnatifidis, segmentis planis, bidentatis, dentibus obtusiusculis; sporotheciis ovideis, distinctis, geminis; sporangiis magnis, rotundis, annulo lato, 20-24 articulato; sporis trigonis fuscescentibus.

Habitat in Brasilia fluminensi (Serra os Orgaos, Glaziou, n° 3334, juin 1869).

Filix delicatula, elata, apice attenuata, cuticula stomatifera.

ICON.: *Tab. LXXVII, fig. 1.*

(Longueur: Cette fougère élégante peut atteindre 1 mètre dont le petiole fait le tiers environ; les frondules primaires mesurent 8 centim. et 6 centim. d'envergure à la base.)

La faiblesse des pétioles et du rachis permet de croire que cette fougère doit chercher un appui sur les plantes dans le voisinage desquelles elle vit. Ses tiges et le rachis des frondules primaires ne sont point fléchis en zig-zag comme dans l'*A. refracta* du Pérou et de la Colombie; elle n'est point velue comme l'*A. petroselinum* de Venezuela, dont les segments sont très-élargis; enfin elle diffère de l'*A. bifida* par le port et la forme des segments, qui sont linéaires.

Nous dédions cette espèce à M. Biard, artiste distingué qui, après avoir exploré le Brésil en 1858 et 1859, a montré, en publiant la relation de son voyage, que sa plume était aussi spirituelle que son pinceau.

48. ASPLENIUM, L. (Page 61.)

22. AURITUM, Sw. (Page 67.)

Var. E, *macilentum*. Glaziou, Serra os Orgaos, n° 3345.

50. POLYPODIUM, L. (Page 85.)

† 1*. GRATUM, F.

Frondibus lanceolatis, profunde pinnatifidis, basi et apice decrescentibus, petiolo mesonevroque cylindricis, hirsutis, atro-fuscis; rhizomate crasso, squamis brunneis obsito, radiculis plumosis, segmentis oblongis, obtusis, basi latioribus, sinu angusto separatis, supra puncta calcarea ferente; nervillis simplicibus, marginem non attingentibus, sporotheciis submarginantibus, 14-16 seriatis; sporangiis sporisque rotundatis; annulo crasso, 12-14 articulato.

Habitat in Brasilia fluminensi (Serra os Orgaos, Glaziou, n° 3336; juin 1869).

Filix habitu Polypodii vulgaris, *L., sed major, stipite, situ sporotheciorum, nervillis simplicibus diversissima.*

ICON. : *Tab. LXXVI, fig. 2.*

(Longueur, 45-48 centim. sur 6 centim. d'envergure au centre; largeur des segments à la base, 6-7 millim.)

Espèce allongée, glabre, dont le pétiole fait le cinquième de la longueur totale; nervilles simples, dont le sommet est indiqué sur la lame supérieure par une écaille calcaire arrondie, noirâtre au centre.

8*. PERUVIANUM, Desv., *Ann. Linn. Par.*, VI, p. 32; H. et Gr., *Icon.*, n° 223. *P. stipitatum*, H. et Gr., *Bot. misc.*, 2, 239. Reçue de M. Glaziou, sous le n° 3342, Serra os Orgaos. — Petite espèce glabre, légèrement cartilagineuse, opaque; sporanges logées dans une dépression de la fronde. Elle rappelle un peu, par le port, l'*Asplenium Trichomanes*, L.

10. SERRICULA, F. (Page 89.)

N° 2414; retrouvée aux Orgaos par Glaziou, n° 3341.

† 23. HETEROCLITUM, F. (Page 93.)

Belle espèce pectinée, reçue sous le n° 3330. Elle mesure jusqu'à 36 centim. Le nombre des segments peut dépasser 90; ils diffèrent de longueur et de largeur sur une même fronde. C'est une plante délicate, souple et élastique. Nous ne l'avions vue d'abord que tronquée; elle est pinnatifide jusqu'au sommet, avec des segments qui conservent leurs dimensions jusqu'à la base ou qui parfois diminuent notablement.

29. CULTRATUM, Willd. (Page 94.)

Serra os Orgaos, n° 3343, Glaziou (juin 1869).

54. PHEGOPTERIS, F. (Page 96.)

† 14ᵃ. BREVINERVIS, F.

Frondibus oblongis, pinnatis, apice pinnatifidis, glabris, petiolis helveolis, rachibus depressis, pluri-canaliculatis, frondulis mollibus, assurgentibus, oblongo-lanceolatis, inferioribus suboppositis, petiolatis, deinde sessilibus, ultimis adnatis, basi breve curvatis, segmento superiori majori, apice attenuato, margine grosse dentato, dentibus rotundatis, mesonevro tenui; nervillis brevibus, simplicibus, marginem non attingentibus, basilaribus flexuosis, aliquando conniventibus, sporotheciis serie duplici, inter nervillas transversales sitis, laminam superiorem inquinantibus; sporangiis rotundis, annulo lato, 18-20 articulato; sporis nigrescentibus, crassis rotundisque.

Habitat in Brasilia fluminensi (Serra os Orgaos, Glaziou, n°° 2400 [*partim*], à frondules étroites, et 3333, à frondules plus larges; juin 1869).
Filix magna, glabra, flexilis, translucida, rachi helveolo.

ICON.: *Tab. LXXVII, fig. 2 (fragmentum).*

(Longueur, 65 centim. sans le pétiole, qui manque à notre spécimen; les frondules de la base mesurent 20 centim. sur un peu plus de 3 centim., avec des entre-nœuds de 5 centim.; nous comptons au delà de 24 paires de frondules.)

Cette espèce se fera reconnaître au segment supérieur de la base de ses frondules, plus long que les autres, à sa souplesse et surtout à ses nervilles très-

courtes, celles du bas flexueuses, ayant une disposition manifeste à la connivence:
les mailles qui en résultent sont irrégulières et bizarres d'aspect. Nous l'avions
seulement indiquée page 105.

53. GONIOPHLEBIUM, Presl. (Page 107.)

† 7ª. PICTUM, F.

> *Frondibus pinnatifidis, pectinatis, obovatis, apice abrupte caudatis, glaberri-*
> *mis, petiolo articulato, lævissimo, lutescente, canaliculato, rachi tenui, sulco*
> *angustissimo percurso; segmentis lanceolatis, patulis, basilaribus, reflexis,*
> *adnatis, inferne contractis, basi superiori gibboso; nervillis monoarcuatis,*
> *nervilla proligera extra axillari, omnibus eleganter sculpturatis; sporothe-*
> *ciis uniseriatis rotundis, receptacula punctiformi, laminam superiorem*
> *inquinantibus; sporangiis rotundis, longe pedicellatis, annulo lato, 12-14*
> *articulato, articulis remotiusculis, roscis; sporis rotundatis.*
>
> *Habitat in Brasilia fluminensi (Serra os Orgaos, Glaziou, n° 3335,*
> *juin 1869).*
>
> *Filix aspectu Polypodii vulgaris, L., sed major et nervillis anastomosantibus.*
>
> ICON.: *Tab. LXXVII, fig. 3.*

(Longueur, 50 centim., dont le pétiole fait le tiers; segments au centre, 8-9 centim. sur 8-9
millim. de largeur; les sinus ont 6-7 millim. d'ouverture. Nous comptons environ 30 segments,
chacun d'eux portant une trentaine de sporothèces. Nous avons un spécimen de moindre dimension.)

Cette espèce est remarquable par la nervation qui s'étale en relief sur la lame
supérieure; toutes les nervilles libres sont légèrement renflées au sommet, qui
devient ponctiforme et transparent. Les segments atteignent le rachis, sur lequel
elles s'attachent par une large base; les paires inférieures sont réfléchies. La fronde
se rétrécit brusquement au sommet en une sorte de queue; le rhizome est rampant. Cette fougère a quelque analogie de port avec le *G. latipes*, Presl.

† 16ª. EXCELSIOR, F.

> *Frondibus repentibus, extensis, oblongis, glabris, petiolo valido, unisulcato,*
> *rachi tricanaliculato, breve piloso; frondulis lanceolatis, medianis et infe-*
> *rioribus liberis, basi subcordatis, acuminatis, patulis, versus apicem curva-*
> *tis, supremis adnatis, omnibus marginibus repandis; nervillis undulatis,*
> *sculpturatis, areolis tribus, nervillam rectam apice albido-calcareo feren-*

tibus; sporotheciis rotundis, biserialibus, laminam superiorem inquinantibus,
sporangiis parvulis, annulo 12 articulato; sporis reniformibus.

Habitat in Brasilia fluminensi (Serra os Orgãos, Glaziou, n° 3334, juin
1869).

*Filix altissima, ampla, albo-punctata, punctis carbonati calcis ad apicem
nervillarum rectarum sedentibus.*

Icon.: *Tab. LXXVII, fig. 4.*

(Longueur, 1 mètre et plus, dont le pétiole fait le tiers environ; frondules centrales, 18-20
centim., sur 2 centim. de largeur à la base; les inférieures opposées un peu plus courtes; nous
en comptons 25 paires.)

Cette fougère est de très-grande taille, à segments souples, très-ouverts, arqués
vers leur tiers supérieur et un peu transparents; toutes les nervilles droites, qui
naissent au sommet des aréoles, se chargent de petites lames écailleuses de carbonate de chaux, comme dans le *Polypodium albo-punctatum*, Raddi, *Filic. Brasil.*,
tab. 30. Notre plante en diffère par la nervation, par des frondules alternes presque
cordiformes à la base, très-couvertes et arquées, enfin par une fronde pinnatifide
vers le tiers supérieur.

54. CAMPYLONEVRON. Presl. (Page 113.)

6. FALLAX, F. (Page 114.)
Serra os Orgãos, Glaziou, n° 3337 (juin 1869).

57. DRYNARIA, Bory. (Page 120.)

4. LEPIDOTA, Schlecht. (Page 121.)
Serra os Orgãos, n° 3338, Glaziou (juin 1869). — Forme à frondes plus
larges, à marge ondulée et à sporothèces écartés.

II. HYMÉNOPHYLLACÉES.

HYMENOPHYLLUM. Presl. (Page 192.)

† 15ª. MICROCARPON, F.
*Frondibus oblongis, curvatis, pinnato-pinnatifidis, breve petiolatis, petiolis
rachibusque alatis, alis remote dentatis, pilos bi-trifurcatos ferentibus, segmentis argute dentatis et ciliatis, pyxidulis parvulis, valvis ciliatis.*

Habitat in Brasilia fluminensi (Glaziou, n° 2268 et 3351).
Filix cespitem efformans.

Icon. : *Tab. LXIX, fig. 3.*

(Longueur, 5-6 centim. sur 2 centim. d'envergure.)

Elle est très-villeuse, à poils bi-trifurqués. Le pétiole est ailé et les frondes légèrement recourbées.

NB. Nous avons reçu de nouveau le *Lomaria imperialis*, F. et Glaz. (p. 21). Ce spécimen était accompagné d'un dessin de M. Glaziou que nous avons reproduit tab. VII.

Il convient d'ajouter aux numéros indiqués le n° 2267 pour le *Hymenophyllum caulopteron* (p. 197) et le n° 3346 pour le *Hymenophyllum rufum*, F. (p. 198). Enfin, ajouter à la synonymie de l'*Anelmia trinæfolia*, Gardner, nom sous lequel se trouve cette espèce dans l'herbier de Candolle, comme synonyme : *Anemia buniifolia*, aussi de Gardner, plus généralement admis.

TABLE DES MATIÈRES

PORTANT ÉVALUATION NUMÉRIQUE DES GENRES ET DES ESPÈCES.

N.B. La bibliographie relative à ce travail se trouve de adesse dans les Mémoires précédents.

TABLE ALPHABÉTIQUE DES MATIÈRES.

SECOND APPENDICE.

*Fougères récoltées, au mois d'août 1869, dans la Serra os Orgaos par M. Glaziou,
et qui n'ont pu figurer dans la Table alphabétique.*

(Extrait paraissant après la terminaison de l'ouvrage.)

1. ACROSTICHUM, F. (Page 1.)

† 14¹. CRASPEDARLÆFORME, F., nº 3350. — Espèce très-distincte ; les rhizomes
sont assez déliés, très-écailleux, rameux, chargés de fibrilles radicales, fort
ténues, entourées de poils dorés et soyeux. Ces rhizomes portent des frondes
espacées, longuement pétiolées, à pétiole presque capilliforme, lesquelles
servent de support à des lames elliptiques très-obtuses, assez souples ; les
nervilles sont ponctiformes à leur terminaison vers la marge. La longueur
totale est de 10-14 centim. ; la lame mesure 7-9 centim. sur 1,7 de largeur.

24¹. HIRTIPES, F. (page 238), nᵒˢ 3547 et 3548.

25¹. STRAMINEUM, F. (page 238), nᵒˢ 3549.

26. LEPTOPHYLLUM, F. (page 8), nº 3546.

† 31¹. OBLIQUATUM, F., nº 3545. — Évidemment nouvelle, nous ne l'avons
reçue que stérile ; elle est rampante, grêle, à pétiole stramineux, largement
canaliculé, presque deux fois plus long que les lames, terminées en une
longue pointe, amincies vers les deux extrémités et remarquables par leur
obliquité ; elles sont opaques, nues et d'un vert assez intense. La longueur
totale est de 28-35 centim. sur 2 à 2,3 centim. de largeur.

34. LINDENII, Bory (page 10), nº 3551. (État stérile.) Au sommet de la Serra os
Orgaos.

38. PLUMOSUM, F. (page 11), nº 3555.

2. LOMARIOPSIS, F. (Page 13.)

ERYTHRODES, F. (page 14), n° 3554.

11. LOMARIA, Willd. (Page 20.)

IMPERIALIS, F. et Glaz. (page 21), n° 3556.

14. VITTARIA, Sm. (Page 26.)

1. GARDNERIANA, F. (page 26), n° 3553.

20. ADIANTUM, L. (Page 34.)

MACROPHYLLUM, Sw. (page 34), n° 3566.
INTERMEDIUM, Sw. (p. 35), n° 3565.

23. PTERIS, L. (Page 40.)

4ª. NEMORALIS, Willd., *Filic.*, p. 386. *P. biaurita*, L., *Sp. pl.*, n° 1534. Glaziou, n° 3567. — Le pétiole est stramineux, lisse, souvent rougeâtre près du rhizome, fortement canaliculé et très-long; les frondes sont bipartites à la base. Les frondes sessiles sont terminées en queue, minces de tissu, à segments nombreux et rapprochés, oblongs et très-souples; les nervilles sont en relief. Elle atteint au delà d'un mètre.

8. ROSTRATA, F. (page 41), n° 3569. Var. *Brasiliana*.

24. PELLÆA, Link. (Page 42.)

6. FLAVESCENS, F. (page 44), n° 3572.

26. LITOBROCHIA, Presl. (Page 45.)

3. BRASILIENSIS, Radd., *sub pteride* (page 47), n° 3570.

4. DENTICULATA, Sw., *sub pteride* (page 47), n° 3571. — Espèce très-polymorphe; ce spécimen est divisé à la base; les segments ont une très-grande tendance à devenir pinnatifides; elle est élégamment dentée.

6. GIGANTEA, Willd., *sub pteride* (page 47), n° 3568. — Elle est remarquable par ses grandes dimensions et la délicatesse du pétiole et du rachis.

35. NEVROGRAMME, Lk. (Page 56.)

† SCANDENS, F.

Frondibus bipinnatis, superne pinnatis, sericeis, flexuoso-scandentibus; petiolis rachibusque flexuosis, purpureis, canaliculatis; frondulis primariis petiolatis, apice denticulato, obtusissimo; frondulis secundariis basi cordatis, late crenulatis, marginibus dentatis; sporotheciis linearibus, marginem non attingentibus; sporangiis crassis, annulo 20 articulato; sporis trigonis, fuscis.

Habitat in Brasilia fluminensi (Serra os Orgaos, Glaziou, n° 3552) [August. 1869].

Filix habitu distinctissima; petiolo lævi purpureo, rachibus flexuosis.

(Longueur 65 centim. et probablement plus; les frondules primaires de la base mesurent 10-11 centim., les secondaires 21-23 millim.)

Nous regrettons de ne pouvoir figurer cette belle espèce; heureusement elle est la seule du genre qui s'appuie sur les plantes voisines pour se soutenir, il sera donc facile de la reconnaître; ses pétioles, ainsi que ses rachis, ceux-ci flexueux, sont du plus beau rouge.

38. GYMNOGRAMME, Desv. (Page 58.)

4. ATTENUATA, F. (page 59), n° 3558. — Le pétiole est épais à la base et noirâtre, ainsi que les écailles dont il est chargé; cette couleur devient d'un brun foncé vers le haut et sur les rachis. Les sporanges sont presque toujours sporadiques et forment très-rarement des séries linéaires continues.

43. ASPLENIUM, L. (Page 61.)

41. CRENULATUM, Presl. (page 61), n° 3564. — Cette belle espèce est gigantesque; nous avons sous les yeux un spécimen qui atteint 1m,20 sur 11-12 centim. de largeur, et sans doute il en est encore de plus grands.

42. FORMOSUM, Willd. (page 73), n° 3561, à Santa-Anna.

43. ADIANTOIDES, Radd. (page 75), n° 3559. — Ce spécimen est prolifère au plus haut degré; le rachis, qui est considérablement allongé, a émis un bourgeon terminal, lequel a produit une souche enracinée, et il en est sorti une fronde mesurant 30 centim. Ce qui s'est produit ici est absolument analogue au phénomène tant admiré du figuier à pagodes.

47. CICUTARIUM, Sw. (page 75), n° 3560, à Santa-Anna. — C'est là le premier spécimen brésilien que nous avons vu.

45. ANTIGRAMME, Presl. (Page 74.)

5. LAGEANA, F. et Glaz.

> *Frondibus oblongis, obtusiusculis, basi rotundatis; petiolo longo, canaliculato,*
> *surculo crasso, fibrilloso; sporotheciis inæqualibus, angustis, per paria*
> *remotis; sporangiis parvis, pedicello longissimo, annulo angusto, 14-16*
> *articulato; sporis ovoideis.*
>
> *Habitat in Brasilia fluminensi* (Serra os Organos, forêt Santa-Anna).
>
> *Filix aspectu scolopendri officinalis Europæ, sed nervatione diversa.*

(Longueur : 32-30 centim., dont le pétiole fait un peu plus de la moitié, sur 6-7 centim. de largeur.)

Cette espèce, que M. Glaziou dit très-rare, ne diffère de l'*A. Douglasii* que par une consistance des frondes plutôt cartilagineuse que membraneuse, par la base des lames arrondie ou même tronquée et non cordiforme, enfin par des sporothèces linéaires très-longs, très-inégaux et assez distants de leurs correspondants.

46. DIPLAZIUM, Sw. (Page 75.)

1. PLANTAGINEUM, Sw. (page 75), n° 3563. — Cette espèce est très-fréquemment auriculée à la base.

16. EXPANSUM, Willd. (page 79), n° 3557, var. β *glabriusculum*, Th. Moore.

49. GRAMMITIS, Sw. (Page 85.)

† 1ª. ORGANENSIS, F.

> *Frondibus pinnatifidis, lineari-lanceolatis, rigidiusculis, opacis, basi decres-*
> *centibus, glabriusculis, petiolo glabro; segmentis obovatis, multis, imbri-*
> *catis; sporotheciis linearibus, receptaculo longiusculo, nigrescente, angustis-*
> *simo, canaliculato (id est leviter bifido); sporangiis breve pedicellatis, annulo*
> *14-16 articulato.*
>
> *Habitat in Brasilia fluminensi* (n° 3573).
>
> *Filix parvula, surculo repente, pilis rigidis, squamiformibus cooperto.*

ICON. : *Tab.* LXXVIII, *fig.* 1.

(Longueur : 10-11 centim. sur 5-7 millim. de largeur.)

Cette espèce sera facile à reconnaître au nombre considérable de ses segments (45-50), qui s'imbriquent souvent par la marge, et au réceptacle des sporanges linéaire, assez long et canaliculé à son sommet.

50. POLYPODIUM, L.

1ᵉ. ARGYRATUM, Bory, *in Willd.*, *Filic.* (page 175), var. *Brasiliana*, nᵒ 3577. — Frondes profondément pinnatifides, couvertes en dessous d'une sécrétion résinoïde qui lui donne un aspect furfuracé ou farineux. Le type brésilien diffère du type de Bourbon par des frondes offrant quelques segments décrescents et par les écailles de la souche, plus longues et plus dorées. Elle a le port du *P. vulgare*, L.

2. TENUICULUM, F. (page 86), nᵒ 3577.

6ᵉ. HIRSUTULUM, F. (page 87), nᵒ 3578.

8ᵉ. PERUVIANUM, Desv. (page 242), nᵒ 3575, sommité des Orgues.

9. IMMERSUM, F. (page 88), nᵒ 3576.

15ᵉ. BLANDUM, F., 7ᵉ *Mém. sur les fougères*, page 59, t. 22, fig. 5, nᵒ 3580, au sommet des Orgues. — Nous l'avions indiquée comme provenant de l'Amérique australe, sans autre localité précise. Les frondes sont rassemblées sur une petite souche couverte, ainsi que les pétioles, de poils soyeux qui cessent de se montrer dans le haut de la plante, qui est parfaitement glabre.

53. GONIOPHLEBIUM, Presl.

5. HIRSUTISSIMUM, F. (page 108), nᵒ 3585.

54. CAMPYLONEURON, Presl. (Page 113.)

15. JUGLANDIFOLIUM, F. (page 117), nᵒ 3574. — Les frondules atteignent jusqu'à 40 centim.

77. ALSOPHILA, R. Br. (Page 156.)

NIGRESCENS, F. (page 170), nᵒ 3581. Forêt de Cayado.

79. TRICHOPTERIS, Presl. (Page 174.)

ELEGANS, Presl. (page 175), nᵒ 3582.

81. HEMITHELIA, Presl. (Page 175.)

GARDNERIANA, Presl. (page 175), nᵒ 3588. — Les pétioles ne sont pas épineux, ils sont considérablement renflés à la base, d'où ils émettent des radicelles (?) rougeâtres, fort longues, rameuses et à rameaux capillacés.

83. CYATHEA, Sm. (Page 176.)

SCHANSCHIN, Mart.? (page 180), n° 3584. Forêt do Cayado.

86. TRICHOMANES, Presl. (Page 185.)

CRISTATUM, Kliss. (page 186), n° 3587.

POEPPIGII, Kze. (page 189), *T. Mandioccanum*; Radd., *Fili. Bras.*, p. 64, t. 79,
fig. 2? — Très-grande espèce, à rachis aplatis; elle noircit dans les herbiers.
Glaziou, n° 3588.

89. HYMENOPHYLLUM, Sm. (Page 192.)

6. HIRSUTUM, Sw.? (page 193), n° 3592. — Les segments fructifères, un peu dilatés en coin, portent de 3 à 5 pyxidules, hérissées d'assez longs poils bi-trifurqués.

7. WILSONI? Hook. (page 193), n° 3591. — Elle est gazonnante, luisante et
soyeuse.

13. JALAPENSE, Schlecht. (page 195), n°s 3590 et 3596?

15. CRISPUM, H. B. Kth. (page 195), n° 3593. Sommet des Orgues.

17. PODOCARPON, F. (page 196), n° 3595.

17*. ECTOCARPON, F., *Hist. foug. et lycop. Antill.*, p. 145, t. 34, fig. 4, n° 3594.
— Espèce bipinnée, glabre, pétioles écailleux, rachis dentés en scie; pyxidules libres de parenchyme, presque pédicellées; elle est longuement rampante, avec un rhizome délié.

RUFUM, F. (page 198), n° 3589.

94. ANEIMIA, Sw. (Page 205.)

14. TOMENTOSA, Sw. (page 208), n° 3598.

17. RADICANS, Radd. (page 209), n° 3597. Var. *Organensis*. — Frondes fasciculées
sur une souche très-fibrilleuse, pétioles stramineux, fort longs, frondes allongées, décroissant sur le rachis qui se prolonge et devient radicant. Les
frondules, au nombre d'une vingtaine et plus, sont assez courtes et très-obtuses; les épis fructifères sont fort grêles.

18. COLLINA, Radd. (page 209), n° 3599.

† 94ᵉ. ANEIMLEBOTRYS, F.

Sporotheciis racemosis, bipinnatis, ad basim frondium evolventibus; segmentis alternis, planiusculis digitatisque; sporangiis ovalibus, sessilibus, nudis, extrorsum dehiscentibus.

Frondibus diplotaxibus, sterilibus bipinnatis, fertilibus inferne proliferis.

Filix rigida, nervillis simplicibus.

† 1. ASPERA, F.

Frondibus bipinnatis, in ambitu triangularibus; petiolo aspero, frondulis triangularibus, divaricatis, ad basim lunatis; segmentis crenatis, crenis inferioribus subliberis obtusisque; frondibus fertilibus mixtis, superne sterilibus, inferne sporangias in racemo composito confextos ferentibus.

Habitat in Brasilia fluminensi (Serra os Orgaos, au Morro Queimado, chemin dos Macaeos, nᵒ 3824).

Filix notabilis, petiolo tetreolo, aspero, surculo repente, squamis auratis vestito.

ICON. *Tab. LXXVIII, fig. 2.*

(Longueur : 57 centim., dont le pétiole fait la moitié environ; les frondules primaires stériles mesurent de 8 à 9 centim.; la grappe fertile, 12 centim.)

Cette fougère est très-curieuse. La constitution toute spéciale de la fructification la sépare nettement des *aneimia*. Dans ce genre, les sporanges forment des épis rameux, dressés, qui naissent à l'aisselle des frondules dont elles sont indépendantes; ici, au contraire, elles s'étalent et constituent des grappes composées qui terminent la fronde et résultent de la métamorphose de toutes les parties de la frondule; celles-ci sont bipinnées, la grappe fructifère est tripinnée, et chaque nerville a servi de point de développement aux sporanges.

LYCOPODIUM, Spring. (Page 220.)

SERPYLLIFOLIUM, F. (page 222), nᵒ 3600.

SELAGINELLA, Spring. (Page 226.)

APUS, Spring. (page 227), nᵒ 3543.

ERYTHROPUS, Spring. (page 230), nᵒ 3544.

TABLE DES MATIÈRES DU SECOND APPENDICE.

ERRATA.

Page 33 : *Tab. VIII*, au lieu de *fig. 3*, mettez *fig. 2*.

Page 98 : *Tab. XXXII*, au lieu de *fig. 2*, mettez *fig. 1*.

Page 103 : *Tab. XXXI*, au lieu de *fig. 3*, mettez *fig. 1*.

Page 129 : au lieu de *Tab. XL*, mettez *Tab. XLI*.

Page 139 : au lieu de *Tab. XLVII*, mettez *Tab. XLVI*.

Page 183 : *Tab. LXII*, effacez *fig. 2*.

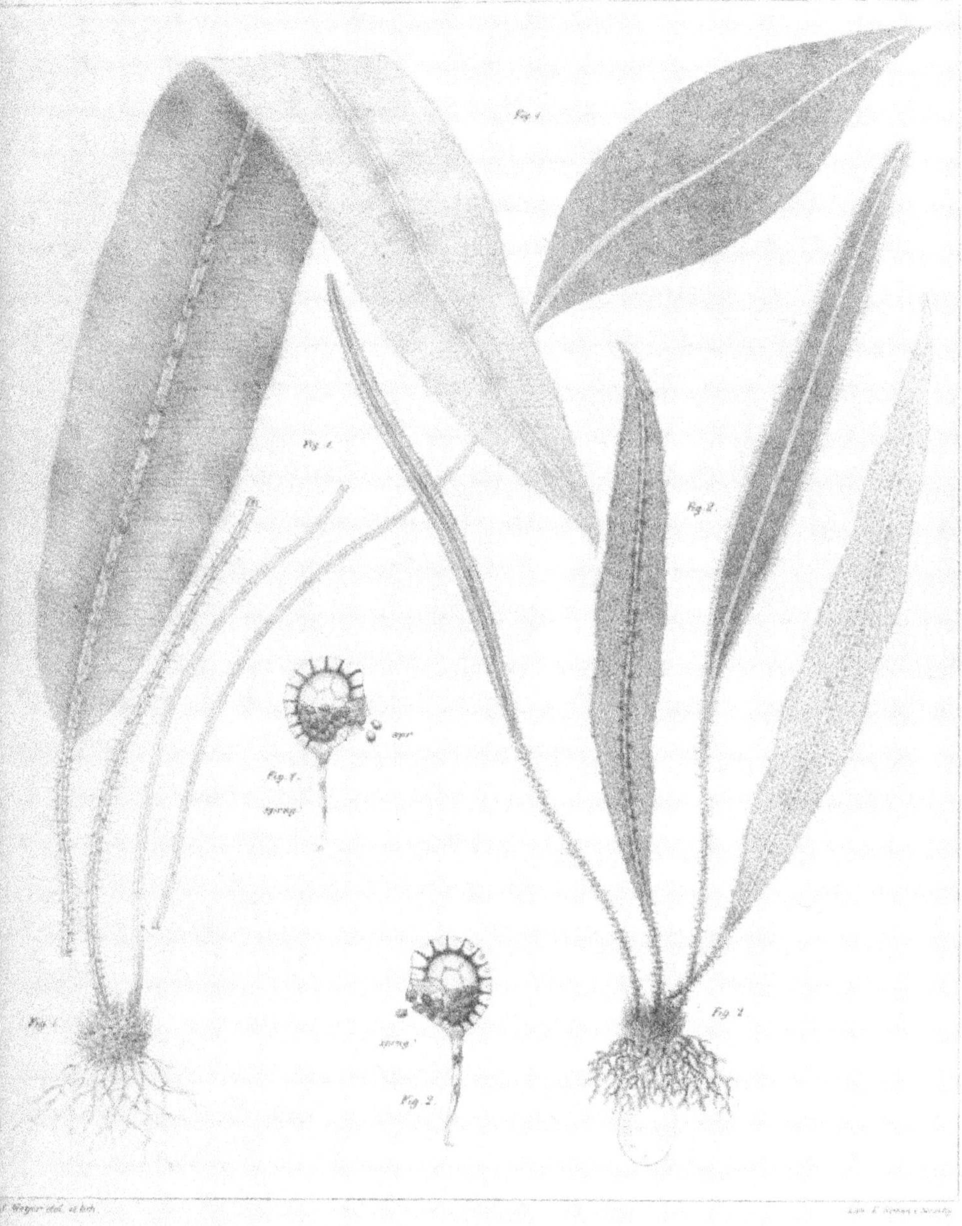

Fig. 1 **Acrostichum** *Glaziovi.* F. | Fig. 2 **Acrostichum** *acuminans.* F.

Tab. II

Fig. 1 **Acrostichum** *chrysolepis* F. | Fig. 2 **Acrostichum** *spissum* F.
Fig. 3 **Acrostichum** *mollissimum* F.

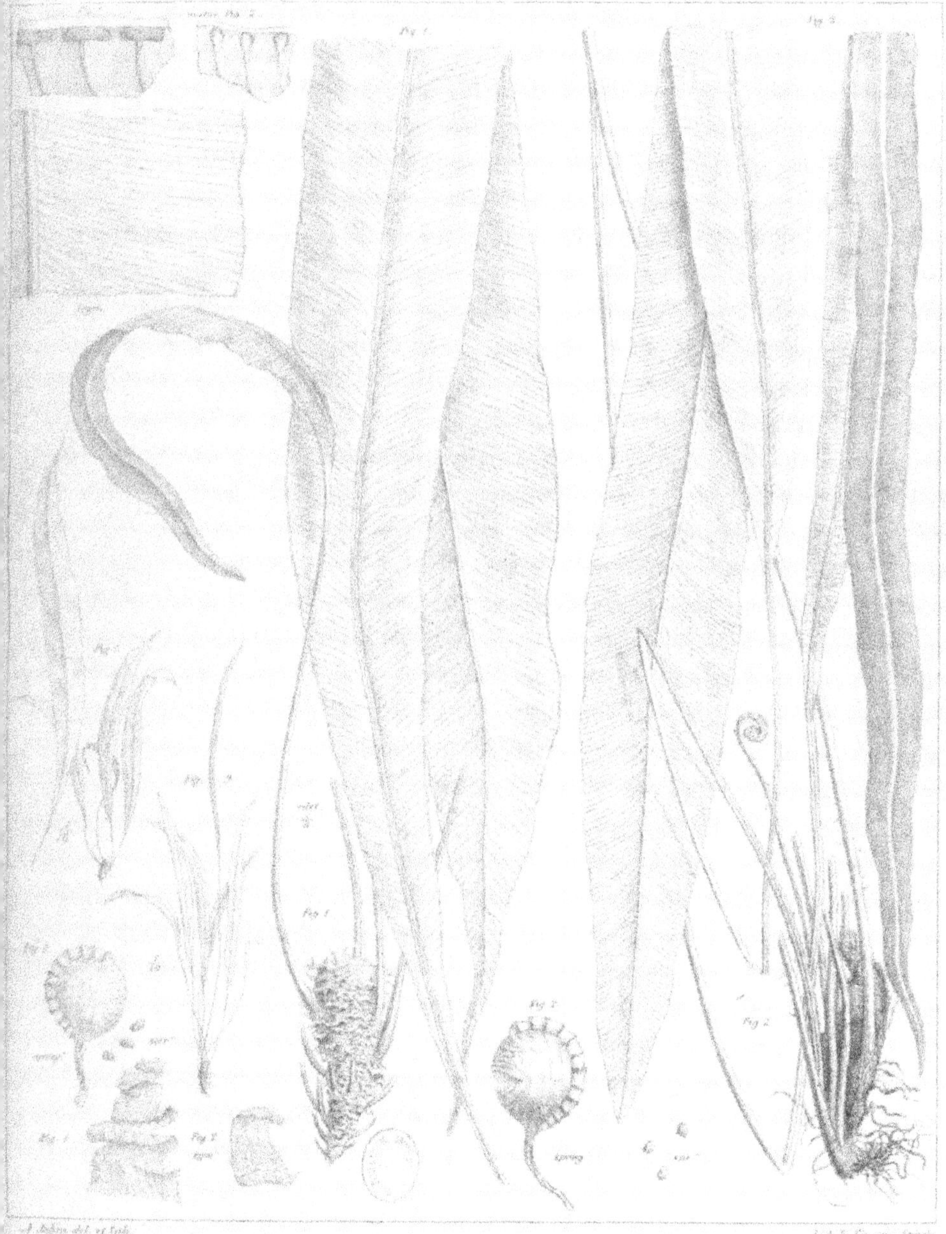

Fig. 1 **Acrostichum** *praegracile* F. Fig. 2 **Acrostichum** *praelongum* F.

Tab. IV.

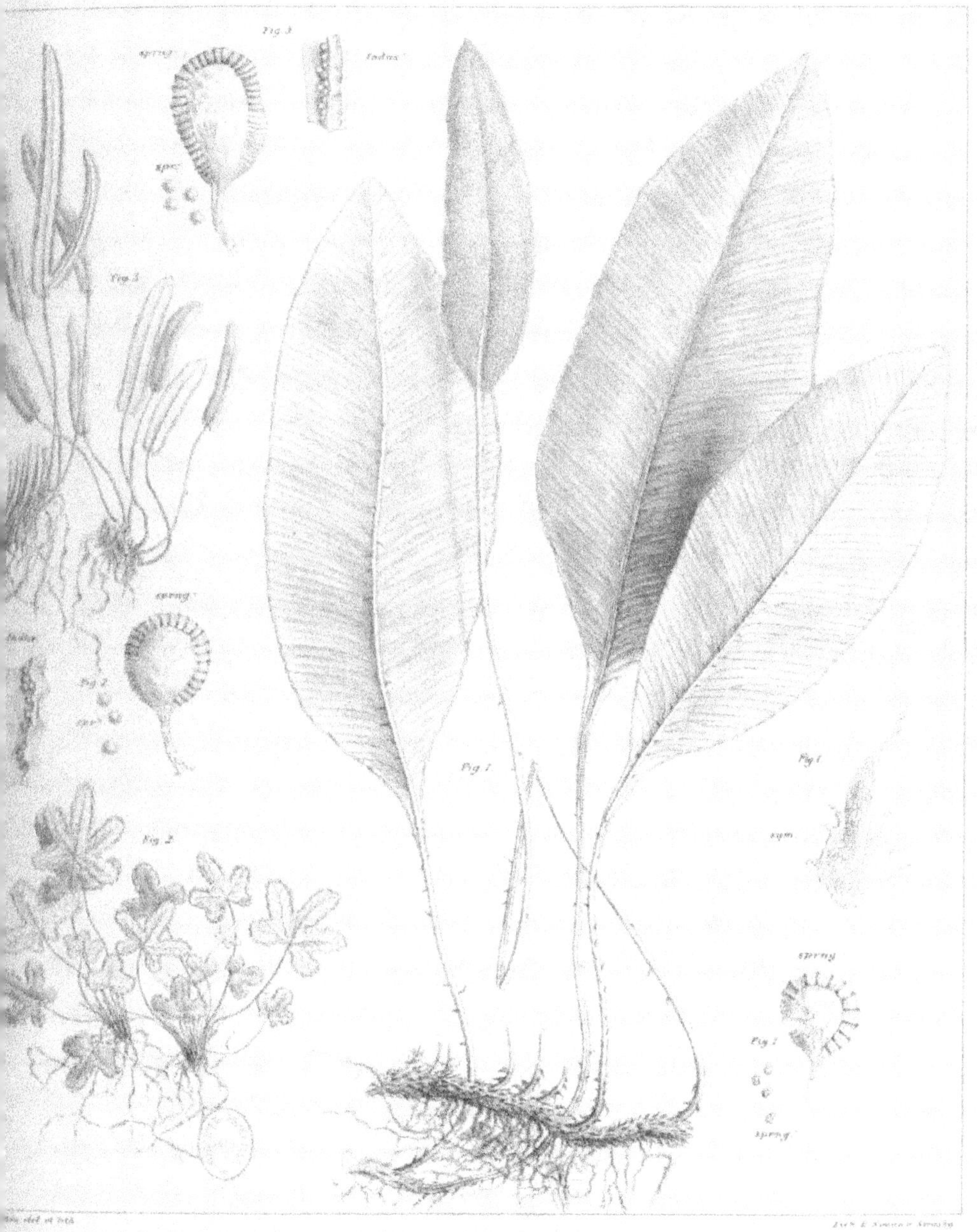

Fig 1. **Acrostichum** *ovalifolium, F.* | Fig 2. **Pellæa** *microphylla, F.*
Fig 3. **Pellæa** *subsimplex, F.*

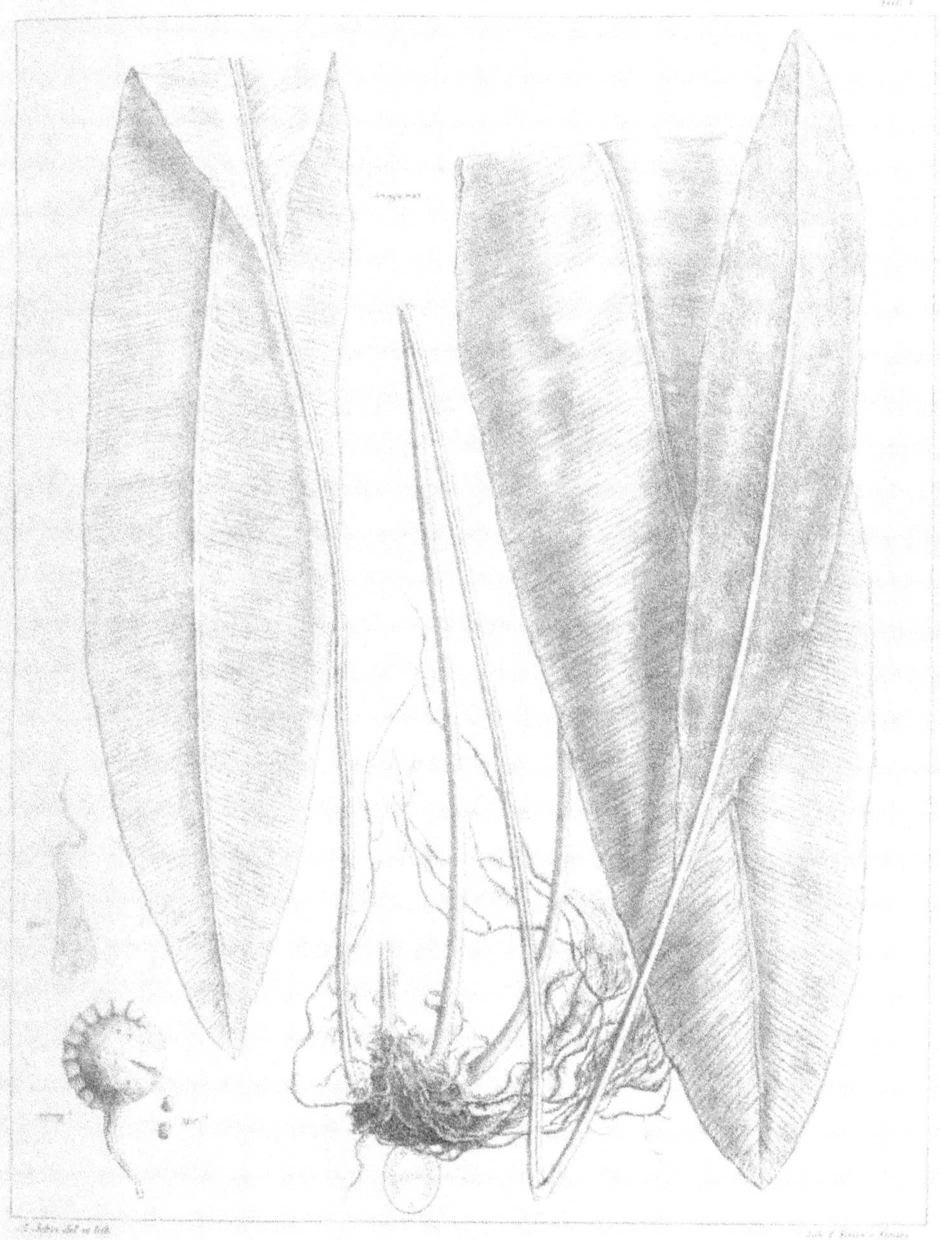

Acrostichum *hymenodiastrum* k.

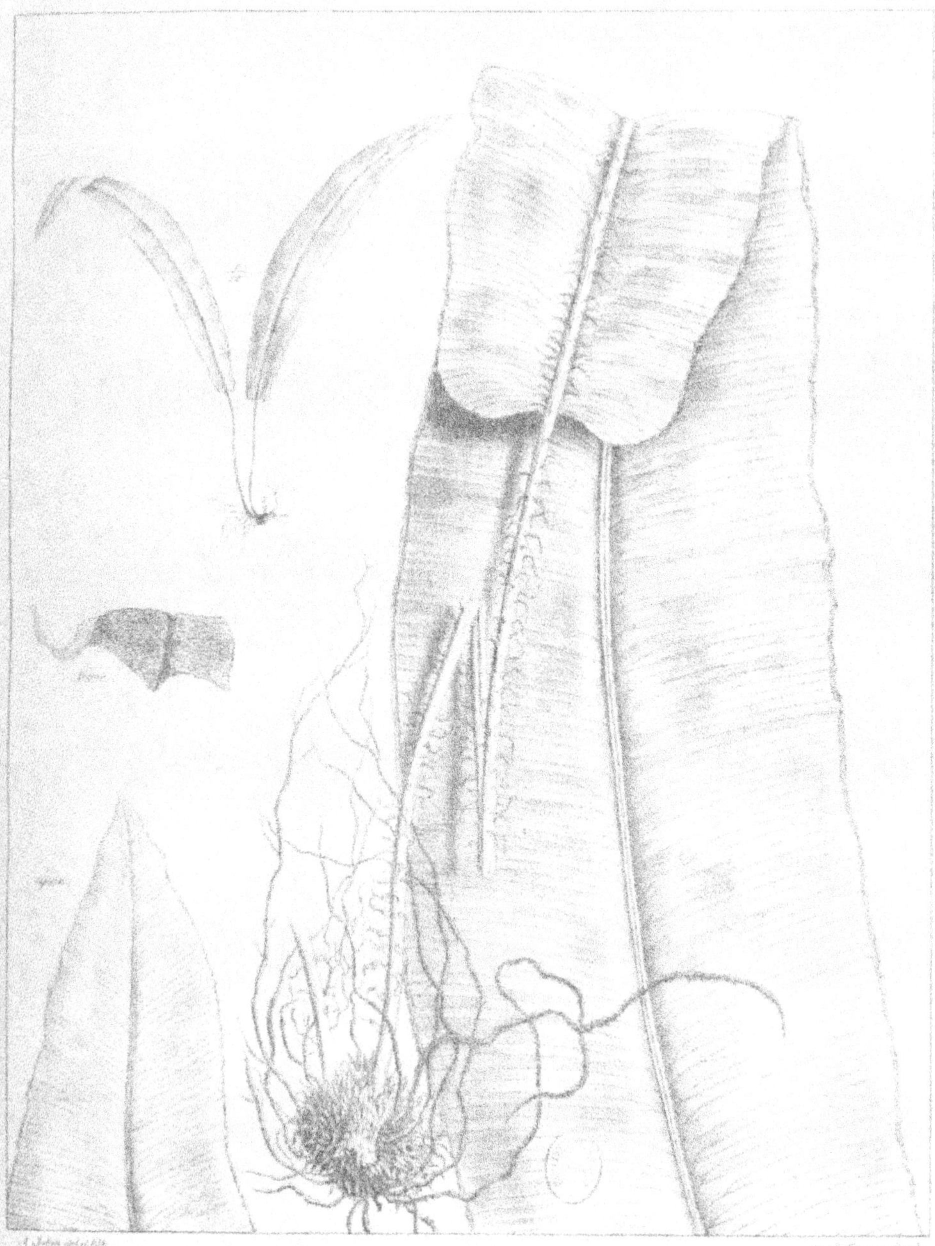

Acrostichum *osmundaceum*. L.

Fig. 1. *Lomaria imperialis* (Glaz.) Fig. 2. *Lomaria* [illegible].

Tab. VIII

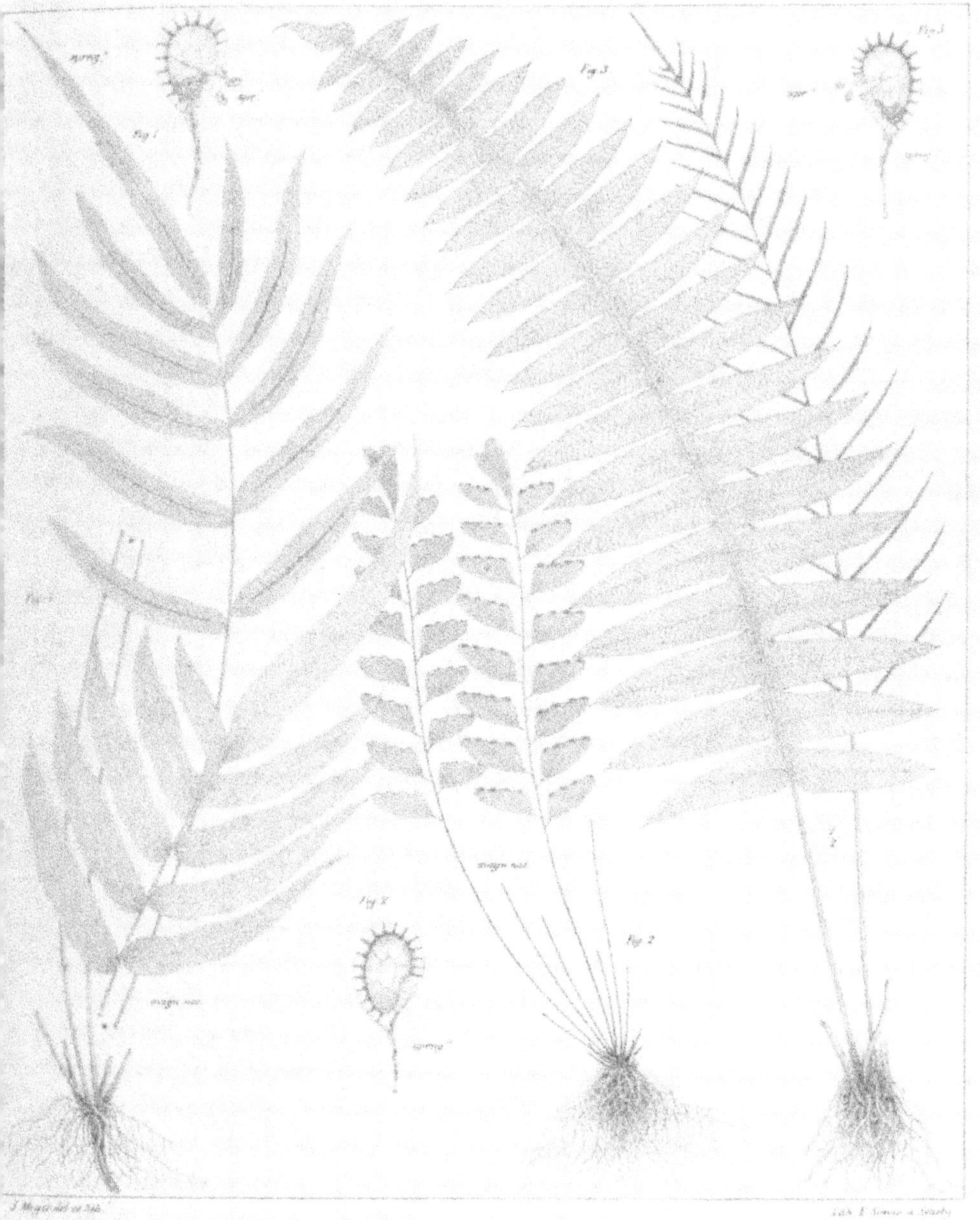

Fig. 1. **Blechnum** *diplotaxicum, F.* Fig. 2. **Adiantum** *subaristatum, F.*
Fig. 3. **Lomaria** *mucronata, F.*

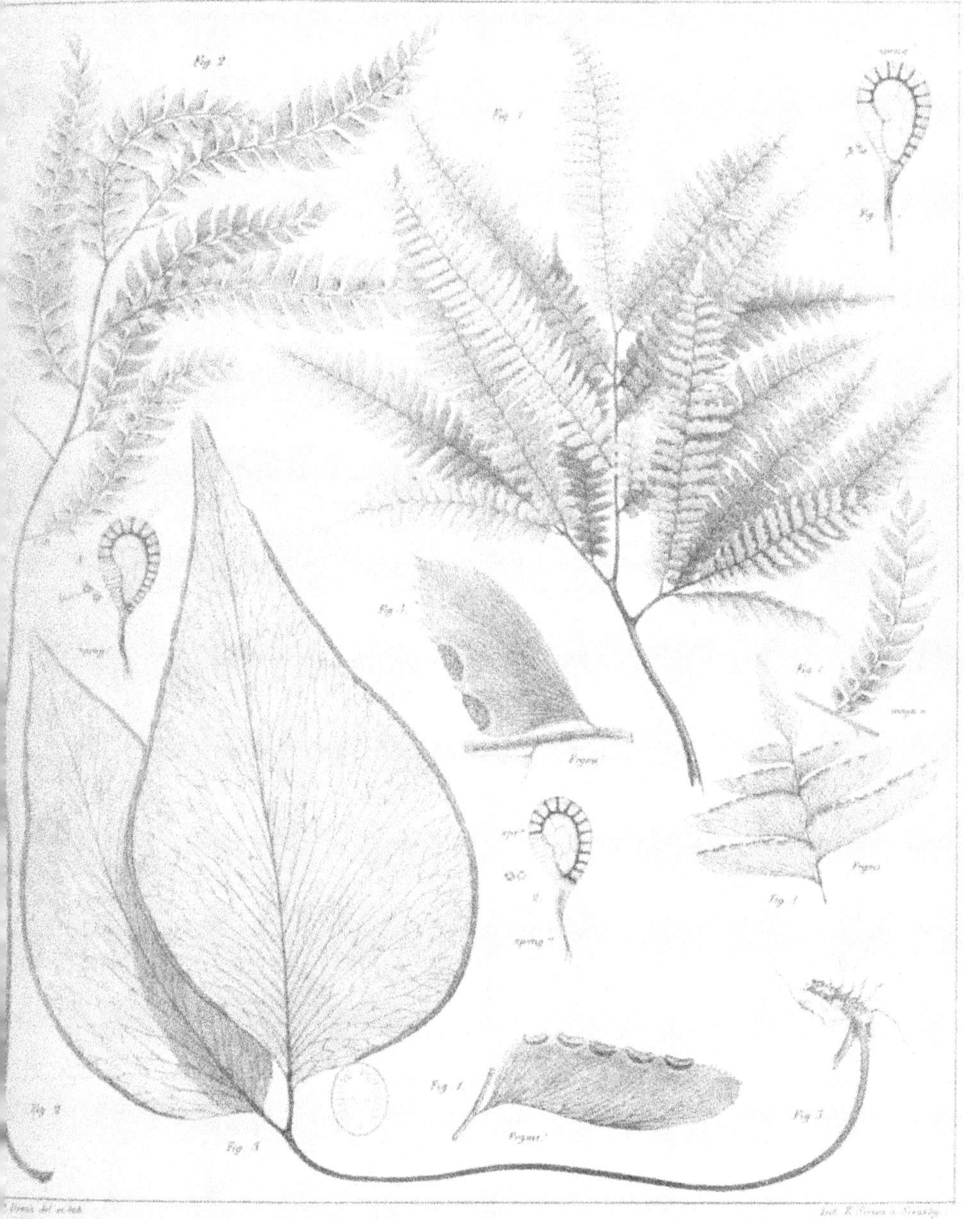

Fig.1 **Adiantum** *subcromasum,* F | Fig.2 **Adiantum** *tenerellum.* F
Fig.3 **Hewardia** *diphylla,* F.

Fig. 1 **Pellæa** *quinque lobata, F.* | Fig. 2 **Heteropteris** *Doryopteris, F.*

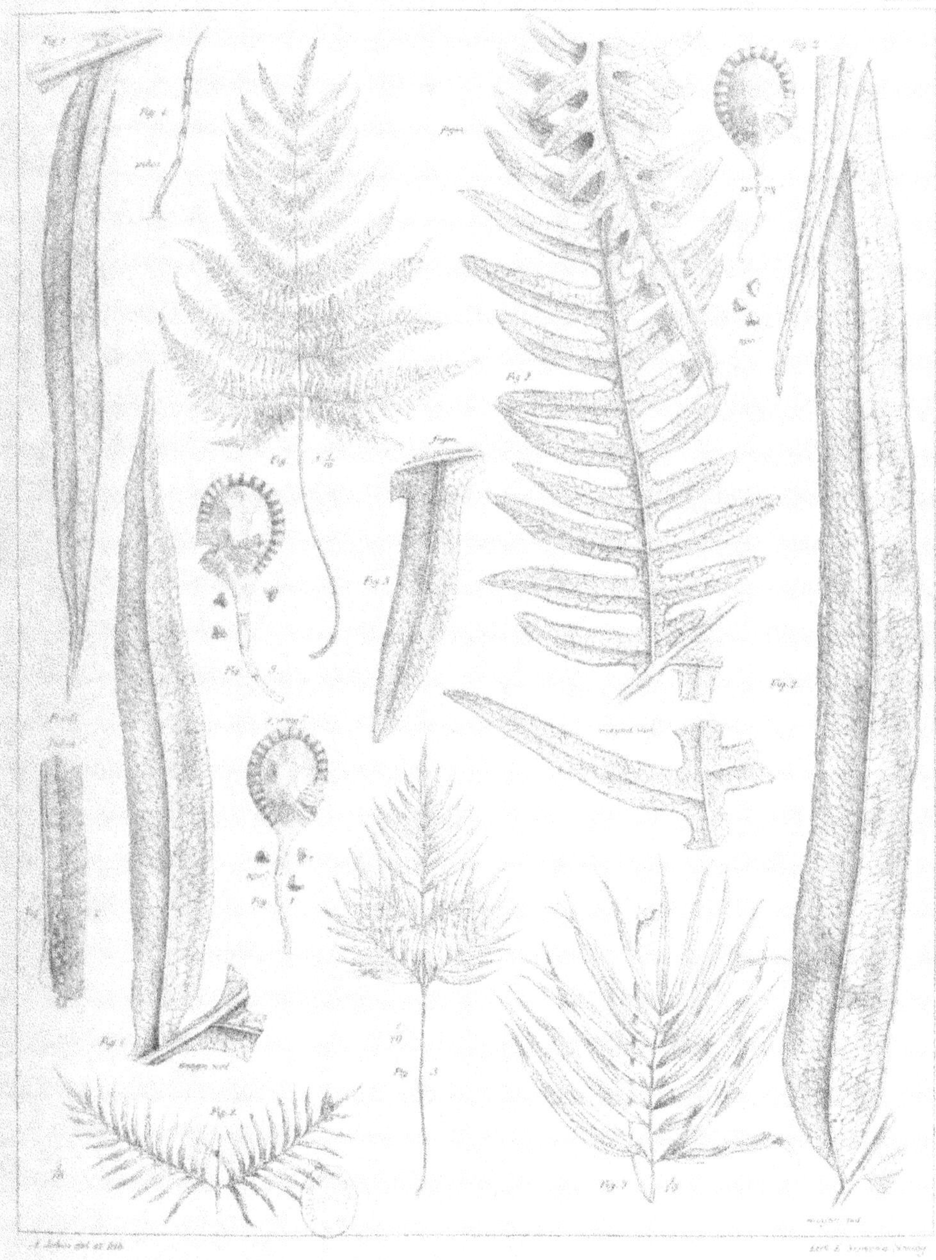

Fig.1 **Litobrochia** *angustata* F. | Fig.2 **Litobrochia** *procera* F.
Fig.3 **Litobrochia** *sericea* F.

Tab. XII.

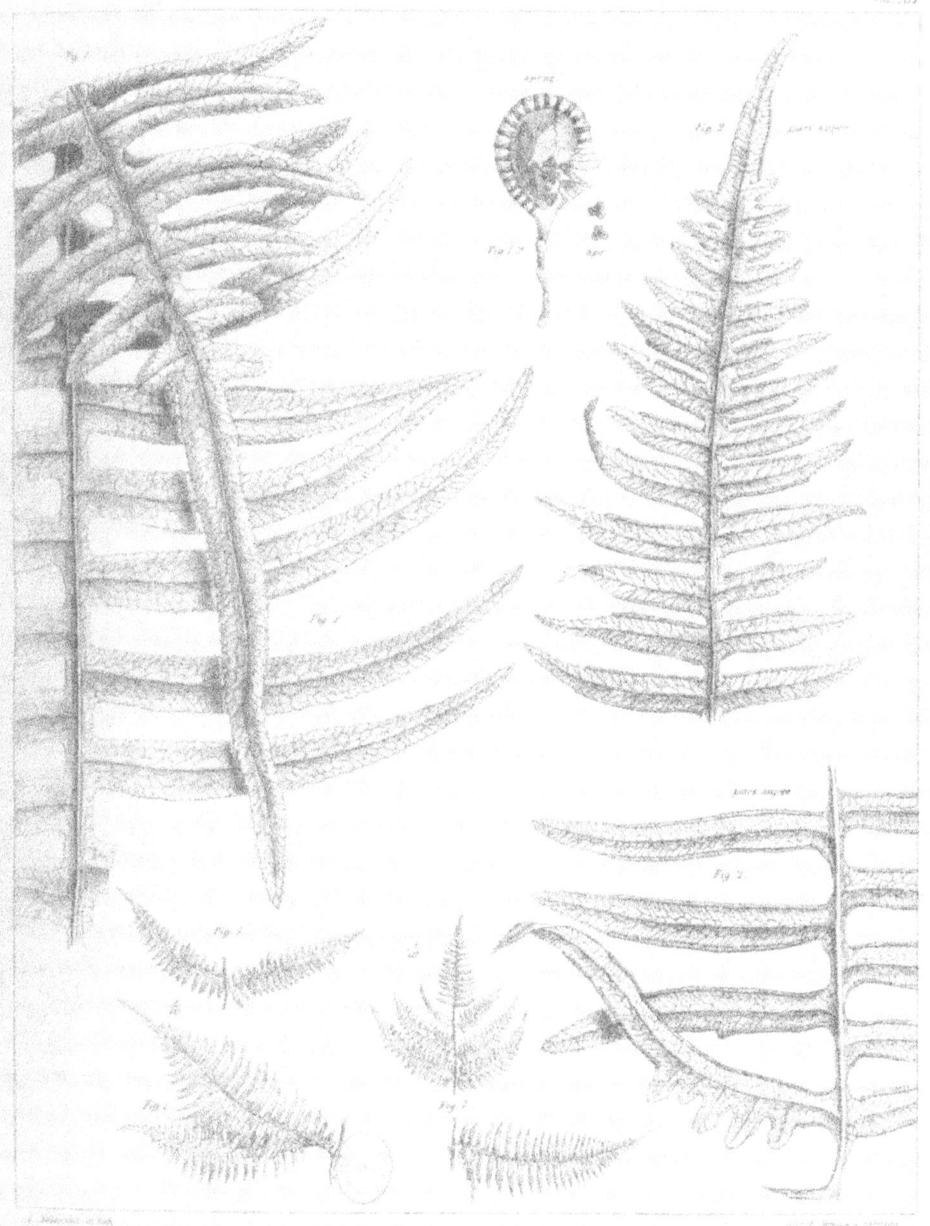

Fig. 2. Litobrochia *horizontalis* F. | Fig. 3. Litobrochia *incisa* F.

Fig. 1 **Adiantopsis** *obtusissima*, F. | Fig. 2 **Cheilanthes** *glaberrima*, F.
Fig. 3 **Hypolepis** *serrata*, F.

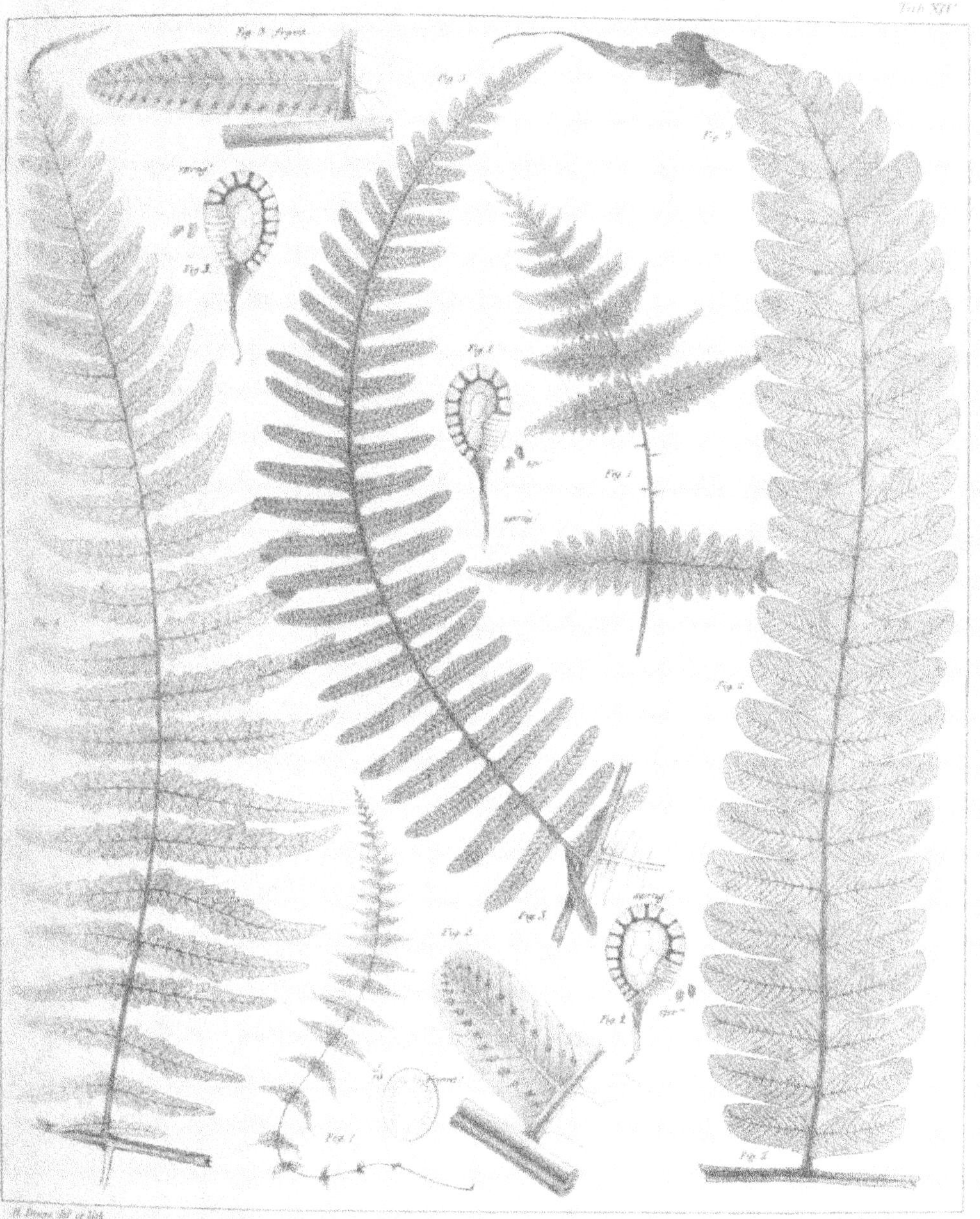

Fig. 1. **Gymnogramme** *oppositans* F. Fig. 3. **Gymnogramme** *patula,* F.
Fig. 2. __________ *attenuata* F. Fig. 4. __________ *expansa* F.

Asplenium Escragnollei F.

Fig. 1 **Asplenium** *campanocarpon* F. | Fig. 2 **Asplenium** *cicerophylloides* F.

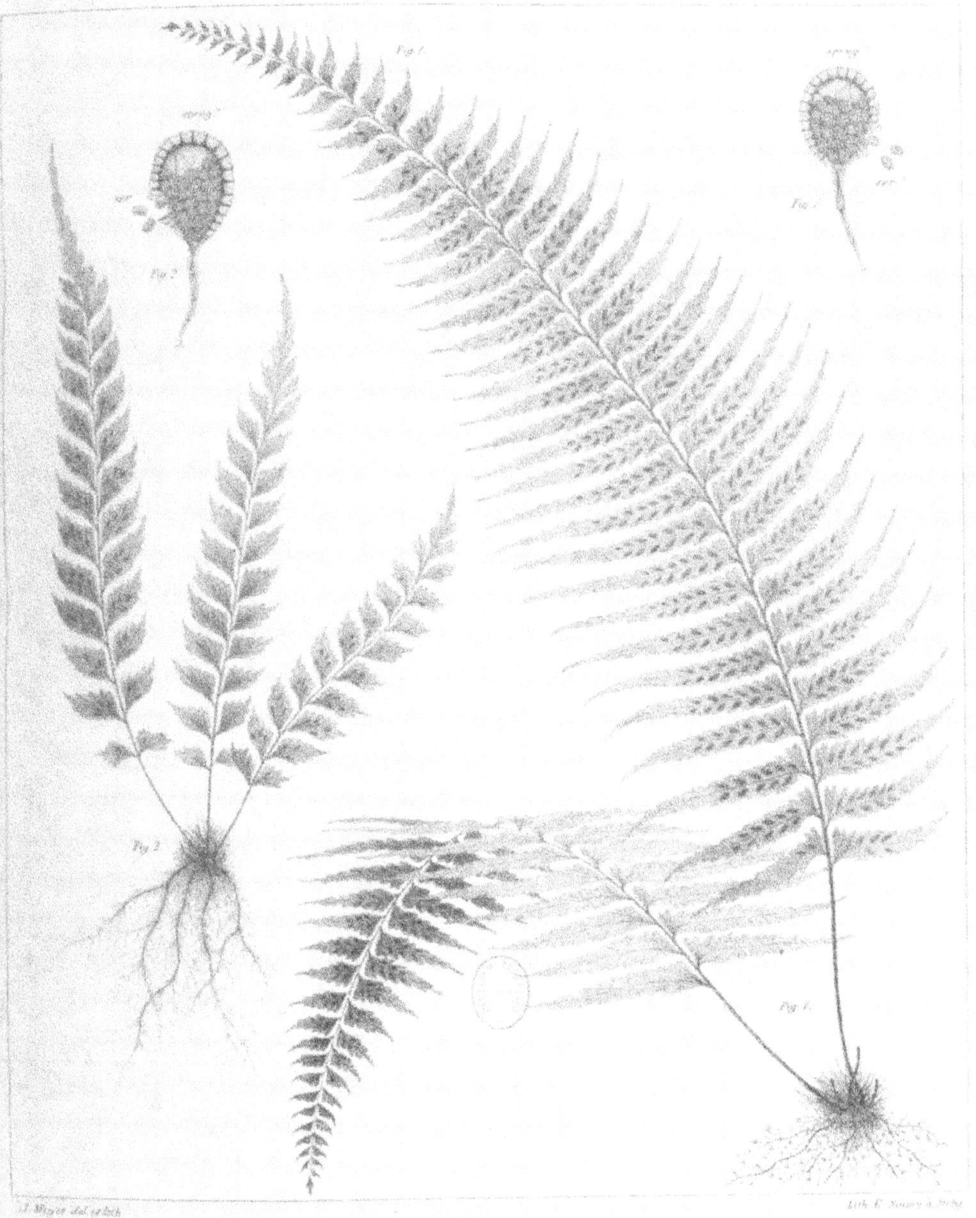

Fig. 1. **Asplenium** *jucundum* F. ; Fig. 2. **Asplenium** *Suevrenii* Glaziou

Fig 1 Asplenium incurvatum. F.   Fig 2 Asplenium avalescens. F.

Fig. 1 **Asplenium** *stenocarpon F.* | Fig. 2 **Asplenium** *Gustonis F.*
Fig. 3 **Grammitis** *fluminensis F.*

Fig. 1 **Hypolepis** *parviloba, F.* | Fig. 2 **Diplazium** *parallelogrammum, F.*

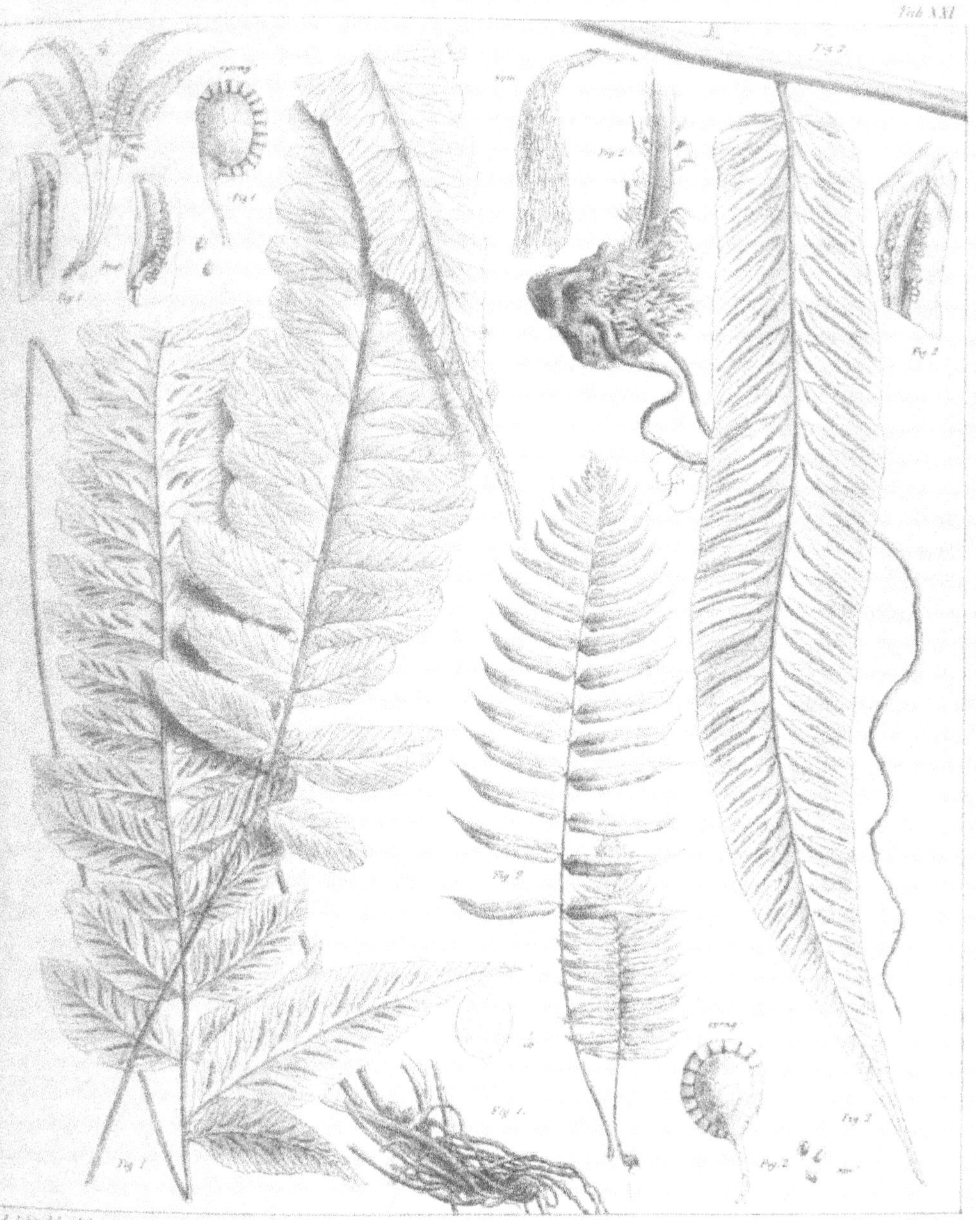

Fig. 1. **Diplazium** *dissimile*. F. | Fig. 2. **Diplazium** *longipes*. F.

Fig. 1. **Diplazium** *leptochlamys* P. Fig. 2. **Pellæa** *flavescens* F.

Fig. 1 **Diplazium** *herbaceum* F. | Fig. 2 **Diplazium** *leptocarpon* F.

Tab. LXIV.

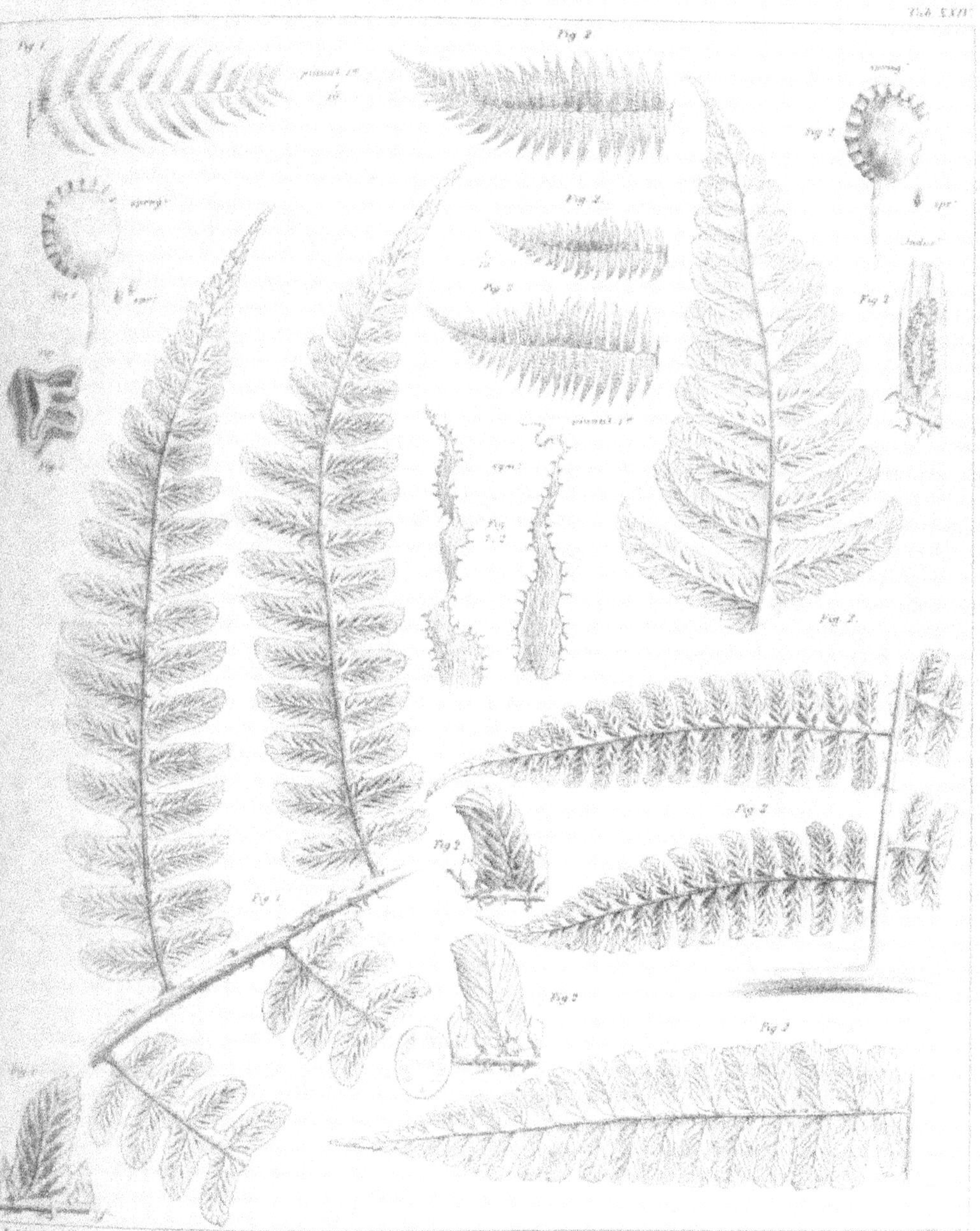

Fig.1. **Diplazium** *remotum, F.* | *Fig.2* **Diplazium** *rostratum, F.*

Tab. XXI.

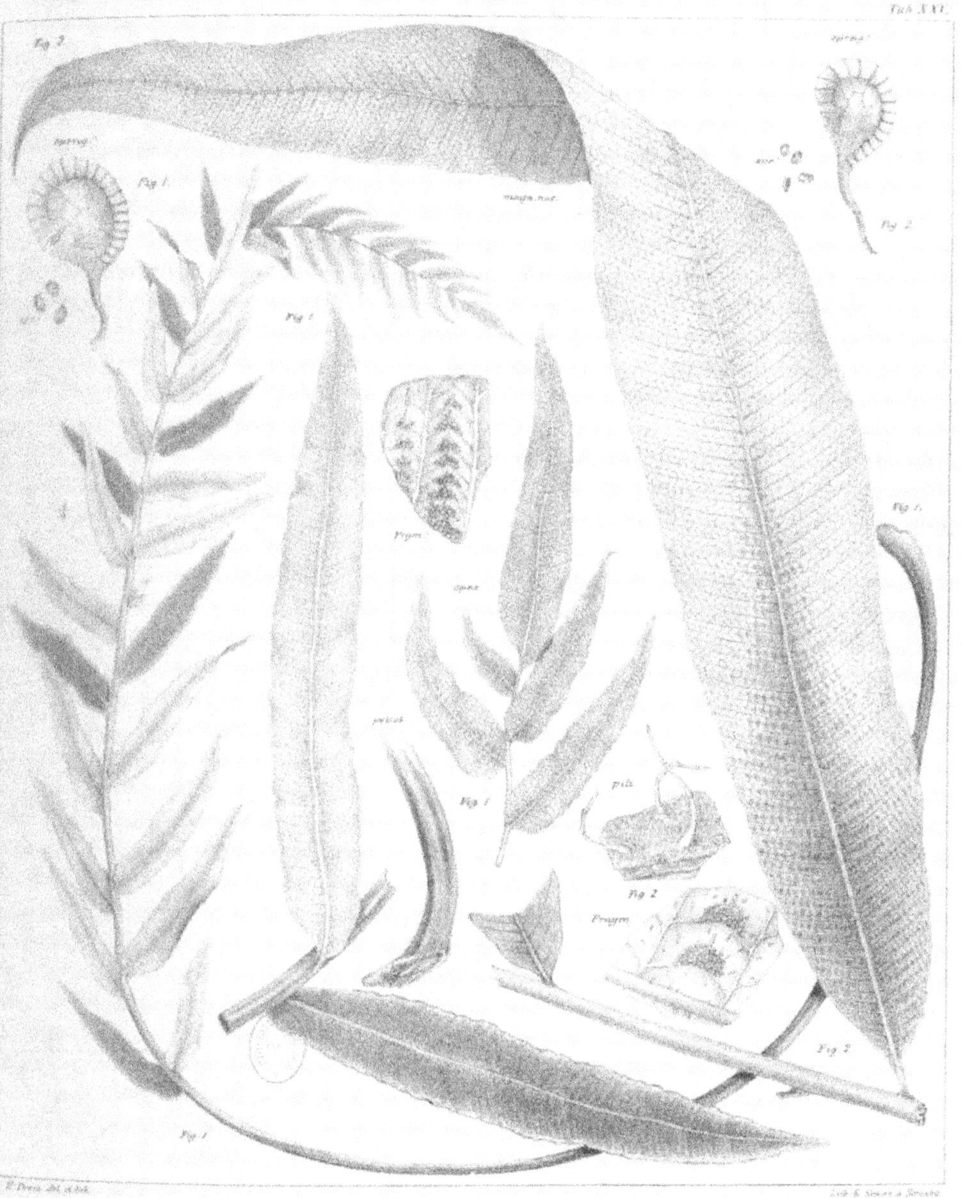

Fig. 1 **Meniscium** *elongatum. F.* *Fig. 2* **Meniscium** *longifolium. F.*

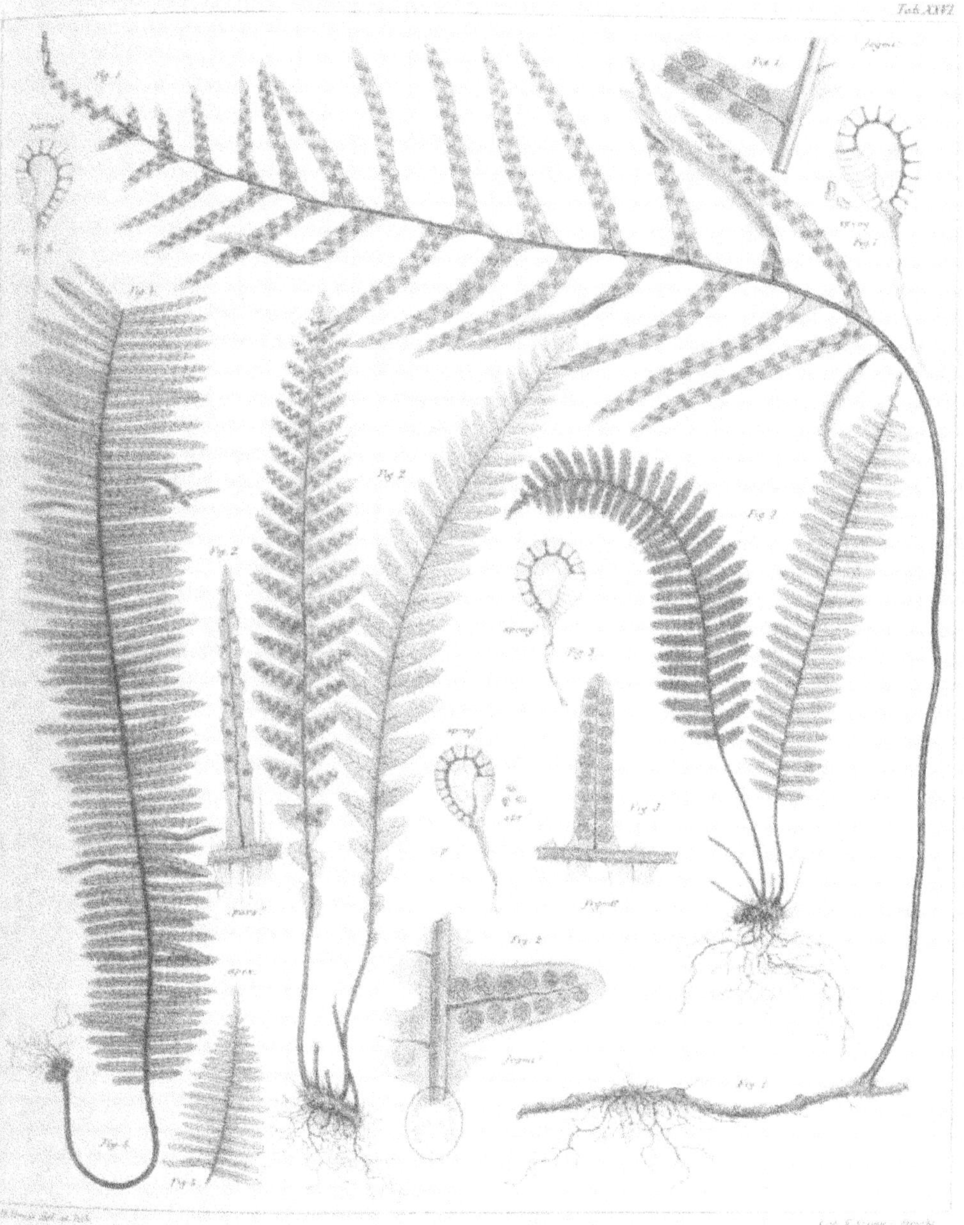

Fig. 1. **Polypodium** *Pleopeltidis. F.*   Fig. 3 **Polypodium** *confluens. F.*
Fig. 2. _______ *hirsutulum. F.*   Fig. 4 _______ *heteroclitum. F.*

Fig. 1. **Polypodium** *immersum* F. | Fig. 2. **Polypodium** *ciliare* F.
Fig. 3. **Polypodium** *ovalescens* F.

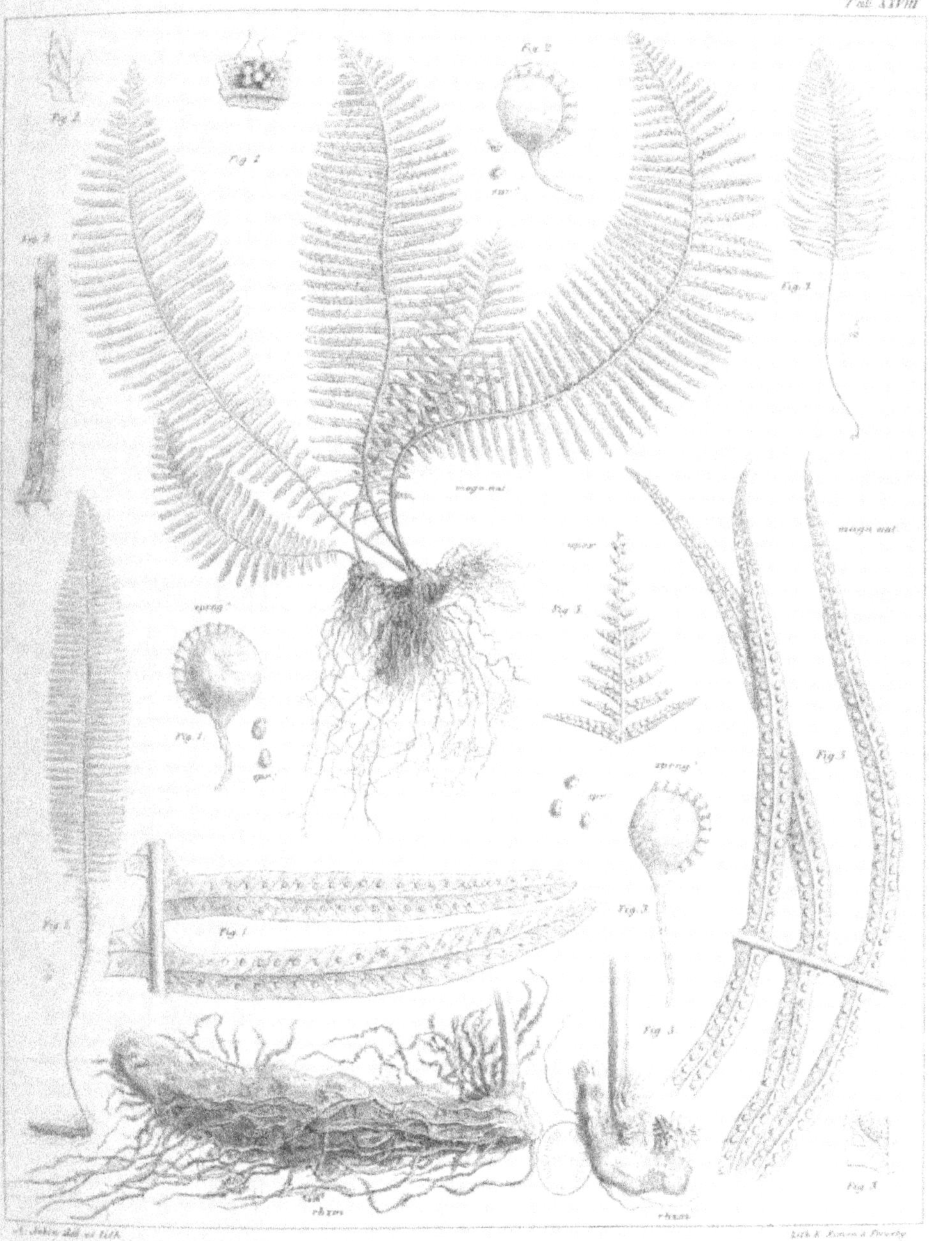

Fig.1 **Polypodium** *robustum. F.* | Fig.2 **Polypodium** *Filicula. Klfs.*
Fig.3 **Polypodium** *extensum. F.*

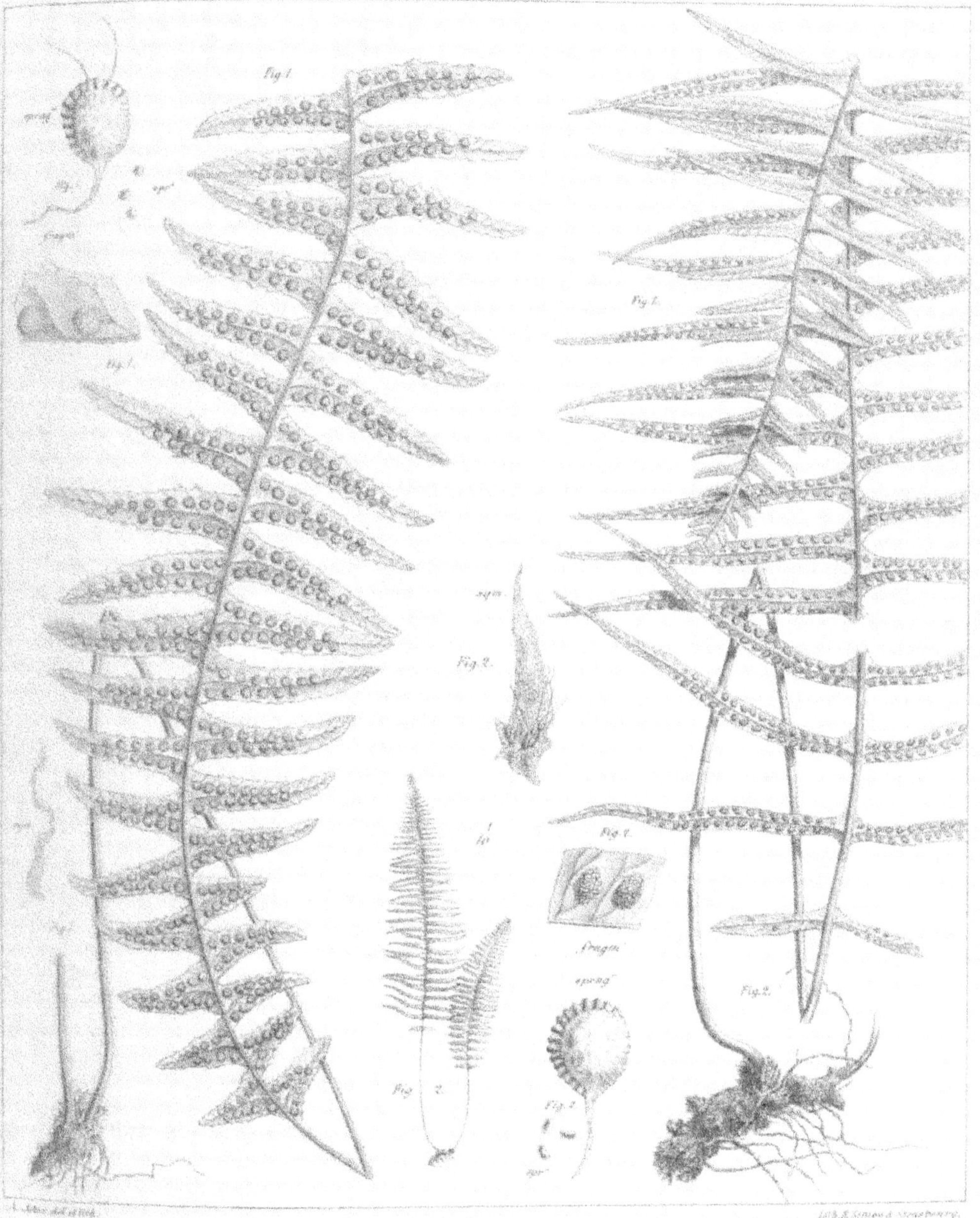

Fig. 1. **Polypodium** *repandum. F.* | Fig. 2. **Polypodium** *parasiticastrum. F.*

Tab. XXX

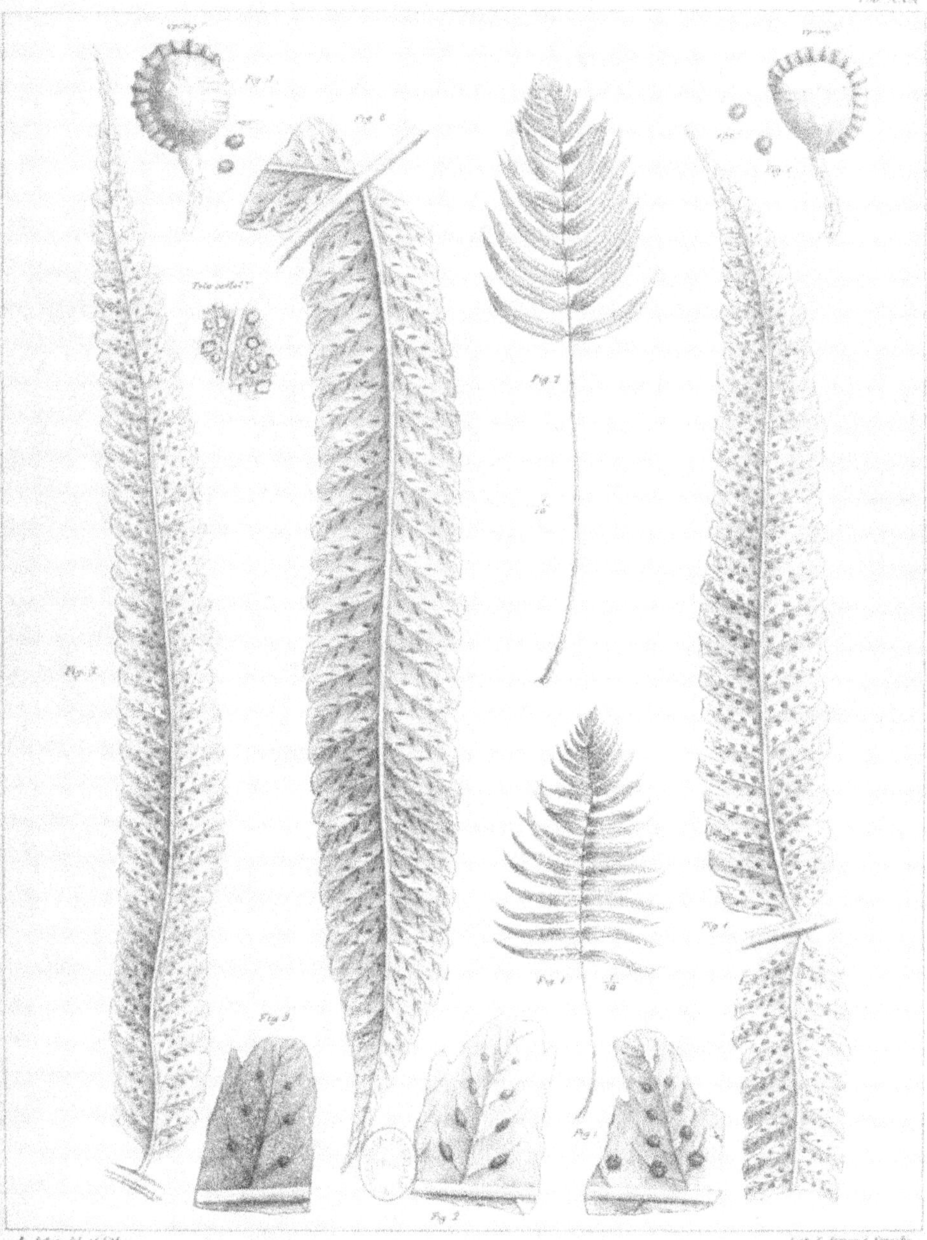

Fig. 1 **Phegopteris** tenuis, P. Fig. 2 **Phegopteris** heterocarpa, P.
Fig. 3 **Phegopteris** flavo punctata, Kffs (sub polypodio)

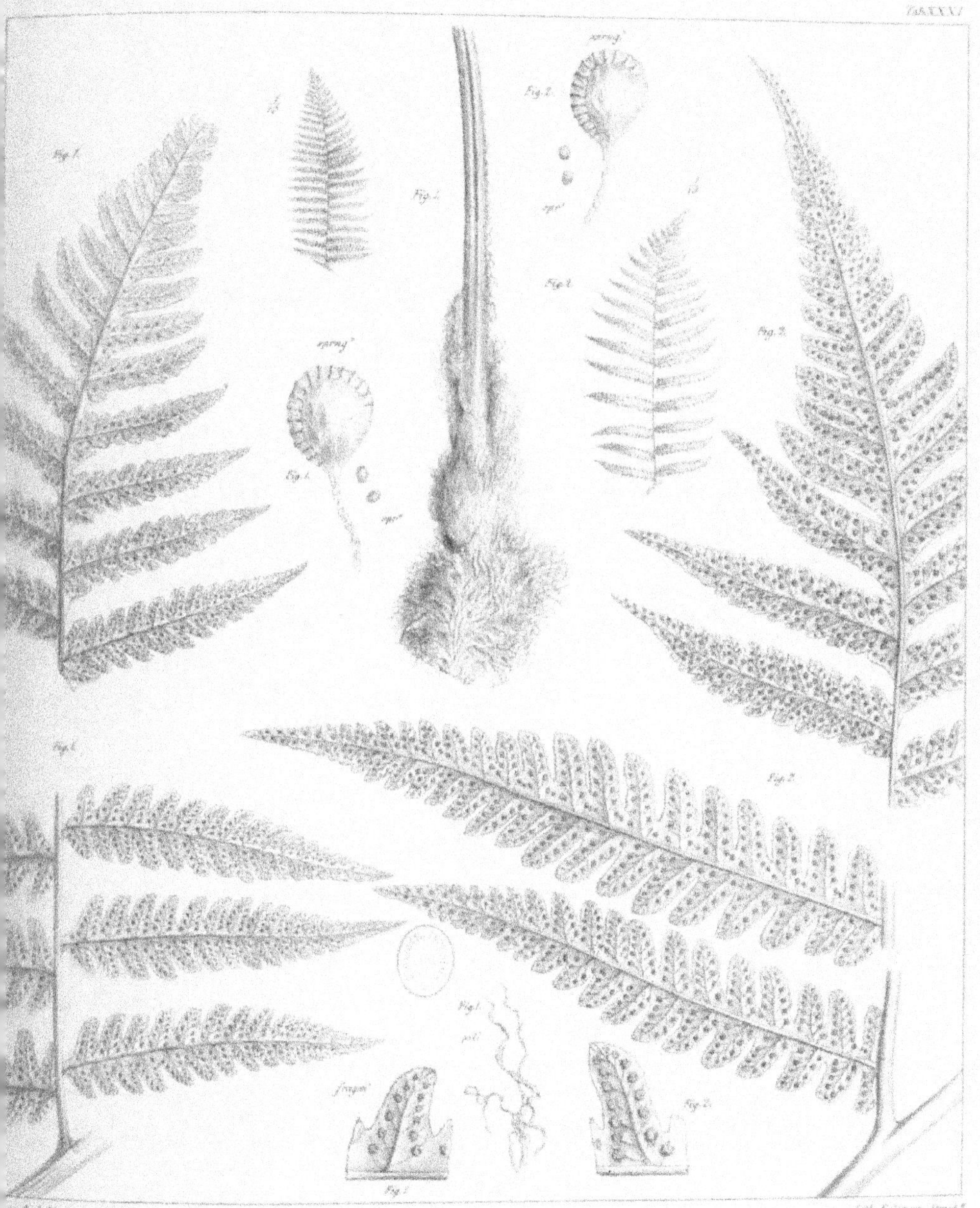

Fig. 1. **Phegopteris** *crinopoda* F. | Fig. 2. **Phegopteris** *scrobiculata* F.

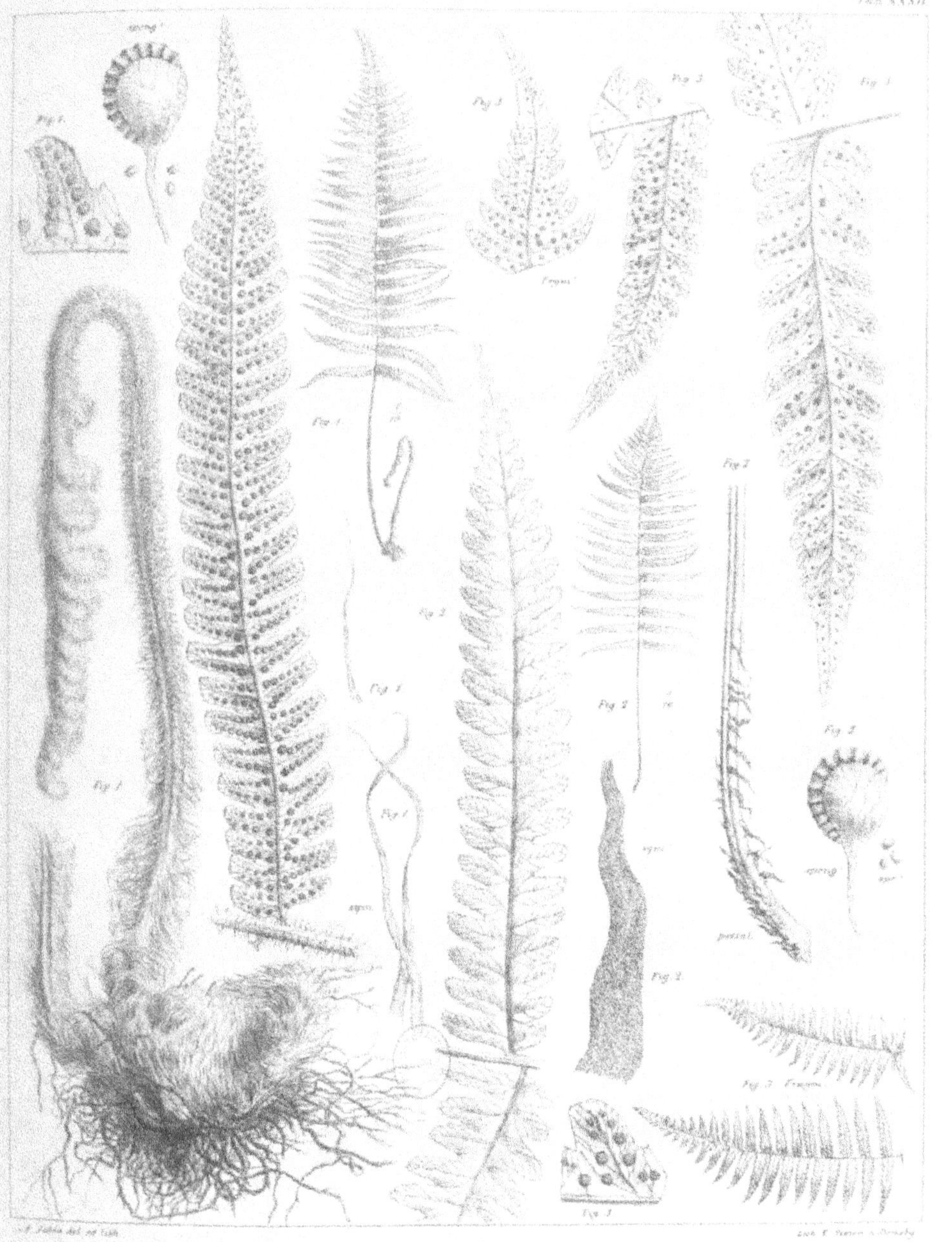

Fig. 1 **Phegopteris** *trichulepis*, F. | Fig. 2 **Phegopteris** *demiculosa*, F.
Fig. 3 **Phegopteris** *propinqua*, F.

Fig. 1. **Goniopteris** *platypes, F.* | *Fig. 2.* **Goniopteris** *hastata, F.*
Fig. 3. **Goniopteris** *macrocladia, F.*

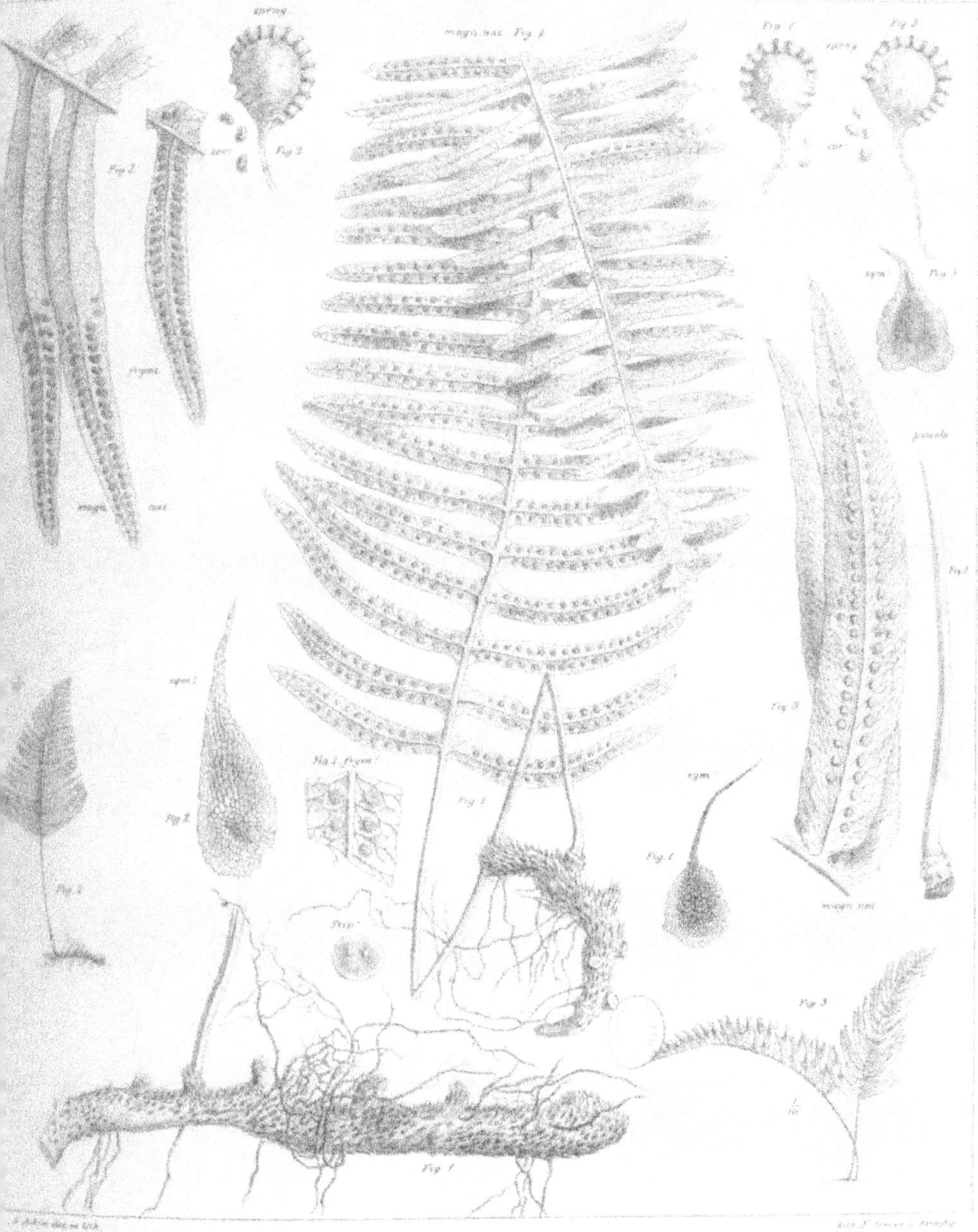

Tab. XXXIV.

Fig. 1. **Goniophlebium** *pectinans* F. Fig. 2. **Goniophlebium** *grammatodes* F.
Fig. 3. **Goniophlebium** *Gautheri* F.

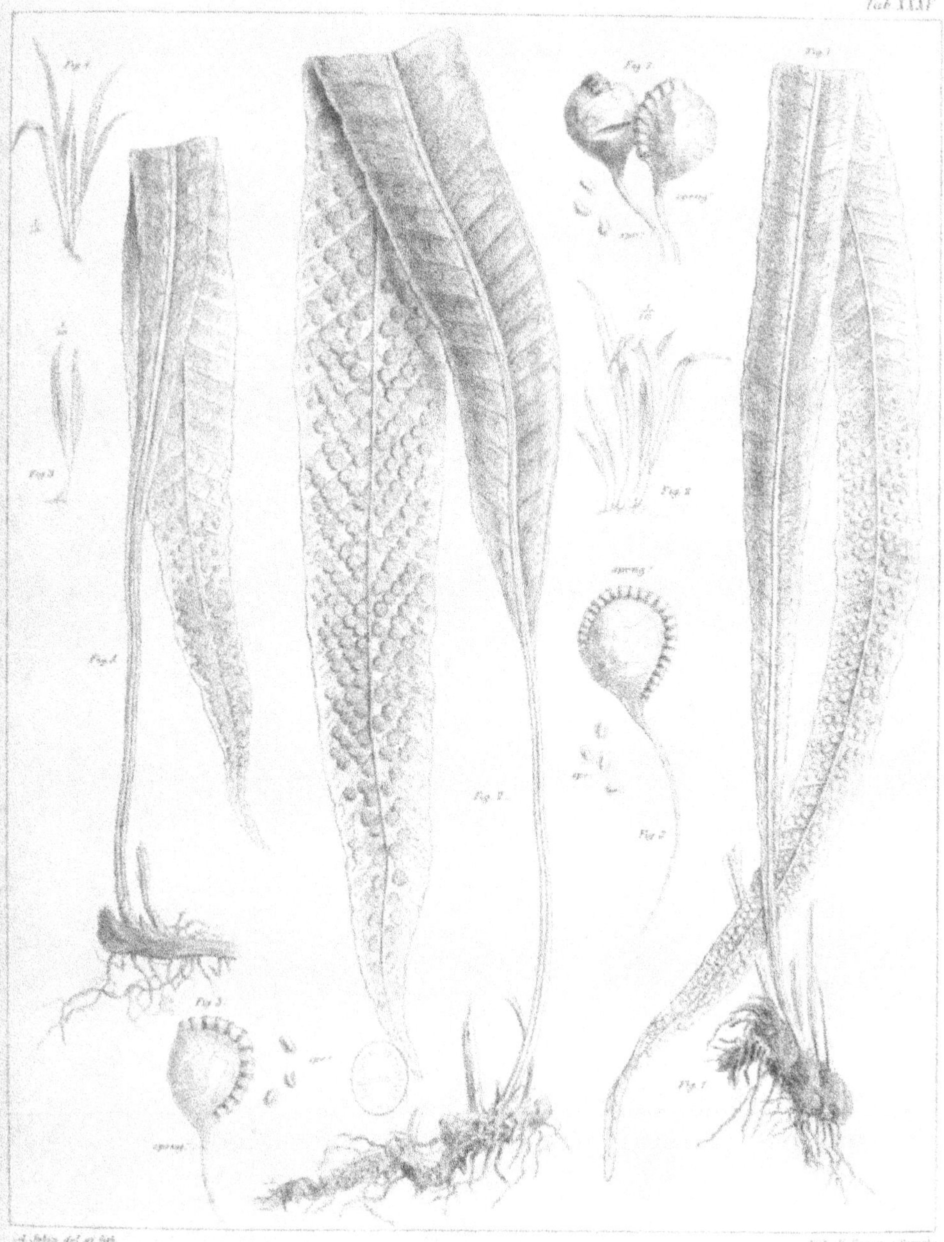

Fig.1 **Campylonevron** *leuconevron* F. | Fig.2 **Campylonevron** *fallax* F.
Fig.3 **Campylonevron** *nerocarpon* F.

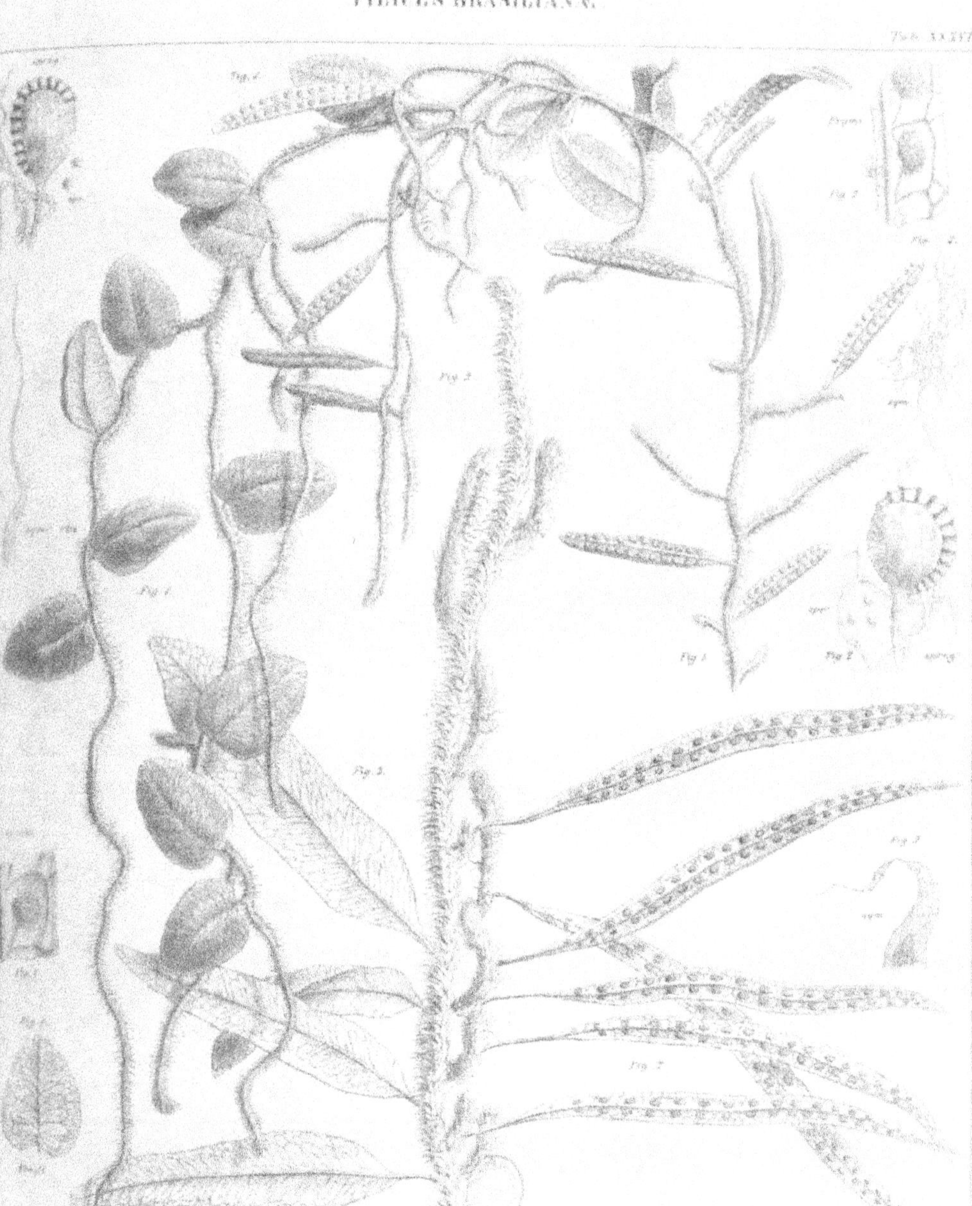

Fig 1 **Craspedaria** *cordifolia L.* | *Fig 2* **Craspedaria** *crispata L.*

Tab. XXXVII.

Fig. 1 **Polypodium** *exiguum F.* | Fig. 2 **Craspedaria** *grandis F.*
Fig. 3 **Drynaria** *acuminata F.*

Tab. CCLVIII.

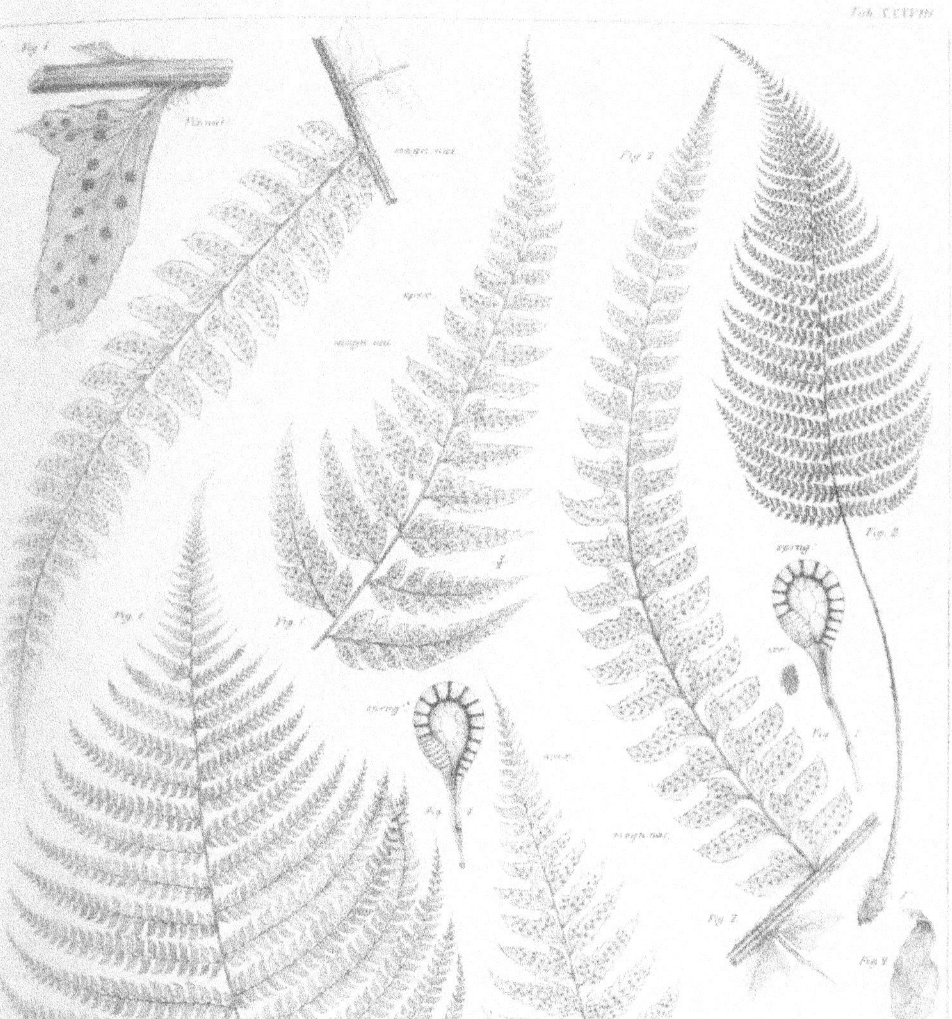

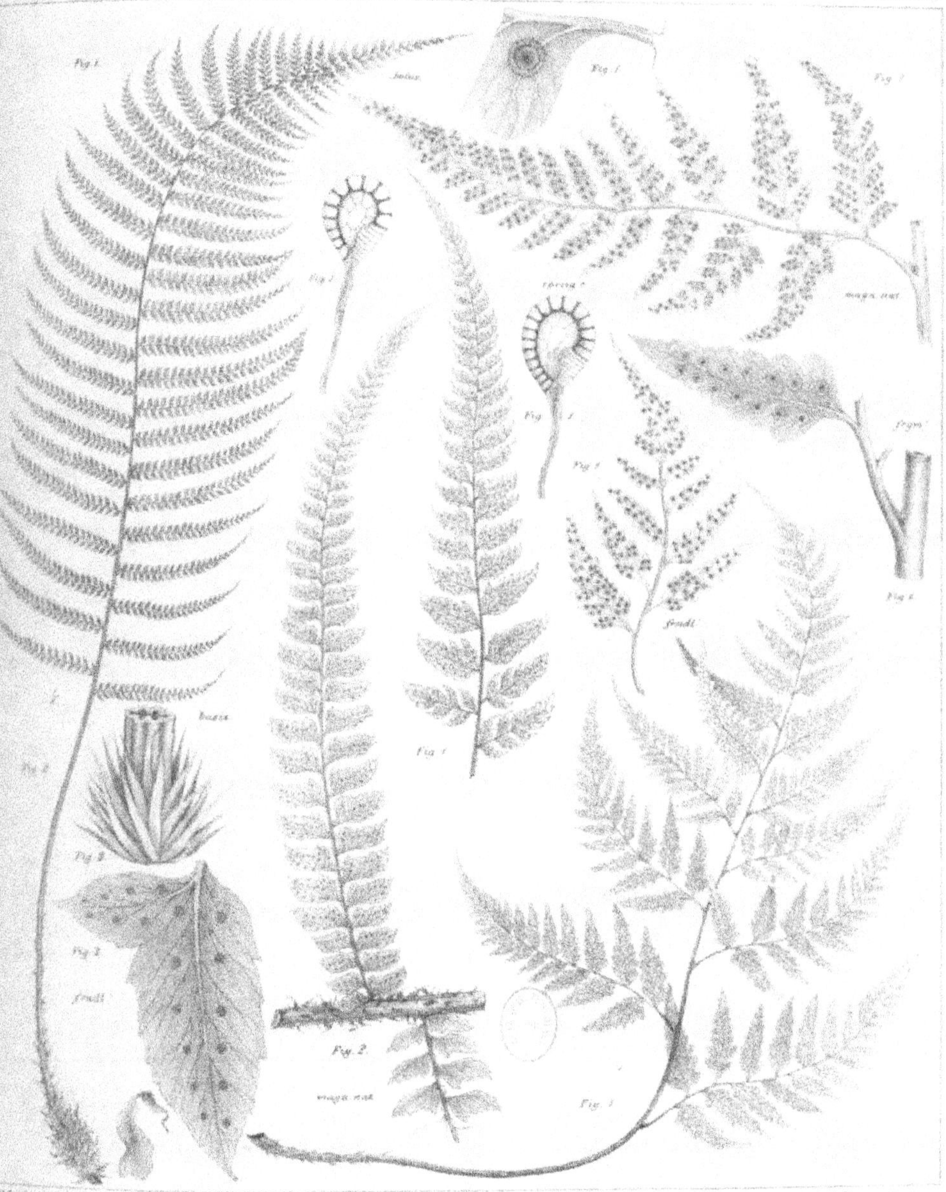

Fig. 1. **Polystichum** *remotum, F.* | Fig. 2 **Polystichum** *giganteum, F.*

Fig 1. **Polystichum** *mucronatum F.* | *Fig 2.* **Polystichum** *lanceum F.*

Fig 1 **Polystichum** *platylepis. F.* | Fig 2 **Polystichum** *longicuspis. F.*

Fig.1 Aspidium sericeum F. | Fig.2 Aspidium heterotum F.
Fig.3 Aspidium elatum F.

Tab. XLIII.

Fig. 1 **Aspidium** *tenerrimum, F.* | *Fig. 2* **Aspidium** *basilare, F.*

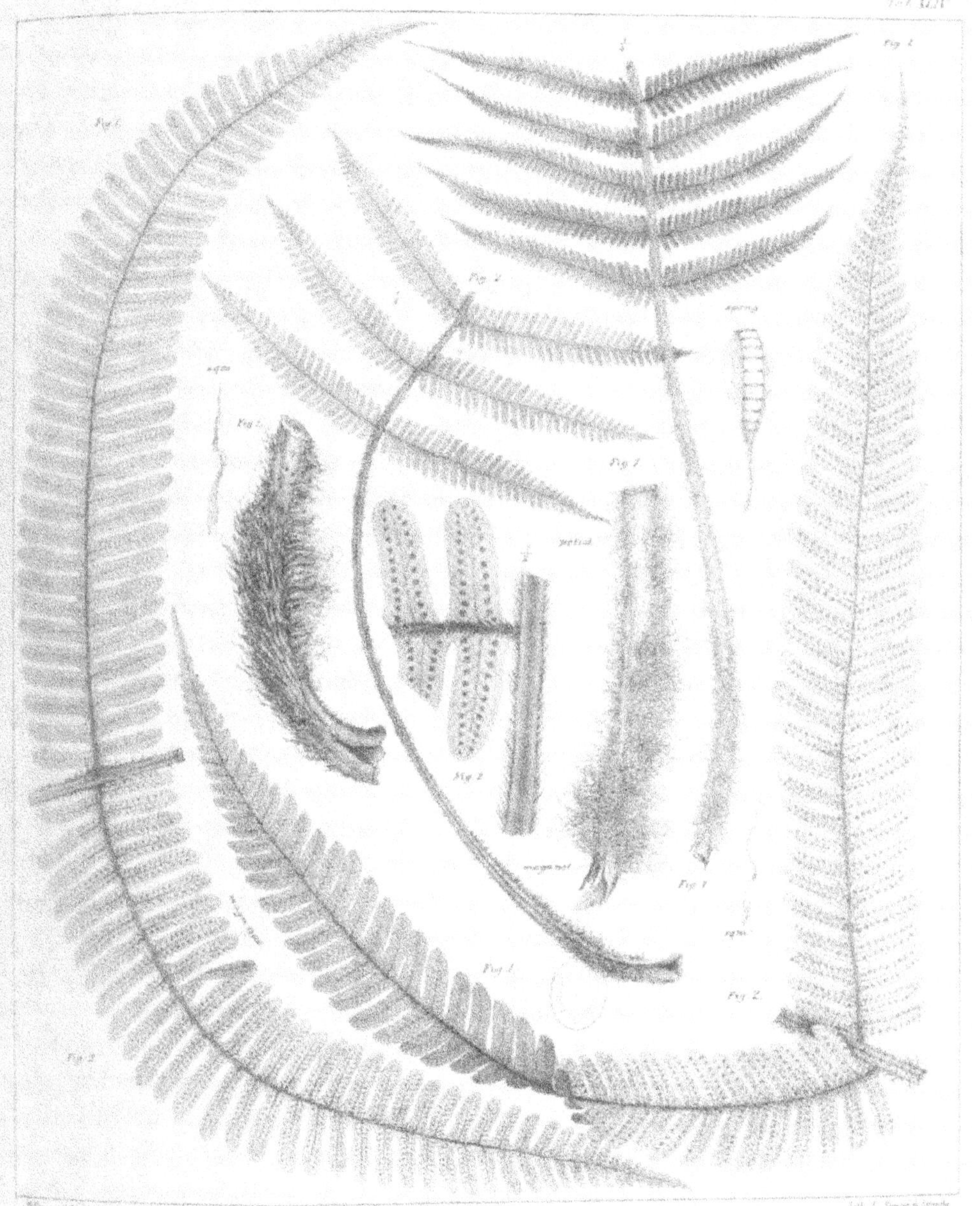

Fig. 1. **Aspidium** *amaculan. F.*   Fig. 2. **Aspidium** *amaurolepis. F.*

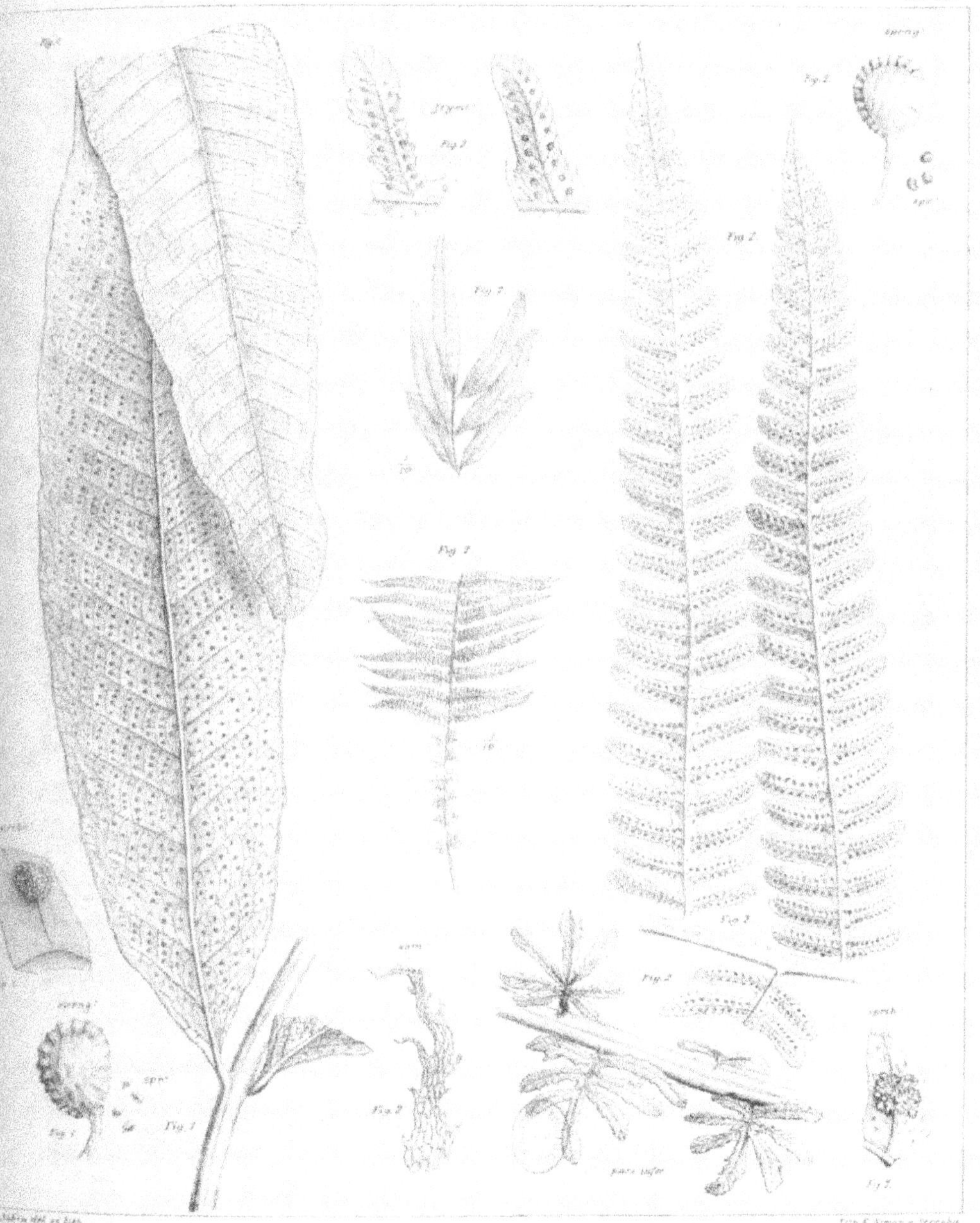

Fig. 1 **Campylonevron** *juglandifolium, F.*   Fig. 2 **Aspidium** *Isabellinum, F.*

Tab. XLVI.

Fig. 1 **Aspidium** nephrodioides F. | Fig. 2 **Aspidium** flexuosum F.

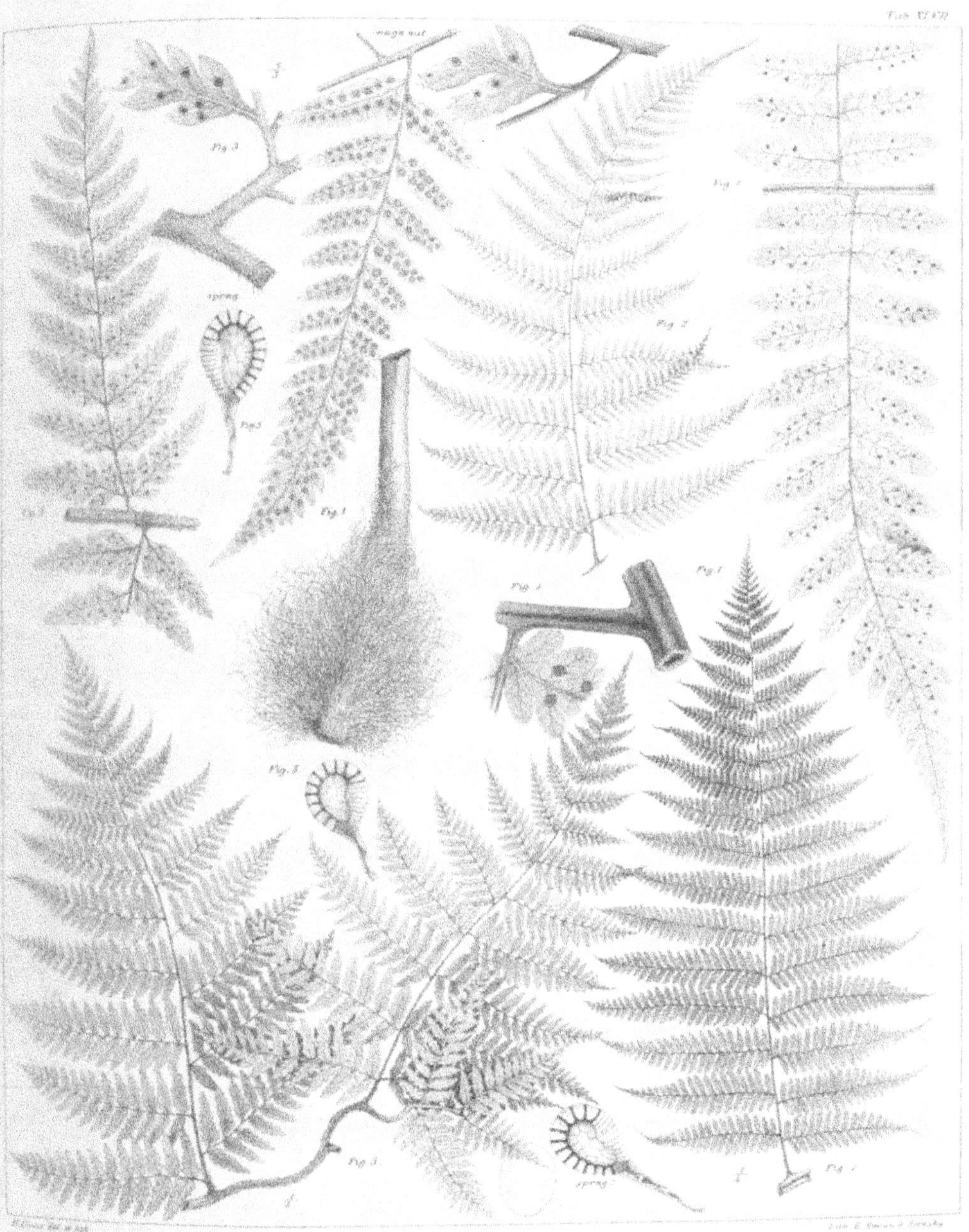

Fig. 1. **Aspidium** *crenulans, F.* | Fig. 2. **Aspidium** *phænochlamys F.*
Fig. 3. **Aspidium** *ramosum, F.*

Tab. XLVIII.

Fig. 1. Aspidium macrum, F. | Fig. 2. Aspidium latissimum, F.

Fig.1. **Aspidium** *dicksonioides* F. | Fig.2. **Aspidium** *gracilipes* F.
Fig.3 **Hymenophyllum** *viridissimum* F.

Tab. I.

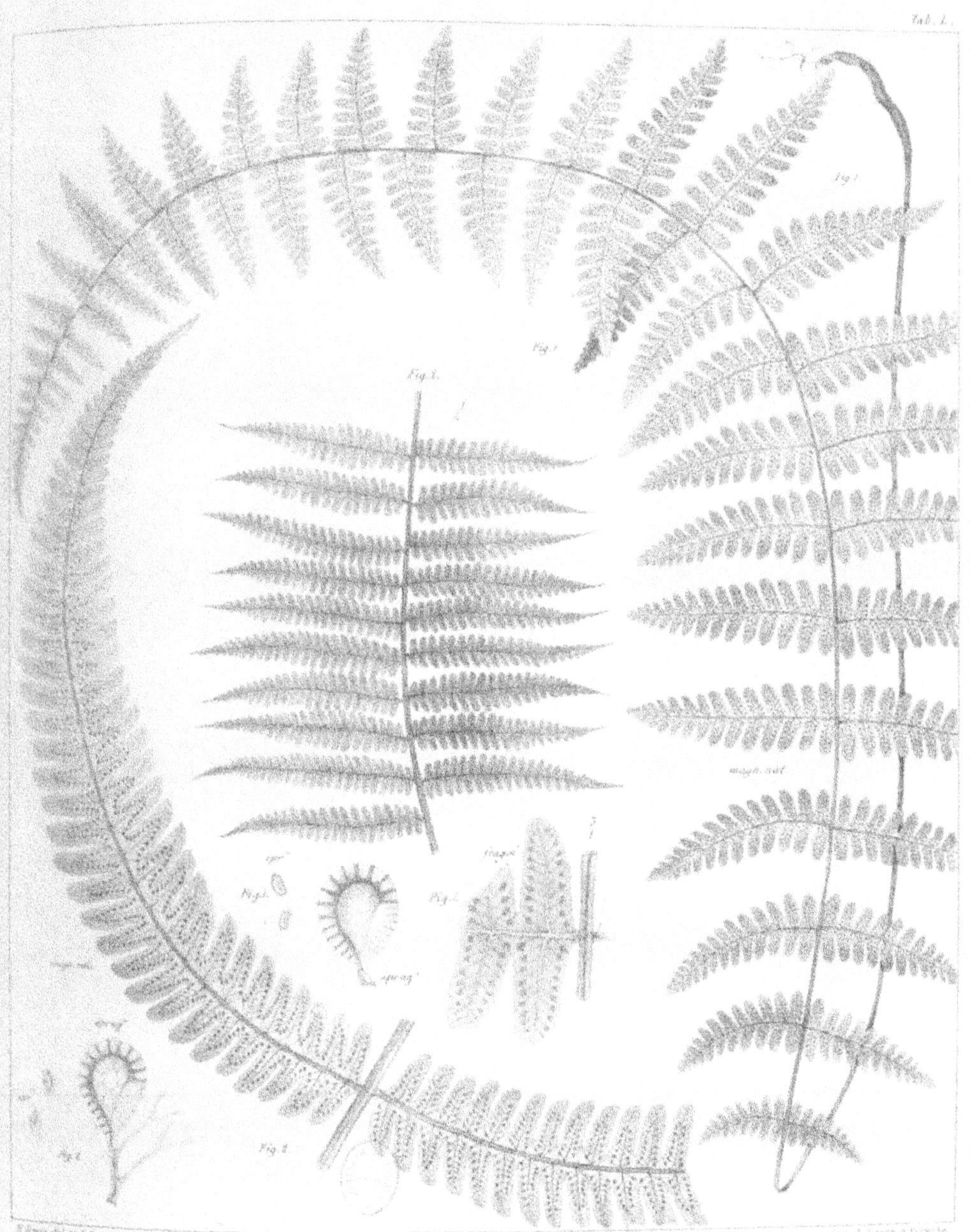

Fig. 1. **Aspidium** *rhodolepides* F. | Fig. 2. **Aspidium** *quadrangulare* F.

Fig 1. **Microlepia** *flumanensis. F.* | *Fig 2.* **Microlepia** *lindsayæflorans. F.*
Fig. 3. **Lophosoria** *dorsalis. F.*

Tab. LII.

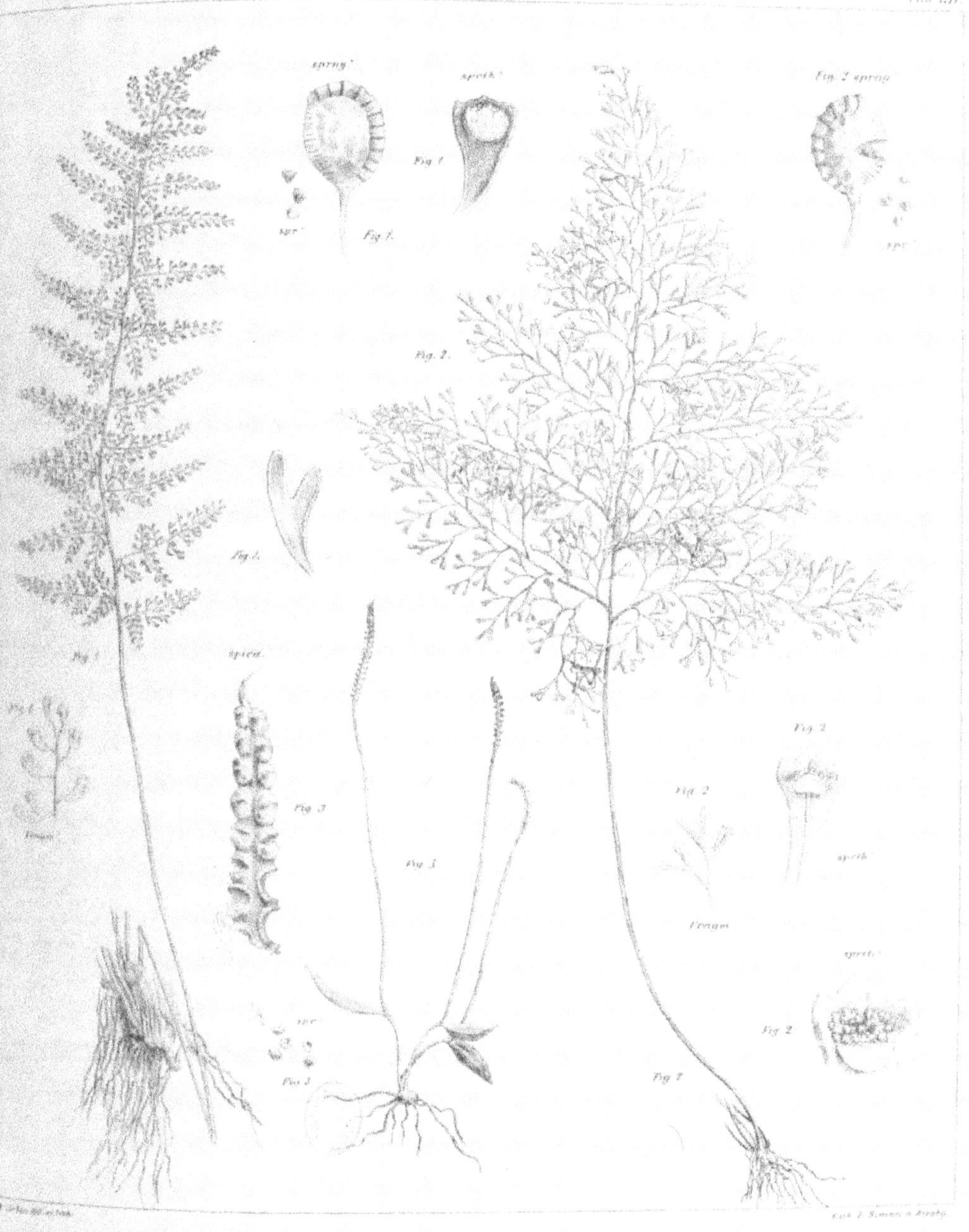

Fig. 1 Stenoloma *Glaziovi*, F. | Fig. 2 Stenoloma *gratissima*, F.
Fig. 3 Ophioglossum *Sprucearnum*, F.

Fig. 1 **Alsophila** *scrobiculans* F. | Fig. 2 **Cyathea** *sphærocarpa* F.

Fig. 1. **Alsophila** nigrescens F.   Fig. 2. **Alsophila** specta F.

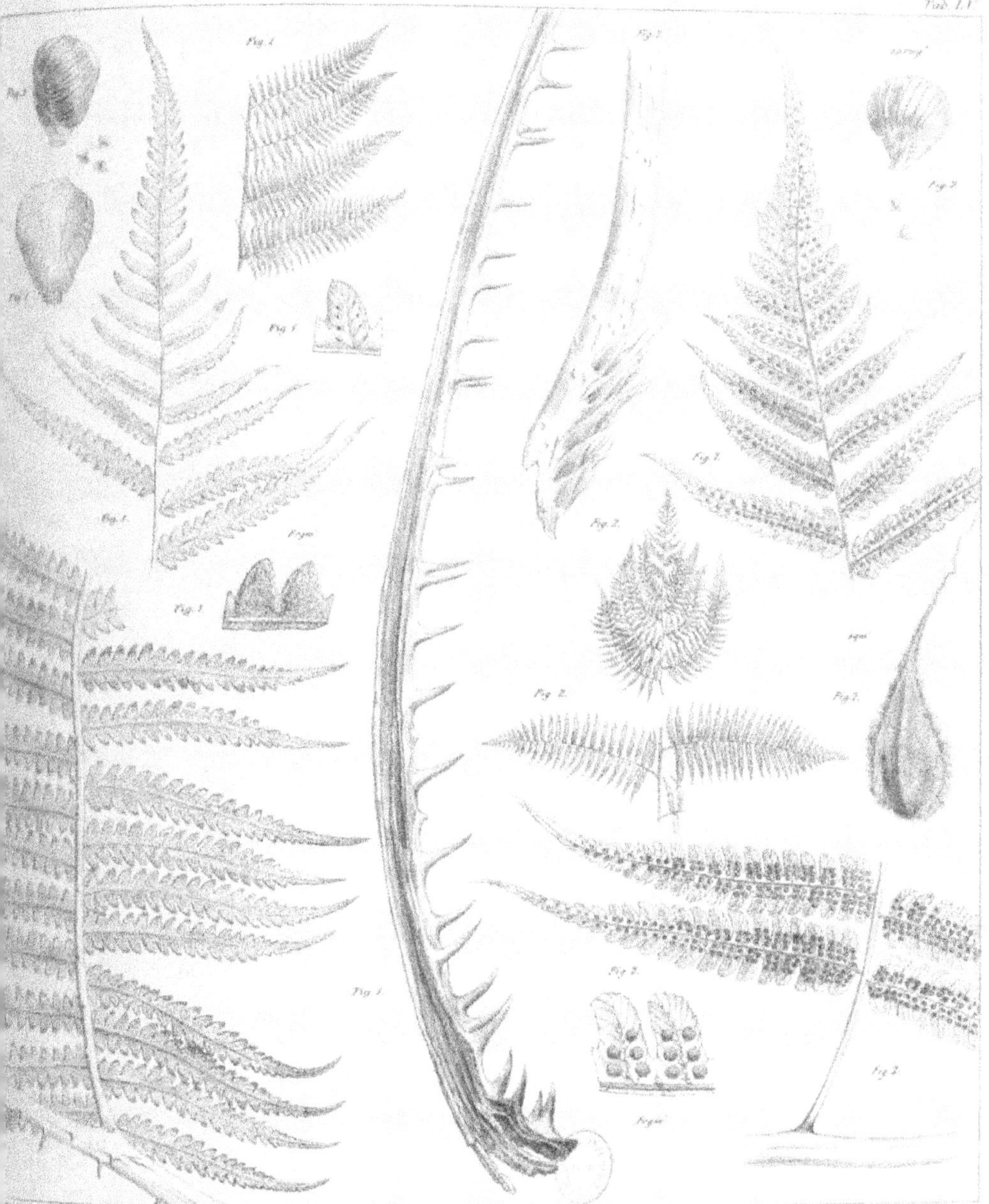

Fig 1. **Alsophila** *leptoclada, F.* | Fig 2 **Alsophila** *Glaziou, F.*

Tab. LXI

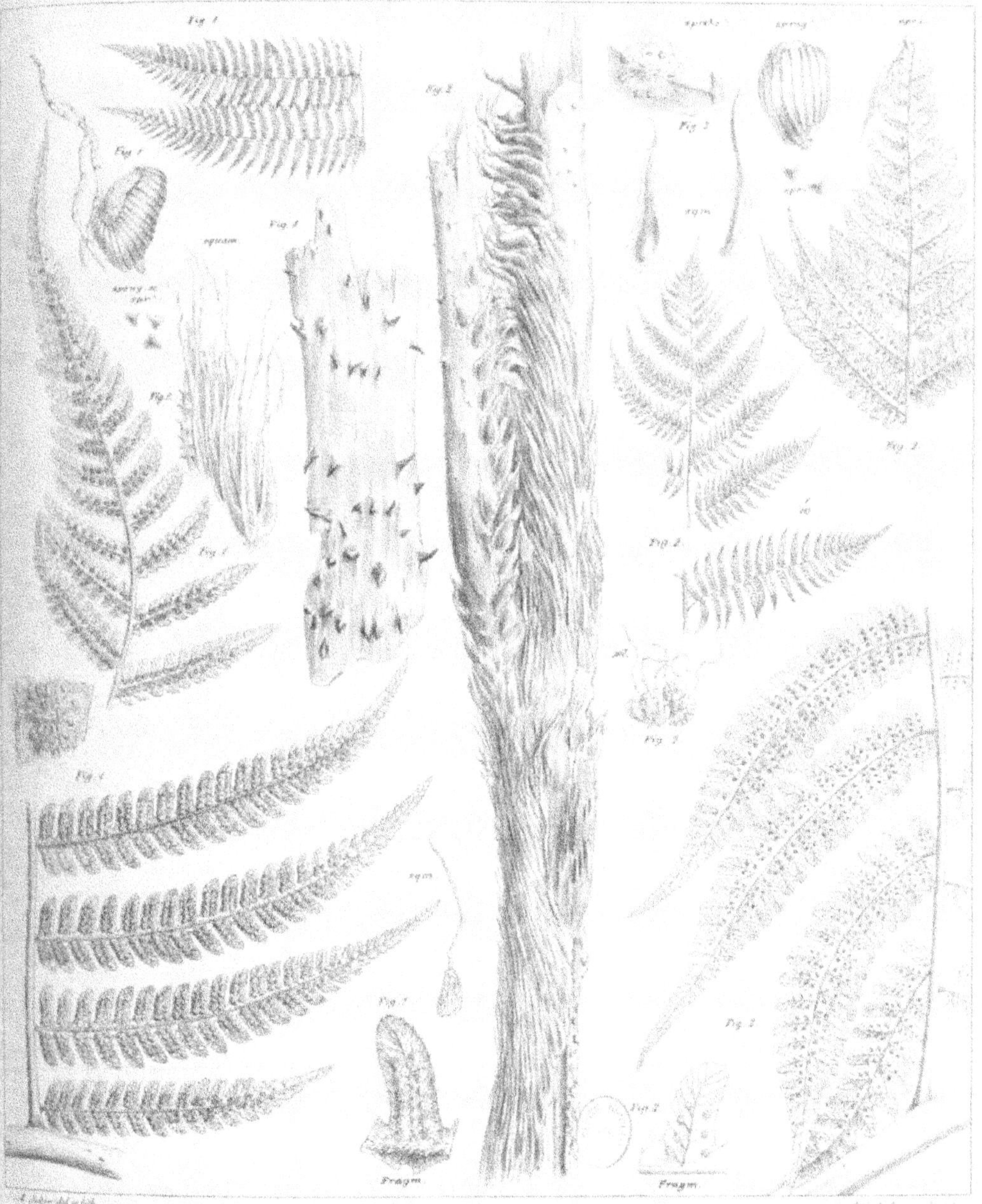

Fig. 1 **Alsophila** *eriocarpa, F.* | Fig. 2 **Alsophila** *Corcovadensis, F.*

Fig. 1 **Alsophila** *(Ceropteris. F.* | *Fig. 2* **Alsophila** *dichromatolepis. F.*

Alsophila *impressa* F. | Fig 2 Alsophila *Unguis Cati* F.

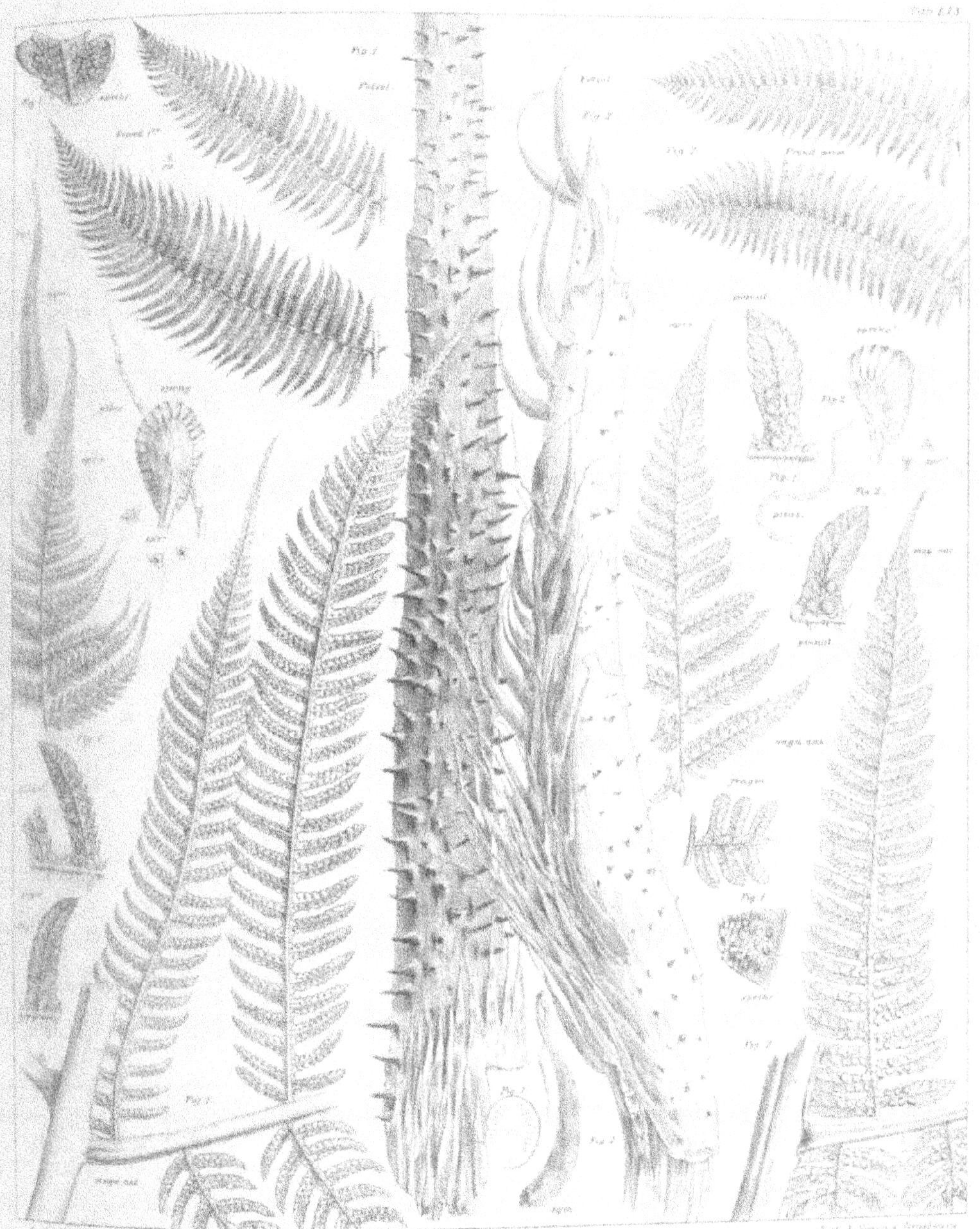

Fig. 1. **Alsophila** *rufa* F. | Fig. 2. **Alsophila** *contracta* F.

Fig. 1. **Alsophila** *pectinata* F. | Fig. 2. **Alsophila** *Ludoviciana* F.

Tab. LXI.

Fig. 1. **Phegopteris** marginata. | Fig. 2. **Alsophila** glaucescens.

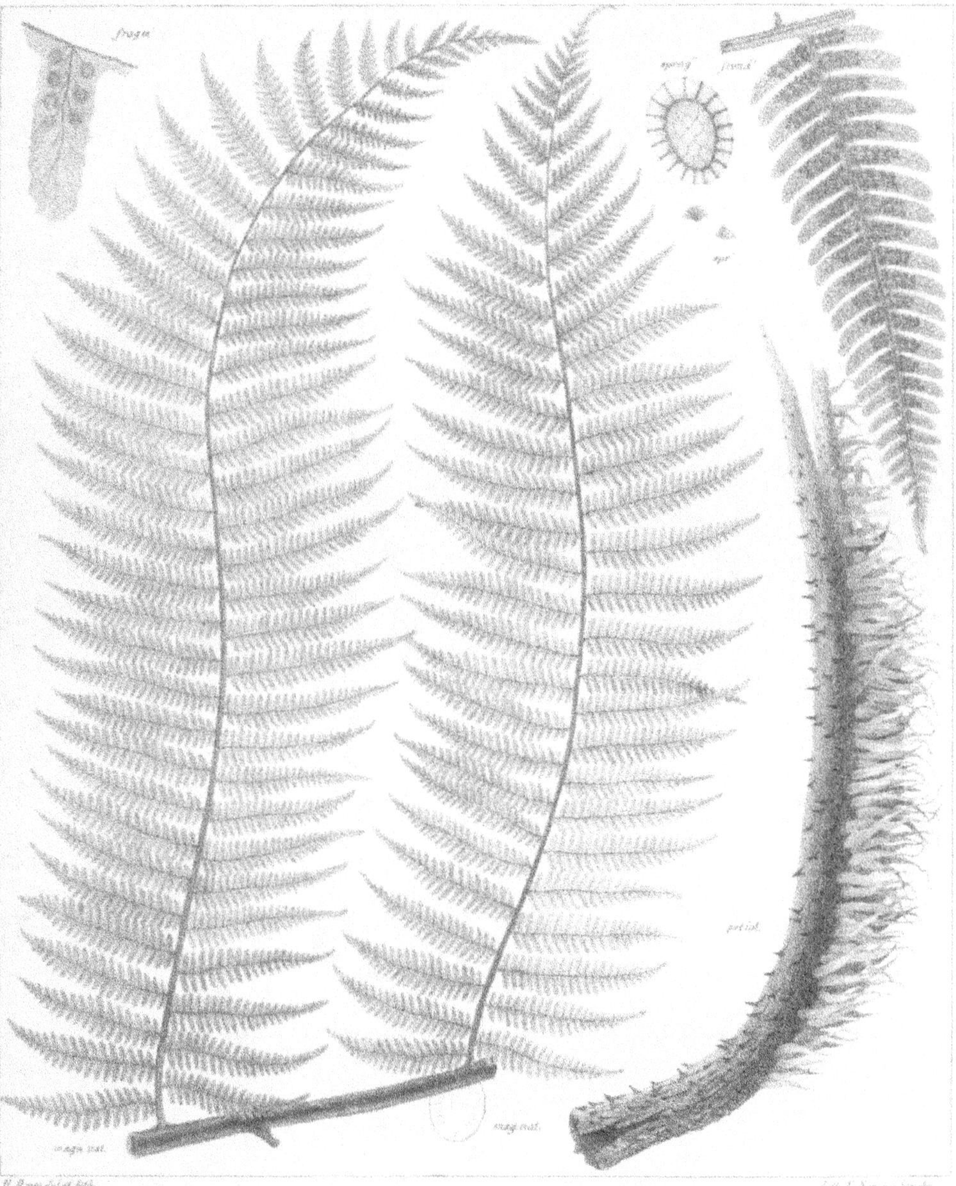

Cyathea abrupte caudata. F.

Fig. 1. **Alsophila** *Tijucensis. F.* | Fig. 2. **Cyathea** *mamillata. F.*

Tab. LXIV.

Fig. 1. **Cyathea** *acanthomelae. F.* | Fig. 2 **Cyathea** *Tschudyana. F.*

Cyathea *leucolepis, F.*

Tab. LXIV.

Fig. 1. **Cyathea** *attenuata*. F.   Fig. 2. **Cyathea** *Feei*. Glaz.

Fig.1. **Trichomanes** *crinitum* P. | Fig.2 **Trichomanes** *lucens* L.

Fig. 1. **Trichomanes** *frondosum F. pinnatum* ; Fig. 2. **Trichomanes** *frondosum F. bipinnatifidum.*
Fig. 3. **Trichomanes** *serrucola F.*

Fig. 1. **Trichomanes** *pinnatum* F.; Fig. 2. **Hymenophyllum** *notabile* F.
Fig. 3. **Hymenophyllum** *microcarpon* F.

Fig. 1. **Trichomanes** *acropteron. F.* | Fig. 2. **Hymenophyllum** *asplenioides. Sw.* | Fig. 3. **Hymenophyllum** *ciliatopterum. F.* | Fig. 4. **Hymenophyllum** *rufum. F.*

Fig.1. **Didymoglossum** *quercifolium* P. Fig.2. **Hymenophyllum** *crispum* H.B.et K. Brasilianum P.
Fig.3. **Hymenophyllum** *podocarpum* P. Fig.4. **Hymenophyllum** *producens* P.
Fig.5. **Danaea** *cordata* P.

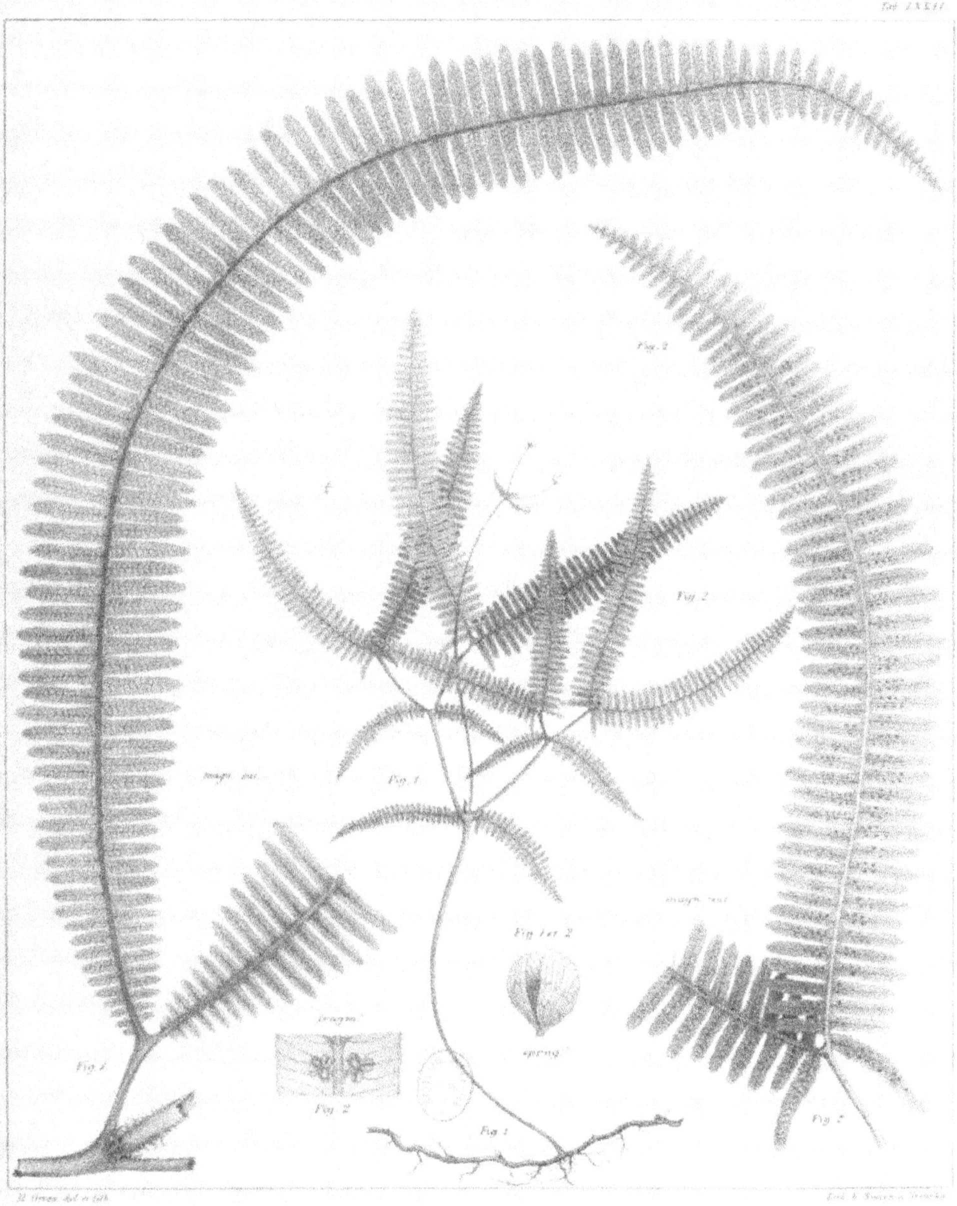

Fig. 1 **Mertensia** *sculpturata* F. | Fig. 2 **Mertensia** *squamosa* F.

FILICES et LYCOPODIACEÆ BRASILIENSES.

Tab. LXXIII.

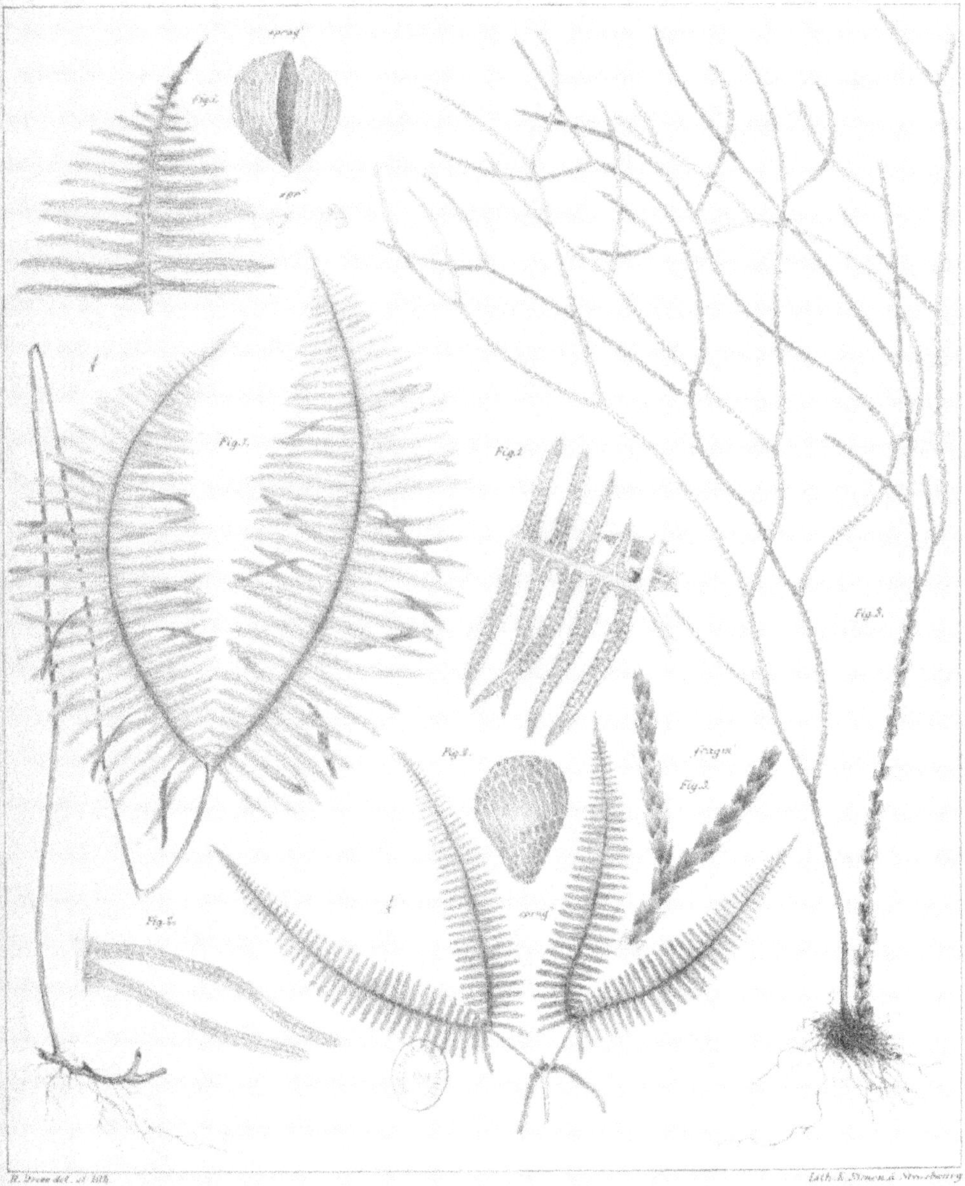

R. Drew del. et lith. — Lith. E. Simon à Strasbourg

Fig. 1 **Mertensia** *latissima* F. | *Fig. 2* **Mertensia** *spinosa* F.
Fig. 3 **Lycopodium** *serpyllifolium* F.

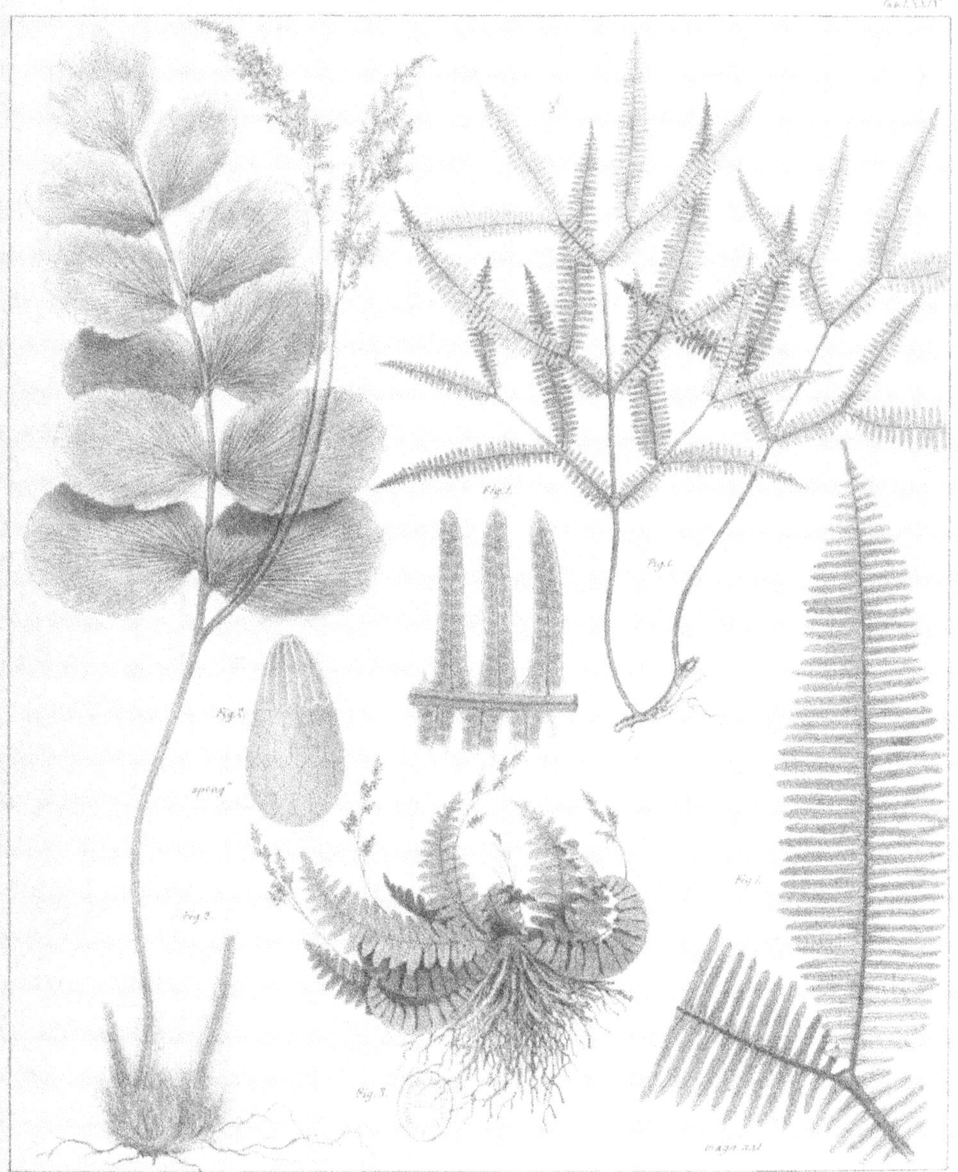

Fig.1. **Mertensia** trifurcans R. Fig.2. **Aneimia** Glaziovi R.
Fig.3. **Aneimia** mesomorpha R.

Tab. LXXV.

Fig.1 **Selaginella** *brevipes* E. Fig. 2. **Selaginella** *ericoides* E.
Fig.3 **Selaginella** *sempstachya* E. Fig. 4 **Selaginella** *flaccida* E.

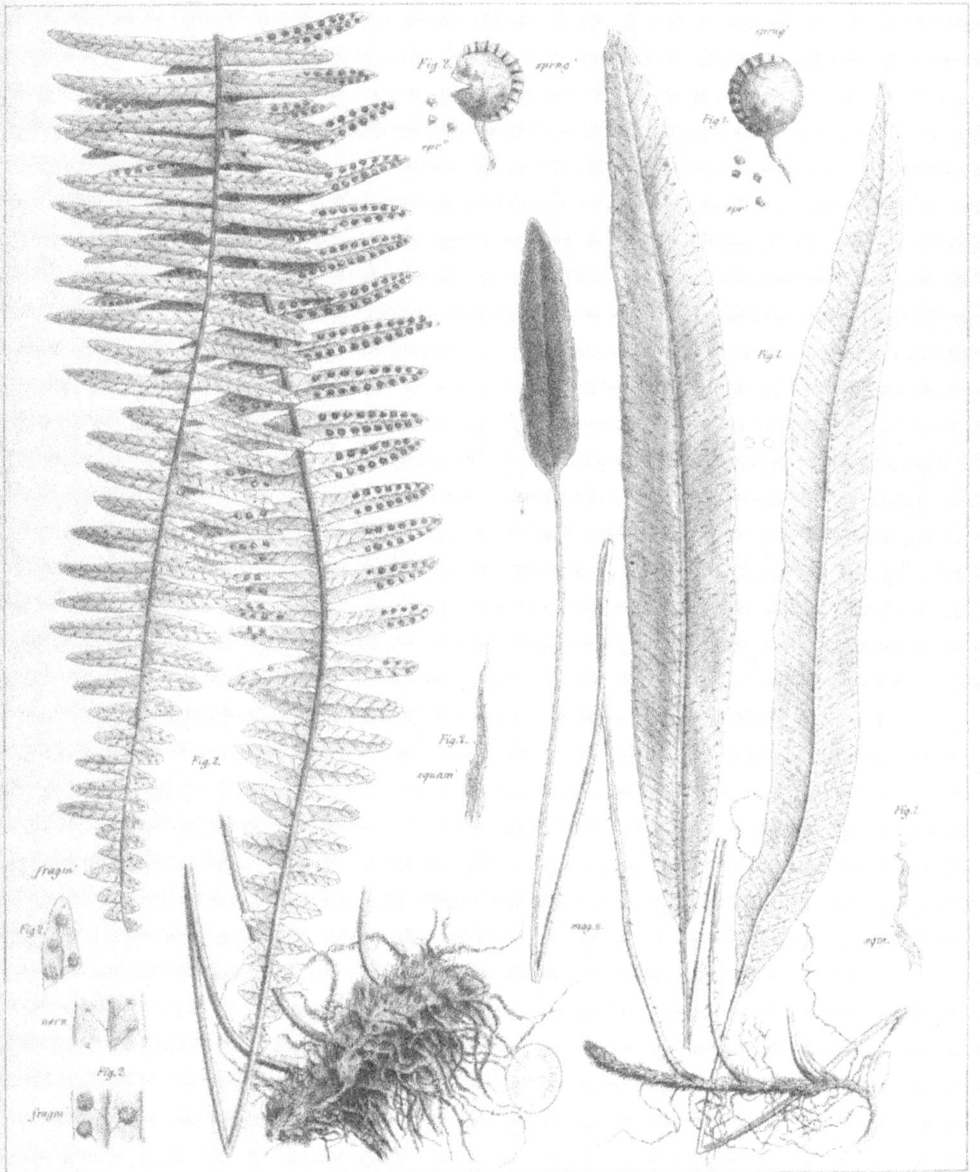

Fig. 1. **Acrostichum** *hirtipes* F. | Fig. 2. **Polypodium** *gratum* F.

FILICES BRASILIANÆ.

Fig.1. **Anogramme** *Biardii* F. | *Fig.2.* **Phegopteris** *brunnervis (fragmeosum)* F.
Fig.3. **Goniophlebium** *pictum* F. | *Fig.4.* **Goniophlebium** *excelsior* F.

Fig. 1. Grammitis *Organensis* F.   Fig. 2. Aneimiæbotrys *aspera* F.